Digital Leadership

Tobias Kollmann

Digital Leadership

Grundlagen der Unternehmensführung
in der Digitalen Wirtschaft

Tobias Kollmann
Lehrstuhl für E-Business
und E-Entrepreneurship
Universität Duisburg-Essen
Essen, Deutschland

ISBN 978-3-658-30634-2   ISBN 978-3-658-30635-9   (eBook)
https://doi.org/10.1007/978-3-658-30635-9

Die Deutsche Nationalbibliothek verzeichnet diese Publikation in der Deutschen Nationalbibliografie; detaillierte bibliografische Daten sind im Internet über http://dnb.d-nb.de abrufbar.

Lektorat: Barbara Roscher
Springer Gabler ist ein Imprint der eingetragenen Gesellschaft Springer Fachmedien Wiesbaden GmbH und ist ein Teil von Springer Nature.
Die Anschrift der Gesellschaft ist: Abraham-Lincoln-Str. 46, 65189 Wiesbaden, Germany

Vorwort

Warum sollte man sich mit dem neuen Buch „**Digital Leadership**" befassen? Die Antwort ist klar: Damit man sich im Hinblick auf eine wirkliche Kompetenz und echtes Fachwissen von denen unterscheidet, die nur mit Buzzwords um sich werfen. **Digital Leadership** bedeutet heute, dass man den **Dreiklang der Digitalen Transformation** aus Wollen, Können und Machen beherrscht. In allen drei Bereichen beobachtet man gerade in Deutschland aber auf allen Management-Ebenen immer noch erhebliche Defizite! Nicht alle „**Wollen**" sich mit digitalen Veränderungen auseinandersetzen, nur wenige haben wirklich das fundierte Wissen für das „**Können**" und es scheitern immer noch zu viele an dem „**Machen**" und damit an der konkreten Umsetzung von digitalen Projekten. Aber nur, wenn alle drei Bereiche gleichermaßen betrachtet werden und wirksam zusammenkommen, kann eine Digitale Transformation und Digitale Innovation für Deutschland im Hinblick auf Industrie, Mittelstand und Startups gelingen.

Im Hinblick auf das „**Wollen**" muss man es direkt am Anfang deutlich sagen: Digitalisierung bedeutet **Veränderung**! Und die muss man eben zunächst einmal wirklich „wollen". Viele Verantwortliche tun sich hier schon schwer, denn eigentlich wollen sie von ihrem **Erfahrungswissen** und den erarbeiteten Positionen weiter so profitieren wie in der Vergangenheit. Das führt aber in der Regel zu einer Verteidigungshaltung, einem **Festklammern am Status Quo**, und das funktioniert angesichts der tiefgreifenden Veränderungen durch die Digitalisierung nicht mehr. Denn diese werden von außen aggressiv an die Unternehmen herangetragen und können nicht von innen heraus verwaltet werden. Hinzu kommt, dass in den meisten **Anreiz- und Belohnungssystemen** von Geschäftsführern und Vorständen die Ergebniszahlen aus dem laufenden Stammgeschäft im Vordergrund stehen, nicht die mutige und risikoreiche Ausrichtung auf neue digitale Geschäftsmodelle. Dadurch verkümmern viele vermeintliche Digitalisierungsoffensiven zu einer reinen IT-Automatisierung, um vorhandene Prozesse noch effizienter zu machen. Das Ergebnis sind dann eher **inkrementelle statt disruptive Fortschritte**.

Auch dass der Mensch – insbesondere mit zunehmendem Alter – Veränderungen grundsätzlich eher kritisch gegenübersteht, hilft beim dynamischen Thema Digitalisierung überhaupt nicht weiter, da die Veränderung ja gerade ihr wesentliches Merkmal ist. Wo früher Erfahrung ein wesentliches Qualitätsmerkmal war, ist es heute der **Faktor Ausprobieren**. Das bedingt aber **Entscheidungen unter Unsicherheit** und dafür sind die aktuellen Strukturen unserer Wirtschaft zu wenig ausgelegt. Es widerspricht auch der deutschen Kultur der klaren Planung und mehr oder weniger abgesicherten Prognose. Wer allerdings wirklich digital sein will, muss die Veränderungen im Kopf starten. Also wollen! Das **Digital Mindset** ist die erste wesentliche Komponente für einen echten Digital Leader. Dabei ist das freiwillige Wollen allemal besser, als von neuen digitalen Wettbewerbern dazu gezwungen zu werden.

Nach dem Wollen stellt sich schnell die zweite Frage, nämlich die nach dem „**Können**". Digitale Veränderungen sind kein technischer Knopf, den man einfach so drücken kann.

Es geht vielmehr um das **konkrete Wissen** und das **zugehörige Know-how** rund um eine **digitale Wertschöpfung**. Die Grundlagen der digitalen Ökonomie sind unerlässlich für jeden Manager. Neben Fach- und Sozialkompetenz wird er künftig zwingend auch **Digitalkompetenz** brauchen, um unternehmerisch führen zu können. Und das gilt nicht nur für die Führungsetagen, sondern für jeden Mitarbeiter im Unternehmen. Digitale Werte, digitale Wertschöpfung, digitale Wertschöpfungsketten als Grundlage digitaler Geschäftsmodelle müssen jedem in Fleisch und Blut übergehen. Alle wirtschaftlichen Aktivitäten sind immer auch von einer digitalen Handelsebene aus zu betrachten und alle Maßnahmen ganzheitlich zwischen einem analogen und einem digitalen Handelsraum zu bedenken. Untersuchungen haben gezeigt, dass das Wissen rund um digitale Technologien, digitale Ökonomie und digitale Märkte auf allen Arbeitsebenen und in den Führungsetagen nicht besonders ausgeprägt ist. Nur durch **konkrete Aus- und Weiterbildung** lässt sich dieser Zustand ändern. Das Können ist daher die zweite wesentliche Komponente, die einen **Digital Leader** ausmacht – aber auch diese **Digital Skills** sind bei vielen deutschen Unternehmen kritisch zu sehen. Genau an diesem Punkt will das vorliegende **Werk „Digital Leadership"** ansetzen und schafft somit auch einen umfassenden Einstieg in die digitale Unternehmensführung mit allen Grundlagen, Methoden und den verschiedenen Tools aus technischer und managementorientierter Perspektive.

Was letztlich aber auch zählt, ist die konkrete **Umsetzung digitaler Projekte** und damit das „**Machen**". Alle Beteiligten werden daran gemessen, was konkret passiert und wie das Unternehmen und seine Mitarbeiter auf diesem Weg mitgenommen werden. Dabei stehen die **drei „digitalen P"** im Mittelpunkt: **Prozesse**, **Produkte** und **Plattformen** sowie deren Aufbau und Gestaltung. Die Automatisierung von Prozessen ist eine schlichte Notwendigkeit, ebenso die Beantwortung damit zusammenhängender Fragen wie Digital Customer Journey, Dynamic Pricing, Interaktives Bestellwesen, Tracking und so weiter. Daneben wird die Digitalisierung der Produkte eine immer wichtigere Rolle spielen: Sensoren, Internet der Dinge, **künstliche Intelligenz** und Fernwartung sind hierzu nur einige Stichworte. Nicht außer Acht gelassen werden darf aber auch der Aufbau digitaler Plattformen, denn diese haben sich als überlegenes Geschäftsmodell im Netz erwiesen. Leider haben wir derzeit **keine echten digitalen Weltmarktführer** aus Deutschland und kaum welche aus Europa, was zu dem Schluss führt, dass es auch mit dem Machen in unseren Breitengraden nicht weit her ist. Die **Digital Execution** ist aber die dritte wesentliche Komponente, die einen Digital Leader auszeichnet und auch hierfür gibt es im Rahmen des Projektmanagements in jedem Kapitel konkrete Hinweise in diesem Lehrbuch, so dass auch Praktiker wertvolle Anregungen finden sollten.

Fazit: Da die Digitalisierung nicht mehr aufzuhalten ist, müssen wir das digitale Zeitalter aktiv gestalten und gemeinsam das Deutschland 4.0 für unsere digitale Wirtschaft bauen. Dies wird abhängig sein von einem **Digital Mindset (Wollen)**, den zugehörigen **Digital Skills (Können)** sowie der **Digital Execution (Machen)**, und damit von den Digital Leadern, die unsere Unternehmen ins digitale Zeitalter führen. Das Buch „Digital Leadership" möchte für alle drei Bereiche einen Impuls setzen. Daneben gibt es die Möglichkeit, sich selbst im Hinblick auf das eigene „Digital Leadership" zu testen. Dafür gibt es im Internet den neuen begleitenden **Digital Leadership Index** (www.digital-leadership-index.de), bei dem man über einen Fragebogen seine eigene Fähigkeit im Hinblick auf die drei Attribute Digital Mindset, Digital Skills und Digital Execution kostenlos einschätzen kann. Dieses Tool wird auch für Unternehmen im Rahmen einer Gesamtanalyse der vorhandenen Mitarbeiter angeboten, um eine übergreifende Einschätzung für die **„Digital Readiness"** abgeben zu können. Hinzu kommt ein **berufsbegleitender Studiengang** zum „E-Business-Leader" (www.e-business-leader.de) mit Zertifikat der Universität Duisburg-Essen, bei dem sich die Teilnehmer die Kompetenzen für die Unternehmensführung im digitalen Zeitalter erarbeiten können.

Die **Zielgruppe des Lehrbuchs** sind Dozenten und Studierende der Studienrichtungen Betriebswirtschaftslehre und Wirtschaftsinformatik/Informatik, die sich mit den Themen E-Business bzw. Digital Business und Unternehmensführung beschäftigen. Praktiker, Politiker, Berater und Investoren, die sich mit Geschäftsmodellen bzw. -prozessen in der Digitalen Wirtschaft oder im Rahmen der Digitalen Transformation befassen oder dort bereits tätig sind, erhalten wertvolle Anregungen. Insbesondere ist das Buch aber auch eine Weiterführung für den **berufsbegleitenden Studiengang** zum zertifizierten **„E-Business-Manager"** (www.e-business-manager.de). Dieser bietet den Teilnehmern als berufsbegleitendes **Fernstudium** die einmalige Möglichkeit, die Grundlagen elektronischer Geschäftsprozesse und -modelle in den Bereichen Einkauf (E-Procurement), Verkauf (E-Shop) und Handel (E-Marketplace) im Blended-Learning-Verfahren zu erlernen. Schon über 160 erfolgreiche und zufriedene Absolventen aus allen Branchen haben hiervon Gebrauch gemacht! Daneben gibt es die Möglichkeit, die Inhalte zum Kapitel „Digital Skills" aus diesem Buch auch mit einem **Online-Kurs** zu begleiten. Dieses **E-Business-Seminar** (www.e-business-seminar.de) ist ein Premium-Angebot im Internet mit einer aufwendigen Produktion der Lerninhalte in Text, Bild, Ton, Video, Animation, interaktiven Grafiken usw. Aufgeteilt in sechs Kapitel mit vielen interessanten Medien und Inhalten erhalten die Teilnehmer das Rüstzeug für einen erfolgreichen Weg durch die Digitale Wirtschaft bequem für zu Hause oder Ihren Arbeitsplatz. Durch das cloudbasierte Angebot lernt man zeit- und ortsunabhängig. Die professionell aufbereiteten Inhalte und attraktive Medienformate machen Spaß und vermehren nochmals das Wissen.

Ferner bietet der Autor unter der Marke „*netSTART – WE START YOUR E-BUSINESS*" (www.netstart.de) ein umfassendes Angebot von **Keynotes**, **Vorträgen**, **Seminaren** und **Workshops** zu den Themen Digitale Innovation, Digitale Transformation und Digitale Wirtschaft an. In der Kombination aus dem Vortragsangebot und den Weiterbildungskursen ist auch die „*netSTART-Academy*" entstanden (www.netstart-academy.de). Das resultierende Aus- und Weiterbildungssystem für das Digitale Zeitalter bietet als Baukasten das Wissen und die Kompetenz für die Digitale Transformation und die Digitale Wirtschaft an. In diesem Zuge bieten wir nun auch den Unternehmen erstmalig an, nicht nur die eigenen Fach- und Führungskräfte weiterzubilden, sondern auch über die Bereitstellung eines neuen *netSTART-Stipendiums* (www.netstart-stipendium.de), mit talentierten Nachwuchskräften in Kontakt zu kommen.

Mein besonderer **Dank** für die **Unterstützung** bei der Fertigstellung dieses Werkes gilt den wissenschaftlichen Mitarbeitern meines Lehrstuhls, die unter der zugehörigen Marke „*netCAMPUS – WE START YOUR E-ENTREPRENEURSHIP*" (www.netcampus.de) nun schon seit 19 Jahren mit mir gemeinsam Forschung und Lehre für die Digitale Wirtschaft betreiben. Dazu zählen für dieses Werk Frau *Katharina de Cruppe*, Herr *Philipp Jung* und Herr *Lucas Kleine-Stegemann*. Weiterhin möchte ich mich sehr bei Herrn *Ingo Kummutat* für die Betreuung der zugehörigen Webplattform und meinem Sekretariat mit Frau *Denise Goldkuhle* für die Korrekturarbeiten bedanken. Auch die studentischen Hilfskräfte haben sich mit den Recherche- und umfangreichen Layout-Arbeiten für dieses Werk verdient gemacht. Mein besonderer Dank gilt aber erneut meiner lieben Frau *Frauke Stefanie* und meinen beiden Söhnen *Kilian* und *Niklas*, die mir einen vorbehaltlosen Rückhalt bieten. Sie sind Ansporn und Erfüllung zugleich und geben meinem Leben einen Sinn.

Essen, im Sommer 2020

Tobias Kollmann

Universität Duisburg-Essen, Campus Essen
Lehrstuhl für E-Business und E-Entrepreneurship
Internet: www.netcampus.de / www.netstart.de
Universitätsstrasse 9, D – 45141 Essen
E-Mail: tobias.kollmann@uni-due.de

Facebook: www.facebook.de/prof.tobias.kollmann
LinkedIn: www.linkedin.com/in/tobiaskollmann
Xing: www.xing.com/profile/tobias_kollmann
Twitter: www.twitter.com/prof_kollmann

Medienhinweise

Parallel zum Buch „Digital Leadership" bieten wir zahlreiche multimediale Lehrmaterialien und Weiterbildungsangebote an. Dazu zählen zum Beispiel folgende Inhalte:

Video-Podcasts „E-Business" mit u.a.

- Die elektronische Kommunikation im E-Business

- Die elektronische Wertschöpfung im E-Business

- Der Informationswettbewerb im E-Business

Video-Podcasts „E-Procurement" mit u.a.

- Aufgaben im E-Procurement

- Produktanalyse im E-Procurement

- E-Procurement und E-Supply-Chain-Management

Kostenlos abrufbar (Video- und Audio-Podcasts) unter *www.netcampus.de/podcasts*

Online-Kurs „E-Business-Seminar"

Alle Grundlagen für elektronische Geschäftsprozesse und -modelle als Online-Kurs. Unser Angebot mit einer aufwendigen Produktion der Lerninhalte zu den Themen Digitale Technologien, Digitale Mehrwerte, Digitale Geschäftsmodelle und Digitaler Wettbewerb.

Informationen/Anmeldung unter *anmeldung.e-business-seminar.de*

Offline/Online-Kurs „E-Business Manager"

Die Teilnehmer erarbeiten sich das berufsrelevante Fachwissen speziell für die digitale Wirtschaft und die Digitale Transformation von Unternehmen. Im Mittelpunkt stehen die Bereiche Einkauf (E-Procurement), Verkauf (E-Shop) und Handel (E-Marketplace).

Informationen/Anmeldung unter *e-business-manager.de*

Offline/Online-Kurs „E-Business Leader"

Die Teilnehmer eignen Sie sich das notwendige Führungswissen im E-Business an. Die digitale Unternehmensführung muss hierbei drei Dinge für die Digitale Transformation der eigenen wirtschaftlichen Tätigkeit berücksichtigen: Das Digital Mindset (Wollen), die Digital Skills (Können) sowie die Digital Execution (Machen).

Informationen/Anmeldung unter *e-business-leader.de*

Online-Test „Digital Leadership Index"

Sind Sie ein Digital Leader? Finden Sie es heraus. Mit dem neuen Digital Leadership Index kann man selbst testen, ob man schon fit genug ist für die Unternehmensführung im digitalen Zeitalter.

Kostenlos abrufbar unter *www.digital-leadership-index.de*

Offline-Workshop „E-Business-Generator"

Im kompakten 1 bis 2-Tages-Workshop wird mit dem E-Business-Generator ein umfassendes Rahmenwerk vermittelt, wie ein digitales Geschäftsmodell basierend auf Wertschöpfungsprozessen durch innovative Informationstechnologie (IT) verstanden, entworfen, implementiert und kontinuierlich (re-)evaluiert werden kann.

Informationen/Anfrage unter *e-business-generator.de*

Offline-Projekt „E-Business-Venture"

Wir entwickeln die digitale Geschäftsidee und das -modell als Konkurrenz zu Ihrem Unternehmen im Netz. Sie entscheiden über das Budget bzw. Startkapital und die zeitliche Gestaltung des resultierenden Startups. Wir setzen gemeinsam das neue Unternehmen auf und führen es mit allen Beteiligten zum Erfolg.

Informationen/Anfrage unter *e-business-venture.de*

Inhaltsverzeichnis

1. Das Digital Leadership

1.1 Die Marktentwicklung für das Digital Leadership

Warum sollte man sich mit dem Führungsstil **Digital Leadership** befassen? Um diese Frage beantworten zu können ist es zunächst einmal wichtig, sich die Veränderungen im Arbeitsleben bewusst zu machen. Dabei ist insbesondere die zunehmende Digitalisierung ein zentraler Treiber des Wandels und stellt insbesondere die Führungskräfte in der heutigen Zeit vor völlig neue Herausforderungen (*Rascher* 2019). Da ist zunächst die Entwicklung der Informationstechnik. Diese induzierte spätestens seit Beginn der 1990er Jahre einen Strukturwandel im gesellschaftlichen und wirtschaftlichen Bereich (*Tapscott* 1996, S. 17 ff.). Waren anfangs Computer und Netzwerke nur wenigen Spezialisten vorbehalten, sind sie heute für alle Menschen ein fester Bestandteil des täglichen Lebens. Die digitale Technik und ihre Auswirkung auf die Informationsübertragung sind allgegenwärtig. Der stetige Fortschritt und die wachsende Bedeutung der Informationstechnik sowie der Ausbau und die Vernetzung von elektronischen bzw. digitalen Datenwegen sind notwendige Voraussetzungen für eine neue Dimension des wirtschaftlichen Miteinanders: dem elektronischen Handel auf elektronischen Datenwegen (*Weiber/Kollmann* 1997, S. 513 ff.; *Kollmann/Krell* 2011). Den Ausgangspunkt dieser Entwicklung bildete das Leistungsvermögen der Computer- und Informationstechnik. Die daraus folgenden Transformationsprozesse, Informationstechnologien und Plattformen, Geschäftsmodelle sowie Wettbewerbe sind dabei die zentralen Marktentwicklungen der Digitalen Wirtschaft und stehen für die zentralen **Einflussfaktoren** auf das Digital Leadership. Die zugehörigen zentralen **Fragen und Lernziele** sind:

- **Digitale Transformation**: Was bedeutet eigentlich digitale Transformation und welche Veränderungen und Herausforderungen ergeben sich daraus?

- **Digitale Wirtschaft**: Über welche digitalen Plattformen im Netz können Anbieter und Nachfrager miteinander in Verbindung treten, um E-Business stattfinden zu lassen?

- **Digitale Geschäftsmodelle**: Auf Basis welcher digitalen Geschäftsmodelle können Anbieter und Nachfrager das E-Business über diese digitalen Plattformen betreiben?

- **Digitaler Wettbewerb**: Wie verändert sich die Wettbewerbssituation aufgrund der Digitalisierung und wie sollte damit umgegangen werden?

▶ *Lernhinweis: Online-Kurs für E-Business-Grundlagen*
www.e-business-seminar.de (anmeldung.e-business-seminar.de)

© Der/die Herausgeber bzw. der/die Autor(en), exklusiv lizenziert durch
Springer Fachmedien Wiesbaden GmbH, ein Teil von Springer Nature 2020
T. Kollmann, *Digital Leadership*, https://doi.org/10.1007/978-3-658-30635-9_1

1.1.1 Die digitale Transformation

Unternehmen aus der Digitalen Wirtschaft haben in den letzten Jahren mit ihren dahinterliegenden Plattformen (s. Kapitel 1.1.2) und Geschäftsmodellen (s. Kapitel 1.1.3) sowohl die wirtschaftliche als auch die gesellschaftliche Entwicklung maßgeblich geprägt. Die Händler müssen gegen *Amazon* ums Überleben kämpfen, die Autohersteller ihre Position gegen *Tesla*, *Waymo* oder *Uber* verteidigen, die Banken den Verlust ihrer Kunden an *PayPal/Google/Apple* verhindern und die Maschinenbauer ihre Produkte intelligent machen. Egal, welche Strategie die Unternehmen im Moment verfolgen: Alle haben ihr **Digitalisierungstempo** im vergangenen Jahr spürbar erhöht und dafür auch mehr Geld ausgegeben. Zahlreiche der aktuell wertvollsten Unternehmen der Welt sind sog. „Pure Player", also rein digital ausgerichtete Unternehmen mit ausschließlich elektronischen Wertschöpfungsprozessen (z. B. *Google*, *Facebook* oder *Alibaba*). Alleine die fünf wertvollsten US-amerikanischen Online-Unternehmen, die sog. Digital-Big-5 (*Apple*, *Google*, *Microsoft*, *Amazon* und *Facebook*), haben Anfang 2020 gemeinsam eine höhere Marktkapitalisierung, als alle DAX30-Unternehmen zusammen.

 Medienhinweis: Vortrag zur Digitalen Transformation (Teil 1)
www.youtube.com/netstartTV

Die **Wichtigkeit der Digitalisierung** kann daher nicht länger geleugnet werden. Sie durchzieht längst alle Unternehmen, alle Branchen und alle Geschäftsmodelle. Aus diesem Grund kann die Grenze zwischen der realen und digitalen Wirtschaft schon nicht mehr so einfach gezogen werden: Ob E-Commerce zum Verkauf von Produkten, Online-Marktplätze für die Buchung von Handwerkern, der 3D-Druck für die Druckindustrie, die Kundengewinnung auf Social Media-Plattformen oder der digitale Einsatz von geografischen Daten für landwirtschaftliche Zwecke – Unternehmen aus allen Branchen müssen sich zunehmend und konsequent den Herausforderungen der **digitalen Transformation** stellen (*Kollmann* 2014). Die Botschaft ist vor diesem Hintergrund klar: Wer nicht digital mitspielen kann, wird bald gar nicht mehr mitspielen. Deswegen müssen sowohl etablierte Unternehmen als auch Startups für dieses Thema weiter sensibilisiert werden. Insbesondere Startups sind dabei die innovativen Vorreiter für die digitale Transformation der deutschen Wirtschaft und tragen damit wesentlich zu der Wettbewerbsfähigkeit in der Zukunft bei (*Kollmann* 2019b). Vor diesem Hintergrund kann die digitale Transformation wie folgt definiert werden:

Die digitale Transformation (auch „digitaler Wandel") bezeichnet einen fortlaufenden und tiefgreifenden Veränderungsprozess für Gesellschaft, Wirtschaft und Politik auf Basis digitaler Technologien, der Information, Kommunikation und Transaktion zwischen den hier jeweils beteiligten Akteuren elementar beeinflusst und zu einem neuen Verständnis und Verhalten in den gesellschaftlichen, wirtschaftlichen und politischen Lebensbereichen führt.

Gerade diese **digitale Transformation** ist in der jüngeren Vergangenheit zu einem allgemeinen Schlagwort geworden. Doch entgegen der weitläufigen Annahme, dass die zugehörigen Maßnahmen eher die technische EDV- und IT-Landschaft im Zuge der Automatisierung betreffen, betreffen die Auswirkungen das gesamte Unternehmen in allen Bereichen und Funktionen. Laut einer Umfrage der Unternehmensberatung *Accenture* gehen fast ein Viertel der Führungskräfte vor diesem Hintergrund davon aus, dass ihre Unternehmen, so wie sie heute existieren, zukünftig verschwinden werden (*Axson/Delawalla* 2016). Somit ergeben sich für Unternehmen sowohl Chancen als auch Risiken für die Gegenwart und Zukunft aufgrund der Digitalisierung. Das bedeutet auch, dass sich die Unternehmensführung und der zugehörige Führungsstil an die Rahmenbedingungen der Digitalisierung anpassen müssen (*Hensellek* 2019). Die Unternehmensberatung *Capgemini* charakterisiert dabei folgende **Einflussgrößen**, welche die Zusammenarbeit im digitalen Zeitalter besonders stark verändert haben und von den Führungskräften beachtet werden sollten (*Crummenerl/Kemmer* 2015):

- **Vernetzung**: Durch zunehmende Globalisierung und stärkere Verknüpfung der Märkte sind zunehmend sämtliche Marktteilnehmer miteinander vernetzt. Durch digitale Technologien, wie bspw. Cloud-Lösungen, sind Daten jederzeit verfügbar und bearbeitbar.

- **Kommunikation**: Digitale Informations- und Kommunikationstechnologien sind zunehmend fester Bestandteil vieler Arbeitsplätze. Dadurch hat sich die Kommunikation der Mitarbeiter deutlich vereinfacht und beschleunigt. Virtuelle Kommunikationsformen wie bspw. Mail, Chats oder Videokonferenzen ergänzen die Kommunikation.

- **Arbeitsmittel**: Digitale Arbeitsmittel ermöglichen es zunehmend jederzeit und an jedem Ort zu arbeiten. Daraus ergibt sich keine Standortgebundenheit mehr, sodass unter anderem flexible Arbeitszeit- und Ortsmodelle (Home-Office etc.) implementiert werden können. Durch digitale Systeme und Tools können weiterhin Arbeitsprozesse besser gemessen und effizienter verteilt werden.

- **Schnelligkeit**: Schnelligkeit ist eine entscheidende Eigenschaft der Digitalisierung. In nahezu allen Arbeitsbereichen wird der Innovations- und Veränderungsrhythmus erhöht, sodass ein erhöhter Anpassungsdruck entsteht. Denn nur das Unternehmen, welches rechtzeitig handelt, kann langfristig am Markt bestehen.

Aus diesen Einflussfaktoren wird deutlich, dass ein Gegensatz zwischen „realer" und „virtueller" Welt nicht mehr existiert– so lautet ein Grundsatz der Digitalpolitik der Bundesregierung. Deswegen sind digitaler Wandel bzw. digitale Transformation kein Sonderfeld oder gar nur ein vorübergehendes, tagespolitisches Momentum, sondern die elementare Herausforderung für Politik, Wirtschaft und Gesellschaft für diese und die nächsten Generationen. Die zugehörigen Veränderungen sind dabei leider **kein „technischer Knopf"**, den man so einfach drücken kann, sondern in erster Linie **ein „evolutionärer Kopf"**, der benötigt wird, um digitale Geschäftsprozesse und -modelle zu verstehen und anzugehen.

In diesem Zusammenhang werden zunehmend **Technologien** wie Künstliche Intelligenz, Big Data, Blockchain, Cloud-Services und Sensorik eingesetzt. Dementsprechend spielen Kenntnisse in den Bereichen Robotik, Human-Machine-Interaction, Data Analytics, IT-Sicherheit und Datenschutz eine immer zentraler werdende Rolle. Im Bereich der Business Intelligence wird ersichtlich, dass es an neuen Lösungen im Hinblick auf Systeme wie CRM (Customer Relationship Management), ERP (Enterprise-Resource-Planning) und SCM (Supply Chain Management) bedarf. Da reale und virtuelle Welt stärker als zuvor zusammenhängen, werden neue Geschäftsmodelle vonnöten. Verkürzte Produktlebenszyklen und zusätzliche Services von Konkurrenten sowie der neue Technologiestandard, eingeschlossen geringerer Hardwarekosten, leiten eine neue Art von Wettbewerb ein. Direkte Kundenbeziehungen, **Automatisierung** und das digitale Geschäft über digitale Plattformen sowie der Online-Vertrieb zeigen, dass die digitale Transformation einen holistischen Ansatz für die Unternehmensorganisation erfordert. Indem traditionelle Arbeitsbereiche automatisiert werden, erhöht sich auch die Nachfrage nach digitalen Kompetenzen. Vor diesem Hintergrund erfordert die digitale Transformation agile Organisations- und Prozessstrukturen, die sich durch innovative Prozesse und neue Geschäftsmodelle und damit auch über ein zugehöriges Digital Leadership, auszeichnen.

Vor diesem Hintergrund ändern sich nicht nur die Produkte, sondern auch die zugehörigen Service- und Handelsleistungen, die künftig einen höheren Stellenwert bekommen werden. Beide Bereiche müssen zunehmend auch eine digitale Wertschöpfung beinhalten. Das erfordert sowohl bei Unternehmern als auch bei den Arbeitnehmern ein neues Verständnis mit zugehörigen Kompetenzen für den Aufbau von digitalen Geschäftsmodellen. Die Automatisierung von **Prozessen** ist eine schlichte Notwendigkeit, ebenso die Beantwortung damit zusammenhängender Fragen wie Digital Customer Journey, Dynamic Pricing, Interaktives Bestellwesen, Tracking und so weiter. Daneben wird die Digitalisierung der **Produkte** eine immer wichtigere Rolle spielen: Sensoren, Internet der Dinge, künstliche Intelligenz und Fernwartung sind hierzu nur einige Stichworte. Nicht außer Acht gelassen werden darf aber auch der Aufbau digitaler **Plattformen**, denn diese haben sich als überlegenes Geschäftsmodell im Netz erwiesen. Dabei verschwinden die Grenzen zwischen der realen und digitalen Wirtschaftswelt. Ausgehend von diesem **3-P-Modell für eine digitale Strategie** mit Prozessen, Produkten und Plattformen gibt es diesbezüglich die Notwendigkeit, beispielsweise über folgende Ansätze nachzudenken (*Kollmann* 2018):

▓ **Digitale Prozesse**: Digitalisierung und Automatisierung der vorhandenen Geschäftsprozesse und Aufbau einer zugehörigen elektronischen System- und Datenbasis für einen Effizienz- und Effektivitätseffekt bei derzeitigen Informations-, Kommunikations- und Transaktionsprozessen zur vorhandenen und somit auch bekannten Geschäftstätigkeit.

▓ **Digitale Produkte**: Digitalisierung und Ergänzung von vorhandenen Produkten und Services mit einer elektronischen Wertschöpfung bis hin zum Aufbau neuer Online-Produkte und -services auf Basis von Daten.

■ **Digitale Plattformen**: Aufbau von zugehörigen oder neuen digitalen Markt- und Kundenplattformen für die Abdeckung vor- oder nachgelagerter Handelsprozesse oder als Anbindung von Beteiligungs- und Kooperationspartnern.

> **Die digitale Transformation ist eine der zentralen Herausforderungen für Unternehmen und deren Führungskräfte. Grund sind technologische und in Folge auch wirtschaftliche Veränderungen, die sich auf alle Branchen und Geschäftsfelder auswirken und damit einen Wandel zum Digital Leadership zwangsläufig determinieren.**

1.1.2 Die digitale Wirtschaft

Die **Digitale Wirtschaft** mit dem zugehörigen **E-Business** hat sich zu einem inzwischen etablierten und anerkannten Bereich entwickelt. Basis hierfür waren technologische Innovationen in den Bereichen Telekommunikation, Informationstechnik, Medientechnologie und Entertainment (sog. TIME-Märkte). Diese Innovationen hatten und haben einen nicht unerheblichen Einfluss auf die Möglichkeiten der Informations-, Kommunikations- und Transaktionsabwicklung (*Kollmann* 2001, S. 5 ff.). Dabei lässt sich wiederum eine Vielzahl verwandter Begriffe (z. B. E-Business, E-Commerce, Informationsökonomie, Netzwerkökonomie) identifizieren, die zum Teil synonym verwendet werden (*Wirtz* 2018, S. 17 ff.). Für eine Strukturierung und Klärung von Begriffen, Bereichen und Anwendungsgebieten bietet sich ein **Schalenmodell der Digitalen Wirtschaft** an (*Kollmann* 2019a, S. 95 ff.; s. Abb. 1).

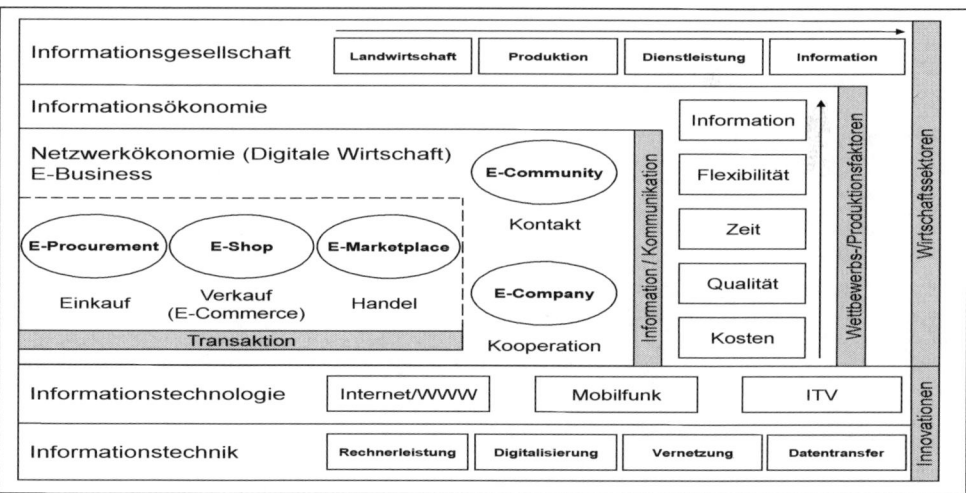

Abb. 1:   Das Schalenmodell der Digitalen Wirtschaft
Quelle: *Kollmann* 2019a, S. 96.

Ausgangspunkt des Schalenmodells ist die allgemeine Entwicklung zur Informationsgesellschaft (s. Abb. 1; *Kollmann* 2019a, S. 38 f.). Ursächlich für diese Entwicklung sind die stetigen Innovationen in der **Informationstechnik** in Bezug auf Rechnerleistung, Digitalisierung, Vernetzung und Datenmenge. Die Umsetzung dieser Technik erfolgt in innovativen **Informationstechnologien** wie Internet, Mobilfunk und interaktivem Fernsehen. Diese Technologien verändern dabei die Welt ebenso radikal wie Dampfmaschine, Webstuhl und Eisenbahn (*Nefiodow* 1990, S. 27). Die durch sie stattfindende Digitalisierung von Informationen und die Verbreitung über elektronische Datenwege bzw. Netzwerke erfüllen eine Schrittmacherfunktion für das zukünftige Wirtschaftswachstum, vergleichbar mit der Bedeutung des Buchdrucks im 15. und der Motorisierung im 20. Jahrhundert (*Schrape* 1998, S. 26 ff.). Die Informationsgesellschaft ist daher geprägt durch den intensiven Umgang mit Informationstechnologien und den damit einhergehenden Wandel von einer Industrie- zu einer Wissensgesellschaft (*Evans/Wurster* 1998, S. 51 ff.). Eines der zentralen Charakteristika der postindustriellen Computer-Gesellschaft war vor diesem Hintergrund die systematische Nutzung von Informationstechnologien (IT) für die Kommunikation (*Kollmann* 2019a, S. 38 ff.) sowie die Aneignung und Anwendung von Informationen, welche die Arbeit und das Kapital als ausschließliche Wert-, Produktions- und Profitquelle komplementieren (s. Abb. 1).

▶ ***Medienhinweis: Das Schalenmodell im E-Business (Video-Podcast)***
www.netcampus.de/podcasts

Die Entwicklungen der Informationstechnik haben über den enormen Anstieg an digitalen Informationen, die über verschiedene Informationstechnologien unter den Bedingungen des virtuellen, multimedialen und interaktiven Informationsaustausches transferiert werden, zu radikalen Veränderungen auf der wirtschaftlichen Ebene geführt. Die Verwendung von Informationen in ökonomischen Prozessen ist so intensiv geworden, dass die „Arbeit" und das „Kapital" als ausschließliche Wert-, Produktions- und Gewinnquelle durch einen neuen Faktor komplementiert werden. Informationen werden zum eigenständigen Produktionsfaktor (*Krüger/Pfeiffer* 1991, S. 21; *Weiber/Kollmann* 1997, S. 517 f.) und begründen somit die neue Dimension der **Informationsökonomie**. Historisch gesehen waren zunächst einzig die Produkteigenschaften (Qualität) und die zugehörigen Konditionen (z. B. Preis, Rabatte) für den Erfolg verantwortlich (*Porter* 2013; *Kirzner* 1974; s. Abb. 2). Es kam darauf an, das eigene Leistungsangebot für den Nachfrager entweder kostengünstiger (Kostenführerschaft) oder qualitativ besser (Qualitätsführerschaft) als die Konkurrenz anbieten zu können. Später traten mit den Erfolgsgrößen Zeit (Schnelligkeit) und Flexibilität zwei weitere Faktoren hinzu (*Simon* 1988; s. Abb. 2). Es kam hier darauf an, die Leistung zu einem bestimmten Zeitpunkt an einem bestimmten Ort anbieten zu können (Verfügbarkeitsführerschaft) bzw. bei wichtigen Merkmalen des Produktes eine kundenorientierte Differenzierung vorzunehmen (Bedarfsführerschaft).

Die Informationstechnologien haben nun dazu geführt, dass Informationen einfacher zugänglich und verstärkt auf wirtschaftliche Art und Weise und damit als eigenständiger

Wettbewerbsfaktor (s. Abb. 2) genutzt werden können. Die Quelle für den Wettbewerbs- vorteil der Zukunft wird aufgrund der dargestellten technologischen Entwicklung die Wis- sens- und Informationsüberlegenheit gegenüber der Konkurrenz sein (**Informationsfüh- rerschaft**). Wer bessere Informationen zum Markt und seinen (potenziellen) Kunden be- sitzt, wird sich im Wettbewerb durchsetzen. Während Informationen bisher lediglich eine unterstützende Funktion für physische Produktionsprozesse übernahmen, werden sie somit in Zukunft, gerade für das E-Business, zu einem eigenständigen Produktions- und Wett- bewerbsfaktor (*Weiber/Kollmann* 1998). Die daran anschließende ökonomische Frage lau- tet: Wie wird mit Hilfe von Informationen ein Wert für den Kunden erzeugt, für den er am Ende auch bereit ist zu bezahlen? Die Antwort liegt in der elektronischen Wertschöpfung.

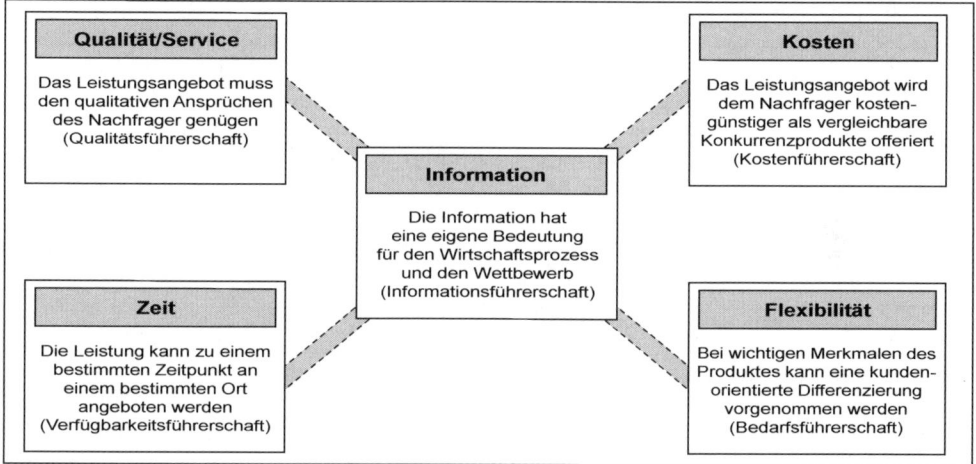

Abb. 2: Der Wettbewerbsfaktor „Information" als Basis der Informationsökonomie
Quelle: in Anlehnung an *Weiber/Kollmann* 1997, S. 519.

Im Mittelpunkt der resultierenden **Informationsökonomie** steht die **Digitale Wirtschaft** (auch sog. Net Economy), in der auf der Basis des Einsatzes der Bausteine Information und Kommunikation die Plattformen E-Community und E-Company im erweiterten Kreis des E-Business und die Plattformen E-Procurement, E-Shop und E-Marketplace mit dem zusätzlichen Baustein Transaktion im engeren Kreis des E-Business zu finden sind. Ge- meinsames Merkmal der Plattformen ist vor diesem Hintergrund jedoch der Bezug (*Koll- mann* 2019a), dass sich der Austausch von digitalen Daten direkt oder indirekt auf elekt- ronische Geschäftsprozesse bezieht bzw. diese vorbereitet oder begleitet und auch zuge- hörige Einnahmen generiert werden (*Kollmann* 2019a, S. 96).

Die „Digitale Wirtschaft" bezeichnet den wirtschaftlich genutzten Bereich von elekt- ronischen Datennetzen (E-Business) und ist damit eine digitale Netzwerkökonomie, welche über verschiedene elektronische Plattformen die direkte oder indirekte Ab- wicklung oder Beeinflussung von Informations-, Kommunikations- und Transaktions- prozessen erlaubt.

Als Basis für die Abwicklung elektronischer Geschäftsprozesse haben sich in der Praxis drei zentrale Plattformen gebildet (*Kollmann* 2019a, S. 65), die den Austausch aller drei Bausteine (Information, Kommunikation und Transaktion) zum Inhalt haben und damit zum **engeren Kreis des E-Business** gezählt werden können. Mit den zugehörigen Stoßrichtungen **Einkauf**, **Verkauf** und **Handel** adressieren sie die zentralen Betätigungsfelder einer Unternehmung bzw. eines Marktes (*Kollmann* 2019a, S. 65):

- Das **E-Procurement** ermöglicht den elektronischen Einkauf von Produkten bzw. Dienstleistungen durch ein Unternehmen über digitale Netzwerke. Damit erfolgt eine Integration von innovativen Informations- und Kommunikationstechnologien zur Unterstützung bzw. Abwicklung von operativen und strategischen Aufgaben im Beschaffungsbereich.

- Ein **E-Shop** ermöglicht den elektronischen Verkauf von Produkten bzw. Dienstleistungen durch ein Unternehmen über digitale Netzwerke. Damit erfolgt eine Integration von innovativen Informations- und Kommunikationstechnologien zur Unterstützung bzw. Abwicklung von operativen und strategischen Aufgaben im Absatzbereich.

- Ein **E-Marketplace** ermöglicht den elektronischen Handel mit Produkten bzw. Dienstleistungen über digitale Netzwerke. Damit erfolgt eine Integration von innovativen Informations- und Kommunikationstechnologien zur Unterstützung bzw. Abwicklung einer Zusammenführung von Angebot und Nachfrage.

Allerdings muss festgestellt werden, dass diese Bezeichnungen nicht überschneidungsfrei sind. So kann z. B. der elektronische Einkauf durchaus als Marktplatzlösung angeboten werden. Es existieren daneben aber noch **zwei weitere Plattformen**, welche neuerdings ebenfalls dem **erweiterten Kreis des E-Business** zugerechnet werden, die jedoch nicht alle drei Bausteine in gleicher Weise betonen, sondern sich insbesondere auf Information und Kommunikation konzentrieren (*Kollmann* 2019a). Allerdings bezieht sich insbesondere die Kommunikation bei diesen Plattformen zunehmend direkt oder indirekt auf wirtschaftliche und damit transaktionsrelevante Inhalte (*Kollmann* 2019a, S. 65 f.). Dies ist z. B. dann der Fall, wenn im Rahmen der Kommunikation durch die Nutzer verschiedene Produkte besprochen und bewertet werden und der anschließende Kauf in einem E-Shop dadurch beeinflusst wird. Auch bei der Vernetzung von Unternehmen geht es neben dem Informationsaustausch zunehmend um transaktionsrelevante Ergebnisse im Rahmen gemeinsamer Produktentwicklungen, die in der Folge dann gemeinsam dem Markt angeboten werden. Mit den zugehörigen Stoßrichtungen **Kontakt** und **Kooperation** begleiten die beiden Plattformen zunehmend die Transaktionsentscheidung, wodurch sie im Rahmen des E-Business ebenfalls behandelt werden sollten (*Kollmann* 2019a, S. 66):

- Eine **E-Community** ermöglicht den elektronischen Kontakt zwischen Personen über digitale Netzwerke. So erfolgt eine Integration von innovativen Informations- und Kommunikationstechnologien sowohl zur Unterstützung des Daten- bzw. Wissensaustausches als auch zur Vorbereitung transaktionsrelevanter Entscheidungen.

▪ Eine **E-Company** ermöglicht die elektronische Kooperation zwischen Unternehmen über digitale Netzwerke. Damit erfolgt eine Integration von innovativen Informations- und Kommunikationstechnologien zur Verknüpfung von einzelnen Unternehmensleistungen im Hinblick auf die Bildung eines virtuellen Unternehmens mit einem zusammengesetzten Transaktionsangebot (*Kollmann/Michaelis* 2014).

▶ *Medienhinweis: Die Plattformen im E-Entrepreneurship (Video-Podcast)*
www.netcampus.de/podcasts

Unabhängig von der engeren oder weiteren Sichtweise zum E-Business im Hinblick auf die zugehörigen Plattformen kann nun eine theoretische oder eher praxisorientierte Interpretation vom **Begriff „E-Business"** angeführt werden (*Kollmann* 2019a, S. 65):

„E-Business ist die Nutzung der Informationstechnologien für die Vorbereitung (Informationsphase), Verhandlung (Kommunikationsphase) und Durchführung (Transaktionsphase) von Geschäftsprozessen zwischen ökonomischen Partnern über innovative Kommunikationsnetzwerke (theoretische Sichtweise)."

„E-Business ist die Nutzung von innovativen Informationstechnologien, um über den virtuellen Kontakt etwas zu verkaufen, Informationen anzubieten bzw. auszutauschen, dem Kunden eine umfassende Betreuung zu bieten und einen individuellen Kontakt mit den Marktteilnehmern zu ermöglichen (praxisorientierte Sichtweise)."

Die anhaltend rasante technologische Entwicklung in der Digitalen Wirtschaft geht dabei zwangsläufig mit vielfältigen Möglichkeiten einher, innovative Geschäftskonzepte auf Basis elektronischer Informations- und Kommunikationsnetze zu entwickeln und diese nicht nur im Rahmen von bereits vorhandenen Unternehmen einzusetzen, sondern auch gänzlich neue Unternehmen (Startups) zu gründen. Unter der **Unternehmensgründung** wird dabei allgemein die Schaffung einer selbständigen und originären rechtlichen Wirtschaftseinheit verstanden, innerhalb der die selbständigen Gründerpersonen mit einem spezifischen Angebot (Produkt bzw. Dienstleistung) einen fremden Bedarf decken möchten (*Kollmann* 2019b). Bezogen auf das E-Business würde der übergeordnete Begriff „**E-Entrepreneurship**" bzw. „**Digital Entrepreneurship**" somit die Gründung von jungen Unternehmen in der Digitalen Wirtschaft auf Basis elektronischer Geschäftsprozesse beschreiben (*Kollmann* 2019b; *Kollmann/Kuckertz/Stöckmann* 2010).

! • **Die Digitale Wirtschaft ist als Rahmenbedingung zugleich auch das Spielfeld für das Digital Leadership und die entsprechende Unternehmensführung muss über den Einsatz von Informationstechnologien innerhalb und außerhalb des Unternehmens die Grundlage für das eigene E-Business über die verschiedenen Plattformen schaffen.**

1.1.3   Die digitalen Geschäftsmodelle

Die Entstehung der elektronischen Wertschöpfungsprozesse durch die Nutzung des E-Business ist unmittelbar mit der Frage nach der Geschäftsgenerierung und damit nach verschiedenen **digitalen Geschäftsmodellen** verbunden. Die Antwort auf eine diesbezüglich erste Frage „Wo sollen die Einnahmen im E-Business generiert werden?" ist insbesondere über eine Analyse der handelnden Akteure in den einzelnen Geschäftsbereichen zu beantworten. Darüber hinaus ist es wichtig zu verstehen, welche unterschiedlichen Geschäftskonzepte sowie Erlösmodelle und -systematiken im E-Business existieren, um Einnahmen zu generieren. Für Führungskräfte ist dieses Wissen daher essenziell, da sie besser heute als morgen auf derartige Veränderungen und den steigenden Druck durch neue, innovative Marktteilnehmer im besten Fall proaktiv reagieren müssen.

Die Fähigkeit, das Geschäftsmodell eines Unternehmens zu verstehen und artikulieren zu können, ist unerlässlich, um Einsicht in die individuellen **Strukturen seiner Geschäftstätigkeit und Wertschöpfung** zu erhalten, um zu verstehen, ob und wie es kurz-, mittel- oder langfristig einen Wettbewerbsvorteil aufbauen kann. Dies ist insbesondere für solche Geschäftsmodelle wichtig, die auf rein immateriellen, informationsgetriebenen Wertschöpfungsketten basieren. Ein digitales Geschäftsmodell kann vor diesem Hintergrund daher definiert werden als (*Kollmann/Hensellek* 2017b):

> *„Die Logik, wie ein Unternehmen innerhalb der Digitalen Wirtschaft agiert und wie es nachhaltig Werte schafft durch elektronische, informationsbezogene Prozesse basierend auf innovativen Informationstechnologien. "*

Geschäftsbereiche

Dabei kann im E-Business im Grunde zunächst eine grobe Unterscheidung in Anbieter und Empfänger der elektronisch basierten Leistungen erfolgen. Entsprechend findet man als mögliche Anbieter bzw. Empfänger hauptsächlich Unternehmen (Business), öffentliche Institutionen (Government) und private Konsumenten (Consumer). In Kombination dieser drei Gruppen ergeben sich vor diesem Hintergrund die typischen **Geschäftsbereiche** für das E-Business:

- Der Leistungsaustausch zwischen **Business-to-Consumer (B2C)** impliziert den Online-Handel zwischen Unternehmen und Kunden. Charakteristisch für diese Transaktionsbeziehung ist die Geschäftsanbahnung, -vereinbarung und die Zahlungsabwicklung. Die Beziehung ist dabei geprägt durch die Kurzfristigkeit des Marktkontaktes und die relativ kleinen bis mittleren Transaktionsbeträge (*Merz* 2002, S. 22 ff.). Im Vordergrund des Kaufprozesses steht die Auswahl des Produkts, die Bestellung und Bezahlung. Klassisches Beispiel ist *amazon.de*. Als Plattformen im B2C-Bereich kommen hauptsächlich E-Shop und E-Marketplace zum Tragen (s. Kapitel 1.1.2).

- Die Leistungsbeziehung zwischen Unternehmen, **Business-to-Business (B2B)** ist im Gegensatz zu B2C von einer längerfristigen Geschäftsbeziehung und komplexeren

Wertschöpfungsstrukturen geprägt. Es handelt sich dabei nicht unbedingt nur um einzelne Unternehmen, die miteinander interagieren, sondern auch um Unternehmensgruppen (z. B. Autohändler oder Werkstätten-Verbünde). Ziel ist es, dass Unternehmen mittels Informations- und Kommunikationstechnologien miteinander Geschäfte abwickeln. Die Ausprägungen von B2B im Sinne von Handel, Kommunikation, Transport sind in der Praxis vielfältig und treten bspw. in Form einer internetbasierten Beschaffungsplattform auf. Ein Beispiel stellt hierbei *supplyon.de* dar. Als Plattformen im B2B-Bereich kommen hauptsächlich E-Company, E-Procurement und E-Marketplace zum Tragen (s. Kapitel 1.1.2).

▨ Der Bereich **Government-to-Business (G2B)** bezieht sich überwiegend auf Transaktionen im Bereich der öffentlichen Beschaffung und kommt insbesondere bei formalisierten Ausschreibungsverfahren zum Einsatz. Mit der Unterstützung der Informationstechnologie erlangen diese einen höheren Grad an Transparenz und Effizienz (*Merz* 2002, S. 22). Wenn Staaten oder öffentliche Institutionen und Ämter, wie etwa Zollämter über das Internet kommunizieren (E-Community), so dient der **Government-to-Government (G2G)**-Leistungsaustausch in erster Linie der Unterstützung von Unternehmen beim Handel (*Merz* 2002, S. 29). Bestrebungen im Hinblick auf E-Government sind häufig auch unter dem Stichwort „virtuelles Rathaus" zu finden. Dies beinhaltet E-Services für den Bürger wie z. B. die Bereitstellung von Informationen, Formularen und die Abwicklung der Kfz-Anmeldung. Aber auch die An- und Ummeldung des Wohnsitzes und Wahlen sollen in Zukunft online erfolgen. Die *Bundesagentur für Arbeit* ist ferner eine öffentliche Institution, die im **Government-to-Consumer (G2C)**-Bereich Leistungen wie etwa Vermittlungsbörsen, aber auch ausführliche Informationen zum Arbeitnehmerrecht, zur Greencard-Initiative und anderem anbietet (*Kollmann/Kayser* 2010; *Kollmann/Kayser/Stöckmann* 2012; *Wirtz* 2018). Als Plattformen im G2C-Bereich kommen hauptsächlich E-Shop, E-Marketplace und E-Procurement zum Tragen (s. Kapitel 1.1.2).

▨ Der Bereich **Consumer-to-Consumer (C2C)** bezeichnet einen Bereich, wo es um die Organisation des Produkt- bzw. Informationsaustausches zwischen Privatpersonen geht. Prominentes Beispiel für diesen Bereich sind Handelsbörsen im Internet wie *ebay.de*, bei denen Privatpersonen als Anbieter und Empfänger einer Leistung fungieren können. Dieses Verhältnis wird häufig auch als Peer-to-Peer (P2P) bezeichnet, da sog. Peers (Gleichberechtigte) in einem Verbund gegenseitig Ressourcen (z. B. Informationen) austauschen können (*Schoder/Fischbach* 2002, S. 101). Die bekanntesten P2P-Technologien finden speziell im Instant Messaging (z. B. *WhatsApp*), File Sharing (im Sinne von einer Musiktauschbörse) und Web Services (im Sinne von *web.de*) Anwendung (*Oram* 2001). Als Plattformen kommen hauptsächlich E-Community und E-Marketplace zum Tragen (s. Kapitel 1.1.2). Ein aktueller Trend im C2C ist auch die Entwicklung zur sog. **Sharing Economy**. Dieser ursprünglich durch *Weitzman* (1984) geprägte Begriff beschreibt einen Wohlfahrtsgewinn durch das kollektive Teilen unter allen Marktteilnehmern. Im Internet bezieht sich der Begriff auf das Teilen von Wissen und Informationen, beschreibt jedoch auch Applikationen, die es ermöglichen, Ressourcen wie z. B. Essen oder Wohnraum miteinander zu teilen.

Prinzipiell gilt, dass die **Rollen der Akteure** in der Digitalen Wirtschaft nicht hundertprozentig fix sind. Das bedeutet, dass sich in Abhängigkeit vom Markt die Rollen wieder verändern und umkehren können (*Wirtz* 2018, S. 25 f.). Klassisches Beispiel ist der Konsument, der ab einem bestimmten Zeitpunkt auf *ebay.com* zum Profianbieter (Powerseller) wird und damit eher die Rolle eines Unternehmers einnimmt. Auch kann es vorkommen, dass ein Marktplatz wie z. B. *autoscout24.de* sowohl den Handel zwischen Unternehmen und Privatpersonen (B2C) als auch den Handel unter Privatpersonen (C2C) organisiert und damit eine **Mischform** bei der Wahl des Geschäftsbereiches präferiert.

Geschäftskonzepte

Die Antwort auf die nachfolgende Frage „Wie können Einnahmen im E-Business generiert werden?" ist direkt über eine Analyse des elektronischen Geschäftskonzeptes zu beantworten. Dieses Geschäftskonzept beschreibt dabei den Austausch einer angebotenen Leistung (Produkt oder Service) zwischen bestimmten Geschäftspartnern hinsichtlich des Inhalts und der dafür zum Tragen kommenden Vergütung. Dabei können für das E-Business fünf typische **Geschäftskonzepte** identifiziert werden: Content, Commerce, Context, Connection und Communication (*Wirtz* 2003, S. 106 ff.; *Rayport/Jaworski* 2002, S. 184 ff.).

	Content	Commerce	Context	Connection	Communication
Definition	Sammlung, Selektion, Systematisierung, Kompilierung und Bereitstellung von Inhalten über Netzwerke	Anbahnung, Aushandlung und/oder Abwicklung von Geschäftstransaktionen über Netzwerke	Klassifikation, Systematisierung und Zusammenführung verfügbarer Informationen in Netzwerken	Repräsentation des Grades der formalen Verknüpfungen in Netzwerken	Herstellung der Möglichkeit eines Informationsaustausches in Netzwerken
Ziel	Bereitstellung von konsumentenorientierten, personalisierten Inhalten über Netzwerke	Ergänzung bzw. Substitution traditioneller Transaktionsphasen über Netzwerke	Komplexitätsreduktion und Bereitstellung von Navigationshilfen und Matchingfunktionen über Netzwerke	Schaffung von technologischen oder kommerziellen Verbindungen in Netzwerken	Schaffung von kommunikativen Verbindungen in Netzwerken
Erlösmodell	Direkte (Premiuminhalte) und indirekte Erlösmodelle (Werbung)	Transaktionsabhängige, direkte und indirekte Erlösmodelle (Werbung)	Direkte (Inhaltsaufnahme) und indirekte Erlösmodelle (Werbung)	Direkte (Objektaufnahme/ Verbindungsgebühr) oder Indirekte Erlösmodelle (Werbung)	Direkte (Verbindungsgebühr) und indirekte Erlösmodelle (Werbung)
Plattformen	E-Shop, E-Community, E-Company	E-Shop, E-Procurement, E-Marketplace	E-Community, E-Marketplace	E-Marketplace, E-Company, E-Community	E-Community, E-Shop, E-Marketplace, E-Company
Beispiele	sueddeutsche.de, manager-magazin.de, guenstiger.de	mytoys.com, amazon.com, expedia.de	yahoo.de, google.de, ciao.com	autoscout24.de, travelchannel.de, t-online.de	ebay.com, facebook.com, elitepartner.de
Mehrwert	Überblick, Auswahl, Kooperation, Abwicklung	Überblick, Auswahl, Abwicklung	Überblick, Auswahl, Vermittlung, Austausch	Überblick, Auswahl, Vermittlung, Abwicklung, Austausch	Überblick, Auswahl, Vermittlung, Austausch

Abb. 3:   Die elektronischen Geschäftskonzepte der Digitalen Wirtschaft
Quelle: in Anlehnung an *Kollmann* 2019a, S. 70.

Das Geschäftskonzept „**Content**" (s. Abb. 3) beinhaltet die Sammlung, Selektion, Systematisierung, Kompilierung (Packing) und Bereitstellung von Inhalten auf einer eigenen Plattform innerhalb eines Netzwerkes. Dabei zielt dieses Geschäftskonzept auf die einfache, bequeme, visuell ansprechend aufbereitete und online zugängliche Präsentation und Handhabung der Inhalte für den Nutzer. Varianten dieses Geschäftskonzepts sind im Hinblick auf E-Information, E-Entertainment und E-Education zu sehen und verfügen dementsprechend über informierende, unterhaltende oder bildende Inhalte. Die Erlöse werden bei diesem Konzepttyp entweder über direkte (z. B. Verkauf von Premiuminhalten) oder indirekte (z. B. Werbung bei Inhaltspräsentation) Erlösmodelle erzielt. Ein Beispiel für ein direktes Modell wäre *genios.de*, bei dem Inhalte über eine Datenbank nur gegen eine Nutzungsgebühr zu erhalten sind. Dagegen sind die Beiträge auf der Plattform *manager-magazin.de* bis auf Premiumartikel grundsätzlich kostenlos, wobei die Einnahmen indirekt über Werbeeinblendungen generiert werden (z. B. Banner).

Das Geschäftskonzept „**Commerce**" (s. Abb. 3) umfasst die Anbahnung, Aushandlung bzw. Abwicklung von Geschäftstransaktionen über Netzwerke. Die traditionellen Transaktionsphasen werden somit elektronisch unterstützt, ergänzt oder substituiert. Dieses Geschäftskonzept zielt dabei auf die einfache, bequeme und schnelle Abwicklung von Kauf- bzw. Verkaufsprozessen ab. Die Erlöse werden bei diesem Konzepttyp wiederum über direkte (z. B. Verkauf von Produkten und Dienstleistungen) oder aber indirekte (z. B. Werbung) Erlösmodelle erzielt. Ein Beispiel ist das Reiseunternehmen *expedia.de*, das einen Großteil seines Reiseangebots direkt von den Anbietern erwirbt und anschließend Hotelzimmer und Flugtickets über seine Webseite an Endkunden direkt weiterverkauft – und zwar zu einem Preis, den das Unternehmen nach Angebot und Nachfrage selbst kalkuliert (*Hirn/Rickens* 2003, S. 77 f.).

Das Geschäftskonzept „**Context**" (s. Abb. 3) zeichnet sich durch die Klassifizierung, Systematisierung und Zusammenführung von verfügbaren Informationen und Leistungen in Netzwerken aus. Hierdurch wird das Ziel verfolgt, eine Verbesserung der Markttransparenz (Komplexitätsreduktion) und Orientierung (Navigation) für den Nutzer zu erreichen. Die Erlöse werden bei diesem Konzepttyp entweder über ein direktes (z. B. Gebühr für die Aufnahme oder Platzierung von Inhalten) oder indirektes Modell (z. B. Werbung, Statistiken, Inhalte) generiert. Als Beispiel können hier in erster Linie die Suchmaschinen, wie bspw. *google.de* (*Röhle* 2010) und *lycos.de* oder die Web-Kataloge, wie *web.de* genannt werden. Während Suchmaschinen die Netzinhalte quasi automatisch suchen und katalogisieren, beinhalten Web-Kataloge qualitative Bewertungen von Webseiten und werden von Redakteuren eigenhändig erstellt (*Fritz* 2004, S. 53).

Bei dem Geschäftskonzept „**Connection**" (s. Abb. 3) wird die Interaktion von Akteuren in Datennetzen ermöglicht bzw. organisiert. Dieser Zusammenschluss kann auf kommerzieller aber auch technologischer Ebene erfolgen. Als Erlösmodell kommen erneut direkte (z. B. für die Objektaufnahme/-anbindung oder Verbindungsgebühren) oder indirekte (z. B. Werbung, Statistiken, Cross-Selling) Modelle zum Einsatz. Als Beispiel für eine technologische Zusammenführung kann *t-online.de* genannt werden, die einen generellen Zugang zum Internet anbieten und somit gegen eine Verbindungsgebühr die „Connection" ermöglichen. Als ergänzendes Beispiel für eine kommerzielle Zusammenführung kann *autoscout24.de* genannt werden, die Autohändler zum Zwecke des Gebrauchtwagen-verkaufs mit einer Datenbankanbindung auf einen E-Marketplace bringen.

Bei dem Geschäftskonzept „**Communication**" (s. Abb. 3) wird die Interaktion von Akt-euren in Netzwerken ermöglicht bzw. unterstützt. Dies schließt sowohl die Kommunikation zwischen Nutzern einer Seite untereinander als auch die Kommunikation von Nutzern mit einer Plattform und umgekehrt ein. Die Erlöse werden bei diesem Geschäftskonzept ent-weder über ein direktes (z. B. Verbindungsgebühr) oder ein indirektes Modell (z. B. Wer-bung) generiert. Im Hinblick auf die Werbung wird dabei insbesondere auf die vorhande-nen Kommunikations- und Nutzerprofile zurückgegriffen. Als Beispiel können hier in ers-ter Linie E-Communities (social networks), wie *facebook.com* oder *elitepartner.de*, bzw. Informationsangebote, wie durch E-Mail-Benachrichtigungen auf *ebay.com* realisiert, ge-nannt werden.

	Content	Commerce	Context	Connection	Communication
autoscout24.de					
reifendirekt.de					
expedia.de					
yahoo.de					
ciao.de					

Abb. 4:   Beispiele für Mischformen der Geschäftskonzepte der Digitalen Wirtschaft
Quelle: in Anlehnung an *Wirtz* 2018, S. 309.

Waren die Geschäftskonzepte Content, Commerce, Context, Connection und Communica-tion zu Beginn des E-Business noch vorwiegend in der „Reinform" vorzufinden, so können heute fast nur noch Mischkonzepte (sog. **hybride Geschäftskonzepte**) im Netz beobach-tet werden (s. Abb. 4). Dieser Entwicklungsprozess nimmt vor allem durch Adaption, Kombination und Aggregation der obenstehenden Typen weiter zu. Die Gründe für die Veränderungen liegen vor allem in den strategischen Veränderungen von Konzepten durch die Zielsetzung von Verbundeffekten, multiple Kundenbindung, Preisbündelung und Di-versifikation sowie Expansion der Erlösquellen (*Wirtz* 2003, S. 106 ff.).

Erlösmodelle

Die Erlöse im E-Business ergeben sich primär aus der direkt angebotenen elektronischen **Kernleistung** (*Kollmann* 2019a). Somit stellt die Kernleistung gerade den elektronischen

Mehrwert, eventuell im Zusammenhang mit einem realen Produkt oder Dienstleistung dar, für den das Geschäftsmodell ursprünglich entwickelt worden ist und welcher zu direkten Einnahmen (s. Abb. 5) führt. Daneben existieren aber auch indirekte Einnahmequellen (s. Abb. 5), die sich aus dem Angebot der Kernleistung ableiten. Dabei werden über die Kernleistung Informationen generiert, die für Dritte von Interesse sein könnten. Voraussetzung dafür ist, dass diese sog. **Nebenleistungen** wiederum einen elektronischen Mehrwert für den Abnehmer darstellen (*Kollmann* 2019a). Der Abnehmerkreis für diese Nebenleistungen kann sich dabei von dem der Hauptleistung durchaus unterscheiden. Entsprechend ergeben sich vor diesem Hintergrund für die **Produktstrategie** drei Varianten:

- **Singular-Prinzip**: Hier steht die bezahlte Kernleistung im Mittelpunkt (z. B. Verkauf über E-Shop) und eine Nebenleistung ist nicht vorhanden bzw. wird bewusst nicht erzeugt und/oder genutzt. Das bedeutet, dass die im elektronischen Wertschöpfungsprozess produzierten Informationen (Informationsverarbeitung) über die Erstellung der Kernleistung hinaus nicht wirtschaftlich genutzt werden. Typisches Beispiel ist der E-Shop (s. Kapitel 1.1.2).

- **Plural-Prinzip**: Hier stehen sowohl die bezahlte Kernleistung (z. B. Vermittlungsleistung auf einem E-Marketplace) als auch die vermarktbare Nebenleistung (z. B. Verkauf von Marktdaten/-statistiken) im Mittelpunkt. Das bedeutet, dass die im elektronischen Wertschöpfungsprozess produzierten Informationen (Informationsverarbeitung) auch über die Erstellung der Kernleistung hinaus wirtschaftlich genutzt werden. Typisches Beispiel ist der E-Marketplace (s. Kapitel 1.1.2).

- **Symbiose-Prinzip**: Hier stehen, wie schon beim Plural-Prinzip, sowohl die Kern- als auch die Nebenleistung im Mittelpunkt. Allerdings wird die Kernleistung kostenlos angeboten (z. B. Teilnahme an E-Community), um die Informationen für die Nebenleistung (z. B. personalisierte Werbung) überhaupt zu erhalten. Das bedeutet, dass die im elektronischen Wertschöpfungsprozess produzierten Informationen (Informationsverarbeitung) nur über die Nebenleistung wirtschaftlich genutzt werden. Die Kernleistung ist Mittel zum Zweck, wobei diese ohne die Einnahmen aus der Nebenleistung nicht aufrechterhalten werden kann und umgekehrt die Nebenleistung ohne die Kernleistung gar nicht existieren würde (Symbiose). Ein typisches Beispiel ist die E-Community (s. Kapitel 1.1.2).

▶ *Medienhinweis: Produktstrategie im E-Entrepreneurship (Video-Podcast)*
www.netcampus.de/podcasts

Für jede elektronische Plattform lassen sich Nebenleistungen identifizieren und Abb. 5 gibt exemplarisch einen Überblick. Ein E-Shop (z. B. ein Internetverkauf für Spielsachen) sammelt bei jeder Transaktion Kundendaten, die dann sowohl individuell (in Form von Einzelauswertungen) als auch die gesamte Kundendatenbank umfassend ausgewertet werden können. Dadurch entstehen neue Informationen, wie z. B. Kaufhistorien oder

Trendentwicklungen, die ihrerseits den Herstellern oder anderen Marktsegmenten angeboten werden können (z. B. Holzspielsachen sind wieder gefragt). Das indirekte (sekundäre) Leistungsangebot (z. B. Marktinformationen als Nebenleistung) im E-Business besitzt dabei einen eigenständigen Mehrwert, der jedoch ohne die direkte Leistungserbringung (z. B. die Bereitstellung einer E-Community als Kernleistung) nicht geschaffen werden könnte. In der gleichen Systematik sind für die anderen Plattformen die Leistungsunterschiede zu verstehen.

	Kernleistung (direkt)	Nebenleistung (indirekt)
E-Shop	Spielsachen	Trendinformationen
E-Marketplace	Autohandel	Versicherungen
E-Community	Kommunikation	Werbefläche
E-Procurement	Bürobedarf	Kundendaten

Abb. 5:   Beispiele für Kern- und Nebenleistungen in der Digitalen Wirtschaft
Quelle: *Kollmann* 2019a, S. 73.

Erlössystematiken

Im E-Business lassen sich, unabhängig davon, ob es sich um eine Kern- oder eine Nebenleistung handelt, drei idealtypische **Erlössystematiken** identifizieren (*Kollmann* 2019a). Die konkrete Ausgestaltung ist dabei abhängig von der elektronischen Plattform (s. Kapitel 1.1.2) und dem eigentlichen Leistungsgegenstand (*Kollmann* 2019a; *Skiera/Spann* 2002, S. 691 ff.; *Wirtz* 2018):

▪ **Margenmodell**: Diese Form findet meistens Anwendung, wenn eine eigene Leistung direkt an den Kunden verkauft wird. Die für die Leistungserstellung entstehenden Kosten werden errechnet und um eine Gewinnmarge erweitert. Der daraus entstehende Betrag repräsentiert den Preis, den es für das elektronische „Produkt" zu zahlen gilt. Die Gewinnmarge ist dabei so zu wählen, dass neben den variablen Kosten auch die Fixkosten gewinnbringend gedeckt werden. Typisches Beispiel ist ein E-Shop (s. Kapitel 1.1.2).

▪ **Provisionsmodell**: Werden über die elektronische Plattform insbesondere Fremdleistungen an den Kunden vermittelt, erfolgt für die Leistungsvermittlung eine erfolgsabhängige Provisionszahlung. Gerade bei den Affiliate-Programmen wird diese Form der transaktionsabhängigen Vergütung sehr häufig eingesetzt. Typisches Beispiel ist ein E-Marketplace (s. Kapitel 1.1.2).

▪ **Grundgebührmodell**: Bei dem Angebot von transaktionsunabhängigen elektronischen Leistungen wird in der Regel ein Entgelt in Form einer Gebühr erhoben (z. B. Zugangsgebühr, Bereitstellungsgebühr oder Aufnahmegebühr). Sie kann als einzige Erlösform verwendet werden oder in Kombination mit transaktionsabhängigen Leistungen. Typische Beispiele sind eine E-Community oder ein E-Marketplace. Aber auch neuere E-Geschäftsmodelle wie z. B. das Abo-Commerce-Modell (monatliche Gebühr für regelmäßige Lieferung) beim E-Shop greifen auf diesen Ansatz zurück.

Die Umsetzung der jeweiligen Erlössystematik wird nicht immer in ihrer Reinform erfolgen. Vielmehr sind im E-Business häufig **Mischformen** anzutreffen, die sich nach preispolitischen und wettbewerbspolitischen Gesichtspunkten ergeben. An dieser Stelle sei darauf hingewiesen, dass die dargestellten Erlössystematiken analog für wirtschaftliche Angebote im mobilen Bereich gelten können.

 Digitale Geschäftsmodelle mit ihren Geschäftsbereichen und -konzepten sowie Erlösmodellen und -systematiken determinieren im Zusammenhang mit dem Digital Leadership, dass die Unternehmensführung zum einen die vorhandenen realen Geschäftsmodelle konsequent digitalisiert und zum anderen, dass sie neue digitale Geschäftsmodelle entwickelt.

1.1.4   Der digitale Wettbewerb

Die Fortschreitung der digitalen Transformation (s. Kapitel 1.1.1) sowie die damit verbundene Entstehung neuer Geschäftsmöglichkeiten (s. Kapitel 1.1.2 und Kapitel 1.1.3) führen zu einem völlig neuen **digitalen Wettbewerb** und auch neuen **digitalen Wettbewerbern** mit welchen sich die digitalen Führungskräfte von heute und morgen auseinandersetzen müssen. Wirtschaftliche Transaktionen mit 0/1-Informationen sind im Gegensatz zu realen Gütern nicht direkt physisch greifbar (s. Kapitel 2.2.1). Dennoch sind die Auswirkungen der über die Datennetze transferierten Informationen auf reale wirtschaftliche Strukturen von zunehmender Relevanz. Aufgrund der Bedeutung von Information als unterstützender und eigenständiger **Wettbewerbsfaktor** sowie der Zunahme der Digitalisierung muss von einer Zweiteilung relevanter Handelsebenen für die Möglichkeit des Wirtschaftens ausgegangen werden (*Weiber/Kollmann* 1998, S. 603). Die Entwicklungen führen zu Besonderheiten in verschiedenen Bereichen (*Kollmann* 1998b, S. 45):

- **Produktangebot**: Produkte und Dienstleistungen können über Informationstechnologien (Internet/Mobilfunk/ITV) rund um die Uhr, an sieben Tagen pro Woche und ganzjährig virtuell angeboten bzw. verkauft werden.

- **Informationsangebot**: Die Darstellung von digitalen Informationen zu den Produkten, Dienstleistungen und dem Unternehmen kann mit Hilfe von multimedialen Bausteinen und unter den Bedingungen des virtuellen Kontaktes einfach, schnell und umfassend erfolgen.

- **Informationsnachfrage**: Der an den Produkten, Dienstleistungen oder Unternehmen interessierte Nachfrager kann aufgrund interaktiver Kommunikationsmöglichkeiten die benötigten Informationen einfacher, schneller, umfassender und insbesondere aktiv abrufen.

▨ **Informationsaustausch**: Der Kontakt mit dem an den Produkten, Dienstleistungen oder Unternehmen interessierten Nachfrager kann direkter und individueller gestaltet werden.

▨ **Informationsverarbeitung**: Unternehmen haben mit Hilfe der elektronischen Informationsverarbeitung die Möglichkeit, eine enorme Menge an relevanten Kunden- und Prozessdaten einfacher, schneller und umfassender zu verarbeiten und die Ergebnisse direkt in den Kundenkontakt mit einfließen zu lassen.

▶ *Medienhinweis: Der Informationswettbewerb im E-Business (Video-Podcast)*
www.netcampus.de/podcasts

Diese Entwicklungen haben sprichwörtlich zu einem **digitalen Tsunami für die Wirtschaft** und alle zugehörigen Unternehmen geführt (*Kollmann* 2018, S. 145 ff.). In der realen Welt besteht ein Tsunami bekanntlich meist aus mehreren Wellenbergen, die aufeinanderfolgend mit meist zunehmender Höhe der Wellenberge auf die Küste auflaufen. Übertragen auf die digitale Welt bedeutet dies den ständigen Angriff von innovativen Start-ups mit digitalen Geschäftsprozessen und -modellen, die sich über den Aufbau einer kritischen Masse zu mächtigen Plattformen im Netz auftürmen und gnadenlos auf die traditionellen Branchen zurollen, um hier Formen und Strukturen disruptiv zu verändern. Zum Glück geht es aber hierbei nicht um Menschenleben und insofern hinkt der Vergleich zum Naturphänomen natürlich und dieser soll auch nicht pietätlos sein oder hier in diesem speziellen menschlichen Zusammenhang verwendet werden. In der digitalen Welt geht es in der rein technischen Konsequenz „nur" um die Verwässerung der wirtschaftlichen **Stärke im weltweiten Online-Wettbewerb** von Unternehmen und Volkswirtschaften. Ein Epizentrum der digitalen Tsunamis ist dabei klar definierbar: das **Silicon Valley**. Von hieraus rollen mit beängstigender Beständigkeit immer wieder neue digitale Wellenberge aus Nullen und Einsen auf uns zu. Alle haben dabei ein Ziel: Die wirtschaftlichen Spielregeln auf der digitalen, aber eben auch der realen Handelsebene zu verändern. Dabei können im Kern zwei Effekte als Auslöser von digitalen Tsunamis beobachtet werden (*Kollmann* 2018, S. 146 f.):

▨ Der **Piranha-Effekt**: Kleine Unternehmen (Startups) im Internet versuchen mit ihren innovativen digitalen Geschäftsprozessen und -modellen ein Stück von den großen digitalen oder realen Märkten zu erobern.

▨ Der **Elephant-Effekt**: Große Unternehmen (Plattformen) im Internet versuchen mit ihren etablierten digitalen Geschäftsprozessen und -modellen in weitere große digitale oder reale Märkte einzudringen.

Als Beispiel für den Piranha-Effekt kann *Uber* genannt werden, welches als digitales Startup versucht, den Markt für den privaten Personentransport über seinen digitalen Peer-to-Peer-Marktplatz zu verändern. Als Beispiel für den Elephant-Effekt kann *Amazon* aufgeführt werden, die über ihre digitale Handels- und Logistikmacht über *AmazonFresh* nun auch den realen Lebensmittelhandel erobern wollen. Die einen „beißen" sich über digitale Innovationen neu in Branchen hinein, die anderen „trampeln" über die digitale Transformation alles nieder, was ihnen als vielversprechende Branche in den Weg kommt. Weitere **Beispiele** für den einen oder anderen Effekt gibt es genug und alle sollten uns aufhorchen lassen: *Netflix* greift das lineare Fernsehen traditioneller Medienanbieter an; *Airbnb* mischt mit seiner Plattform die Hotel- und Reisebranche auf; *Amazon* testet die Same Day Delivery-Logistik für den Handel; *Google* will die führende Plattform auch für das „Internet der Dinge" bauen und will zudem mit selbstfahrenden Fahrzeugen den Automarkt revolutionieren. Und das sind nur bekannte Beispiele, die auch bei uns in der Presse zu lesen sind. Diese Liste lässt sich aber mit mehr oder weniger bekannten Startups beliebig fortführen, über die zum Beispiel bei **TechCrunch** laufend berichtet wird oder die jeden Tag neu bei **AngelList** nach Investoren suchen.

 Medienhinweis: Vortrag zur Digitalen Transformation (Teil 3)
www.youtube.com/netstartTV

Laut einer aktuellen PwC-Studie wird Deutschland im Jahr 2050 nur noch die zehntgrößte Volkswirtschaft weltweit sein. Andere Studien zeichnen ein ähnliches Bild, wenn es uns nicht gelingen sollte, **Digitale Innovationen** auf den Weg zu bringen und die Herausforderungen der **Digitalen Transformation** zu meistern. Im Ergebnis müssen wir einerseits endlich **eigene digitale Startups** mit innovativen Geschäftsprozessen und -modellen auf den Weg bringen und ihnen über passende Rahmenbedingungen eine Chance geben, sich relevant und nachhaltig im internationalen Online-Wettbewerb zu behaupten. Andererseits müssen sich unsere traditionellen und erfolgreichen realen Weltmarktführer und Industrieunternehmen auf den Weg machen, um ihre **führenden Marktpositionen auch in den Online-Wettbewerb** zu übertragen. Ausgangspunkt aller Überlegungen kann bzw. sollte dabei immer eine einfache Frage sein (*Kollmann* 2018, S. 147 ff.):

Mit welchem innovativen digitalen Geschäftsprozess oder -modell würde ein Unternehmen mit sehr viel Kapital aus dem Silicon Valley die nächste bzw. eigene Branche disruptiv verändern?

Es ist davon auszugehen, dass sich hunderte von Startups in den USA – und zunehmend auch Asien – ebenso täglich diese Frage als unternehmerische Chance stellen, wie es sich die großen Online-Player wie *Google, Facebook* & Co. zur Aufgabe gemacht haben, diese Frage als permanente strategische Chance für die eigene Expansion zu behandeln. Es liegt somit scheinbar in der Natur gerade der US-amerikanischen und zunehmend auch chinesischen Online-Szene nicht nur das Internet gnadenlos zu erobern und wirtschaftlich zu beherrschen, sondern darüber auch reale Branchen und Industrien zu verändern. Schon heute beherrschen große Internet-Unternehmen aus den USA – z. B. die **Digital Big-5** mit *Apple, Google, Microsoft, Amazon* und *Facebook* – die wesentlichen Handelsebenen und zwingen gerade kleineren realen Händlern ihre Marktmacht auf. Wie der Plattform-Index (s. Abb. 6) aufzeigt, stellen digitale Geschäftsmodelle aktuell eine „**Überlegenheit**" im

Digitalen Wettbewerb dar (*Schmidt* 2020). So zeigt sich, dass die 15 am höchsten bewerteten Plattform-Aktien (gewichtet nach ihrer Marktkapitalisierung) konstant über den jeweiligen Indizes internationaler Aktienmärkte liegen. Die europäischen Spieler, die sich dem Online-Handel zugewendet haben, müssen also in einem nicht geringen Maß deren Spielregeln akzeptieren. Auch die großen **Industrie-Unternehmen** werden in Zukunft nur dann wettbewerbsfähig bleiben, wenn sie auch auf der digitalen Handelsebene tätig werden. Sie müssen mit Hilfe von elektronischen Geschäftsprozessen und -modellen in der Lage sein, ihre Wertschöpfung auch im Wettbewerb gegenüber den weltweit führenden Internet-Unternehmen aus den USA und zunehmend auch Asien zu behaupten.

Abb. 6:   Der Plattform-Index 15
Quelle: *Schmidt* 2020.

Es existiert vor diesem Hintergrund kaum ein Bereich in der Wirtschaft, der so dynamisch ist wie die Digitale Wirtschaft. Die Digitalisierung der Geschäfts- und Privatwelt bringt großartige Möglichkeiten mit sich und eröffnet neue Wege zur Exploration und Exploitation innovativer Ideen, die zunehmend unser tägliches Leben verändern (*Amit/Zott* 2001). Gleichzeitig baut sie jedoch auch einen enormen Druck auf etablierte Unternehmen auf, die sich der Herausforderung gegenübergestellt sehen, in einer sich schnell verändernden, komplexen Umwelt mit immer kürzeren Produktzyklen zu bestehen. Der digitale Wettbewerb heißt insbesondere „**Veränderung**", bei dem es Gewinner und Verlierer gibt. Alle Technologien, die in der Historie schneller, besser und/oder günstiger waren, haben sich im Wettbewerb durchgesetzt und die bis dahin gültigen Regeln und Strukturen verändert: das Rad, die Dampfmaschine, das Radio, das Auto. Heute sind es das Internet und die damit verbundenen digitalen Technologien, die die bisher bestehende Ordnung umwälzen.

Damit Unternehmen den Herausforderungen des digitalen Wettbewerbs erfolgreich begegnen können, werden insbesondere digitale Führungskräfte benötigt, die den Mut und die konsequente Haltung haben, diesen **digitalen Wandel** als wesentliche Veränderung zu akzeptieren – und sie endlich als zentrale gesellschaftliche, wirtschaftliche und politische Aufgabe zu sehen. Das klare Ziel muss es sein, mit möglichst vielen Gewinnern ins digitale Zeitalter zu gehen. Keine Struktur und keine Branche wird sich Veränderungen aufgrund technologischer Innovationen auf Dauer verschließen können.

Das Digital Leadership ist vor diesem Hintergrund angehalten, sich ständig mit dem digitalen Wettbewerb und dem digitalen Wettbewerber auseinanderzusetzen. Kernaspekt der diesbezüglichen **Online-Wettbewerbsanalyse** ist die Identifikation und Betrachtung relevanter Konkurrenten – Unternehmen also, die durch ihr Leistungsangebot die gleichen Bedürfnisse zu befriedigen suchen wie das eigene digitale Angebot (*Hungenberg* 2014, S. 131 ff.). Dabei stehen sowohl bereits vorhandene als auch potenzielle (zukünftige) Konkurrenten und mögliche Ersatzprodukte (Substitute) im Mittelpunkt der Analyse. Insbesondere die letzten beiden Aspekte bestimmen den Grad des **zukünftigen bzw. zu erwartenden Wettbewerbsdrucks** (*Wöhe/Döring/Brösel* 2016, S. 416). Die Kenntnis um die am Zielmarkt bestehende Situation ist bedeutsam für einen erfolgreichen und vor allem nachhaltigen Markteintritt. Gerade für ein **digitales Angebot**, bei dem sich der Schutz einer Geschäftsidee bzw. eines Produktangebotes schwierig gestaltet, ist eine Wettbewerbsanalyse somit unverzichtbar (*Timmons* 2015; *Rayport/Jaworski* 2002).

Auf den ersten Blick mag die Identifikation der **relevanten Wettbewerber** unproblematisch erscheinen, zumal dafür neben der eigenen Expertise auf zahlreiche Publikationen oder Branchenberichte zurückgegriffen werden kann (*Hisrich/Peters/Shepherd* 2013, S. 211 f.). Speziell innerhalb der Digitalen Wirtschaft erstrecken sich die möglichen Wettbewerber jedoch über die traditionellen Branchengrenzen hinweg (*Rayport/Jaworski* 2002, S. 124 f.), was bedeutet, dass neben den direkten Online-Konkurrenten auch die indirekten bzw. potenziellen Online-Wettbewerber (z. B. E-Shops für verwandte Produktgruppe Y) sowie die (noch) Offline-Wettbewerber zu berücksichtigen sind (z. B. Hersteller eines Produktes aus Gruppe X). Bei den **indirekten Wettbewerben** kann zwischen drei Arten unterschieden werden (*Kollmann* 2019a, S. 356):

- **Expandierender Wettbewerber**: Unternehmen dieser Kategorie erweitern ihr bisheriges Angebotsspektrum und werden somit zu einem neuen Konkurrenten. Für einen E-Shop für Uhren war dies bspw. der Fall, als *amazon.de* neben Büchern u.a. auch Uhren verschiedener Hersteller ins Angebot aufnahm (Objektbezug). Die Expansion erfolgt hier unter der Beibehaltung bzw. Übertragung des elektronischen Mehrwertes.

- **Modifizierender Wettbewerber**: Unternehmen dieser Kategorie ändern ihr bisheriges Angebotsspektrum und werden somit zum Konkurrenten. Als Beispiel kann eine E-Community für Oldtimer angeführt werden (Kommunikationsfokus), die nun auch Transaktionen (Oldtimer-Vermittlung) anbietet und somit zu einem Konkurrenten von *autoscout24.de* oder *mobile.de* wird. Die Modifikation erfolgt hier aufgrund einer Erweiterung des elektronischen Mehrwertes.

- **Wechselnder Wettbewerber**: Unternehmen dieser Kategorie verlagern ihr bisheriges Angebotsspektrum von der realen Wirtschaft in die Digitale Wirtschaft und werden somit zu einem neuen Konkurrenten. Für *dell.de* würde bspw. *Aldi* diese Position einnehmen, wenn der Discount-Markt seine Computer online verkaufen würde. Der Wechsel erfolgt hier aufgrund einer Verlagerung des realen Geschäftsmodells auf die elektronische Handelsebene.

Hinsichtlich der **Bewertung** der in der Digitalen Wirtschaft vorhandenen Wettbewerbsstruktur kann auf eine Reihe von internetbasierten Tools zurückgegriffen werden (*Shankar/Sharda* 1997). Im Rahmen der sog. **Competitive Intelligence** (Sammlung von Daten für die Wettbewerbsbeobachtung) können dabei folgende Verfahren zum Einsatz kommen (*Turban* et al. 2018, S. 542):

- **Communities**: In branchen-/objektverwandten Communities werden Meinungen und Erfahrungen zu Unternehmen ausgetauscht bzw. Produkte bewertet und verglichen.

- **Homepage-Analyse**: Umfangreiche Informationen über Produkte, Unternehmensziele, Neuerscheinungen sowie Hintergrundinformationen zum potenziellen Wettbewerber lassen sich hierüber ermitteln.

- **Unternehmenskennzahlen**: Viele Unternehmen unterliegen aufgrund ihrer Rechtsform der Publizitätspflicht. Zahlreiche Unternehmensreports werden auch online zur Verfügung gestellt. Darüber hinaus kann bei Unternehmen recherchiert werden, die Unternehmensberichte katalogisieren (z. B. *bisnode.de*).

- **Kundenbefragung**: Potenzielle Kunden können aufgerufen werden, ihre Meinung zu den Stärken und Schwächen der Unternehmensidee abzugeben und das Angebot mit aus ihrer Sicht bekannten Lösungen zu vergleichen. Dabei lassen sich Vergleiche zu den Wettbewerbern durchführen, die den Kunden bekannt sind und somit eine hohe Relevanz für das digitale Angebot besitzen. Zwar ist das eine Methode, die nicht unmittelbar im Vorfeld der Online-Schaltung möglich ist, jedoch für die weitere Identifikation von Wettbewerbern eine Option darstellt.

- **Informationslieferdienste**: Diese auf der Push-Technologie aufbauenden Informationsdienste stellen individuell angefragte Informationen zur Verfügung. Vorteil dabei ist, dass diese laufend neuen Informationen zur Verfügung stellen und somit ein Monitoring ermöglicht wird.

- **Chat- Rooms**: Innerhalb von Chat-Rooms besteht eine gewisse Anonymität, die Nutzer eher dazu verleitet, ihre tatsächliche Meinung zu äußern. Insofern können im Vorfeld wichtige Fragen zu Kundenerwartungen geklärt werden, wobei der digitale Anbieter selbst inkognito bleiben kann. Dennoch sind solche Informationen durch weitere Untersuchungen zu stützen.

Auf Basis der gefundenen Informationen kann nun eine **einzelfallbezogene Bewertung** für die relevanten Wettbewerber erfolgen. Dabei kommen verschiedene Aspekte zum Tragen (*Kollmann* 2019a, S. 358). Dazu zählt z. B. die Identifikation und Bewertung der Stärken und Schwächen von den identifizierten Wettbewerbern ebenso, wie ein Vergleich der konkurrierenden Leistungen auf Basis von Kriterien wie z. B. Marktanteil, Qualität, Preis, Performance, Lieferbedingungen, Zeit, Dienstleistung oder Garantie. Für ein digitales Angebot von besonderem Interesse ist ferner die Frage nach der Vergleichbarkeit und Ausgestaltung des elektronischen Mehrwertes. Hierzu zählt eine Diskussion der Vor- und Nachteile, die von der elektronischen Wertschöpfung ausgeht. Ein weiterer Punkt kann die Bewertung des Know-hows der Wettbewerber sein, um aus Defiziten Vorteile für sich abzuleiten. Die Ergebnisse aus der Online-Wettbewerbsanalyse können in einem **Stärken-Schwächen-Profil** bewertet werden, welches dann die Grundlage für eine tiefergehende Analyse sein kann (*Kotler/Keller* 2016, S. 298 ff.; *Meffert/Burmann/Kirchgeorg* 2015, S. 223 ff.). Dabei lassen sich auch die Stärken und Schwächen der Konkurrenten sowohl untereinander, wie auch mit dem eigenen digitalen Angebot vergleichen.

> **Das Digital Leadership richtet ein Unternehmen konsequent auf den digitalen Wettbewerb aus und analysiert hierfür permanent die neuen digitalen Wettbewerber aus dem Startup-Bereich (Piranhas) sowie die etablierten digitalen Wettbewerber aus dem Plattform-Bereich (Elephants) und setzt diese in Relation zu den eigenen realen und digitalen Angeboten und Geschäftsmodellen.**

1.2 Die Unternehmensentwicklung für das Digital Leadership

Wo in einem Unternehmen findet **Digital Leadership** eigentlich statt? Um diese Frage beantworten zu können ist es zunächst einmal wichtig zu verstehen, welche Personen und Abteilungen eines Unternehmens überhaupt für das Thema Digitalisierung zuständig sind. In den meisten Unternehmen findet die Umsetzung einer digitalen Transformation, wenn überhaupt, in einzelnen (IT-)Projekten statt. Dabei fehlt jedoch häufig eine vollumfängliche und konsequente Transformation in der übergeordneten Unternehmensstrategie (*Jahnke* 2018). Studien zeigen, dass nur gut ein Drittel der deutschen Unternehmen über eine bereichsübergreifende Digitalstrategie verfügen. Ungefähr genauso viele Unternehmen haben zumindest in einzelnen Bereichen digitale Strategien erarbeitet, jedoch verzichtet weiterhin – und trotz des digitalen Wettbewerbs (s. Kapitel 1.1.4.) – knapp jedes vierte deutsche Unternehmen vollständig auf eine Digitalstrategie (*BITKOM* 2020a). Diese Zahlen sind alarmierend und bedeuten: Wir brauchen mehr digitale Köpfe in Entscheidungspositionen deutscher Unternehmen. Denn eines ist klar: „Die IT folgt der Strategie" (*Diekmann* 2020), was bedeutet, dass eine notwendige **Digitalstrategie** von Führungskräften vorgelebt und umgesetzt werden muss, damit Unternehmen den digitalen Wandel proaktiv vorantreiben können. So muss es das Ziel eines jeden Unternehmens sein, die Organisation und damit einhergehend die verbundenen Prozesse und Arbeitsweisen an die Anforderungen der Digitalen Transformation anzupassen, wobei immer die Herausforderungen der Vereinbarkeit von klassischer und digitaler Führung (Ambidexterität) bedacht werden müssen. Die zugehörigen zentralen **Fragen und Lernziele** sind:

▨ **Digitale Führungsebene**: Welche Person respektive Ebene eines Unternehmens ist eigentlich zuständig für die Entwicklung und Umsetzung einer Digitalstrategie?

▨ **Digitale Organisation**: Wie muss eine digitale Organisation ausgerichtet sein, um den Anforderungen der Digitalen Transformation gerecht zu werden?

▨ **Digitale Ambidexterität**: Wie lassen sich Bestandsgeschäft und Innovationsgeschäft in einer Organisation miteinander vereinbaren?

► *Lernhinweis: Zertifikatskurs zum E-Business-Leader*
www.e-business-leader.de

1.2.1 Die digitale Führungsebene

In den Führungsetagen deutscher Unternehmen herrscht in Bezug auf das Thema Digitalisierung eine große Diskrepanz zwischen Anspruch und Realität (*Consulting Heads* 2020). Obwohl kein Tag vergeht, an dem nicht irgendein Unternehmenslenker ein Bekenntnis zur Digitalisierung abgibt, fühlen sich 27 % der Manager durch digitale Technologien überfordert und rund 10 % dieser würden lieber in einer Welt ohne digitale Technologien leben (*Berg* 2018). Jedoch hängt der **digitale Reifegrad eines Unternehmens** insbesondere damit zusammen, wie digital ein Unternehmen geführt wird und welche Digitalstrategien von der Chefetage bis zum einzelnen Mitarbeiter umgesetzt werden. Das bedeutet, dass es sich bei der Digitalisierung um eine bereichsübergreifende Strategie handelt, welche Implikationen auf die gesamte Organisation hat. Somit wird die Digitalisierung von der Führungsebene, den **E-Business-Leadern** bzw. **Digital Leadern** angetrieben, wobei die restliche Belegschaft miteinbezogen werden muss (*Item* 2019). Das bedeutet, dass **Digital Leadership prinzipiell für alle handelnden Akteure in einem Unternehmen gilt**. Und dennoch wird in diesem Zusammenhang immer wieder nach der treibenden Kraft gefragt, die sich das **Digital Leadership als Führungsfunktion** auf die Fahne schreibt.

Dies gilt insbesondere auch vor dem Hintergrund einer zeitlichen Komponente. Denn obwohl es sicherlich wünschenswert wäre, wenn alle handelnden Akteure mit Führungsverantwortlichkeiten in einem Unternehmen „am Ende des Tages" auch Digital Leader wären, so muss dies als **Prozess von einem Ausgangs- hin zu diesem Endpunkt** verstanden werden. Ferner muss eine Unterscheidung gemacht werden, ob die **personelle Initialzündung** zusammen mit der Umsetzung eines Digital Leadership von einer bereits im Unternehmen vorhandenen Führungspersönlichkeit übernommen oder aber dafür eine neue Position auf der Führungsebene geschaffen wird. Im Mittelpunkt steht dabei die Frage: Wer ist die richtige Person auf der Führungsebene, die die Gesamtverantwortung für ein Digital Leadership trägt und den dynamischen Prozess hin zu einer umfassenden digitalen Unternehmensführung steuert?

Im **ersten Fall** übernimmt **eine bereits vorhandene Führungspersönlichkeit** die Aufgabe für ein Digital Leadership. Idealerweise würde diese Aufgabe der Chief Executive Officer (CEO) übernehmen, weil dieser als zentrale, geschäftsführende Persönlichkeit innerhalb eines Unternehmens sämtliche Prozesse, Produkte und Strukturen kennt sowie die Machtbefugnisse besitzt, Veränderungen im gesamten Unternehmen vorzunehmen. In den meisten Fällen wird aber zusätzliche Unterstützung von einer spezifischen digitalen Führungskraft benötigt, welche die Digitalisierungsstrategie ganzheitlich entwickelt und in die Organisation implementiert. Je nach Branche und Unternehmen kommen aber auch andere Führungspersönlichkeiten in Frage. So kann bspw. in marketing- und produktgetriebenen Geschäftsfeldern der Chief Marketing Officer (CMO) diese Aufgabe übernehmen, während in (informations-)technischen Branchen eher der Chief Technology Officer (CTO) geeignet sein könnte (*Consulting Heads* 2020). Dabei können die Motivation und die Möglichkeit für eine Umsetzung eines Digital Leadership idealtypisch erfolgen:

- **Chief Executive Officer (CEO)**: Der CEO erkennt als zentrale Figur den Einfluss der Digitalisierung auf die **Strategie des Unternehmens** und wird Treiber der zugehörigen führungsorientierten Veränderungsmaßnahmen. In Abhängigkeit seines eigenen Know-how zu digitalen Geschäftsprozessen und -modellen ist er entweder selbst der Innovator oder eher der Promoter für einen zugehörigen Top-down-Prozess. Im letzteren Fall muss der CEO Antreiber, Moderator und zu einem gewissen Grad auch ein Provokateur der digitalen Initiativen werden, um denjenigen, die mit der Planung und Umsetzung betraut sind, auch den notwendigen Rückhalt zu geben (*Nacke/Tilker* 2017). Im Ergebnis steht eine digitale Strategie, welche die Digitalisierung für das gesamte Unternehmen adressiert.

- **Chief Marketing Officer (CMO)**: Der CMO erkennt als zuständige Figur den Einfluss der Digitalisierung auf die **Produkte und Services des Unternehmens** und wird Treiber der zugehörigen absatzorientierten Veränderungsmaßnahmen. In Abhängigkeit seines eigenen Know-how zu digitalen Geschäftsprozessen und -modellen ist er entweder selbst der Innovator oder eher der Promoter für eine zugehörige Zusammenarbeit mit einem externen Dienstleister (z. B. Agentur). Im Ergebnis stehen digitale Produkte und Services, die zusammen mit der elektronischen Kundenansprache und -betreuung die Digitalisierung auf der Marktseite adressieren.

- **Chief Technology Officer (CTO)**: Der CTO erkennt als zuständige Figur den Einfluss der Digitalisierung auf die **Prozesse des Unternehmens** und wird Treiber der zugehörigen ablauforientierten Veränderungsmaßnahmen. In Abhängigkeit seines eigenen Know-how zu digitalen Geschäftsprozessen und -modellen ist er entweder selbst der Innovator oder eher der Promoter einer zugehörigen Zusammenarbeit mit einem externen Dienstleister (z. B. Systemhaus). Im Ergebnis steht die Automatisierung und Digitalisierung von Prozessen, die zusammen mit den elektronischen Unternehmensstrukturen die Unternehmensseite adressieren.

Im **zweiten Fall** übernimmt **eine neue Führungspersönlichkeit** die Aufgabe für ein Digital Leadership. Hierbei wird insbesondere zwischen einem Chief Digital Officer (CDO) und einem Chief Information Officer (CIO) unterschieden. Der CIO beschäftigt sich zentral mit allen relevanten Informationstechnologien und der Optimierung aller damit zusammenhängender Prozesse. Der CDO prüft, entwickelt und realisiert mit der Digitalisierung zusammenhängenden neue Geschäftsmodelle. Gleichzeitig überprüft er die bestehenden Geschäftsmodelle und passt diese gegebenenfalls an neue Rahmenbedingungen an. Dabei können auch hier die Motivation und die Möglichkeit für eine Umsetzung eines Digital Leadership idealtypisch erfolgen:

■ **Chief Information Officer (CIO)**: Der CIO ist für die strategische und operative **Entwicklung der Digitalstruktur** mit Hilfe der IT verantwortlich. Sein Hauptaugenmerk liegt dabei auf der effektiven und effizienten Umsetzung des aktuellen (realen) Geschäftsmodells mit Hilfe der Informationstechnologie. Er orientiert sich dabei eher an der klassischen Organisation und dem traditionellen Projektmanagement.

■ **Chief Digital Officer (CDO)**: Der CDO ist für die strategische und operative **Entwicklung der Digitalstrategie** auf Basis der IT verantwortlich. Sein Hauptaugenmerk liegt dabei auf dem effektiven und effizienten Aufbau neuer digitaler Geschäftsmodelle mit Hilfe der Informationstechnologie. Er orientiert sich dabei eher an einer flexiblen Organisation mit modernen und agilen Werkzeugen.

Laut einer Umfrage haben ca. 19 % der deutschen Unternehmen die Position eines CDO eingerichtet, jedoch halten sich vor allem die kleinen Unternehmen zurück (*BITKOM* 2020b), obwohl dieser Position eine zunehmend wichtige Rolle zukommt. Ein CDO ist insbesondere für die Planung und Steuerung der digitalen Transformation eines Unternehmens verantwortlich und muss den digitalen Wandel in der Organisation verankern. Zu seinen Hauptaufgaben zählt es, eine Digitalisierungsstrategie zu entwickeln und umzusetzen, welche in die bisherigen Unternehmensstrukturen integrierbar ist, um im Rahmen digitaler Veränderungsprozesse zukunftsfähig zu sein (*Neumann* 2017). Daneben hat die Plattform *markenrebell.de* (2020) vor diesem Hintergrund auch noch weitere CDO-Aufgaben herausgearbeitet:

■ **Digitale Prozesse**: Der CDO muss feststellen, welcher Technologien sowie Strukturen es bedarf, um unternehmensinterne Prozesse durch die Digitalisierung effizienter gestalten zu können.

■ **Digitale Services und Digitale Produkte**: Der CDO muss erkennen, welche Potenziale der Digitalisierung für das Unternehmen genutzt werden können. Hierzu muss er auch neue digitale Services und Produkte entwickeln, die einerseits die Einnahmen des Unternehmens steigern und andererseits die Kundenzufriedenheit erhöhen.

■ **Digitale Kultur und Digitales Know-how**: Der CDO muss herausfinden, welche Instrumente und Methoden eingesetzt werden müssen, um den digitalen Wandel im Unternehmen voranzutreiben. Darüber hinaus muss er evaluieren, welches Know-how die Mitarbeiter des Unternehmens benötigen, um die einzelnen Schritte auch umsetzen zu können.

▨ **Digitales Marketing und Digitaler Vertrieb**: Der CDO hat auch die Aufgabe, eine digitale Marketing-, Sales- und Kommunikationsstrategie zu entwickeln. Er muss herausfinden, welche digitalen Kanäle genutzt werden, welches Budget nötig ist, wie sich der Absatz über digitale Kanäle steigern lässt und wie die Kundenakquise, der Vertrieb sowie der Support über digitale Kanäle gestaltet werden sollen. Zudem ist er auch für die Entwicklung einer Social-Media-Strategie verantwortlich.

▨ **Digitale Daten**: Der CDO muss den Überblick darüber haben, welche Daten das Unternehmen sammelt und wie es diese auswertet und verwendet (Big Data).

Ein CDO ist laut *Diekmann* (2020) „weder ein neuer E-Commerce-Chef noch ein neuer IT-Chef noch ein neuer Marketing-Chef, sondern in enger Abstimmung mit dem CEO für die Unternehmensentwicklung verantwortlich. Der CDO muss vom Business herkommen, die neuen Kundenbedürfnisse verstehen, daraus neue digitale Geschäftsmodelle entwickeln, internationales Know-how mitbringen, Arbeitsweisen verstehen und gemeinsam mit den Teams Strategien ableiten und vor allem: sie auch durch- und umsetzen!" Es herrscht in diesem Zusammenhang eine weit verbreitete Auffassung, dass der CDO eine **nicht klar abgegrenzte Rolle** ist, deren Funktionen und Zuständigkeiten auch auf verschiedene Mitglieder der Chefetage verteilt werden könnten. Entgegen dieser Ansicht ergab eine Studie von *Mindtree* (2019), dass 74 % der befragten Fachkräfte aus Wirtschaft und IT heute durchaus eine **klar definierte Verantwortlichkeit des CDO** innerhalb ihrer Organisation sehen. 81 % waren zudem der Meinung, dass Verantwortlichkeiten so differenziert sind, dass eine eigene CDO-Position erforderlich und gerechtfertigt ist.

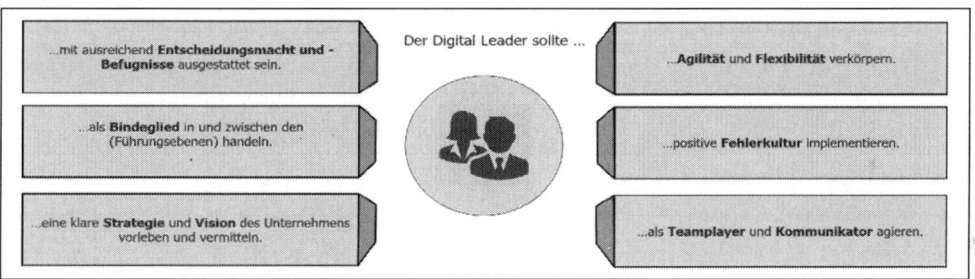

Abb. 7: Die Anforderungen an einen Digital Leader
Quelle: in Anlehnung an *Deloitte Digital* 2015.

Ferner zeigt die Studie von *Mindtree* (2019), dass die Rolle des CDO im Vergleich zum Zeitpunkt ihrer Einführung **immer relevanter wird** (76 %), was ein klares Mandat für den CDO darstellt, seine digitalen Ziele dauerhaft zu verfolgen. Dieses Ergebnis widerspricht einer weiteren weit verbreiteten Annahme, dass die Position eines CDO von einer **Kurzlebigkeit** geprägt ist, denn wenn er das Unternehmen vollständig „digital transformiert" hat, dann wird er selbst ja nicht mehr gebraucht. Doch offenbar wird die Dynamik der Digitalisierung und die sich ständig verändernden Rahmenbedingungen sowie die permanent neuen digitalen Technologien als Grund verstanden, warum der CDO auf Dauer als effektiver Change Agent und Verfechter für die Erreichung der digitalen Transformation gebraucht wird. Ein klares **Votum für die Beibehaltung der CDO-Position**.

Unabhängig davon, ob sich eine vorhandene oder eine neue Führungspersönlichkeit an die Spitze des Digital Leadership setzt, so muss diese aber eben auch digital führen können. Der Begriff „Digital Leadership" steht in diesem Zusammenhang nicht nur für einen **Führungsstil**, der allein die Technologien in den Fokus stellt, sondern viel mehr für eine neue **Führungskultur** innerhalb der digitalen Transformation. Es geht für Digital Leader darum, mehr zu coachen als zu führen, mehr zu ermöglichen als zu bestimmen und mehr Prozesse als Aufgaben zu steuern (*CMO* 2017). Hauptaufgabe jedes Digital Leader ist vor diesem Hintergrund insbesondere den Veränderungsprozess im Rahmen der digitalen Transformation selbst vorzuleben und diesen im Rahmen einer Strategie und Vision an die Mitarbeiter zu kommunizieren. Damit dies gelingt, sollten Digital Leader folgende **Anforderungen** (*Consulting Heads* 2020, *Deloitte Digital* 2015) erfüllen (s. Abb. 7):

- **Entscheidungsmacht und -befugnisse:** „Digitalisierung zur Chefsache machen oder es lassen" (*Jahnke* 2018). Um das Thema Digitalisierung in der gesamten Organisation bereichsübergreifend zu verankern, bedarf es an digitalen Führungskräften, welche mit ausreichend Entscheidungsmacht und -befugnissen ausgestattet sind, um das Unternehmen von der Geschäftsführungsebene top-down zu steuern.

- **Bindeglied:** Digital Leader sollten ein Bindeglied innerhalb der gesamten Organisation sein und zwischen den Führungskräften an sich (horizontale Hierarchie) als auch zwischen der Führungsebene und den Mitarbeitern (vertikale Hierarchie) als verbindendes Element agieren.

- **Strategie und Vision:** Digital Leader sollten in der Lage sein aus der „Helikopterperspektive" eine übergeordnete organisatorische Strategie und Vision zu erschaffen, welche sie selbst vorleben und an das gesamte Unternehmen vermitteln.

- **Agilität und Flexibilität:** Digitalisierung bedeutet Veränderung! Dies bezieht sich sowohl auf das Unternehmen selbst als auch auf die äußeren Umwelteinflüsse. Digital Leader sollten demnach agil und flexibel handeln, um auf sich ändernde Zustände reagieren können.

- **Fehlerkultur:** Transformation innerhalb einer Organisation kann zu Fehlern führen sowohl auf Führungs- als auch auf Mitarbeiterebene. Damit trotzdem diese Veränderungen riskiert und umgesetzt werden, sollten Digital Leader eine positive Fehlerkultur vorleben, sodass Mitarbeiter neue Ideen ohne Hemmungen frei diskutieren und ggf. umsetzen können.

- **Teamplayer und Kommunikator:** Wandel hat fast immer Implikationen auf die Mitarbeitersituation in einem Unternehmen. Damit die Angst vor möglichen Veränderungen (bspw. Wegfall des Arbeitsplatzes) unter Mitarbeitern genommen wird, ist es wichtig, dass mit Vertrauen und Empathie innerhalb der Organisation Veränderungspläne kommuniziert werden.

! **Digital Leadership braucht eine vorhandene oder neue Führungspersönlich-
• keit als Digital Leader bzw. E-Leader, die einen digitalen Führungsstil und
eine -kultur im Unternehmen etabliert und sowohl die bisherigen Geschäftsmodelle und die bisherige Organisation digital transformiert als auch neue
digitale Geschäftsmodelle und eine digitale Unternehmensstrategie aufbaut.**

1.2.2 Die digitale Organisation

Für eine erfolgreiche digitale Transformation bedarf es mehr als nur der Installation eines
Digital Leaders in der Führungsebene (s. Kapitel 1.2.1). Denn die Ideen und Vorhaben der
digitalen Führungskraft müssen sich projekt- und abteilungsübergreifend etablieren, sodass möglichst alle Mitarbeiter in der Unternehmung die digitale Strategie mittragen und
umsetzen. Die **digitale Organisation** ist somit die Basis für eine erfolgreiche digitale
Transformation (s. Kapitel 1.1.1). Sie muss dynamisch und anpassungsfähig ausgerichtet
werden, sodass sie schnell auf die herausfordernden Entwicklungen und Veränderungen
der Digitalisierung reagieren kann. Dies gilt sowohl für kleinere Anpassungen als auch für
größere strategische Veränderungsmaßnahmen.

Abb. 8:   Die Bestandteile einer digitalen Organisation
Quelle: in Anlehnung an *Boston Consulting Group* 2020.

Am Beispiel *Volkswagen* (*VW*) lässt sich erkennen, wie eine organisatorische Transformation unabhängig davon aussehen kann, wie erfolgreich diese von *VW* zukünftig umgesetzt wird. Gebeutelt durch den Abgasskandal im Jahr 2015, erkannte die Führungsebene
des Wolfsburger Automobilkonzerns, wie wichtig eine nachhaltige strategische Veränderung ist, um langfristig wettbewerbsfähig zu bleiben. In der *Roadmap Digitale Transformation* legte *VW* fest, in den nächsten Jahren bis zu vier Mrd. Euro in die Transformation
zu einer digitalen Organisation zu investieren. Ziel dabei ist es, die gesamte Organisation
an die Herausforderungen der Digitalisierung anzupassen, um vor allem eine höhere Ent-

scheidungsgeschwindigkeit in der Organisation zu etablieren. Dies soll unter anderem gelingen durch eine agilere und schlankere Organisationsstruktur, durch Umstrukturierung
von Arbeitsplätzen und Weiterbildungsprogrammen, durch Modernisierung der IT-Infrastruktur sowie durch weiteren technischen Fortschritt (*Lamml* 2019). Diese Veränderungsmaßnahmen sind ein passendes Beispiel dafür, dass verschiedene Bereiche innerhalb einer
Organisation angepasst werden müssen, um den Herausforderungen der digitalen Welt
gerecht zu werden. Dabei stehen insbesondere sechs **Bestandteile einer digitalen Organisation** im Fokus (*Boston Consulting Group* 2020), welche bei dem Aufbau dieser bedacht werden müssen (s. Abb. 8):

- **Digitale Strukturen und Abläufe:** Je länger es benötigt, Veränderungen von der
  strategischen Führungsebene in die operativen Einheiten einer Organisation zu trans-
  portieren, desto geringer ist die dynamische Anpassungsfähigkeit des Unternehmens.
  Aus diesem Grund sollten Silodenken und Herrschaftsdenken in Form von starren
  Hierarchien aufgelöst werden und durch Transparenz und Vernetzung ersetzt werden,
  um somit fluide Übergänge zwischen den Unternehmenseinheiten zu gewährleisten.
  Insbesondere sollte Verantwortung an das Team delegiert werden, welches näher am
  Markt und dem Kunden agiert, um somit schneller auf mögliche Bedürfnisse eingehen
  zu können. Mitarbeiter sollten dazu jederzeit über einen Informationsgehalt verfügen,
  sodass das gesamte Wissen der Organisation genutzt werden kann. Ein möglicher Ansatz für die Gestaltung der Organisationstruktur ist die sog. Holacracy (Holokratie),
  was sinngemäß „Teil eines Ganzen zu sein" bedeutet. Entsprechend dieser Logik ist
  Holacracy „eine neue soziale Methodik für die Führung und Arbeitsweise einer Organisation" (*Robertson* 2016, S. 11) mit dem Ziel Entscheidungsprozesse transparen-
  ter und effizienter zu gestalten (*Röll* 2017). Anstatt klassischer Hierarchieebenen,
  wird die Autorität über die gesamte Organisation verteilt, sodass Einzelpersonen mehr
  Freiheit und Flexibilität erhalten und somit ihren Beitrag zum gesamten Unternehmenserfolg liefern (*Kollmann* 2019b).

- **Digitale Technologie und Infrastruktur:** Eine sichere und agile IT-Infrastruktur ist
  das Fundament für eine erfolgreiche Umsetzung der Digitalisierungsstrategien. So ist
  es nicht nur für IT-Unternehmen, sondern für sämtliche Firmen aus allen Branchen
  von enormer Bedeutung, eine technologische Infrastruktur zu erschaffen, um zukünftig konkurrenzfähig zu sein. Dies betrifft sowohl die Business-Anwendungen, die Re-
  chenpower, die Vernetzung oder Sicherheitsleistungen (*Lixenfeld* 2017). Ebenso sind
  Cloud-Computing Lösungen eine wichtige Voraussetzung für Zukunftskonzepte, wie
  das Internet der Dinge, Industrie 4.0 oder Künstliche Intelligenz. Diese Cloud-Lösungen sind sowohl für kleine als auch große Unternehmen durch verschiedene Anwen-
  dungsmodelle anwendbar (Public Cloud, Private Cloud, Hybrid Cloud), welche die
  Investitionssummen in Grenzen halten (*Kollmann* 2019b).

- **Digitales Personalmanagement:** Damit eine gesamte Organisation die digitalen
  Strategien eines Digital Leaders umsetzen kann, bedarf es an digitaler Kompetenz
  sowohl auf der Führungs- als auch auf der Mitarbeiterebene. Demnach sind Investitionen in digitale Weiterbildung unabdingbar, um insbesondere die ältere Mitarbeiter-

generation in den Transformationsprozess zu integrieren. Ebenso sollte beim Recruiting verstärkt darauf geachtet werden, Mitarbeiter mit Digitaler Kompetenz zu rekrutieren, um einerseits den internen Transformationsprozess mitzugestalten und andererseits für externe digitale Veränderungen gewappnet zu sein.

- **Digitale Strategie und Führung:** Durch die Erstellung einer digitalen Strategie erschafft der Digital Leader die Basis für die erfolgreiche Transformation der Unternehmung in das digitale Zeitalter. Damit diese Digitalstrategie jedoch umgesetzt wird, bedarf es an klarer Führung durch den Digital Leader, welche sich dadurch auszeichnet, dass Entscheidungsträger mit ausreichend Entscheidungsmacht und -befugnissen ausgestattet werden, ein Bindeglied innerhalb der Organisation repräsentieren, eine Strategie und Vision von der unternehmerischen Zukunft leben und vermitteln, eine offene Fehlerkultur vorleben und als Teamplayer und Kommunikator innerhalb der Organisation fungieren (s. Kapitel 1.2.1).

- **Digitale Kommunikation und Kultur:** Veränderungen in der Organisation bewirken zumeist vorerst eine Abwehrhaltung aller Beteiligten. Daher ist es umso wichtiger für eine digitale Organisation sämtliche Veränderungen und Anpassungen in der Entwicklung und Umsetzung der Digitalstrategie verständlich für die gesamte Organisation zu kommunizieren. In diesem Zusammenhang ist es wichtig, dass versucht wird sowohl die Führungs- als auch Mitarbeiterebene von der Notwendigkeit und der Umsetzung einer digitalen Strategie zu überzeugen, sodass eine Veränderungskultur entsteht, welche bereit ist, die digitale Transformation zu vollziehen.

- **Agile Arbeitsabläufe:** Der Begriff Agilität kommt aus der IT und bezeichnet Wendigkeit oder Beweglichkeit. Das Prinzip besagt, schneller und flexibler auf unvorhersehbare Ereignisse und Veränderungen reagieren zu können, was für Unternehmen in Zeiten der Digitalisierung von Bedeutung ist. Statt klassischen Top-Down Arbeitsprozessen geht es bei agilen Arbeitsabläufen verstärkt um eine Vereinfachung der Arbeitsabläufe und Workflows, sodass Ressourcen gespart werden. Dadurch können in der Folge auch Kosten gespart und somit die Wettbewerbsfähigkeit erhöht werden.

Neben diesen Bereichen, die beim Aufbau einer digitalen Organisation bedacht werden sollten, spielen des Weiteren Maßnahmen eine Rolle, welche die (digitale) Innovationskraft der eigenen Mitarbeiter fördert. Um in der globalisierten Geschäftswelt wettbewerbsfähig zu bleiben, sind Unternehmen darauf angewiesen, ihre Produkte, Dienstleistungen und Prozesse kontinuierlich zu hinterfragen und zu erneuern (*Kuratko/Hornsby/Covin* 2014). Im Sinne von Intrapreneurship (Intrapreneurship als Begriff setzt sich zusammen aus den englischen Begriffen „intracorporate" und „entrepreneurship") sollen Mitarbeiter des Unternehmens dazu angeregt werden, selbst wie ein Unternehmer im Unternehmen zu denken und zu handeln (*Antoncic/Hisrich* 2001). Im Sinne der Digitalisierung kann man auch von **E-Intrapreneurship** sprechen und damit von einem Vorantreiben digitaler Innovationen oder auch einem Entwurf bzw. einer Weiterentwicklung digitaler Geschäftsmodelle (*Kollmann* 2019b, S. 431 f.). Damit Angestellte eines Unternehmens solches Intrapreneurship-Verhalten zeigen und damit selbst wie ein Unternehmer denken, müssen

Unternehmen Rahmenbedingungen für E-Intrapreneurship schaffen (*Kuratko/Hornsby/ Covin* 2014; *Moriano* et al. 2011):

▨ **Support durch das Topmanagement und Führungsstil**: Die verantwortliche Führungsebene des Unternehmens sollte innovatives Verhalten durch Mitarbeitende aktiv fördern und fordern.

▨ **Gestaltungsspielraum**: Die Angestellten benötigen einen eigenen Gestaltungsspielraum und eine ausreichende Autonomie bei der täglichen Arbeit, um attraktive Gelegenheiten zu identifizieren und zu verfolgen.

▨ **Verstärkung und Belohnung**: Organisationale Verstärkungssysteme, die Risikobereitschaft und innovatives Verhalten fördern, haben einen starken Einfluss auf das unternehmerische Handeln von Mitarbeitenden.

▨ **Zeitliche Verfügbarkeit**: Bei der Gestaltung der Arbeitsstruktur von Angestellten sollte beachtet werden, dass im Rahmen des täglichen Workloads ausreichende zeitliche Möglichkeiten bestehen, um Innovationen zu erkennen und zu verfolgen.

▨ **Organisationale Grenzen**: Um Intrapreneurship zu fördern, sind flexible organisationale Grenzen – bspw. zwischen unterschiedlichen Abteilungen, aber auch hin zur externen Umwelt – hilfreich. Insbesondere wird hierdurch der Informationsfluss und -austausch gefördert.

> **!** **Neben den digitalen Geschäftsmodellen und -prozessen ist die zugehörige digitale Organisation ein Ergebnis einer erfolgreichen digitalen Transformation und ein Digital Leader muss über das Digital Leadership die verschiedenen Bestandteile auf die Anforderungen der digitalen Wirtschaft (E-Business) anpassen.**

1.2.3   Die digitale Ambidexterität

Unternehmen sämtlicher Branchen, Geschäftsmodelle und Märkte sind von der digitalen Revolution betroffen und können sich dieser nicht entziehen. Auf Grund der zunehmenden Komplexität und Geschwindigkeit der Marktumgebungen, ist es für heutige Unternehmen besonders wichtig, dass der **Spagat zwischen bestehenden und neuen Geschäftsfeldern** gelingt, um langfristig wettbewerbsfähig zu sein. Bereits *Christensen* (1997), beschrieb im Rahmen des „Innovationdilemmas" ein ähnliches Problem, nämlich dass Unternehmen häufig nicht in der Lage sind, sich technologischen Neuerungen zu widmen, weil sie sich zu sehr auf die Optimierung bestehender Geschäftsbereiche konzentrieren. *Kodak* oder *Boeing* sind nur zwei exemplarische Beispiele für ehemals marktbeherrschende Unternehmen, welche sich den technologischen Veränderungen des Marktes nicht anpassen konnten und somit an Wettbewerbsfähigkeit enorm verloren. Während *Kodak* sich als führender Anbieter analoger Fotografie hervortat und den Sprung zur Digitalkamera verpasste, schaffte es *Boeing* in der Luftfahrtbranche nicht, seine vormals führende Marktposition gegen Airbus zu verteidigen. Obwohl dieses **Dilemma zwischen Bestandsgeschäft und Innovationsgeschäft** eine bekannte Herausforderung im strategischen Management darstellt, ist es für viele Unternehmen schwierig, diese beiden Handlungsfelder erfolgreich miteinander zu kombinieren.

So sehen sich aktuell knapp zwei Drittel der Unternehmen in Bezug auf ihr Kerngeschäft in der Zukunft wettbewerbsfähig, jedoch nur etwa ein gutes Drittel der Befragten bewerten ihr Unternehmen als wettbewerbsfähig in Bezug auf neue Geschäftsfelder und Themen (*Hays* 2018). Vor diesem Hintergrund sind insbesondere Führungskräfte gefragt, die ihre Unternehmen in Bezug auf die sich verändernden Marktumstände lenken und dabei strategische Leitplanken definieren. Sie müssen dabei in der Lage sein, einerseits die Effizienz des **(realen) Bestandsgeschäfts** zu erhalten (**Exploitation**) und andererseits die Agilität und Anpassungsfähigkeit des **(digitalen) Innovationsgeschäfts** zu fördern (**Exploration**). Die Vereinbarkeit dieser beiden Aspekte in einem ausbalancierten Verhältnis mit dem Ziel, die notwendige Handlungsfähigkeit gerade im Zusammenhang mit der digitalen Transformation sicherzustellen, kann als **Digitale Ambidexterität** (lat. Beidhändigkeit) beschrieben werden (*Kienbaum* 2019).

Die digitale Ambidexterität (lat. Beidhändigkeit) beschreibt die Fähigkeit von Organisationen, gleichzeitig das (reale) Bestandsgeschäft zu erhalten (Exploitation) sowie das (digitale) Innovationsgeschäft zu fördern (Exploration), um auch für die digitale Wirtschaft wettbewerbsfähig zu bleiben.

Damit die Vereinbarkeit von Bestands- und Innovationsgeschäft gelingt, sind sowohl die digitale Führungsebene (s. Kapitel 1.2.1) als auch die digitale Organisation (s. Kapitel 1.2.2) von zentraler Bedeutung. Zum einen ist es wichtig zu verstehen, welche Führungsstile sich besonders zum „Ausschlachten" des (realen) Kerngeschäfts als Exploitation bzw. zur Entwicklung des (digitalen) Innovationsgeschäfts als Exploration eignen. Zum anderen ist es von Relevanz, wie die Ambidexterität in Unternehmen organisatorisch umgesetzt werden kann. Laut der Unternehmensberatung *Kienbaum* (*Kienbaum* 2019) lassen sich verschiedene **Führungsstile** voneinander abgrenzen, welche sich den Bereichen Exploitation bzw. Exploration zuordnen lassen (s. Abb. 9):

- **Expertenorientierte Führung:** Expertenorientierte Führungskräfte führen ihre Mitarbeiter primär inhalts- und ergebnisorientiert. Das bedeutet, dass ihr Fokus insbesondere auf der fachlichen Ebene und der damit verknüpften Performance liegt, sodass weniger Wert auf emotionale Bindung oder Disziplin gelegt wird.

- **Direktive Führung:** Direktive Führungskräfte erwarten, dass ihren Anweisungen stets Folge geleistet wird. Sie haben ein klares Rollen- und Aufgabenverständnis und erwarten, dass die Aufgaben mit einem hohen Maß an Disziplin geleistet werden.

- **Transaktionale Führung:** Transaktionale Führungskräfte versuchen ihre Mitarbeiter durch ein extrinsisches Belohnungssystem zu motivieren. Der Führungsstil basiert somit auf einem Austauschverhältnis zwischen ihnen und den Mitarbeitern. Demnach kommunizieren sie an die Mitarbeiter spezifische Erwartungen, welche im Fall der Zielerreichung einen finanziellen oder immateriellen Vorteil bzw. im Fall der Nicht-erreichung einen solchen Nachteil mit sich bringen.

- **Strategische Führung:** Strategische Führungskräfte legen klare Ziele fest, damit diese im Sinne einer „Mission" erreicht werden können. Sie verfügen über ausgeprägte analytische Fähigkeiten, sodass sie das Umfeld richtig einschätzen und daraus ableitend konkrete Strategien formulieren können.

- **Transformationale Führung:** Transformationale Führungskräfte versuchen ihre Mitarbeiter insbesondere intrinsisch zu motivieren. Sie versuchen eine Unternehmensvision zu vermitteln, welche als Leitbild für den gemeinsamen Weg zur Zielerreichung dienen soll. Ebenso möchten sie selbst als Symbol für Erfolg und Leistung gesehen werden, sodass die Mitarbeiter diesem Vorbild folgen.

- **Ethische Führung:** Ethische Führungskräfte handeln insbesondere wertorientiert und transparent. Für sie steht das Vertrauen und die soziale Verantwortung der Mitarbeiter an höchster Stelle. Dieses Vertrauen soll auf der anderen Seite dazu dienen, dass Mitarbeiter sich wohlfühlen und das Vertrauen durch Leistung zurückzahlen.

- **Digitale Führung:** Digitale Führungskräfte (s. Kapitel 1.3) zeichnen sich dadurch aus, dass sie einen Digitalen Wandel wollen (Digital Mindset), den Umgang mit digitalen Technologien beherrschen (Digital Skills) sowie die sich daraus ergebenden Maßnahmen im Rahmen der digitalen Transformation auch konsequent umsetzen (Digital Execution).

Wie in Abb. 9 dargestellt können die transaktionalen, direktiven und expertenorientierten Führungsstile verstärkt dem Bereich des Bestandsgeschäfts zugeordnet werden. Dies kann damit begründet werden, dass sich diese Führungsstile insbesondere durch zurückhaltende und auf die Aufgaben bezogene Charakteristika auszeichnen, was verstärkt zu einer Fokussierung der Effizienzgewinnung im eigentlichen Kerngeschäft führen kann. Das bedeutet, dass an dieser Stelle verstärkt durch bspw. digitale Automatisierung die organisatorischen Prozesse verbessert werden können, wodurch das Bestandgeschäft wirksamer gestaltet werden kann. Auf der anderen Seite können/sollten die strategischen, transformationalen, ethischen und digitalen Führungsstile verstärkt dem Innovationsgeschäft zugeordnet werden, da diese Führungsstile verstärkt mitarbeiter- und veränderungsorientiert ausgestaltet sind. Dies kann bspw. dadurch geschehen, dass Veränderungen im Rahmen der Digitalisierung gewünscht, gelebt und innerorganisatorisch umgesetzt werden, sodass bspw. Digitale Plattformen (vgl. Kapitel 1.1.2) in das Digitale Geschäftsmodell (s. Kapitel 1.1.3) von Unternehmen integriert werden. Letzteres gelingt jedoch oftmals nur bedingt, weil in der Regel die doppelte Kompetenz zwischen dem Know-how von realem Bestandsgeschäft und digitalem Innovationsgeschäft fehlt. Wie die Ergebnisse von

Kienbaum aufzeigen, lassen sich tatsächlich knapp über die Hälfte der Führungskräfte weder primär dem Bereich Exploitation noch Exploration zuordnen. Nur 5 % der untersuchten Führungskräfte bewerten ihr Führungsverhalten auf beiden Ebenen als ausgesprochen hoch und attestieren sich somit eine ambidextre Führung (*Kienbaum* 2019).

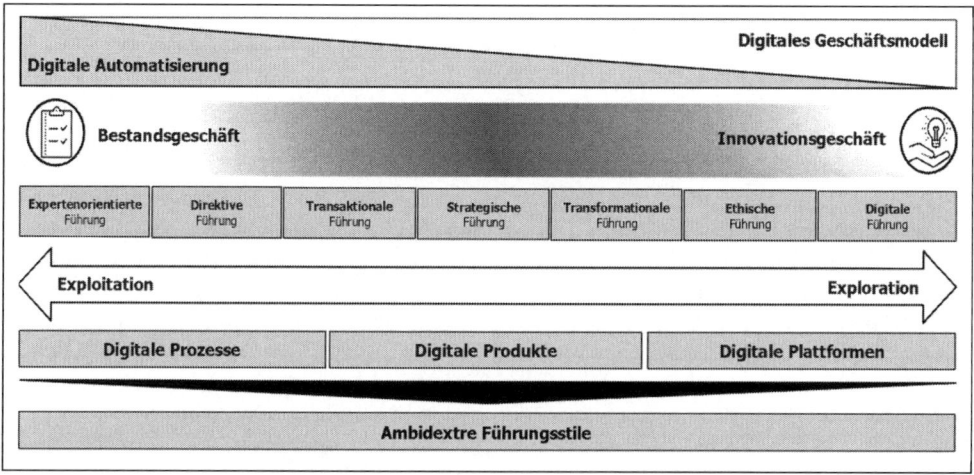

Abb. 9:   Die Digitalisierung zwischen Bestands- und Innovationsgeschäft
Quelle: in Anlehnung an *Kienbaum* 2019.

Deswegen bedarf es neben den aufgeführten unterschiedlichen Führungsstilen außerdem einer **organisatorischen Ambidextrie**, um eine Vereinbarkeit von (realem) Kern- und (digitalem) Innovationsgeschäft für eine Unternehmung zu ermöglichen. In diesem Zusammenhang umfasst der Bereich Exploitation insbesondere die Verfeinerung und Verbesserung der bestehenden unternehmerischen Prozesse, Routinen und Strukturen. Im Ergebnis steht hier erneut oft „nur" eine mehr oder weniger **bekannte digitale Automatisierung** der vorhandenen Prozesse. Die Exploration hingegen beinhaltet die Schaffung von Raum und Zeit, um somit den Innovationsprozess im Rahmen der Ideen- und Lösungsfindung zu ermöglichen (*Hobus/Busch* 2011). Im Ergebnis „sollen" hier **neue digitale Geschäftsmodelle** stehen. Vor dem Hintergrund der Umsetzung hinsichtlich einer Vereinbarkeit von Exploitation und Exploration im organisatorischen Sinn, können zwei Vorgehensweise aufgezeigt werden:

▓ **Interner Ansatz:** Entgegen der dichotomen Sichtweise geht der integrative Ansatz davon aus, dass sich Exploitation und Exploration innerhalb einer Organisation vertragen und ergänzen können. Innovationsstrategien werden im Rahmen dieses Ansatzes parallel zum Kerngeschäft entwickelt und umgesetzt (z. B. über eine Digital Unit). Inkrementelle und radikale Verbesserungen innerhalb der Unternehmung werden somit als gesamtunternehmerische und dauerhafte Aufgabe begriffen. Die oberste Führungsebene steuert in diesem Ansatz lediglich indirekt über die Kultur- und Kontextgestaltung (*Hobus/Busch* 2011).

▨ **Externer Ansatz:** Im Rahmen der externen Vorgehensweise werden Exploitation und Exploration voneinander entkoppelt und organisatorisch getrennt voneinander verfolgt. So kann bspw. das Bestandsgeschäft weiter an Effizienz gewinnen, während in einer ausgelagerten Organisationsstelle das Innovationsgeschäft gefördert wird. Dies kann organisatorisch entweder durch eigenständige Einheiten (z. B. über externe Innovation Labs) erfolgen, welche losgelöst vom eigentlichen Unternehmen agieren, oder durch Kooperationen, Zukäufe oder Förderungen externer Startups. Die notwendige Zusammenführung der exploitativen und explorativen Aktivitäten wird nach diesem Ansatz durch die oberste Führungsebene geleistet, die eine integrative Vision entwirft und für entsprechende Ressourcenallokation sorgt (*Hobus/Busch* 2011).

Laut einer empirischen Studie des Personaldienstleisters *Hays* bevorzugen knapp zwei Drittel der befragten Unternehmen den integrativen Ansatz, indem sie neue Themen aus der bestehenden Organisation heraus entwickeln. Dabei sind die Mitarbeiter sowohl im Bestands- als auch im Innovationsgeschäft tätig. Ein Fünftel der Unternehmen gab an, die Entwicklungen neuer Themen über eigenständige Einheiten, z. B. Innovation Labs erfolgen zu lassen. 14 % gaben an, dass sie sich innerhalb ihrer Organisation auf das Bestandsgeschäft fokussieren und bei Bedarf bspw. Kooperationen eingehen oder Startups dazukaufen (*Hays* 2018). Eine Kombination der letzten beiden Richtungen bilden die Inkubatoren bzw. Acceleratoren von Unternehmen für die Zusammenarbeit mit Startups oder die Aufzucht eigener digitaler Ideen.

! **Die digitale Ambidextrie ist eine wichtige Handlungsfähigkeit von Organisationen, gleichzeitig das Bestands- (eher Prozesse/Produkte/Geschäftsprozesse) und das Innovationsgeschäft (eher Produkte/Plattformen/Geschäftsmodelle) digital weiterzuentwickeln, wobei die Umsetzung entweder komplett unternehmensintern (Exploitation und Exploration) oder zum Teil unternehmensextern (Exploration) erfolgen kann.**

1.3   Die Kompetenzentwicklung für das Digital Leadership

Wie wird **Digital Leadership** umgesetzt? Um diese Frage beantworten zu können, ist es zunächst einmal wichtig zu verstehen, was einen Digital Leader auszeichnet und welche **Kompetenzen** er besitzt bzw. entwickeln sollte (**Voraussetzungsebene**), um ein Unternehmen in Zeiten der Digitalisierung erfolgreich zu lenken (**Umsetzungsebene**). Leadership kann dabei zunächst allgemein definiert werden als der zwischenmenschliche Einfluss, welcher in bestimmten Situationen durch Kommunikationsprozesse zur Erreichung bestimmter Ziele ausgeübt wird (*Tannenbaum/Weschler/Massarik* 1961, S. 24). Da sich im Rahmen der digitalen Transformation insbesondere die Umwelteinflüsse stark verändert haben (s. Kapitel 1.1.1), sollten Führungskräfte nach dieser Logik ihr Verhalten an die externen Herausforderungen der Digitalisierung anpassen (*Kensbock* 2018, S. 146).

Damit wird deutlich: Digitalisierung bedeutet Veränderung! Und die muss man zunächst einmal wirklich wollen.

Viele Verantwortliche tun sich hier schon schwer, denn eigentlich wollen sie von ihrem Erfahrungswissen und den erarbeiteten Positionen weiter so profitieren wie in der Vergangenheit. Das führt aber in der Regel zu einer Verteidigungshaltung, einem Festklammern am Status Quo – und das funktioniert angesichts der tiefgreifenden Veränderungen durch die Digitalisierung nicht mehr. Denn diese werden von außen aggressiv an die Unternehmen herangetragen und können nicht von innen heraus verwaltet werden. Dabei ist es laut *Kollmann* (2018) für Unternehmen in der Digitalen Wirtschaft besonders wichtig, dass Führungskräfte und entsprechend auch Gründer einen digitalen Wandel wollen (**Digital Mindset**), für diesen digitalen Wandel auch das notwendige Wissen haben (**Digital Skills**) und schließlich die sich daraus ergebenden Maßnahmen im Rahmen der digitalen Transformation auch konsequent umsetzen (**Digital Execution**). Nur dann ist der komplette **Handlungsrahmen eines Digital Leadership** adressiert (s. Abb. 10). Auf Basis dieses Handlungsrahmens eines Digital Leaders, ergeben sich in diesem Kapitel folgende **Fragen und Lernziele**:

Digital Mindset (Wollen)	**Digital Skills (Können)**
• **Offenheit** und Neugierde gegenüber digitalen Technologien, digitalen Arbeitsformen und digitalen Organisationsformen.	• Allgemeines **Basiswissen** zur Digitalisierung, Vernetzung und Datengewinnung sowie -nutzung aufgrund einer interaktiven Kommunikation.
• Kritisches **Hinterfragen** der eigenen etablierten Geschäftsmodelle oder Strategien mit Blick auf den digitalen Wandel und das E-Business.	• Konkretes **Spezialwissen** zu einer elektronischen Wertschöpfung, Wertschöpfungskette und einem Wertschöpfungsprozess im E-Business
• **Wille**, Veränderungen aufgrund des digitalen Wandels aktiv mitzugestalten und neue digitale Technologien auszuprobieren.	• Spezifisches **Anwendungswissen** rund um digitale Geschäftsfelder für den Einkauf, Verkauf und Handel und der zugehörigen digitalen Geschäftsprozesse.

Voraussetzungsebene

Digital Execution (Machen)	
Managementansatz (Wie?)	**Objektansatz (Was?)**
• **Agilität**: Schnelle Anpassungsfähigkeit im Hinblick auf den digitalen Wandel und Nutzung digitaler Führungsmethoden und -tools.	• **Prozesse**: In digitalen Geschäftsfelder von Einkauf, Verkauf und Handel die Verfahren automatisieren und Abläufe beschleunigen sowie die Kosten senken.
• **Wertorientierung**: Einführung von digitalen Kennzahlen für die Sicherstellung einer Nachhaltigkeit von digitalen Führungsmethoden und Projekten.	• **Produkte**: In digitalen Geschäftsfelder von Einkauf, Verkauf und Handel neue Angebote, Funktionalitäten und Services mit elektronischen Mehrwerten aufbauen.
• **Proaktivität**: Initiatives und vorausplanendes Handeln im Hinblick auf digitale Trends und zukünftige digitale Entwicklungsmöglichkeiten	• **Plattformen**: In digitalen Geschäftsfelder von Einkauf, Verkauf und Handel neue digitale Geschäftsmodelle und -prozesse als Betreiber entwickeln.

Umsetzungsebene

Toolansatz (Womit?)
E-Business-Generator: Dynamische Entwicklung neuer digitaler Geschäftsmodelle und -prozesse bzw. digitale Transformation vorhandener realer Geschäftsmodelle und -prozesse.

Abb. 10: Der Handlungsrahmen für das Digital Leadership

▨ **Digital Mindset** (Wollen): Welche innere Grundhaltung und positive Einstellung benötigt ein Digital Leader gegenüber bekannten und neuen digitalen Möglichkeiten?

▨ **Digital Skills** (Können): Welches konkrete Hintergrundwissen und Know-how rund um die digitale Wirtschaft benötig ein Digital Leader?

▨ **Digital Execution** (Machen): Wie können Digital Leader die digitale Transformation und digitale Innovationen für ein Unternehmen konkret umsetzen?

▶ *Selbsttest: Haben Sie die Kompetenzen für ein Digital Leadership?*
www.digital-leadership-index.de

1.3.1   Das Digital Mindset (Wollen)

Damit Unternehmen und deren Führungskräften sowie Gründern in ihren Startups der digitale Wandel gelingt, müssen sie sich an Veränderungen und äußere Umwelteinflüsse anpassen (*Hensellek* 2019; *Kollmann* 2019a). Wo früher „Erfahrung" ein wesentliches Qualitätsmerkmal war, ist es heute der **Faktor „Ausprobieren".** Das bedingt aber Entscheidungen unter Unsicherheit – und dafür sind die Strukturen in den Unternehmen meist nicht ausgelegt. Es widerspricht auch der deutschen Kultur der klaren Planung und mehr oder weniger abgesicherten Prognose. Von daher muss die Frage nach dem Wollen in vielen Führungsetagen schon als kritisch betrachtet werden. Wie verschiedene Studien hierzu belegen, schaffen es viele Unternehmen nicht, sich auf die veränderten Spielregeln von digitalisierten Märkten einzulassen. Im Hinblick auf den ersten Faktor Digital Mindset spielen somit die **alte Unternehmenskultur**, die **fehlende Risikobereitschaft** und die **starre Unternehmensorganisation** (*Goran/Srinivasan/LaBerge* 2016) eine große Rolle.

Hinzu kommt, dass in den meisten **Anreiz- und Belohnungssystemen** von Geschäftsführern und Vorständen die Ergebniszahlen aus dem laufenden Bestandsgeschäft im Vordergrund stehen und nicht die mutige und risikoreiche Ausrichtung auf neue digitale Geschäftsmodelle. Dadurch verkümmern viele vermeintliche Digitalisierungsoffensiven zu einer reinen IT-Automatisierung, um vorhandene Prozesse noch effizienter zu machen. Das Ergebnis sind dann eher inkrementelle als disruptive Fortschritte. Viele Führungsetagen delegieren die Digitalisierung vor diesem Hintergrund an ihre IT-Abteilungen, so dass dieses Thema kein integraler Bestandteil der gesamten Unternehmensstrategie ist. Aus diesem Grund muss die digitale Transformation in den Köpfen der Führungskräfte und Mitarbeiter universell verankert werden und ein fester **Bestandteil der Unternehmenskultur** sein bzw. werden.

Wie eine Studie des *SAP Center for Business Insights* (*SAP* 2017) zeigt, ist es daher für den Erfolg einer digitalen Transformation unverzichtbar, ein **Digital Mindset** im Unternehmen zu entwickeln, welches die Digitalisierung als Chance interpretiert und Veränderungen annimmt. Vor diesem Hintergrund sollten folgende **Kompetenzen als Voraussetzungen** diesbezüglich berücksichtigt werden (s. Abb. 10):

▓ **Die Offenheit gegenüber digitalen Technologien**: Ein Digital Mindset zeichnet sich dadurch aus, offen und neugierig gegenüber digitalen Technologien (s. Kapitel 2.1.1) sowie digitalen Arbeitsformen und -methoden (s. Kapitel 2.1.2) zu sein. Dabei ist ein zentraler Punkt, eine Unternehmenskultur zu implementieren, welche Veränderungen aktiv mitgestaltet und Neues ausprobiert.

▓ **Das Hinterfragen des (realen) Bestandsgeschäftes**: Etablierte Abläufe, Geschäftsmodelle oder Strategien sollten permanent kritisch hinterfragt werden und ggf. mit Blick auf sich verändernde Umweltzustände angepasst werden. In diesem Zusammenhang sollte die reale und digitale (s. Kapitel 2.2.1) sowie lineare und exponentielle Perspektive (s. Kapitel 2.2.2) eingenommen werden.

▓ **Der Wille für digitale Veränderungen**: Es sollte ein grundsätzlicher Wille bzw. eine grundsätzliche Motivation vorhanden sein, die Zukunft proaktiv zu gestalten und Neues auszuprobieren. In diesem Zusammenhang sollte Mut für eigene Veränderungen aufgebracht (s. Kapitel 2.3.1) und Widerständen im eigenen Unternehmen begegnet werden (s. Kapitel 2.3.2).

> **!**   **Unter dem Digital Mindset wird die innere Grundhaltung und positive Einstellung gegenüber bereits bekannten und neuen digitalen Möglichkeiten verstanden. Dies umfasst die Offenheit und Neugierde gegenüberüber digitalen Technologien und Arbeitsformen, das Hinterfragen bestehender Abläufe und Prozesse sowie der Wille in der Zukunft proaktiv Veränderungen herbeizuführen.**

1.3.2   Die Digital Skills (Können)

Digital Leader sollten nicht nur aufgeschlossen gegenüber Veränderungen und bekannten sowie neuen digitalen Möglichkeiten sein (Digital Mindset), sondern sollten auch über die notwendigen digitalen Kompetenzen verfügen, eine entsprechende Strategie bzw. Umsetzung im Unternehmen zu erarbeiten und zu implementieren. Die zugehörigen digitalen Veränderungen sind aber kein digitaler Knopf, den man einfach so in einem IT-System drücken kann. Es geht vielmehr um einen **digitalen Kopf** in der Unternehmensführung (s. Kapitel 1.2.1), der das konkrete Wissen und das zugehörige Know-how rund um digitale Geschäftsmodelle und -prozesse sowie digitale Organisations- und Führungsformen hat. Der zweite Faktor **Digital Skills** bezeichnet entsprechende Kenntnisse und Fertigkeiten mit digitalen Technologien, Prozessen und Geschäftsmodellen umzugehen.

Die zugehörigen Grundlagen der **digitalen Ökonomie** sind unerlässlich für jeden Manager. Neben Fach- und Sozialkompetenz wird ein Digital Leader künftig zwingend auch eine **Digitalkompetenz** brauchen, um unternehmerisch führen zu können. Dabei geht es darum, ob Führungskräfte über das Wissen und digitale Know-how rund um die digitale

Wertschöpfung verfügen und dieses auch anwenden können. Es beschreibt im Detail, über welche Fähigkeiten und Kompetenzen eine digitale Führungskraft verfügen sollte, um digitale Potenziale zu erkennen und ein Unternehmen im Rahmen der digitalen Transformation weiterzuentwickeln. Zu den klassischen Führungskompetenzen gehören demnach einerseits digitale Anwendungskenntnisse, wie der Umgang mit digitalen Tools für Entscheidungsfindungen, aber auch digitale Verhaltensweisen, wie das Nutzen entsprechender Software im Arbeitsalltag (*Crummenerl/Kemmer* 2015). Hierfür bildet vor diesem Hintergrund insbesondere die Persönlichkeit und Einstellung einer Führungskraft zum ersten Faktor „Digital Mindset" (s. Kapitel 1.3.1) eine wichtige Basis für die digitale Transformation im digitalen Zeitalter.

Doch diese Basis alleine reicht nicht aus. Nur weil man der Digitalisierung offen und positiv gegenübersteht, bedeutet das noch lange nicht, dass man diese auch erfolgreich im Unternehmen umsetzen kann. Das hierfür notwendige Bindeglied sind die Digital Skills und diesbezüglich sollten die nachfolgenden **Kompetenzen als Voraussetzung** berücksichtigt werden (s. Abb. 10):

▨ **Das Basiswissen rund um die digitalen Daten**: Ein Digital Leader sollte ein konkretes Wissen rund um die Digitalisierung von Daten für Informations-, Kommunikations- und Transaktionsprozesse mitbringen. Dieses umfasst ein digitales Knowhow in Bezug auf die Kraft der Digitalisierung (s. Kapitel 3.1.1), die Zunahme der Vernetzung (s. Kapitel 3.1.2), das Wachstum der Datenmenge (s. Kapitel 3.1.3) sowie die Notwendigkeit der Interaktivität (s. Kapitel 3.1.4).

▨ **Das Spezialwissen rund um die digitale Wertschöpfung**: Ein Digital Leader sollte konkrete Kenntnisse rund um die Wertschöpfung aus den digitalen Daten heraus für Informations-, Kommunikations- und Transaktionsprozesse verfügen. Diese beziehen sich konkret auf die elektronische Wertschöpfung (s. Kapitel 3.2.1), die elektronische Wertschöpfungskette (s. Kapitel 3.2.2) sowie den elektronischen Wertschöpfungsprozess (s. Kapitel 3.2.3).

▨ **Das Anwendungswissen rund um die digitalen Geschäftsfelder**: Ein Digital Leader sollte die konkrete Kompetenz besitzen, um die Entwicklungen für die digitale Wertschöpfung in Bezug auf Informations-, Kommunikations- und Transaktionsprozesse zu erkennen. Diese Entwicklungen beziehen sich auf die drei zentralen elektronischen Plattformen des Einkaufs (E-Procurement; s. Kapitel 3.3.1), des Verkaufs (s. Kapitel 3.3.2) und des Handels (E-Marketplace; s. Kapitel 3.3.3).

!
•
> **Unter den Digital Skills wird das konkrete Hintergrundwissen und Know-how rund um digitale Geschäftsmodelle und -prozesse in Bezug auf die Digitale Wirtschaft verstanden. Dies umfasst sowohl das Basiswissen rund um digitale Daten als auch die daraus resultierende digitale Wertschöpfung für Prozesse, Produkte und Plattformen sowie die diesbezüglichen Entwicklungen.**

1.3.3 Die Digital Execution (Machen)

Damit Unternehmen im Rahmen der digitalen Transformation erfolgreich agieren, müssen Digital Leader insbesondere auch die erforderlichen Maßnahmen ergreifen und richtig in Bezug auf den dritten Faktor **Digital Execution** und damit die **Umsetzungsebene** setzen (s. Abb. 10). In diesem Zusammenhang müssen sich Digital Leader zunächst mit dem „**Wie**" (**Managementansatz**) befassen. Führungskräfte sollten demnach **agil, wertorientiert** und **proaktiv** im Führungsstil agieren, um die notwendigen Veränderungen herbeizuführen. Folglich sollten sie die Fähigkeit besitzen, sich bestmöglich an verändernde Umwelteinflüsse anpassen zu können. Dies kann sowohl reaktiv, indem flexibel auf Veränderungen reagiert wird, oder proaktiv geschehen, um Veränderungen selbst herbeizuführen. In diesem Zusammenhang sind insbesondere die Aspekte „Geschwindigkeit", „Anpassungsfähigkeit", „Kundenzentriertheit" und eine „Haltung" von zentraler Bedeutung. So ist es für digital Leader insbesondere wichtig, schnell und dynamisch auf digitale Veränderungen, wie sich ändernde Kundenwünsche, einzugehen und eigene Verhaltensweisen dynamisch anzupassen (*Fischer* 2016).

Neben dem „Wie" müssen sich die Digital Leader als Führungskräfte aber auch über das „**Was**" (**Objektansatz**) Gedanken machen. Der Objektansatz beinhaltet das digitale 3-P-Modell: **Prozesse**, **Produkte** und **Plattformen**, bzw. deren Aufbau und Gestaltung (s. Kapitel 1.1.1) im Rahmen der **Implementierung**. Diese 3-Ps können sich dabei sowohl auf die zentralen Geschäftsfelder des E-Business im Web 1.0 (E-Procurement, E-Shop, E-Marketplace) als auch auf alle anderen Entwicklungen im Web 2.0 bis Web 5.0 beziehen. Digitale Prozesse, wie bspw. interaktives Bestellwesen oder Tracking bei einem E-Shop, haben vor allem die steigende Produktivität, sinkende Kosten und kürzere Reaktionszeiten bei Lieferanten- und Kundenanfragen zum Ziel. Dafür ist es notwendig, bestehende Arbeitsabläufe zu hinterfragen und aktuelle Prozesse gegebenenfalls zu verändern (*Keller* 2017). Ebenso muss das Produktangebot stetig hinterfragt und angepasst werden, wie bspw. über die Hinzunahme von Sensoren bei realen Produkten mit einer Fernwartung als neuer digitaler Service, der über einen E-Shop hinzugebucht werden kann. Unternehmen müssen sich demnach mit Innovationen, wie bspw. der künstlichen Intelligenz oder der Blockchain, beschäftigen und analysieren, inwieweit eigene Produkte von Veränderungen betroffen sind und inwiefern neue Potenziale genutzt werden können. Nicht außer Acht gelassen werden darf aber auch der Aufbau digitaler Plattformen (s. Kapitel 1.1.2), die sich als überlegenes Geschäftsmodell in der Digitalen Wirtschaft erwiesen haben (s. Kapitel 1.1.3). Erfolgreiche Unternehmen, wie beispielsweise *Alphabet*, *Amazon*, *Facebook* und *Alibaba*, fungieren demnach als Vermittler für Anbieter und Nachfrager und kontrollieren damit immer mehr die bestehenden Absatzmöglichkeiten oder schaffen sogar neue Märkte.

Neben dem „Wie" (Managementansatz) und dem „Was" (Objektansatz) und damit den Fragen nach einem digitalen Führungsstil im Rahmen eines digitalen Projektes, kommt noch ein weiterer Aspekt zum Tragen, der beide verbindet. Dies ist die Frage nach dem „**Womit**" (**Toolansatz**), also womit die konkrete Umsetzung einer digitalen Transformation bzw. beim Aufbau eines neuen digitalen Geschäftsmodells erfolgen soll. Hierfür wird abschließend der **E-Business-(Model)-Generator** bzw. kurz **E-Business-Generator (EBG)** vorgestellt, mit dem ein Digital Leader neue digitale Geschäftsmodelle entwickeln (E-Model-Generation) oder bereits vorhandene Geschäftsmodelle einer digitalen Transformation unterziehen kann (E-Business-Generation). Vor diesem Hintergrund ergeben sich für die Digital Execution folgende **Kompetenzen, für die Umsetzung**, welche beachtet werden müssen (s. Abb. 10):

▦ **Der Managementansatz für das Digital Leadership**: Ein Digital Leader sollte im Rahmen des Managementansatzes wissen, wie er Digitalprojekte bzw. das zugehörige Unternehmen führen kann. Diese (digitale) Projekt- bzw. Unternehmensführung erfolgt agil (s. Kapitel 4.1.1), wertorientiert (s. Kapitel 4.1.2) und proaktiv (s. Kapitel 4.1.3), sodass sich das Projektteam bzw. die gesamte Organisation schnell an digitale Veränderungen anpassen kann.

▦ **Der Objektansatz für das Digital Leadership**: Ein Digital Leader sollte im Rahmen des Objektansatzes wissen, wie er Digitalprojekte bzw. das zugehörige Unternehmen inhaltlich und organisatorisch umsetzen bzw. gestalten kann. Diese Projekte können sich dabei auf die Implementierung der drei zentralen Plattformen E-Procurement (s. Kapitel 4.1.1), E-Shop (s. Kapitel 4.2.2) und E-Marketplace (s. Kapitel 4.2.3) beziehen.

▦ **Der Toolansatz für das Digital Leadership**: Ein Digital Leader sollte im Rahmen des Toolansatzes wissen, wie er einem Projektteam bzw. einer gesamten Unternehmung den E-Business-(Model)-Generator (s. Kapitel 4.3) für die digitale Transformation bestehender (realer) Geschäftsmodelle und -prozesse oder den Aufbau von neuen digitalen Geschäftsmodellen und -prozessen zur Verfügung stellen kann.

> **❗** **Die Digital Execution bezeichnet die inhaltliche und organisatorische Umsetzung bzw. Führung von Digitalprojekten und/oder dem zugehörigen Unternehmen im Zuge der digitalen Transformation bestehender realer oder dem Aufbau neuer digitaler Geschäftsmodelle und -prozesse, wobei der E-Business-(Model)-Generator als Tool genutzt werden kann.**

▶ *Medienhinweis: Scopevisio-Statement zu Erfolg in der Digitalpolitik*
www.youtube.com/netstartTV

▶ *Medienhinweis: Podiumsdiskussion beim digiTALK von KYOCERA*
www.youtube.com/netstartTV

2. Das Digital Mindset

2.1 Die Offenheit für das Digital Leadership

Technologische Entwicklungen sind der Treiber für die Veränderungen der Gesellschaft und auch der Wirtschaft. Innerhalb der Gesellschaft äußert sich dies durch den Wandel in der Art und Weise der Kommunikation zwischen Individuen. In der Wirtschaft beeinflusst der technologische Fortschritt den Prozess der Wertschöpfung, die Geschäftsmodelle und auch die Zusammenarbeit innerhalb eines Unternehmens samt seinen Akteuren. Diese Veränderungen haben somit auch weitreichende Implikationen für die Mitarbeiterführung im digitalen Zeitalter, dem **Digital Leadership**. Diverse Studien zeigen, dass es vielen Unternehmen und ihren Führungskräften nicht gelingt, sich auf die neue Umwelt der digitalisierten Märkte einzustellen. Nur Führungskräfte mit einem **Digital Mindset** können die enormen Veränderungen, die mit der digitalen Transformation einhergehen, meistern sowie sich ergebende Potenziale erkennen und sich diesen erfolgreich annehmen. Als zentrales Problem werden hier das Festhalten an veralteten Unternehmenskulturen, fehlende Risikobereitschaft und starre Unternehmensorganisation gesehen (*Goran/Srinivasan/LaBerge* 2016). Häufig ist vor diesem Hintergrund ein wesentliches Problem, dass Führungskräfte sich einen gewissen Erfahrungsschatz sowie eine Position im Unternehmen erarbeitet haben und von diesen Aspekten möglichst lange profitieren möchten. In der Konsequenz klammern sich diese Personen an alte Zeiten und betonen Errungenschaften aus der Vergangenheit. Dann kann von einem „**Wollen**" nicht die Rede sein.

Im Kontrast zu einer solchen Einstellung steht die **Offenheit und Neugierde** gegenüber neuen digitalen Technologien sowie digitalen Arbeitsformen bzw. -methoden. Diese Offenheit und Neugierde in Kombination mit dem Veränderungswillen ist somit zentral für das Digital Mindset eines Digital Leaders. Die zugehörigen zentralen **Fragen und Lernziele** dieses Kapitels sind:

- **Digitale Technologien**: Welche Technologien sind/waren entscheidend für den digitalen Wandel in Wirtschaft und Gesellschaft und wie haben sich diese in Bezug auf den aktuellen Stand entwickelt?

- **Digitale Arbeitsformen**: Welche Arbeitsformen bzw. -methoden haben sich im Zuge des digitalen Wandels entwickelt und welche Auswirkungen haben diese auf die Organisation?

▶ *Lernhinweis: Zertifikatskurs zum E-Business-Leader*
www.e-business-leader.de

2.1.1   Die digitalen Technologien

Digitale Technologien stellen den Kerntreiber für die Veränderungen in der Gesellschaft und der Wirtschaft dar (s. Abb. 11). Aufgrund der Omnipräsenz und des Potenzials können diese digitalen Kerntechnologien alle Strukturen und nicht lediglich spezifische Branchen, wie es in der Vergangenheit bei strukturellen Veränderungen der Fall war, beeinflussen. Dabei haben sich in den vergangenen Jahren verstärkt **disruptive Veränderungen** in nahezu allen gesellschaftlichen Bereichen sowie Wirtschaftszweigen vollzogen. Vor diesem Hintergrund ist insbesondere für Führungskräfte ein offener Umgang mit sowie die Neugierde gegenüber diesen digitalen Technologien unausweichlich. Nur wer offen und neugierig den Möglichkeiten und Chancen von neuen Technologien gegenübersteht, kann diese nutzen und das eigene Unternehmen zum Erfolg in der **Digitalen Wirtschaft** führen. Wer sich diesen Technologien verschließt und sie ignoriert, wird früher oder später dem unaufhaltsamen Wandel und den damit einhergehenden digitalisierten Märkten unterliegen. Wesentliche digitale Technologien sind in diesem Zusammenhang unter anderem Smartphones, Tablet Computer, Smartwatches/Wearables, Smart Glasses, Virtual-Reality/Augmented-Reality-Brillen, Smarte Kleidung, Internet der Dinge, Smart-Home sowie das Connected Car (*Kollmann/Schmidt* 2019).

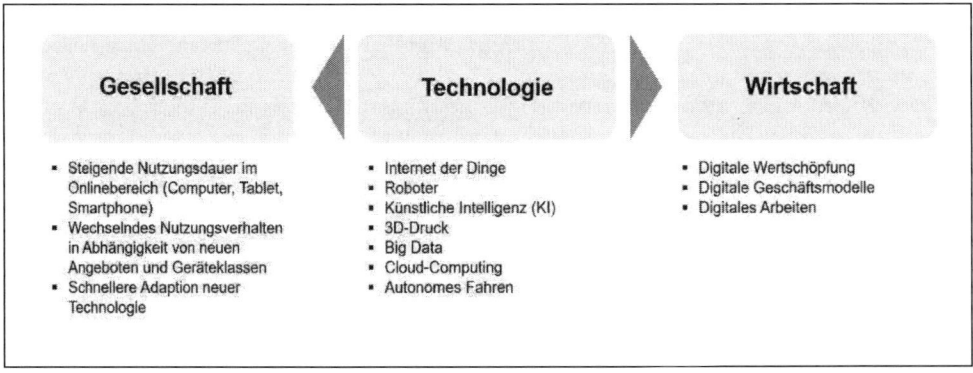

Abb. 11:   Technologie als Treiber von Veränderungen in Gesellschaft und Wirtschaft
Quelle: *Kollmann/Schmidt* 2019.

Smartphones

Die Erfolgsgeschichte begann mit dem Verkaufsstart des *iPhone* im Jahr 2007. Das sind immerhin drei Jahre, nachdem in Deutschland die erste mobile UMTS-App mit grafischer Content-Oberfläche, Navigationsfunktion und Bewegtbild-Optionen in einem Feldversuch von einem Projektteam der Universität Kiel als Event-Portal zur Kieler Woche 2004 auf einem damals – zugegeben noch etwas klobigen – *Motorola*-Handy erfolgreich getestet wurde. Aber es war das US-Unternehmen *Apple*, das dieses Konzept als integrativen Bestandteil des *iPhone* marktreif machte. Heute nutzen etwa 57 Mio. Menschen in Deutschland ein Smartphone; das entspricht etwa 80 % der Bevölkerung über 14 Jahre.

2019 summierte sich das Geschäft mit Endgeräten, Daten- und Sprachdiensten, Anwendungen und Infrastruktur in Deutschland auf rund 34 Mrd. Euro, wie der Branchenverband *BITKOM* errechnete. Auch wenn sich der **Smartphone-Markt** angesichts dieser hohen Penetration auf seine **Sättigungsgrenze** zubewegt, ist diese Erfolgsgeschichte einzigartig. Für Deutschland und Europa bleibt allerdings ein bitterer Beigeschmack: Alle führenden Geräte-Anbieter kommen nach Angaben des Marktforschers *Canalys* inzwischen aus Asien (*Samsung, Huawei, Honor*) oder den USA (*Apple*).

Tablet Computer

Was *Apple* im Handy-Bereich mit seinem *iPhone* geschafft hat, kopierte es quasi selbst mit dem *iPad* im dadurch neu geschaffenen **Tablet-Markt**. Wobei auch dieser Markt mit dem Verkaufsstart 2010 eigentlich gar nicht so neu war, sich jedoch alle vorangegangenen Versuche nicht hatten durchsetzen können. Nach Absatz- und Umsatzrekorden in den ersten Jahren hat sich der Markt allerdings stabilisiert. Inzwischen besitzen immerhin vier von zehn Deutschen einen Tablet-Computer, die allerdings ebenso wie die Smartphones meist von Herstellern aus den USA (*Apple, Microsoft*) oder Asien (*Samsung, Huawei, Lenovo*) stammen. Das *iPad* auf der Nachtkonsole oder auf dem Sofa ist ein weiterer digitaler Begleiter in den Haushalten geworden. Als „**Second Screen**" wird er zunehmend als parallele Mediennutzung bzw. -ergänzung zum immer noch nicht ausreichend rückkanalfähigen und damit interaktiven TV-Gerät gesehen. Ergänzend verschwimmen hier die Grenzen zum sogenannten Phablet. Hierbei handelt es sich um ein besonders großes, internetfähiges Mobiltelefon mit einer Bildschirmdiagonale zwischen fünf und sieben Zoll (ca. 127 bis 177 mm). Es gilt damit als ein Hybridgerät aus Smartphone und Tablet Computer und wird von einigen Herstellern als eigene Geräteklasse definiert. Zudem befinden sich die Verkaufszahlen für TV-Geräte nach wie vor auf einem hohen Niveau. Das liegt nicht nur an immer neuen technischen Features für die Bildqualität, sondern auch daran, dass zunehmend digitale Steuerungs- und Entertainment-Elemente auch auf dieser Plattform Einzug halten. **Set-Top-Boxen** wie *Apple-TV* oder integrierte Multimedia-Angebote von *Samsung* & Co. oder Video-Streamingdienste wie *Netflix* haben neben den Spielekonsolen wie der *Playstation* oder der *Xbox* den Kampf um die Vormachtstellung als Plattform im Wohnzimmer aufgenommen. Es ist nur eine Frage der Zeit, bis auch hier die Apps nutzerfreundlich abgerufen werden können und Tele-Commerce massentauglich Einzug halten wird.

Smartwatches/Wearables

Auch wenn *Apple* in diesem Bereich einmal nicht der Trendsetter war, so versucht das Unternehmen mit der *Apple Watch* auch hier seine Plattform-Strategie umzusetzen. Mit einigem Erfolg, denn die *Apple Watch* liegt inzwischen im **Smartwatch-Markt** klar an der Spitze der Verkaufsranglisten, gefolgt von *Xiaomi, Samsung* und *Fitbit*, wie Zahlen des Marktforschers *IDC* zeigen. Die Penetration dieser Geräte ist stark ansteigend: Der Anteil der Menschen in Deutschland mit einer Smartwatch am Handgelenk hat sich von einem einstelligen Prozentbereich versechsfacht auf über 35 %. Neben der modischen

Renaissance einer Digitaluhr am Handgelenk sind es auch hier die Apps, die einen Einsatz am Handgelenk motivieren sollen. Dabei stehen am Anfang vor allem **Gesundheits-, Ticket- und Bezahlfunktionen** im Mittelpunkt. Mit der Einführung von *Apple Pay*, welches den digitalen Bezalsystemen einen Schub gebracht hat, könnte auch die intelligente Uhr weitere Abnehmer finden. Zudem hat *Apple* in die neueren Versionen seiner Watch neue medizinische Funktionen wie das Erkennen von Herzrhythmusstörungen (Vorhofflimmern) eingebaut, die das Einsatzgebiet dieser Uhr deutlich erweitern. Eigentlich gehören die Smartwatches zur weiteren Gruppe der sogenannten **Wearables**. Dabei handelt es sich um tragbare Computersysteme, die während der Anwendung am Körper befestigt werden können. Neben *iPhone*, *iPod* & Co. sowie den Smartwatches sind die Fitness-Tracker die erfolgreichste Produktkategorie unter den Wearables.

Smart Glasses

Darf man alles und jeden über ein Computersystem in einer Brille mit der bildlichen Projektion der Informationen auf den Gläsern ungefragt beobachten, analysieren, aufnehmen und wiedergeben? Es gab viele Diskussionen rund um die *Google Glass*, zu der es 2014 die ersten **Entwicklermodelle** gab. Es waren aber nicht die technischen Möglichkeiten als solche, sondern deren Anwendung im gesellschaftlichen Umfeld, die *Google* (*Alphabet*) 2015 zu einem Umdenken veranlasste. Die Träger wurden teilweise von ihren Mitmenschen angegangen, weil sie sich ungefragt beobachtet fühlten. Dennoch legte *Google* dieses Thema nicht zu den Akten, sondern brachte 2018 eine neue Version auf den Markt, die mit **Künstlicher Intelligenz** ausgerüstet und für den Einsatz in Unternehmen konzipiert ist.

Virtual-Reality/Augmented-Reality-Brillen

Personalcomputer und Smartphones bedeuten für *Mark Zuckerberg* die Welt von gestern. Der *Facebook*-Gründer hat lieber die Zukunft im Blick: „Virtual-Reality-Brillen sind die nächste große Computing-Plattform. In zehn Jahren werden eine Mrd. Menschen diese Brillen nutzen", sagte *Zuckerberg*. Wer die Brille einmal ausprobiert, will am liebsten gar nicht mehr zurück in die reale Welt. Denn die klobig aussehenden Geräte vermitteln dem Betrachter das Gefühl, sich mitten in einer virtuellen Realität zu befinden. Man schaut keinen Film an – man ist Teil des Films, so der Eindruck. Die eingebauten **Sensoren** machen jede Kopfbewegung mit und ändern das Blickfeld genau wie in der realen Welt. Ergebnis: Schon nach wenigen Sekunden taucht man in die Handlung ein und vergisst seine eigentliche Umgebung. *Mark Zuckerberg* hat aber weit mehr als Spiele oder Filme im Sinn. Eines Tages soll man ein Headset aufsetzen und es wird die Art ändern, wie wir leben, arbeiten und kommunizieren. Schneller zum Erfolg haben es die **Augmented-Reality-Brillen** gebracht. Die Nutzer sehen eine erweiterte Realität, indem zusätzliche Bilder oder Informationen im Blickfeld angezeigt werden. Die *Hololens* von *Microsoft* oder die Brille von *Magic Leap* gelten als Vorreiter für diese Geräteklasse, die im gewerblichen Einsatz z. B. von Architekten oder Servicemitarbeitern immer häufiger eingesetzt werden.

Smarte Kleidung

Das Verarbeiten von Computer-Technologie in Kleidung steckt zwar noch in den Anfängen, aber die ersten Beispiele lassen sich am Markt schon beobachten. Das Lawinen-Sicherheitssystem in der Ski-Ausrüstung, elektronische Etiketten (Tags) als Echtheitsnachweis in Markenkleidung oder Funktionsunterwäsche mit elektrischer Muskelstimulation im Fitnessbereich – die Liste an Visionen und ersten Pilotprojekten ist lang oder teilweise sogar schon am Markt. Die Möglichkeit, digitale **Computertechnologie in Kleidung** zu verwenden, lässt den Schritt hin zu einer allgemeinen Integration von Online-Verbindungen und Internet-Technologie in jeder Form von Alltagsgegenständen von der Zahnbürste bis zur Waschmaschine nicht weit erscheinen.

Machine-to-Machine-Communication

Machine-to-Machine-Communication (M2M) bezeichnet den **automatisierten Informationsaustausch von Endgeräten** (z. B. Maschinen, Fahrzeuge, Workstations etc.) mit jeweils anderen Endgeräten eines Systems oder mit einer zentralen Applikation bzw. Leitstelle mittels innovativer Informationstechnologien. Dabei wird neben lokalen (Firmen-) Netzwerken auch vermehrt auf das Internet als Kommunikationsnetzwerk zum Informationsaustausch gesetzt. Wichtig ist hier die Möglichkeit des bilateralen Informationsaustausches, sodass M2M über reine Statusüberwachung von Maschinen durch eine Leitstelle hinausgehen kann.

Internet der Dinge

Hierunter wird die allgemeine **Vernetzung von Gegenständen** des privaten, aber auch wirtschaftlichen Alltags mit dem Internet verstanden. Ziel ist es, dass diese Gegenstände dann selbstständig über das Internet kommunizieren und so verschiedene Aufgaben für den Besitzer (teil-)automatisiert erledigen können. Der Anwendungsbereich erstreckt sich dabei von einer allgemeinen Informationsversorgung über autonome Bestellungen bis hin zu Warn- und Notfallfunktionen. *Lena Schipper* hat die resultierende Vision in einem Artikel für die *FAZ* einmal so beschrieben: „Und nun stellen Sie sich vor, dass alle Dinge um Sie herum – das Besteck, der Toaster, die Hundeleine, der Regenschirm mit dem Internet verbunden sind und sich in ständigem Dialog miteinander befinden. Ihr Besteck ist mit Sensoren ausgestattet, die registrieren, was und wie schnell Sie essen, und sendet diese Daten an einen Cloud-Server, wo sie mit den Daten verknüpft werden, die Toaster, Kühlschrank und Kochtöpfe über Ihre Essgewohnheiten sammeln. Essen Sie zu schnell, zu viel oder das Falsche, piepst Ihre Gabel. Oder der Toaster weigert sich, eine weitere Scheibe Toast zu produzieren, bevor Sie nicht eine Runde joggen waren – eine Information, die Ihre internetfähigen Socken sofort an den Toaster übermitteln. Das Hundehalsband registriert, dass der Hund zum Tierarzt muss, gleicht die Datenbank der Arztpraxis mit dem Kalender ab und macht eigenständig einen Termin. Der Regenschirm färbt sich eben blau, weil er dem Online-Wetterbericht entnommen hat, dass es gleich anfangen wird zu regnen. Das ist die Welt, die den Vordenkern des sogenannten ,Internets der Dinge' – oder des ,**Internet of Everything**', wie besonders ambitionierte Vertreter sagen" (*Schipper* 2015)

– vorschwebt. Es wird schnell deutlich, dass sich das Internet der Dinge im Alltag und für den Alltag etablieren soll und dabei insbesondere auch der häusliche Bereich im Mittelpunkt stehen wird. Stärker noch als im privaten Umfeld gewinnt das industrielle Internet der Dinge an Bedeutung. Die **Verbindung von Maschinen**, automatische Bestellfunktionen, intelligente Datenauswertung oder die Vernetzung der Lieferketten stellen enorme Automatisierungspotenziale gerade für die deutsche Wirtschaft dar, die unter dem Stichwort „Industrie 4.0" schon seit einigen Jahren erschlossen werden.

Cloud Computing

Die dezentrale Nutzung von M2M und IoT, oftmals über physische Distanzen hinweg, wird erst durch innovative Informationstechnologie zum Datenaustausch und zur Datenspeicherung ermöglicht. Neben lokalen Netzwerken und Speichern liefert im Zusammenhang mit diesen Entwicklungen das Cloud Computing eine innovative Möglichkeit, die Maschinen und Objekte zu verbinden, deren Daten zu speichern und ohne lokale oder physische Beschränkungen zugänglich zu machen. Mit Hilfe der Cloud kann eine globale Infrastruktur geschaffen werden, die es jedem, der darauf Zugriff hat, erlaubt, neue Services, Inhalte oder Applikationen zu schaffen.

Connected Car

Des Deutschen liebstes Kind in den Händen der amerikanischen oder chinesischen Digitalkonzerne? Unvorstellbar und doch (k)eine Zukunftsvision. Nämlich dann, wenn der Kunde sein Auto nicht mehr nach Kriterien der Fahrzeugtechnik kauft, sondern ihn die **digitalen Services im Auto** oder autonome und günstige Transportleistungen mehr interessieren. Im Moment fließt der Großteil der Investitionen in **neue Antriebstechnologien** und den Aufbau von Ladeinfrastrukturen für die Elektroautos. Langfristig wird aber wohl nicht mehr der Besitz des eigenen Autos im Vordergrund stehen, sondern die schnelle Verfügbarkeit eines **autonomen Transportgerätes**. In diesem Fall ist es den Nutzern egal, von welchem Hersteller das Fahrzeug stammt oder wieviel PS unter der Haube stecken, wenn die Geschwindigkeit ohnehin für alle gleich ist und Statussymbole nicht mehr so wichtig sind. Mit dem „digitalen Kampf" um das Auto geht es für die deutsche Wirtschaft ans Eingemachte. Dass so viele Digitalkonzerne (*Google*, *Apple*, *Amazon* oder *Alibaba*) in autonome Autos investieren, ist daher kein Zufall. In der gewonnenen Zeit im Auto können die Passagiere Filme schauen, einkaufen oder mit sonstigen digitalen Diensten versorgt werden. Die Konzerne versprechen sich ein weiteres Milliarden-Geschäft. Neben **Navigations- und Infotainment-Lösungen** rücken vor diesem Hintergrund auch Sicherheits- und Fahrerassistenzsysteme sowie der Fernzugriff auf das Fahrzeug in den Mittelpunkt. Auf die Spitze getrieben sind alle Autos so vernetzt, dass sie in gegenseitiger Abstimmung im Verkehrsfluss auch autonom fahren können. Die Vision vom **„selbstfahrenden Auto"** macht die Runde und damit die Frage, wer baut es, wenn der Markt es haben möchte? In Deutschland erwarten Experten erst in einigen Jahren selbstfahrende Autos im Straßenverkehr. In einigen US-Bundesstaaten sind dagegen die ersten Autos schon ohne Fahrer unterwegs.

Smart Home

Das **vollautomatische Haus** regelt die Wärme, das Licht und die Rollläden in Abhängigkeit von Tageszeit, Außentemperatur und der Anwesenheit der Bewohner. Im Zweifel wird das Haus wie ein PC hochgefahren, wenn sich der Besitzer mit seinem dafür verbundenen *iPhone* per Fernmeldung den heimischen vier Wänden nähert. Und es wird heruntergefahren, wenn die Türsensoren erkennen, dass man das Haus verlässt. Sensoren im Fußboden überwachen zudem, ob Sie gestürzt sind, längere Zeit reglos liegen bleiben und daher Hilfe brauchen. Das ist insgesamt keine Zukunftsmusik, sondern heute schon möglich und dennoch konnte der Smart Home-Markt die an ihn gestellten Erwartungen (noch) kaum erfüllen. Noch als zu teuer empfinden viele Verbraucher die Ausstattung im Vergleich zum Nutzen. Allerdings sinken die Preise und neue Möglichkeiten, vorhandene Geräte nachzurüsten statt neu zu kaufen, senken die Eintrittsbarriere für viele Interessenten. Es verspricht ein spannendes **Rennen um die Digitalisierung des Hauses** zu werden und noch ist vollkommen offen, welche Plattform sich hier durchsetzen wird. Telekommunikationsunternehmen, Energieversorger und Startups konkurrieren ebenso um diesen Markt wie zuletzt auch *Amazon*, das sogar schon komplette vernetzte Häuser in den USA anbietet. Und wenn man dann sein Smart Home verlässt, dann wartet schon das Connected Car vor der Tür, welches natürlich über Ihr Eintreffen durch das Schließen der Haustüre informiert wurde. In diesem Zusammenhang hat *Amazon* mit *Echo* auch einen intelligenten Lautsprecher auf den Markt gebracht. Mit der sprachgesteuerten, internetbasierten, intelligenten und persönlichen Assistentin *Alexa* können ebenfalls alle vernetzten Smart Home-Anwendungen über sog. Skills gesteuert werden. Skills werden vom Benutzer aktiviert und bieten zusätzliche Funktionen wie eben das Steuern von Smart Home-Geräten, Spiele, Nachrichten oder die Kommunikation mit einer Bank.

Roboter 2.0

Weil immer weniger junge Menschen den Beruf des Maurers erlernen wollen, sind die Löhne in Australien in die Höhe geschossen. Grund genug für das australische Unternehmen *Fastbrick Robotics*, in siebenjähriger Entwicklungszeit einen **Bau-Roboter** zu konstruieren, der mit seinem 28 Meter langen Greifarm ein normales Einfamilienhaus in nur zwei Tagen mauert. Ganz allein, ohne menschliche Hilfe. Der Roboter, zuvor mit einem 3D-Bauplan des Hauses gefüttert, greift sich die Steine von einer Palette, kürzt sie bei Bedarf, taucht sie in den Mörtel und setzt die Steine an die richtige Stelle. 1.000 Steine pro Stunde sind möglich, was *Hadrian* zehn Mal schneller macht als einen erfahrenen Maurer. *Hadrians* New Yorker Kollege *Sam* des Konkurrenten *Construction Robotics* ist ähnlich geschickt, braucht allerdings noch menschliche Hilfe bei komplizierten Stellen, ist dafür aber schon fertig für den Verkauf. Eine halbe Million Dollar soll *Sam* kosten. *Hadrian* und *Sam* sind nur zwei Beispiele für den Einsatz moderner Roboter 2.0, die überall gemeinsam mit den Menschen arbeiten können. Zwei wesentliche Entwicklungen haben die Einsatzgebiete der Maschinen in jüngster Zeit wesentlich verbreitert: Sie reagieren flexibel auf Menschen, können also von ihnen lernen und dann vorgemachte Arbeitsschritte übernehmen. Während Roboter früher nur die zuvor von den Entwicklern fest programmierten Arbeitsschritte in einer auf Massenproduktion ausgelegten Fabrik ausführten, sind sie heute auf dem Weg, **lernfähige und fleißige Kollegen der Menschen** zu werden. In den Warenhäusern von *Amazon* arbeiten inzwischen mehr als 30.000 **Logistik-Roboter**, die komplette Regale durch die Hallen zu den Pick-Stationen fahren. Innerhalb eines Jahres hat *Amazon* die Zahl dieser Maschinen verdoppelt, weil sie etwa vier Mal effizienter als Menschen arbeiten. Noch werden Menschen benötigt, um die Waren aus den vollautomatisch transportierten Regalen zu nehmen und in Pakete zu packen. Aber es ist nur eine Frage der Zeit, bis auch diese Aufgaben von Maschinen schneller und günstiger erledigt werden können. Den von *Amazon* ausgeschriebenen Wettbewerb für den besten Greifarm hat übrigens ein Team der Technischen Universität Berlin gewonnen. Während Gerichte in Deutschland die Sonntagsarbeit bei *Amazon* verbieten, arbeiten die Amerikaner intensiv am vollautomatischen Logistiksystem, das immer weniger Menschen benötigt. Bis zum ersten **selbstfahrenden Lieferwagen** oder zur ersten **automatisch fliegenden Transportdrohne** werden wohl keine zehn Jahre mehr vergehen.

3D-Druck

Der 3D-Druck wird als digitale Technologie einen enormen Einfluss auf Industriestrukturen haben. Wobei der Name eigentlich in die Irre führt, denn gedruckt wird dabei nichts. Eher „gebacken", denn die Maschinen kombinieren meist mehrere Rohmaterialien unter Einwirkung von Hitze in einem Arbeitsschritt zu einem Endprodukt. Was so unspektakulär klingt, hat aber das Potenzial, die 150 Jahre lang praktizierte Produktionsweise der Industrieländer, nämlich Rohmaterialien möglichst kostengünstig an einem Ort zu einem Endprodukt zu fertigen, in den kommenden Dekaden in eine **individuelle On-Demand-Produktion** am Ort des Konsums zu transformieren. Den Extremfall dieser neuen Produktionsweise zeigt ein neues *Amazon*-Patent: Die Amerikaner wollen 3D-Drucker auf Lastwagen montieren und das bestellte Produkt dann quasi direkt vor der Haustür des Kunden „drucken". 3D-Drucker sind in der Industrie in der Herstellung von Prototypen schon lange im Einsatz, aber erst in den vergangenen Jahren sind die Anwendungsgebiete breiter geworden. Heute wird 3D-Druck noch überwiegend als **Substitution vorhandener Produktionsprozesse** gesehen, vor allem verbunden mit Zeitgewinnen gegenüber der klassischen Herstellung. Das US-Unternehmen *Carbon 3D* hat ein Druckverfahren entwickelt, das ein wenig an die Roboter aus „Transformers" erinnert und bis zu 100 Mal schneller als herkömmliche Druckverfahren sein soll. *Google* hat schon 100 Mio. Dollar in das Unternehmen investiert und der *Ford*-Chef *Alan Mulally* ist davon so begeistert, dass er nun im Aufsichtsrat des Unternehmens sitzt. *Carbon 3D* wird inzwischen mit mehr als einer Milliarde Dollar bewertet und zählt zu der großen Zahl an Startups, die aktuell in diesem Gebiet arbeiten. Ein großer Vorteil wird aktuell in Produkten gesehen, die auf klassische Art und Weise gar nicht hergestellt werden können. Der Leichtbau gilt als ein solcher Anwendungsfall für 3D-Druck, zum Beispiel für Flugzeuge oder Autos. Ihre Vorteile wird die neue Technik schnell zeitnah auch bei Einzelanfertigungen in der Medizin ausspielen. Ersatzzähne aus dem 3D-Drucker werden nicht mehr lange auf sich warten lassen, während die Transplantation der ersten „gedruckten" Ersatzleber von Fachleuten, die das *World Economic Forum* befragt hat, bis zum Jahr 2024 erwartet wird.

Künstliche Intelligenz

Die steigende Datenmenge sowie die rasant wachsenden Möglichkeiten der Verarbeitung von Daten ermöglichen vor diesem Hintergrund aber eine zunehmend bessere maschinelle Nachahmung menschlicher Denk- und Verhaltensmuster. Vor diesem Hintergrund wird insbesondere der Begriff Künstliche Intelligenz (KI; Englisch: Artificial Intelligence, AI) zunehmend im Sprachgebrauch verwendet. In der Fachliteratur findet sich eine Vielzahl verschiedener Definitionen von Künstlicher Intelligenz, so dass keine einheitliche Definition im engeren Sinne anzutreffen ist. Einheitlich wird die Künstliche Intelligenz aber als Teilgebiet der Informatik beschrieben, in dem sog. „intelligente Agenten" (*Franklin/Graesser* 1997, S. 21) erforscht und entwickelt werden (*Buxmann/Schmidt* 2019). Ein „intelligenter Agent" zeichnet sich dabei durch seine Fähigkeit aus, selbstständig Problemstellungen lösen zu können und somit autonom Artificial Content zu produzieren (*Carbonell/Michalski/Mitchell* 1983; *Buxmann/Schmidt* 2019; *Kollmann/Schmidt* 2016, S. 49 ff.). Ein besonderer Aspekt der Künstlichen Intelligenz ist insbesondere das sog. Maschinelle Lernen. *Samuel* (1959) definierte es grundlegend als Forschungsfeld, welches Maschinen ermöglicht zu lernen, ohne explizit programmiert worden zu sein. Diese Fähigkeit ermöglicht somit eine Wissensgenerierung auf Basis von Erfahrungen. So können Maschinen mit bestehenden Datensätzen (Erfahrungen) gespeist werden, diese auswerten und auf einer entwickelten Funktion basierend optimale Schlussfolgerungen ziehen. Ein zunehmend an Bedeutung gewinnendes Teilgebiet des Maschinellen Lernens ist das sog. Deep Learning. Deep Learning ist ein Konzept, durch das Muster (auch Repräsentationen genannt) in Daten besser erkannt werden sollen, indem mehrere aufeinanderfolgende Lernschichten übereinandergelegt und miteinander verknüpft werden (*Chollet* 2018). Durch den Aufbau der verschiedenen Schichten, die angelehnt an ein natürliches neuronales Netz sind und diesem somit ähneln, wird in der Literatur oft auch von (künstlichen) neuronalen Netzen gesprochen (*Rojas* 1996). Die Möglichkeit des Maschinellen Lernens eröffnet ein sehr großes Spektrum für potenzielle **Anwendungsfelder** der Künstlichen Intelligenz, die in nahezu allen Lebensbereichen vorstellbar sind. Für Unternehmen kann der Einsatz von Künstlicher Intelligenz zu Effizienz- sowie Produktivitätssteigerung führen und ein besseres Eingehen auf Kunden ermöglichen, wodurch Mehrwerte geschaffen werden können (*Gentsch* 2018). Insbesondere in Branchen, in denen große Datenmengen generiert werden, kann eine Anwendung mit Künstlicher Intelligenz zu wettbewerbsentscheidenden Vorteilen führen.

 Digitale Technologien waren und sind die Kerntreiber für den digitalen Wandel in Wirtschaft und Gesellschaft und Digital Leader müssen den zugehörigen Entwicklungen offen und neugierig gegenüberstehen und die damit einhergehenden Möglichkeiten als Chancen erkennen.

2.1.2 Die digitalen Arbeitsformen

Einhergehend mit der Zunahme des Digitalisierungsgrades im täglichen Gebrauch von Privatpersonen und Unternehmen wandeln sich die **Arbeitsformen und -methoden**. Der Einsatz von digitalen Technologien verändert dabei auch die Anforderungen an die Arbeitsweise der Führungskräfte, der Mitarbeiter und die technischen Systeme selbst. Nur durch die Aufgeschlossenheit und das Verständnis von neuen digitalen Arbeitsformen und -methoden können Führungskräfte diese auch effektiv und effizient einsetzen. In diesem Zusammenhang ist für das Digital Mindset das Verständnis der Arbeitsformen und -methoden in heruntergebrochenen Bezug auf virtuelle **Unternehmen**, virtuelle **Teamstrukturen** und virtuelle **Arbeitsplätze** von besonderer Relevanz.

Virtuelle Unternehmen

Virtuelle Unternehmen setzen sich aus mehreren Unternehmen zusammen und stellen sich auf dem Markt als ein Verbund von Unternehmen dar, d. h. die Interaktion mit Kunden und Lieferanten erfolgt von ihnen als eine eigenständige Geschäftseinheit. Ebenso wie auf den eigenständigen Auftritt nach außen, setzt das virtuelle Unternehmen auf eine einheitliche Plattform, um mit den externen Partnern zu kommunizieren. Dies geschieht mittels Informations- und Kommunikationstechnologien sowohl mit den Geschäftspartnern als auch mit den Verbundpartnern (*Hofmann* 2003a, S. 26). Den „virtuellen" Charakter erhält der Verbund dabei dadurch, dass die Erbringung der konkreten einzelnen Teilleistungen der verbundenen Partner zumindest nach außen hin nicht klar erkennbar wird, sondern dort nur das gemeinsame Endergebnis angeboten wird (*Bickhoff* et al. 2003, S. 14).

Um virtuelle Unternehmen genauer abgrenzen zu können, lassen sich die Eigenschaften in sechs idealtypische **Merkmale** unterteilen (s. Abb. 12), die für eine Realisierung der praktischen Kooperation überwiegend erfüllt sein sollten (*Holzberg/Meffert* 2009; *Bickhoff* et al. 2003, S. 15 ff.):

- In diesem Zusammenhang bildet die **Art des Netzwerks** eine grundlegende Ausrichtung der Leitung virtueller Unternehmen. Die Bandbreite geht dabei von einem stark hierarchischen Netzwerk mit einem dominanten Unternehmen bis hin zu einem Netzwerk mit einer kollektiven Leitung durch gleichberechtigte Partner.

- Weiterhin ist das **Kooperationsausmaß** zwischen den beteiligten Netzwerkunternehmen zu bestimmen. Abhängig von der Strukturierung des Leistungserstellungsprozesses weist eine bestimmte Anzahl von Schnittstellen eine bestimmte Kontakthäufigkeit zwischen den Netzwerkpartnern auf. Z. B. ist das Ausmaß der Kooperation am höchsten, wenn alle Partnerunternehmen das Produkt gemeinsam entwickeln und realisieren möchten. Jedoch gibt es eine klarere Aufgabenverteilung, wenn nur ein Partnerunternehmen das Produkt entwickelt und erst an der Realisation alle beteiligt sind.

- Im Zuge dessen ist die **Partnerauswahl** ein großer Erfolgsfaktor. Idealtypisch arbeiten in einem virtuellen Netzwerkverbund die besten Unternehmen zusammen, um mit ihren Kompetenzen den Auftrag so gut wie möglich zu erfüllen. Allerdings ist diese Möglichkeit der unbegrenzten Partnerauswahl (aus allen möglichen Unternehmen am Markt) in der Praxis weniger anzutreffen. Dort werden die Partner oft aus dem eigenen Beziehungsnetzwerk ausgewählt, um die Transaktionskosten gering zu halten und eine bereits vorhandene Vertrauensbasis weiterhin zu nutzen.

- Zudem ist die Frage der **Befristung** der Zusammenarbeit zu klären. Im besten Fall konfiguriert sich ein virtuelles Unternehmen kurzfristig und marktgerecht mit den geeigneten Kompetenzen für den Zeitraum eines Auftrags.

- Der zuvor angesprochene **Marktauftritt** nach außen ist ein weiterer Aspekt eines virtuellen Unternehmens. Um der Definition eines virtuellen Unternehmens gerecht zu werden, ist es unerlässlich, als ein (reales) Unternehmen am Markt aufzutreten und zu agieren. Das kann ein virtuelles Unternehmen z. B. durch die Darstellung einer gemeinsamen Marke oder eines gemeinsamen Firmennamens erreichen, um den Kunden das Gefühl zu vermitteln, alle Leistungen aus einer Hand und ohne Kooperationsrisiken zu erhalten.

Erfüllung	Art des Netzwerks	Kooperations-ausmaß	Partnerauswahl	Befristung	Marktauftritt	Ressourcen-und/oder Marktziele
100 %	Kollektiv geleitetes Netzwerk	Gemeinsames Entwickeln und Realisieren von Projekten	Unbegrenzter Wettbewerb	Für ein Projekt	Treten zusammen nur unter der gemeinsamen Marke auf	Vollständig gemeinsam
	Netzwerk mit institutionali-sierter Leitungs-funktion	Gemeinsames Realisieren von nicht gem. entwickelten Projekten	Begrenzter Wettbewerb	Terminiert für einen Zeitabschnitt länger als ein Projekt	Auch unter einer gemeinsamen Marke	Mehrheitlich gemeinsam
	Strahlen-förmiges Netz um fokales Unternehmen	Unilaterale Geschäfts-beziehungen	Auswahl ohne Wettbewerb	Unbegrenzt mit Abbruch-bedingung	Nur unter den eigenen Marken	Teilweise gemeinsam
0 %	Keine selbstständigen Partner (hierarchisch)	Keine Geschäfts-beziehung	Keine Auswahlbasis	Keine zeitliche Befristung	Kein gemeinsamer Marktauftritt	Nicht gemeinsam

Abb. 12: Merkmale von virtuellen Unternehmen
Quelle: in Anlehnung an *Bickhoff* et al. 2003, S. 25.

- Ein abschließendes Merkmal virtueller Unternehmen bilden die **Ressourcen- und/oder Marktziele** der Zusammenarbeit. Ressourcenziele können dabei z. B. Kosten-, Qualitäts- oder Zeitvorteile sein und unter den Marktzielen versucht das virtuelle Unternehmen, neue Marktchancen zu generieren. Im Idealfall gibt es bei den Netzwerkpartnern Ziele, aus denen Synergieeffekte zu erwarten sind, sodass durch eine Verteilung einmaliger Kompetenzen das beste Ergebnis für den Kunden und die höchsten Synergien für alle Partner erreicht werden können.

Vor diesem Hintergrund versteht sich ein virtuelles Unternehmen – im Gegensatz zu iso-
lierten Unternehmen, die ihrem Selbstzweck dienen – als Netzwerkunternehmung in einem funktionalen Sozialsystem mit dem Zweck, sowohl soziale als auch ökonomische
Bedürfnisse zu befriedigen. Diese Zielausrichtung bedingt die Auflösung aller rechtlichen
und faktischen Unternehmensgrenzen und das Auftreten des Bildes des Unternehmens als
eigenständige Institution am Markt. Um dieses Selbstbild bei den Mitarbeitern, die mit
ihrer Leistungsbereitschaft und Leistungsfähigkeit einen zentralen Erfolgsfaktor darstellen, im Unternehmen umsetzen zu können, bedarf es der Integration einer **interorganisatorischen Beziehungsorientierung** in das normative Management (*Krystek/Redel/Reppe-
gather* 1997, S. 317 ff.):

- **Unternehmenskultur**: Die Unternehmenskultur eines virtuellen Unternehmens
  zeichnet sich durch die Merkmale der Offenheit, Differenziertheit und kulturprägen-
  den Rolle des Managements und der Mitarbeiter aus. Die Offenheit bietet einem virtuellen Unternehmen die Chance, an Bedürfnisverschiebungen zu partizipieren und
  damit neue Kooperationsmöglichkeiten frühzeitig zu erfassen und zu nutzen. Somit
  werden auch spontane interorganisationale Kooperationsbeziehungen nicht als Gefahr, sondern vielmehr als Innovationsmöglichkeit wahrgenommen. In diesem Zuge
  fördert auch eine Differenziertheit der Unternehmenskultur eine offene laterale Kommunikation mit den Kooperationspartnern, bei der die Mitarbeiter keine Probleme damit haben, ihr Verhalten an die Subkulturen der Kooperationspartner anzupassen und
  mit dieser Verhaltensflexibilität vorhandene Problemstellungen im interorganisatorischen Kontext zu lösen. Weiterhin ist in einem virtuellen Unternehmen die kulturprä-
  gende Rolle des Managements und der Mitarbeiter nicht zu vernachlässigen. Das Management hat die Möglichkeit, ein evolutionäres Kulturmanagement zu betreiben, bei
  dem Rahmenbedingungen gesetzt werden, um die Kooperationskultur in einem virtuellen Unternehmen zu fördern. Zusätzlich müssen die Mitarbeiter das Denken annehmen, systemübergreifend und unternehmerisch zu handeln, um eine kreative inter-
  ganisationale Kooperation möglich zu machen und im Team zu agieren.

- **Unternehmenspolitik**: Die Unternehmenspolitik orientiert sich in einem virtuellen
  Unternehmen immer an der Rolle in ihrem interorganisatorischen Netzwerk. Dabei
  sind die obersten Ziele immer auf die Stakeholder (sowohl aktuelle als auch potenzielle Kooperationspartner) auszurichten. Es findet ein langfristiger Lernprozess statt,
  mit der Zielbestimmung, neue und maximale Nutzen- und Erfolgspotenziale für alle
  Kooperationspartner im Unternehmensnetzwerk aufzubauen. Gleichzeitig wird das
  bewusste Eingehen von Risiken in Kauf genommen, um außerordentliche Erfolge
  durch eine interorganisatorische Zusammenarbeit zu erzielen. Ferner ist eine hohe In-
  formationsbreite in einem virtuellen Unternehmen zu gewährleisten, die es erlaubt,
  neue Kooperationspartner zu identifizieren und zu evaluieren. In der Ausrichtung ihrer Ziele wird die Unternehmenspolitik in einem virtuellen Unternehmen nach ökonomischen und gesellschaftlichen Aspekten unterteilt. Eine ökonomische Zielausrichtung beschreibt dabei die Konzentration auf Sachziele (z. B. das Setzen von Qua-
  litäts- und Leistungsstandards) und finanzielle Wertziele, wohingegen sich eine gesellschaftliche Zielausrichtung auf ökologische und soziale Zielsetzungen fokussiert.

Letzteres hat insbesondere in einem virtuellen Unternehmen einen hohen Stellenwert, da durch die Vernetzung auch die Mitarbeiter anderer Unternehmen in der Unternehmenspolitik betrachtet werden.

▨ **Unternehmensverfassung**: Die Unternehmensverfassung regelt sowohl die Symmetrie als auch die Stabilität der Kooperation eines virtuellen Unternehmens. Dabei beschreibt die Symmetrie der Kooperation ein tiefes Eingehen in die Kooperation, jedoch mit einer geringen Einflussnahme auf das Verhältnis der Kooperation aller beteiligten Unternehmen. Das bedeutet für ein virtuelles Unternehmen, dass sie sich als ein Element in einem Netzwerk sieht und sich ihrer Identität einem gemeinsamen Nutzen unterordnet. Die Stabilität der Kooperation hängt von der Langfristigkeit der Kooperation ab, denn langfristige Kooperationen bilden für virtuelle Unternehmen und Organisationen einen idealtypischen Verlauf ab, um ein tiefgreifendes Vertrauensverhältnis aufbauen zu können und sich bei schwerwiegenden Problemen einvernehmlich auflösen zu können.

Die Teams bilden in dem virtuellen Unternehmen einen zentralen Bestandteil, wenn es darum geht unternehmensinterne und interorganisatorische Leistungen zu erbringen. Möglich machen dies **virtuelle Schnittstellen**, die einzelne Mitarbeiter des virtuellen Unternehmens zur Verfügung stellen und aus denen neue Netzwerke geschaffen werden können. Daraus folgt die Erkenntnis, dass Unternehmen mit einer hohen Anzahl solcher Schnittstellen auch flexibler sind, wenn es darum geht kurzfristige Kooperationsbeziehungen einzugehen ohne vorher einer aufwändigen Vorbereitung zu unterliegen (s. Abb. 13).

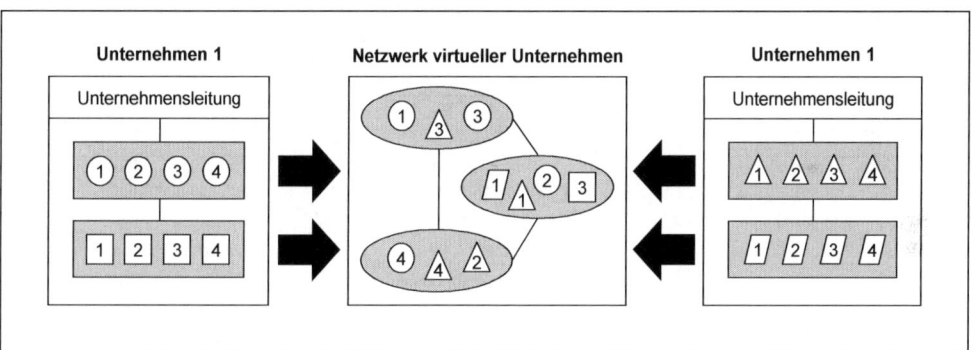

Abb. 13:   Virtuelle Schnittstellen in Netzwerksystemen
Quelle: in Anlehnung an *Krystek/Redel/Reppegather* 1997, S. 331.

Im Ergebnis stellt das virtuelle Unternehmen durch die Flexibilität und Bündelung von Know-how aller Kooperationspartner und deren Mitarbeiter die vorteilhafteste Kooperationsform dar, um in Projekten mit einer hohen Produktkomplexität und einer hohen Marktunsicherheit agieren zu können (*Gora/Scheid* 2001, S. 13 f.). Dieser Ansatz wird vor allem sichtbar im Konzept der **Open Innovation** (*Chesbrough* 2009), bei dem die Wissensressourcen durch eine Öffnung des Innovationsprozesses mithilfe von Partnerschaften mit anderen Unternehmen, Lieferanten, Kunden und weiterer externer Partner (z. B. Universitäten) erweitert werden und zur Optimierung eines Produktes führt. Dabei kann dem Risiko eines innovativen Produktes begegnet werden, indem durch die Partnerschaften besser abgeschätzt werden kann, wie das Wünschbare mit dem Machbaren verbunden werden kann. Insbesondere die Aspekte der Produktkomplexität und die hohe Marktunsicherheit kennzeichnen die Digitale Wirtschaft und unterstreichen somit den Bedarf eines virtuellen Unternehmens mit entsprechender Offenheit gegenüber möglichen Partnerschaften in diesem Bereich, um sein Risiko zu reduzieren. Diese Partnerschaftspolitik hat in der Geschichte schon mehrmals gezeigt, dass die Potenziale von Startups mit Hinblick auf ihre disruptiven technologischen Innovationen oftmals erst dann zum Tragen kommen, wenn sie durch eine Kooperation mit federführenden Big Playern (wie bspw. *IBM*, *Kodak* oder auch *HP*; s. *Macher/Richman* 2004) getragen wird.

Virtuelle Teamstrukturen

Virtuelle Teamstrukturen ermöglichen es mindestens zwei Mitarbeitern aus demselben oder verschiedenen Unternehmen, von verschiedenen Orten aus mit Hilfe von modernen Informations- und Kommunikationstechnologien (online) zusammen zu arbeiten. Dabei können die Arbeitsplätze innerhalb der Unternehmen selbst liegen oder zu Hause bzw. mobil über Telearbeit eingerichtet sein. Durch die flexiblen Gestaltungsmöglichkeiten der Arbeitsplätze und der Teammitglieder bilden die virtuellen Teams eine operative Ebene als Grundvoraussetzung für virtuelle Unternehmen. Im Vergleich zu konventionellen Teams arbeiten die virtuellen Teams gemeinsam in Arbeitsgruppen ergebnisbezogen über räumliche und zeitliche Entfernungen hinweg und kommunizieren über Telemedien (z. B. mit Hilfe von *Skype.com*, *GotoMeeting.com* oder *zoom.com*). Damit zeichnet sich die virtuelle Teamarbeit vor allem durch eine Abkehr von der direkten Kommunikation, **veränderten Rahmenbedingungen für die Führung** und durch eine hohe Abhängigkeit von Telemedien aus (*Hofmann* 2003b, S. 91). Ferner sind virtuelle Teams anhand von sechs Dimensionen darstellbar (s. Abb. 14), die im Ergebnis einen unterschiedlich starken Grad der Virtualität annehmen und somit unterschiedliche Ausprägungen von virtuellen Teams aufzeigen können (*Meyer* et al. 2011, S. 58 f.):

▒   Die erste Dimension **Ort** beschreibt die räumliche Verteilung der Teammitglieder und zeigt damit, ob die Zusammenarbeit von einem Standort oder von mehreren Standorten aus erfolgen kann.

▒   In der zweiten Dimension **Zeit** wird aufgezeigt, ob die Teammitglieder zur selben Zeit oder in verschiedenen Schichten, Prozessabschnitten oder Zeitzonen zusammenarbeiten.

▒   Die dritte Dimension **Art der Zusammenarbeit** stellt dar, wie die Teammitglieder miteinander kooperieren und kommunizieren. Diese können sowohl eine direkte als auch eine vermittelnde Kommunikation über Informations- und Kommunikationstechnologien in Anspruch nehmen. Dabei steigt der Grad der Virtualität, je stärker die Informations- und Kommunikationstechnologien genutzt werden.

■ Bei der vierten Dimension **zeitliche Begrenztheit** wird zwischen einer längerfristigen und einer auftragsorientierten Zusammenarbeit unterschieden. In diesem Zusammenhang geht es darum, ob sich die Teamzusammenstellung bei langfristigen Projekten mit möglichen Folgeprojekten nicht verändert oder nach einem abgeschlossenen Auftrag direkt auflöst.

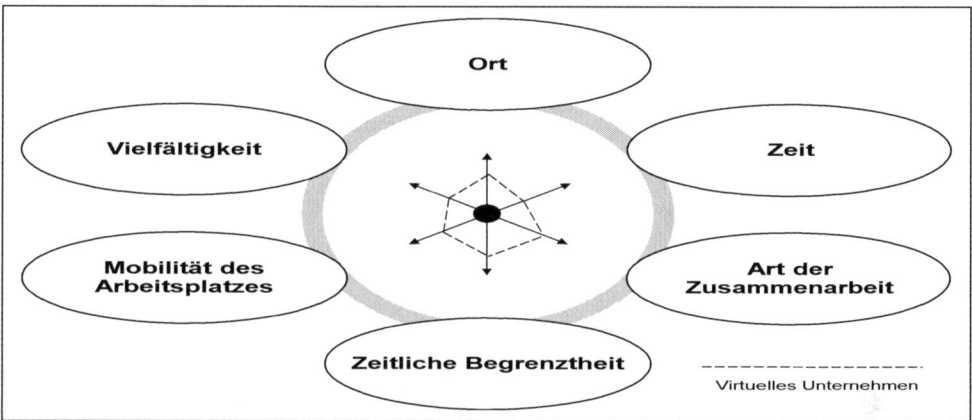

Abb. 14:   Dimensionen der Virtualität
Quelle: *Meyer* et al. 2011, S. 59.

■ Die fünfte Dimension **Mobilität** zeigt die Möglichkeit auf, den Teammitgliedern entweder einen permanenten Arbeitsplatz zur Verfügung zu stellen oder sie an verschiedenen Orten, bspw. beim Kunden oder zu Hause, arbeiten zu lassen.

■ Abschließend geht die sechste Dimension **Vielfältigkeit** auf die individuellen und kulturellen Unterschiede der Teammitglieder ein.

Eine der größten Herausforderungen der virtuellen Teamarbeit ist die **Koordination** der Tätigkeiten. Aufgrund der verteilten räumlichen Distanz werden Informations- und Kommunikationstechnologien zur Kommunikation und Koordination genutzt, wobei die Medienart die Interaktion innerhalb des virtuellen Teams stark beeinflussen kann. Beispiele der genutzten Medienarten sind Telefon, E-Mail oder Groupwaresysteme. Bei der Besprechung von komplexen Inhalten oder auftretenden Problemen ist z. B. eine Telefon- oder Videokonferenz sinnvoll, um Mehrdeutigkeiten zu vermeiden und die Koordination der Aufgaben zu optimieren. Eine weitere Herausforderung bei der Koordination von virtuellen Teams liegt vor allem bei der zeitlichen Abstimmung. Im Gegensatz zu traditionellen Teams, die in der Gruppe an einem Ort arbeiten, brauchen virtuelle Teams mehr Zeit, um sich abzustimmen und alle Mitglieder auf den gleichen Informationsstand zu bringen. Ein elementares Mittel zu dieser Koordination stellt dabei die Möglichkeit des Feedbacks dar. Durch Rückmeldungen können bestimmte Prozesse und Ergebnisse gesichtet und weiter koordiniert werden. Zusätzlich können auftretende Probleme erkannt und ihnen entgegengesteuert werden. Diese Tätigkeiten übernimmt der Teamleiter, der weiterhin dafür sorgen muss, dass jedes Teammitglied – trotz der regelmäßigen Feedbacks – eigenverantwortlich arbeiten kann (*Meyer* et al. 2011, S. 65 f.).

Vor diesem Hintergrund werden nicht nur das virtuelle Unternehmen selbst, sondern auch die dort leistungserbringenden Mitarbeiter vor neue Anforderungen gestellt, die sich aus dem Charakteristikum interorganisatorischer Netzwerkbeziehungen ergeben. Insbesondere stehen die Mitarbeiter des Managements und der operativen Ebene einer Vielzahl von **Herausforderungen** gegenüber, die zum Erfolg und möglicherweise auch Misserfolg eines virtuellen Unternehmens beitragen (*Krystek/Redel/Reppegather* 1997, S. 330 ff.):

- Die höchste Qualifikationsanforderung an das Management ist die **kompetenzorientierte Führung**, um Kernkompetenzen frühzeitig erkennen, nutzen, entwickeln und erhalten zu können. Mittels einer Analyse der eigenen Kernkompetenzen, die über die klassischen ökonomischen Tätigkeiten hinausgehen (bspw. Leistungserstellung oder Ressourcen), können diese anschließend erkannt und fokussiert genutzt werden, um z. B. neue Märkte zu schaffen. Das Vorgehen ist vor allem für die Unternehmensentwicklung förderlich. Dadurch ist es einerseits möglich, neue Entwicklungspfade aus vorhandenen Kernkompetenzen zu erkennen und andererseits können bisher unbeachtete Probleme bei bestimmten Kompetenzentwicklungen aufgedeckt und gelöst werden. Die Erhaltung der Kompetenzbasis ist letztendlich die Hauptaufgabe der kompetenzorientierten Führung.

- Daneben treten die Manager als sog. **Boundary Spanner** auf, die eine Vernetzung von komplementären Kompetenzen in den Netzwerkunternehmen durch geeignete Maßnahmen sicherstellen. Die Aufgaben reichen von der selbstständigen Informationsverarbeitung bis hin zum Management anderer Boundary Spanner. Für das Management ist speziell der Aspekt des Kontaktaufbaus und der Kontaktpflege zu anderen Boundary Spannern von großer Bedeutung, um Zugänge zu den anderen Netzwerkunternehmen zu erhalten, die andernfalls verwehrt blieben.

- Eine weitere Anforderung an das Management ist, in **ganzheitlichen und vernetzten Zusammenhängen** zu denken. Weil die Grenzen der einzelnen Unternehmen in Netzwerkunternehmen immer weiter verwischen und oft auch schnell an Bedeutung verlieren, wird diese Art zu denken und zu handeln der wichtigste Erfolgsfaktor für ein virtuelles Unternehmen im internationalen Wettbewerb.

Neben der Führungskraft richten sich spezielle Anforderungen an die einzelnen Mitarbeiter eines virtuellen Unternehmens vor allem auf ein **politisches und diplomatisches Geschick**, um Schnittstellen bereitstellen zu können, insbesondere, wenn dabei Informationen oder Dienstleistungen zwischen einzelnen Unternehmen fließen. Dafür sind qualifizierte Mitarbeiter erforderlich, die neben einer ausgeprägten Offenheit und Kommunikationsfähigkeit auch eine (Selbst)Motivation aufzeigen können, an den interorganisatorischen Schnittstellen zu arbeiten und diese innerhalb eines virtuellen Unternehmens flexibel einzusetzen (*Krystek/Redel/Reppegather* 1997, S. 335).

Virtuelle Arbeitsplätze

Virtuelle Arbeitsplätze sind über eine speziell eingerichtete Telemedien-Infrastruktur mit mindestens einem weiteren zugehörigen Arbeitsplatz verbunden und können verschiedene Formen annehmen, um flexible Arbeitsformen in einem virtuellen Unternehmen mittels einer mobilen Informationsbearbeitung zu unterstützen. Die bekannteste Form ist das **Teleworking** bzw. die **Telearbeit** (s. Abb. 15). Diese bezeichnet die verteilte Bewältigung von Arbeitsaufträgen mit Hilfe von raum- und zeitüberbrückenden Telemedien. Durch die fortschreitende Entwicklung der Informations- und Kommunikationstechnologien und der immer höheren Akzeptanz auf Seiten der Arbeitgeber und Arbeitnehmer hat sich das Teleworking in der heutigen Arbeitswelt etablieren können. Ein weiterer Grund für die Durchsetzung von Teleworking ist zudem, dass für die Arbeitgeber immer weniger die Anwesenheit im Unternehmen zählt, sondern mehr die geleistete Arbeit entsprechend der beschlossenen Zielvereinbarung (*Schmalzl/Heider/Merkl* 2004, S. 203 f.). Das Teleworking und die damit verbundene räumliche Flexibilisierung von Arbeitsplätzen erstreckt sich über vier **Erscheinungsformen** (*Schmalzl/Heider/Merkl* 2004, S. 204 ff.):

- **Mobil**: Im Vergleich zu den restlichen Formen des Teleworkings nehmen die meisten Mitarbeiter das mobile Teleworking am stärksten wahr. Es beschreibt alle Tätigkeiten, die ortsunabhängig über ein Mobiltelefon, Smartphone oder über ein Notebook ausgeübt werden können. Jedoch ist der Kontakt mit dem Partner oder Unternehmen nur möglich, solange eine Kommunikationsverbindung zu der Zentrale über ein Funkoder Festnetz besteht. Passende Berufe sind z. B. Vertreter, Berater oder Manager.

- **Heimbasiert**: Das heimbasierte Teleworking kennzeichnet entweder eine permanent heimbasierte oder eine alternierende heimbasierte Form des Teleworkings. Im permanent heimbasierten Teleworking besitzt der Mitarbeiter keinen Arbeitsplatz in Form eines Büros im Unternehmen, sodass die Arbeit ausschließlich zu Hause stattfindet. Diese Arbeitsform wird allerdings nur in Ausnahmefällen genehmigt (z. B. bei einem Erziehungsurlaub oder einem langandauernden Krankheitsfall in der Familie), weil eine persönliche Kommunikation durch die Abwesenheit nicht stattfinden kann. Demgegenüber besitzt die alternierende heimbasierte Form des Teleworkings eine höhere Verbreitung. Bei dieser Form können die Mitarbeiter entweder vom Büro oder von zu Hause aus arbeiten (üblicherweise im Rahmen von 20 % bis 80 % der jährlichen Arbeitszeit). Damit wird das Arbeitszimmer zu Hause zu einem außerbetrieblichen Arbeitsplatz, der auch nach den entsprechenden Unternehmensvorschriften gestaltet werden muss. Dagegen wird der Arbeitsplatz im Büro mit anderen Mitarbeitern geteilt, damit eine Auslastung der materiellen Ressourcen möglich ist.

- **Zentral**: Beim zentralen Teleworking richtet das Unternehmen spezielle Büroräume in der Nähe der Wohnorte der Mitarbeiter ein. Die eingerichteten Büroräume stellt dabei das Unternehmen selbst oder eine Dienstleistungsgesellschaft zur Verfügung, wobei je nach Einrichtungsform die Büroräume nach außen hin als Betriebsfilialen auftreten können oder nicht. Die Kommunikation zur Zentrale und zu den Kunden erfolgt schwerpunktmäßig über das Festnetz oder das Internet.

   ▓   **On-Site**: Das On-Site Teleworking ist insbesondere bei größeren Unternehmen und
Verwaltungen beliebt. Der Kooperationspartner arbeitet direkt vor Ort bei seinem
Kunden oder Lieferanten mit einem festen Arbeitsplatz, um die entsprechende Dienstleistung zu erbringen. Die Kommunikation zur Zentrale erfolgt auch hier schwerpunktmäßig über das Festnetz oder das Internet.

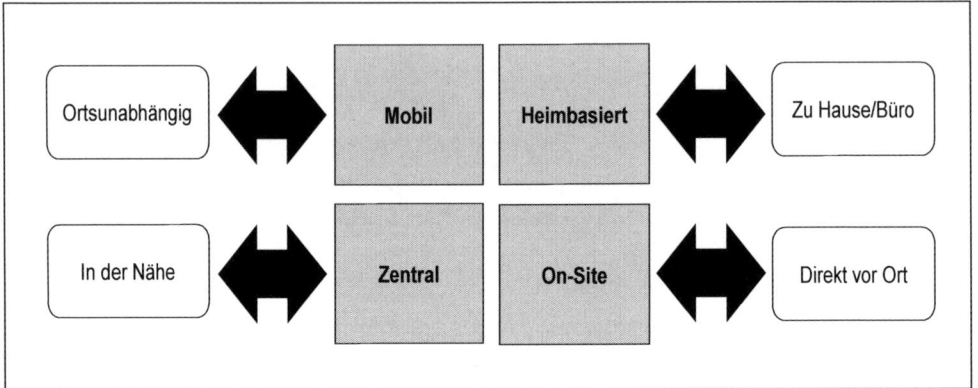

Abb. 15:   Grundformen des Teleworkings
Quelle: in Anlehnung an *Schmalzl/Heider/Merkl* 2004, S. 205.

Neben den flexiblen Erscheinungsformen, zeichnet sich das Teleworking durch ein hohes
Nutzenpotenzial aus. Die Unternehmen können dabei ihr eigenes Profil schärfen und ihre
Prozesse beschleunigen, indem den Mitarbeitern mobiles Equipment und eine moderne
digitale Informations- und Kommunikationsstruktur zur Verfügung gestellt werden.
Weiterhin steigen bei den Mitarbeitern das Selbstwertgefühl durch die erhöhte Eigenverantwortung für die eigene Arbeit und die Arbeitszufriedenheit durch die Vereinbarkeit von
Beruf und Familie. Vor diesem Hintergrund lassen sich die Anforderungen an die Infor-
mations- und Kommunikationssysteme eines virtuellen Unternehmens aus den typischen
Charakteristika eines virtuellen Unternehmens ableiten. Aus der Notwendigkeit heraus,
flexibel auf dem Markt reagieren zu können, um z. B. neue Kooperationen einzugehen
oder alte Kooperationen abzubrechen, muss das Management in der Lage sein, die Kooperationspartner zu koordinieren und zu organisieren. Daraus resultieren vor diesem Hintergrund insbesondere **Anforderungen** folgender Dimensionen (*Mertens/Griese/Ehren-
berg* 1998, S. 119):

   ▓   **Betriebswirtschaft**: Die einzelnen Unternehmen unterscheiden sich betriebswirtschaftlich sowohl in ihrer Organisationsstruktur als auch in ihren Kennzahlenmodel-
len.

   ▓   **Personenspezifik**: Alle Mitarbeiter der teilnehmenden Unternehmen zeichnen sich
durch ihren individuellen Arbeitsstil aus, der sich von Mitarbeiter zu Mitarbeiter unterscheidet.

■ **Informationstechnologie**: Jedes Unternehmen besitzt eine eigene IT-Struktur, die im Kontext virtueller Unternehmen auf Aspekte wie die Portabilität oder die Kompatibilität zu kooperierenden Unternehmen ausgerichtet werden muss.

■ **Kooperation**: Die Intensität und die Form der Kooperation in einer virtuellen Unternehmung können unterschiedliche Ausmaße annehmen.

Basierend auf der Veränderung durch die neuen digitalen Arbeitsformen und -methoden wurde auch die Art und Weise zu arbeiten neu definiert und unter dem Begriff **New Work** zusammengefasst. Im Kern von New Work stehen dabei die Werte Freiheit, Selbstständigkeit sowie die Teilhabe an der Gesellschaft (*Hofmann/Piele/Piele* 2019). Diese Werte sollen das flexible Handeln, das durch digitale Arbeitsformen und -methoden erst möglich geworden ist, leiten. Ziel ist es dabei, dass die handelnden Akteure das Potential in Form der Umsetzung von New Work durch **Flexibilität in Raum-, Zeit- und Organisationseinteilung** erhalten und so sowohl Unternehmen als auch Individuen von diesem Konzept profitieren. Führungskräfte und Unternehmen, die ihre Arbeitsumgebung dementsprechend ausgestalten, eröffnen ihren Mitarbeitern so örtlich ungebunden, zeitlich selbst eingeteilt, ohne die Fixierung von hierarchischen Strukturen bzw. organisatorischen Hürden einer wertstiftenden Tätigkeit nachzugehen. Dabei können diese Arbeitskonzepte durch flexible Bürolandschaften, oder aber das Arbeiten im Home-Office zielgerichtet unterstützt werden.

Dieser integrative Ansatz, um Arbeit umzudenken, kann in der richtigen Anwendung darüber hinaus dazu führen, dass Arbeit nicht mehr als Belastung für eine Entlohnung wahrgenommen wird, sondern als selbstbestimmter, sinnstiftender und erfüllender Teil des Lebens und Baustein der eigenen Identität interpretiert wird. Somit basiert der Erfolg der Anwendung von New Work Konzepten darauf, dass Führungskräfte ein Digital Mindset entwickeln, dass sie in die Lage versetzt Offenheit und Neugierde zu leben, indem sie ihre Teammitglieder auf Augenhöhe behandeln, ihre Arbeit wertschätzen und so Vertrauen aufbauen. Auf diese Weise schafft es ein Digital Leader mit bedingungsloser Offenheit, einem sehr hohen Maß an Beweglichkeit, unterstützt durch tiefgreifende Vernetzung, die Partizipation und Zielausrichtung der eignen Teammitglieder effektiv und effizient zu optimieren. Als konkrete Ergebnisse des Einsatzes von New Work Konzepten können hier die Steigerung der Arbeitgeberattraktivität, **Stärkung der Innovationskultur**, eine bessere Ausnutzung physischer Räumlichkeiten, die Steigerung der Produktivität, oder aber die Erhöhung der Flexibilität in Bezug auf die Reaktionsfähigkeit auf Entwicklungen am Markt, wie bspw. den Eintritt eines innovativen Wettbewerbers, genannt werden (*Hackl* et al. 2017).

 Der Einzug digitaler Arbeitsformen und -methoden ermöglicht die Schaffung virtueller Unternehmen, virtueller Teamstrukturen und virtueller Arbeitsplätze und die zugehörigen Möglichkeiten können/müssen von einem Digital Leader mit Hilfe des Digital Mindsets effektiv und effizient eingesetzt werden.

2.1.3   Übung: Digital Print Challenge

*Die Übung „**Digital Print Challenge (DPC)**" soll die Offenheit und Neugier gegenüber einer neuen digitalen Technologie mit den zugehörigen Auswirkungen auf Wirtschaft und Gesellschaft und auch das eigene Unternehmen für einen Digital Leader trainieren.*

Ausgangslage

Der 3D-Druck, auch bekannt unter den Bezeichnungen Additive Fertigung, Additive Manufacturing (AM), Generative Fertigung oder Rapid-Technologien, ist eine umfassende Bezeichnung für alle Fertigungsverfahren, bei denen Material Schicht für Schicht aufgetragen und so dreidimensionale Gegenstände (Werkstücke) erzeugt werden. Dabei erfolgt der schichtweise Aufbau computergesteuert aus einem oder mehreren flüssigen oder festen Werkstoffen nach vorgegebenen Maßen und Formen (siehe CAD/CAM). Beim Aufbau finden physikalische oder chemische Härtungs- oder Schmelzprozesse statt. Typische Werkstoffe für das 3D-Drucken sind Kunststoffe, Kunstharze, Keramiken und Metalle. Inzwischen wurden auch Carbon- und Graphitmaterialien für den 3D-Druck von Teilen aus Kohlenstoff entwickelt. Obwohl es sich oft um formende Verfahren handelt, sind für ein konkretes Erzeugnis keine speziellen Werkzeuge erforderlich, die die jeweilige Geometrie des Werkstückes gespeichert haben (zum Beispiel Gussformen). 3D-Drucker werden in der Industrie, im Modellbau und der Forschung eingesetzt zur Fertigung von Modellen, Mustern, Prototypen, Werkzeugen, Endprodukten und für private Nutzung verwendet. Daneben gibt es Anwendungen im Heim- und Unterhaltungsbereich, dem Baugewerbe sowie in der Kunst und Medizin.

Aufgabenstellung

Gehen Sie auf die Suche nach verschiedenen 3D-Druckern im Internet und stellen Sie mindestens drei alternative Geräte einander anhand der Kriterien Bauraum, Schnelligkeit, Druckqualität und Handhabung gegenüber. Stellen Sie sich dann vor, jedes Unternehmen (B2B) und jeder Privathaushalt (B2C) hat Ihren Testsieger als 3D-Drucker zur Verfügung, mit denen als zusätzliche Annahme dann beliebige Teile in allen gängigen Materialien bis zu einem Umfang von $1m^3$ ausgedruckt werden können. Überlegen Sie sich, welche Auswirkungen dies allgemein auf Prozesse, Produkte und Plattformen in der Wirtschaft hätte. Was würde sich zum Beispiel im Hinblick auf Logistik, Kundenbeziehungen, Produktentwicklung, Serviceangebote usw. verändern?

Führungsanspruch

Bilden Sie als Digital Leader in Ihrem Unternehmen ein virtuelles Projektteam mit Mitgliedern aus den verschiedenen Unternehmensbereichen und diskutieren Sie mit Hilfe eines Video-Konferenzsystems die Chancen und Möglichkeiten eines weitreichend verfügbaren und ausreichend qualitativen 3D-Drucks für Ihre aktuellen (realen) Angebote mit den zugehörigen Geschäftsmodellen und -prozessen.

2.2   Das Hinterfragen für das Digital Leadership

Neben der Offenheit für neue Entwicklung ist ein weiteres zentrales Merkmal des Digital Leaders das ständige und insbesondere kritische Hinterfragen des realen und eventuellen digitalen Status Quo. Dieses **kritische Hinterfragen** ist in Zeiten der Digitalen Transformation von besonderer Relevanz, da der rasante Wandel von der realen Wirtschaft hin zur Digitalen Wirtschaft täglich einschneidende Neuerungen mit sich bringt. Das kritische Hinterfragen ermöglicht die konstruktive Auseinandersetzung mit der eigenen sowie anderen Sichtweisen, die sich im Laufe der Zeit in den Köpfen der Akteure manifestiert haben. Ziel dabei ist es, dass sich Führungskräfte von veralteten Denkmustern aus der realen Wirtschaft lösen und eine neue Perspektive einnehmen. Nur diejenigen Führungskräfte, die bereit sind, veraltete Sichtweisen aus Zeiten der Dominanz der realen Wirtschaft abzulegen, einen Perspektivwechsel durchzuführen und sich einer **digitalen** bzw. **exponentiellen Perspektive** annehmen, sind in der Lage erfolgreich Chancen zu nutzen und einen langfristigen Mehrwert für das eigene Unternehmen zu schaffen. Die zugehörigen zentralen **Fragen und Lernziele** dieses Kapitels sind:

- ▦ **Reale und digitale Perspektive**: Was sind die spezifischen Besonderheiten einer realen und einer digitalen Handelsebene und wie beeinflussen sich die zugehörigen Perspektiven gegenseitig?

- ▦ **Lineare und exponentielle Perspektive**: Wie unterscheidet sich ein lineares bzw. ein exponentielles Wachstum für die reale bzw. digitale Handelsebene und wie beeinflussen sich die zugehörigen Perspektiven gegenseitig?

▶   *Selbsttest: Haben Sie die Kompetenzen für ein Digital Leadership?*
   www.digital-leadership-index.de

2.2.1   Die reale und digitale Perspektive

Im Laufe der Zeit sammeln Führungskräfte zunehmend **Erfahrung** in den verschiedenen **Branchen** und bilden subjektive **Perspektiven**, die ihnen helfen wirtschaftliche Zusammenhänge zu abstrahieren. Mit Hilfe dieser Perspektiven bilden Führungskräfte ein subjektives und vermeintlich **holistisches Bild der wirtschaftlichen Wirkungsweisen**. Dies kann in einer konstanten Umwelt mit zunehmendem Erfahrungsschatz zu einer Präzisierung der Einschätzung der Situation und somit zur besseren Prognose zukünftiger Entwicklungen führen. In einer sich wandelnden Umwelt, wie dies durch die Digitalen Transformation in nahezu allen Wirtschaftszweigen der Fall ist, führt eine Perspektive, die sich fest verankert hat, allerdings zu deutlichen Nachteilen. So kann die Einnahme einer Perspektive, die sich in der realen Wirtschaft entwickelt und geformt hat, die Chancen der digitalen Zukunft übersehen und den Status Quo bspw. eines Unternehmens überbewerten. Betrachtet man die typischerweise eingenommenen Perspektiven, so bilden sich hierbei

zwei Pole ab, die als **reale Perspektive und digitale Perspektive** bezeichnet werden können. Das Verständnis der beiden Perspektiven ist insbesondere für die Entwicklung des
Digital Mindsets von großer Relevanz.

Im Kern der Unterscheidung zwischen realer und digitaler Perspektive steht die neue Dimension wirtschaftlicher Interaktion, nämlich die virtuelle Welt des elektronischen Handels, die auf digitalen Datenwegen basiert. **Virtualität** erlaubt es den Kommunikationspartnern (Sender und Empfänger) sich nicht mehr real gegenüberstehen zu müssen, sondern das Internet als Medium zum Senden und Empfangen von Informationen zu benutzen. Die reale Präsenz wird somit überflüssig. Der Begriff „virtuell" bezeichnet in diesem
Kontext etwas, „das nicht echt, nicht in Wirklichkeit vorhanden, aber echt erscheinend"
ist (*Duden* 2020). Das bedeutet, dass sich der Umgang mit digitalen Informationen als
nicht-reale Kommunikationsform ausschließlich aufgrund eines Verbundes von Datenströ-
men bzw. Informationskanälen zusammensetzt. Neben der realen Ebene der physischen
Produkte bzw. Dienstleistungen, die die Grundlage der **realen Perspektive** bildet, ist eine
digitale Ebene der Daten- bzw. Kommunikationskanäle entstanden, die nur mit Hilfe der
umfassenden **digitalen Perspektive** verstanden werden kann (s. Abb. 16).

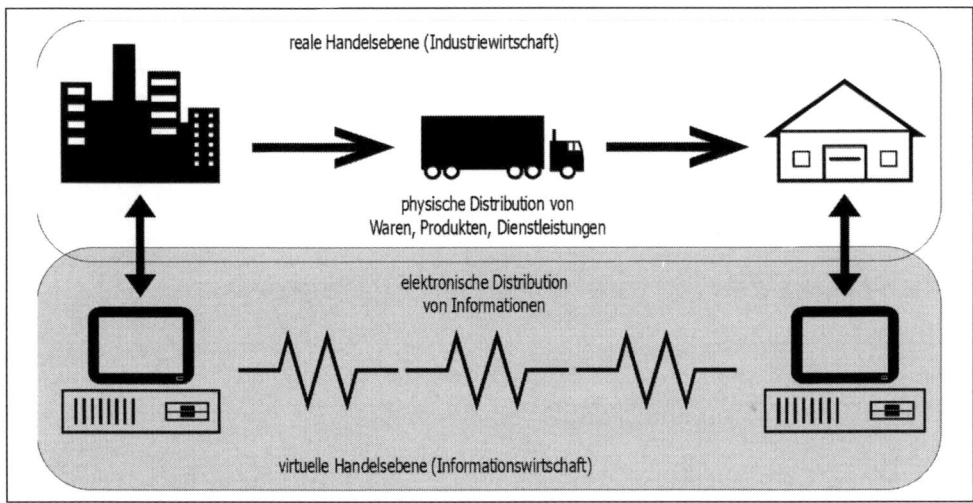

Abb. 16:   Die reale und die virtuelle Handelsebene
Quelle: *Kollmann* 2001, S. 12.

Demnach wird die physische Geschäftswelt der Rohstoffe, Ressourcen und Produkte als
unverzichtbare Größe im Wirtschaftsleben bestehen bleiben. Hier werden die traditionellen Probleme der realen Wertkette eines Produktes bzw. einer Leistung (z. B. Beschaffung,
Produktion, Distribution usw.) gelöst. Durch die Zunahme elektronisch vernetzter Informationssysteme tritt neben diese physische Welt komplementär eine **digitale Geschäftswelt**, welche durch vernetzte Informationen und Kommunikationswege gekennzeichnet
ist. Hier werden Informationen gehandelt, verarbeitet und eingesetzt, wodurch digitale

Wertketten innerhalb von Datennetzen impliziert werden. Als Beispiel kann *home24.de* genannt werden, dessen Betreiber nicht mit dem realen Produkt „Tisch" oder „Stuhl" handelt, sondern lediglich den Austausch von Informationen zu diesen Produkten organisiert. Beide Ebenen können sich dabei durchaus ergänzen (z. B. Bestellung realer Produkte über das Internet), aber auch separat funktionieren (z. B. Kauf einer Software im Laden auf der realen Handelsebene oder direkter kostenpflichtiger Download dieser Software auf der virtuellen Handelsebene).

Die virtuelle bzw. elektronische Handelsebene impliziert dabei Möglichkeiten einer Entkopplung der Kommunikation von Raum und Zeit, d. h. die Übertragung von Informationen ist nicht an örtliche Gegebenheiten gebunden und kann jederzeit „virtuell" initiiert werden. Waren verschiedene Kommunikationsmittel bislang entweder an räumliche oder zeitliche Gegebenheiten gebunden (z. B. Wochenzeitung für regionales Gebiet), verspricht die direkte **Kommunikation über Datennetze nun ubiquitär** (anytime/anyplace) zu werden (s. Abb. 17). Als Beispiel kann *amazon.de* genannt werden, auf dessen Internetseite jederzeit und über den elektronischen Netzzugang von überall her zugegriffen werden kann. Dabei müssen Buchverkäufer (Verlage) und -käufer nicht zum gleichen Zeitpunkt online sein, da die Informationen über die Datenbank der Webseite ausgetauscht werden können und somit „anytime/anyplace" erreichbar ist.

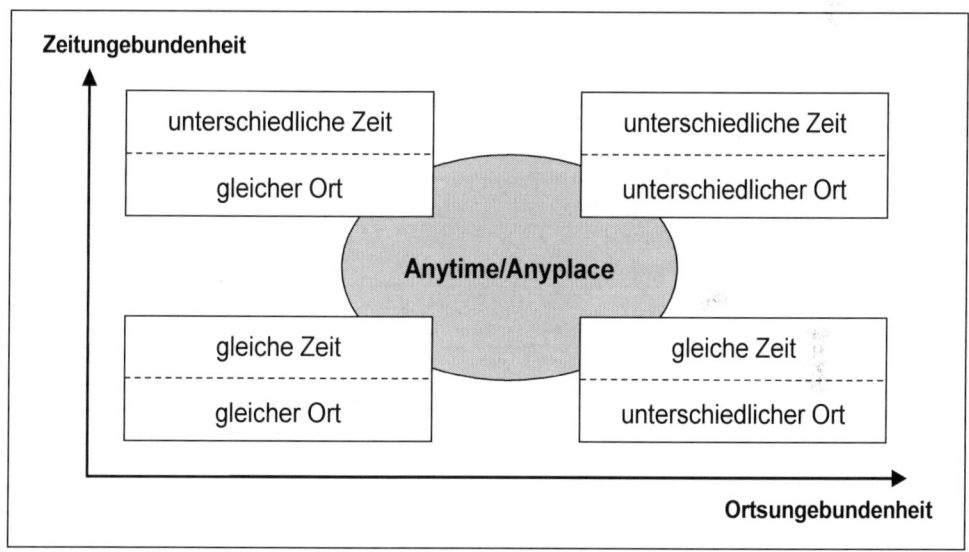

Abb. 17:   Charakteristika der virtuellen Kommunikation
Quelle: in Anlehnung an *Picot/Reichwald/Wigand* 2003, S. 394.

Neben den allgemeinen Auswirkungen dieser „Virtualität" auf die Rahmenbedingungen des wirtschaftlichen Zusammenlebens bedeuten die digitalen Datennetze aber auch eine grundsätzliche Chance für einen neuen Absatzweg für Güter und Dienstleistungen. Das Potenzial liegt in der Möglichkeit der **digitalen Abwicklung von Transaktionen** über

Datennetze mit Hilfe von interaktiven Bestell- bzw. Kommunikationsmodulen. Die Angebotssuche, -auswahl, -bestellung und -bezahlung ist per Internet bereits heute weltweit möglich. Invers eröffnet dies den Unternehmen die Möglichkeit, Produkte und Dienstleistungen weltweit über das Internet „anytime" und „anyplace" abzusetzen, sodass lediglich die physische Lieferung außerhalb der elektronischen Ebene durchgeführt werden muss.

Das sich die reale und virtuelle Handelsebene zunehmend gegenseitig bedingen, kann man im Beispiel des Einzelhandels aus der **Verschmelzung verschiedener Verkaufskanäle** ableiten („seamless customer experience"). Die nahtlose Verbindung von unterschiedlichen realen und digitalen Kanäle soll dazu beitragen, den Kunden ins Zentrum zu rücken (Multichannel Shopping) und eine situationsunabhängige Präsenz gewährleisten (*Stieninger/Auinger/Riedl* 2019, S. 46 ff.). Dadurch kann der Gefahr des „Beratungsdiebstahls" (im **Multichannel-Kontext** auch als Showrooming bekannt) begegnet werden. Damit wird jene Situation beschrieben, in der im stationären Geschäft die Produkte zur Begutachtung und die Beratung durch die Mitarbeiter bereitgestellt werden, der Kaufabschluss hingegen bei Online-Mitbewerbern erfolgt (*Stieninger/Auinger/Riedl* 2019, S. 46 ff.). Umgekehrt muss sich der reale Ladenbesitzer ohne einen Multichannel-Ansatz selbst kritisch hinterfragen, warum er den digitalen Bestellkanal über das Internet nicht bedient und somit über das Showrooming die zugehörigen Umsätze eventuell verliert. Dies ist eingebettet in verschiedene Veränderungen aufgrund des digitalen Wandels, die eine zunehmende **Verknüpfung von realer und digitaler Perspektive** unterstreicht (*Stieninger/Auinger/Riedl*, 2019, S. 46 ff.):

▪ **Veränderte Loyalität**: Heute ist es üblich, Anbieter zu wechseln, um Preisvorteile zu erzielen und den neuesten Trends zu folgen. Die Wechselbarrieren sinken, da Kunden der Wechsel von einem Anbieter zum anderen durch die zunehmende Vernetzung erleichtert wird. Zusätzlich trägt der intensivierte Erfahrungsaustausch zwischen Konsumenten zu einer Verstärkung der Anreize für einen Wechsel bei. Umso wichtiger ist es für den stationären Einzelhandel, sich durch innovative Maßnahmen von seinen Mitbewerbern – online und offline – abzuheben und seinen Kunden einen nicht einfach imitierbaren Mehrwert zu bieten.

▪ **Transparenteres Kundenverhalten**: Sowohl kundenseitig als auch unternehmensseitig steigt das Bewusstsein für den Wert von Daten. Die zunehmende Verknüpfung von Online- und Offline-Welten bietet Unternehmen neue Möglichkeiten zur Datensammlung, wodurch Kunden und ihre Bedürfnisse, Interessen und Gewohnheiten besser verstanden werden können.

▪ **Höhere Kundenzentriertheit**: Um Kunden ein möglichst einzigartiges Einkaufserlebnis bieten zu können, sind zahlreiche Voraussetzungen zu erfüllen: Mit analytikbasierten Methoden zur Kundensegmentierung können Big-Data-Analysen dazu beitragen, Kunden besser kennen und verstehen zu lernen, um in der Folge entsprechende Personalisierungsmaßnahmen abzuleiten. Zum Erzielen von zugehörigen Umsatzsteigerungen ist es unerlässlich, den Handelsprozess durch digitale Elemente zu unterstützen und zu erweitern.

▦ **Beschleunigte Handelsprozesse**: Der Einsatz digitaler Technologien soll aus Prozesssicht einerseits die Wirtschaftlichkeit verbessern (kürzere Durchlaufzeiten und
   niedrigere Kosten) und andererseits neue Funktionen ermöglichen, welche die wahrgenommene Leistungsqualität erhöhen. Das Digitalisierungspotenzial sowie die zu-
   grundeliegenden Prozessschritte sind vielfältig und erstrecken sich über den gesamten
   Handelsprozess.

Im Ergebnis kann zwischen der realen und digitalen Perspektive nicht mehr getrennt werden. Können Führungskräfte aber nur die Entwicklungspotenziale innerhalb der realen
Wirtschaft identifizieren, so nehmen diese ausschließlich die reale Perspektive ein und
ignorieren vielfältige Entwicklungschancen. Im Gegensatz hierzu ermöglicht das Digital
Mindset das **konstruktive kritische Hinterfragen** von historischen Erfahrungen und eine
fortwährende Neubewertung der aktuellen Situation. Somit ist ein Digital Leader in der
Lage auch eine digitale Perspektive einzunehmen, die es ermöglicht über die realen Wert-
schöpfungsmöglichkeiten hinaus auch die Entwicklungschancen in der Digitalen Wirtschaft zu erkennen. Ist eine Führungskraft in der Lage die digitale Perspektive einzunehmen, können durch das kritische Hinterfragen der bisherigen realen Perspektiven auch die
Potentiale des eigenen Unternehmens für die digitale Wirtschaft zielgerichtet herausgearbeitet werden.

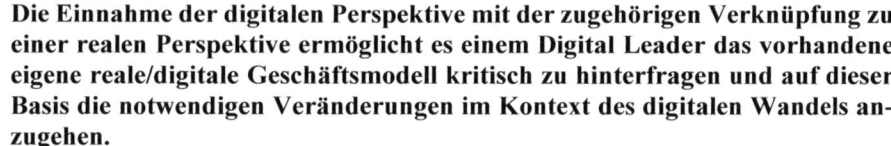

! **Die Einnahme der digitalen Perspektive mit der zugehörigen Verknüpfung zu
   einer realen Perspektive ermöglicht es einem Digital Leader das vorhandene
   eigene reale/digitale Geschäftsmodell kritisch zu hinterfragen und auf dieser
   Basis die notwendigen Veränderungen im Kontext des digitalen Wandels anzugehen.**

2.2.2   Die lineare und exponentielle Perspektive

Aus der Gegenüberstellung der realen und der digitalen Perspektive wird die Notwendigkeit des Verständnisses zu der **Funktionsweise von realen und digitalen Wirtschaftsräumen** deutlich. Die Möglichkeiten, die sich in diesen beiden Wirtschaftsräumen ergeben, sind durch vollkommen andere Gegebenheiten geprägt. Denn während in der realen
Wirtschaft die Anbieter und Nachfrager mit den zugehörigen realen Ressourcen einem
gewissen Standort zugeordnet werden müssen, ist das weltweite Netz virtuell und somit
wie im eigentlichen Sinn des Wortes grenzenlos. Daraus ergeben sich für Nachfrager, aber
insbesondere auch Anbieter von Produkten und Services völlig neue Möglichkeiten, die
auf Grundlage von Daten neue digitale Wertschöpfungsketten generieren können. Um die
Möglichkeiten, die durch die neuen Gegebenheiten digitaler Wirtschaftsräume entstehen,
zu nutzen, müssen Führungskräfte in der Lage sein, neben der **linearen Perspektive,** auch
die **exponentielle Perspektive** einzunehmen.

Über Jahrzehnte konnten Manager die Entwicklung der realen Wirtschaft und die damit einhergehenden linearen Wertzuwächse von Unternehmen analysieren, verstehen lernen und die realen Potentiale im eigenen Unternehmen umsetzen. Erfolgreiche Führungskräfte, die in der realen Wirtschaft agierten, nutzten das Potential und die Ressourcen ihrer Unternehmen und generierten ein lineares Wachstum (s. Abb. 18). In diesem Kontext beschreibt die **lineare Perspektive** die Sichtweise dieser Führungskräfte, in der reale Ressourcen so eingesetzt werden können, dass eine stetige Optimierung und ein zunehmender Mehrwert erreicht wird. Bspw. konnten in der realen Wirtschaft über die Einstellung von mehr Personal, oder aber die Investition in physische Maschinenanlagen, die Produktion ausgebaut und somit der Output erhöht werden. Dies ist die Grundannahme, die in der linearen Perspektive verankert ist. Über lange Sicht konnten Unternehmen mit Hilfe der linearen Perspektive zu einer beeindruckenden Größe aufgebaut werden. Viele dieser Unternehmen geraten jedoch zunehmend in Schwierigkeiten, da ihre Führungskräfte häufig nicht in der Lage sind, die lineare Perspektive abzulegen und deshalb in veralteten und starren Denkstrukturen gefangen sind.

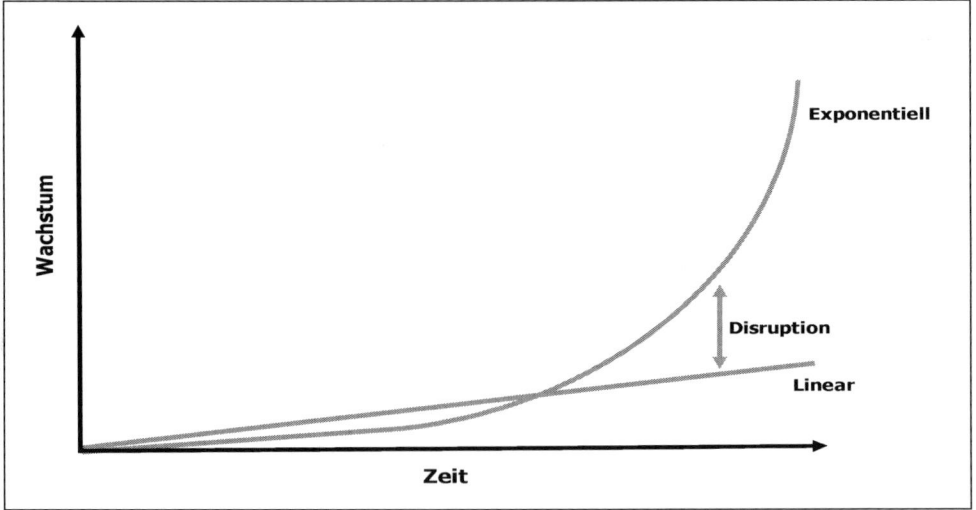

Abb. 18:   Lineares vs. exponentielles Wachstum von Unternehmen
Quelle: in Anlehnung an *Ismail* 2014, S. 7.

Denn bei **linearen „Pipeline-Geschäftsmodellen"** erfolgt die Wertschöpfung Schritt für Schritt, vom Lieferanten des Herstellers am Beginn zum Kunden am Ende (*Pöttinger* 2017). Dies erfordert Zeit, Ressourcen und komplexes Prozessmanagement. Daher haben Pipeline-Geschäftsmodelle eine lineare Wertschöpfungskette, die man selbst kontrollieren muss. Anders ist es bei **exponentiellen „Plattform-Geschäftsmodellen"**. Dort stehen Anbieter, Kunden, Tools und Ressourcen sowie die Plattform selbst in komplexen, unterschiedlichen Verhältnissen zueinander. Die Rollen zwischen Anbietern und Kunden können auch wechseln. Man spricht in diesem Zusammenhang von „side switching". Bei

Plattformen entsteht Wertschöpfung nicht linear, sondern matrixartig, also auf vielfältige Art und Weise und an verschiedenen Orten durch die seitens der Plattform ermöglichten Verbindungen (*Pöttinger* 2017). Ein wesentlicher Teil der Wertschöpfung auf Plattformen erfolgt durch die User-Communities, die daran teilnehmen und zugehörige Netzwerkeffekte befeuern das Geschäftsmodell der Plattform.

Zunehmend viele etablierte Unternehmen werden durch den Eintritt neuer digitaler Wettbewerber nahezu überrollt. Diese digitalen Wettbewerber verstehen es, Nachfrage an Produkten und Services, die einst real bzw. physisch waren, zu abstrahieren und in Daten zu verwandeln. Ein Unternehmen, das exemplarisch für einen solchen Prozess steht, ist das Buchungsportal *booking.com*, welches etablierten Reiseagenturen und -büros den Rang abgelaufen hat. Führungskräfte erfolgreicher digitaler Unternehmen sind in der Lage die exponentiellen Wachstumsmöglichkeiten, die sich durch die Digitalisierung ergeben, zu verstehen und für ihre Unternehmung zu nutzen. Sie nehmen eine **exponentielle Perspektive** ein. Die verbundene Wirtschaftskraft exponentiell wachsender Unternehmen definiert sich neben den Netzwerk- und Skalierungseffekten auch über die zugehörigen Rahmenbedingungen das **3-R-Modell für einen digitalen Wettbewerb**: Relevanz, Reichweite und Reaktion (*Kollmann* 2020, s. Kapitel 3.1.2). Im Kern dieser drei Faktoren stehen die Fragen, die sich Digital Leader mit Hilfe der exponentiellen Perspektive zum einen stellen sowie beantworten.

- **Relevanz**: Wer kann mit seinem digitalen Angebot bzw. seiner digitalen Plattform für die Nutzer bzw. Teilnehmer einen relevanten Mehrwert bieten? Und wie kann man diesen relevanten Mehrwert für ein bestimmtes Thema bzw. einen bestimmten Prozess dauerhaft adressieren? Und wie kann man über diesen relevanten Mehrwert über eine zugehörige Content Value Proposition den Kunden gegenüber der Konkurrenz schneller und besser an sich binden?

- **Reichweite**: Wer erreicht wie schnell und wie gut die kritische Masse an Nutzern bzw. Teilnehmern für sein Angebot bzw. seine Plattform? Und wer generiert aus dieser kritischen Masse heraus die meisten und besten Netzwerk- und Skalierungseffekte mit Lock-in-Szenarien für seine Kunden? Und wer setzt die daraus resultierenden Datenmengen in ein zugehöriges ökonomisches Geschäftsmodell um?

- **Reaktion**: Wer kann mit Hilfe der Datenmenge/-qualität auf Basis der zugehörigen Auswertung am besten die Trends, Bedürfnisse, Absichten und Handlungen der Nutzer bzw. Teilnehmer berechnen? Und wer wird aufgrund der zugehörigen Erkenntnisse über die Kunden schneller und besser als der Wettbewerber agieren und reagieren können?

Vergleicht man das Wachstum von Unternehmen über Ländergrenzen hinweg, so sind hier massive Unterschiede zu erkennen. Dabei stechen einige Nationen besonders durch die Vielzahl an Unternehmen hervor, die es geschafft haben auf Basis von Daten ein exponentielles Wachstum zu generieren. Diese Unternehmen sind nicht selten zu **Treibern**

ganzer Volkswirtschaften geworden. Einerseits ist hier die USA mit einem großen, offenen digitalen Binnenmarkt, kreativen Startups, enormer privater Investitionskraft aus dem Venture Capital-Sektor und einem starken Wachstums- und Expansionswillen zu nennen, die Unternehmen wie *Google, Facebook, Amazon* und Co hervorgebracht hat. Andererseits ist China mit einem großen, jedoch geschlossenen Binnenmarkt, starken Copycats und kreativen KI-Startups, enormer staatlicher Investitionskraft und einem starken Wachstums-, Expansions-, aber eben auch Kontrollwillen Heimatland vieler digitaler Giganten, wie bspw. *Alibaba, Tencent, SenceTime* und Co. Und nicht zuletzt Russland mit einem großen, ebenfalls geschlossenen Binnenmarkt mit einer enormen privaten/staatlichen Investitionskraft, der sich über Copycats/Klone quasi definiert und in sich geschlossen bleiben soll. Der Wachstums- und Expansionswille ist hier zwar zu großen Teilen dem Kontrollwillen untergeordnet, dennoch stehen im Ergebnis Unternehmen, die zunächst exponentiell gewachsen sind wie *Mail.ru, Yandex, Avito, Julmart* & Co.

Die Führungskräfte dieser verschiedenen, aber allesamt datenbasierten Unternehmen waren in der Lage eine **exponentielle Perspektive** einzunehmen. Die Einnahme der digitalen Perspektive ermöglichte ihnen einen exponentiellen Wachstumspfad einzuschlagen und damit die Netzwerk- und Skalierungseffekte sowie das 3-R-Modell für einen digitalen Wettbewerb zum eigenen Vorteil zu nutzen. So verhalf das Digital Mindset der Führungskräfte diesen Unternehmen dem zunehmenden Konkurrenzdruck nicht nur standzuhalten, sondern auch außergewöhnliche Wertzuwächse für ihr Unternehmen zu generieren.

!
•   **Ein Digital Leader versteht die exponentielle Perspektive in der digitalen Wirtschaft für Prozesse, Produkte und insbesondere Plattformen und versucht die eigenen zugehörigen digitalen Geschäftsmodelle und -prozesse mit Hilfe von Relevanz, Reichweite und Reaktion für die Möglichkeit eines exponentiellen Wachstums zu gestalten.**

2.2.3   Übung: Digital Shark Challenge

*Die Übung „**Digital Shark Challenge (DSC)**" soll das kritische Hinterfragen der bisherigen realen Geschäftsmodelle und -prozesse in Bezug auf die neuen digitalen Herausforderer und die zugehörigen Auswirkungen des exponentiellen Wachstums auf das eigene Unternehmen bzw. die eigene Branche trainieren.*

Ausgangslage

Die Digitalisierung war/ist neben den bereits großen Digital-Playern immer noch stark von neugegründeten und damit jungen Startups geprägt. Diesen Newcomern kommt dabei eine besondere Rolle als Innovationstreiber zu. Erfahrungsgemäß werden gerade in der Digitalen Wirtschaft etliche Innovationspotenziale von großen, etablierten Unternehmen

vernachlässigt und dann haben Startups die volkswirtschaftliche Funktion, solche Inno-
vationspotenziale zu realisieren und in marktfähige Geschäftsmodelle mit einem möglichst
exponentiellen Wachstum umzusetzen. Viele dieser digitalen Startups kommen aus den
USA und hier insbesondere aus dem Silicon Valley.

Aufgabenstellung

Gehen Sie auf eine Venture-News-Webseite wie bspw. angel.co oder venturebeat.com, um
die neuesten innovativen jungen Unternehmen zu ermitteln, die jüngst eine Finanzierung
in den USA bekommen haben. Suchen Sie sich zwei unlängst finanzierte Startups mit einem
direkten [gleiche(s) oder ähnliche(s) Angebot/Branche] und einem indirekten Bezug [an-
dere(s) Angebot/Branche] zu Ihrer Geschäftstätigkeit aus. Beschreiben Sie die beiden
Startups anhand der drei Kategorien „Digitale Geschäftsidee", „Digitaler Mehrwert für
den Kunden" und „Digitales Geschäftsmodell". Analysieren Sie anschließend, welche di-
gitalen Produkte, Prozesse und/oder Plattformen durch diese Geschäftsidee entstehen und
welche Veränderungen diese mit sich bringen sowie ein zugehöriges exponentielles Wachs-
tum aussehen kann.

Führungsanspruch

Schreiben Sie als Digital Leader einen Blog-Eintrag für das Intranet Ihrer Firma (alter-
nativ eine Rundmail an alle Abteilungsleiter) in dem Sie beschreiben, warum eines der
beiden ausgewählten Startups in Zukunft zu einem digitalen Wettbewerber für Ihr Unter-
nehmen und/oder Ihre Branche werden wird. Gehen Sie dabei explizit auf das Risiko (Kon-
kurrent) und die Chancen (Kooperation) ein, die sich hierbei ergeben können. Fordern
Sie abschließend die Leser zu einem Feedback oder zu Kommentaren auf, wie eine dies-
bezüglich eigene Umsetzung der innovativen Startup-Geschäftsidee für Ihr Unternehmen
bzw. für Ihre Branche aussehen könnte.

2.3   Der Wille für das Digital Leadership

Nicht zuletzt ist auch der **Wille einer Führungskraft**, Veränderungen aktiv mitzugestalten und Neues auszuprobieren, essentiell für das Digital Leadership. Bei dieser Betrachtung ist es wichtig, den Willen einer Person nicht isoliert zu betrachten, sondern vor dem
Hintergrund von typischen Organisationsstrukturen einzuordnen. In nahezu jeder Organisation stehen digitalen Neuerungen von internen sowie externen Prozessen bzw. Produkten und Dienstleistungen Widerstände gegenüber. Diese Widerstände erstrecken sich vom
Labyrinth an Bürokratie bis hin zum sozialen und politischen Druck, der von Mitarbeitern
und anderen Führungskräften ausgeübt wird (*Howell/Shea/Higgins* 2005). Nur Personen,
die diese Widerstände überkommen, sind in der Lage erfolgreich im digitalen Zeitalter zu
agieren. Dafür benötigt es neben dem Bewusstsein dieser Widerstände aber auch den Mut
voranzuschreiten und in neue, unbekannte Gebiete vorzustoßen. Insbesondere wird dabei

auch der Mut zur eigenen Veränderung notwendig, denn nur wer als Führungskraft mit gutem Beispiel vorangeht und sich neuen Gegebenheiten dynamisch anpasst, kann das eigene Team auch zu entsprechenden Schritten motivieren. Somit ermöglicht der übergeordnete Wille für das Digital Leadership Potentiale von digitalen Wirtschaftsräumen entgegen gewisser Hürden zu nutzen. Die zugehörigen zentralen **Fragen und Lernziele** dieses Kapitels sind:

▨ **Mut zur eigenen Veränderung:** Wie verhält es sich mit dem eigenen Mut für die Umsetzung digitaler Neuerungen?

▨ **Widerstände im Unternehmen:** Welche Widerstände gilt es im Unternehmen zu überwinden, bevor digitale Neuerungen erfolgreich umgesetzt werden können?

▶ *Selbsttest: Haben Sie die Kompetenzen für ein Digital Leadership?*
   www.digital-leadership-index.de

2.3.1   Der Mut zur eigenen Veränderung

Digital Leader gehen voran! Der **Mut zur eigenen Veränderung** bedeutet, die **Bereitschaft neue Wege zu gehen**, wo andere aus Bequemlichkeit lieber an bestehenden Mustern und Strukturen festhalten. Der Mut zur eigenen Veränderung ist dabei notwendig, um die Unsicherheit neuer Entwicklungen erfolgreich willkommen zu heißen, anstatt diese zu verteufeln. Die eigene dynamische Veränderung bzw. Anpassung an neue Umgebungen ermöglicht es, adäquat auf neue Entwicklungen zu reagieren. Halten Führungskräfte hingegen unbegründet an bestehenden Mustern und Strukturen fest, da sie diese gewohnt sind oder sie sich in der Vergangenheit bewährt haben, so nehmen sie ihrem Team und der Organisation die Flexibilität. Dennoch sind nur wenige Führungskräfte bereit zur eigenen Veränderung und somit auch ins kalte Wasser einer ungewissen Zukunft zu springen. Fehlt vor diesem Hintergrund der Mut zur eigenen Veränderung, so führt dies zu einer Reihe von verpassten Chancen und im schlimmsten Fall sogar zum Misserfolg des eigenen Unternehmens.

Es gibt eine ganze Reihe von Hinweisen, **wie ein Digital Leader selbst sein sollte.** Auf der einen Seite vereint er Innovationsgeist, begeistert sich für neue Technik und beschäftigt sich auch auf privater Ebene damit, wodurch er keine Angst vor dem Einsatz neuer Tools hat. Auf der anderen Seite erleben zugleich auch alte Tugenden eine Renaissance: Empathie, Haltung zeigen, Verantwortung fürs eigene Handeln übernehmen und Vorbild sein. Und nicht zuletzt spielt bei alldem immer auch die Vernetzung mit den Mitarbeitern eine entscheidende Rolle (*Rassek* 2016). Daneben repräsentiert der Digital Leader vor diesem Hintergrund insbesondere eine eigene **digitale Grundhaltung in seinem Verhalten** (*Groß* 2019):

- **Fokus auf die eigene Zukunft**: Ein Digital Leader bildet sich attraktive Perspektiven für seine zukünftigen digitalen Ziele.

- **Ausrichtung seiner Interessen**: Ein Digital Leader forciert den digitalen Wandel zur Zukunft für sich und sein Unternehmen.

- **Forcieren der eigenen Ideen**: Ein Digital Leader aktiviert überraschende digitale Potenziale für sich und andere im Unternehmen.

- **Bearbeitung von Risiken**: Ein Digital Leader provoziert Unsicherheiten, um diesen mit digitalen Lösungen zu begegnen.

- **Probleme als Chance**: Ein Digital Leader sieht in jedem Problem einen Ansatz für eine neue digitale Lösung.

Eine Kernfrage gegeben dieser Eigenschaften ist vor diesem Hintergrund: Ist man als Digital Leader „**born or made**"? Sicherlich braucht man wie in anderen Fällen auch gewisse Eigenschaften, die im Charakter eines Menschen veranlagt sind (z. B. Empathie). Aber dennoch wird man nicht als Digital Leader geboren. Digitalisierung und Unternehmensführung und damit das Digital Leadership kann man dagegen sicherlich lernen, aber die Umsetzung erfordert eben auch einen zugehörigen Charakter einer Führungspersönlichkeit (z. B. Charisma). Es ist somit vielleicht vielmehr eine Mischung aus „**born and made**" und zudem eine Entwicklung in diese neue Rolle. Insofern bezieht sich der eigene Mut auf die Entwicklung zu einem Digital Leader.

Groß (2019) hat dies mit dem Titel „Das (digitale) Game annehmen" überschrieben und führt vor diesem Hintergrund folgende persönliche Veränderungen hin zu einem Digital Leader an:

- **Hierarchie**: Ein Digital Leader agiert über die eignen Linien hinaus und nutzt für seine digitalen Themen sowohl die formalen als auch informellen Strukturen in einer Organisation.

- **Profil**: Ein Digital Leader ermöglicht anderen eine Teilhabe an der eigenen Arbeit und schafft dadurch einen Einblick in seine digitalen Themen.

- **Mitstreiter**: Ein Digital Leader aktiviert andere Mitarbeiter für eine Kollaboration, um gemeinsam mit Partnern die digitalen Themen im Unternehmen umzusetzen.

- **Empfehlung**: Ein Digital Leader fördert die Vernetzung der eigenen Mitarbeiter und lässt diese Mitstreiter sich entwickeln, um (positiven/konstruktiven) Einfluss auf die digitalen Themen zu nehmen.

In diesem Zusammenhang sorgt der Digital Leader für eine vollständige Kommunikation und Klärung der Themen und schafft zudem neue Räume für einen zukunftsorientierten Dialog. Er gibt zeitnahe Rückmeldungen und verarbeitet das an ihn adressierte Feedback mit einem ständigen Austausch zu Ergebnissen und Rückschritten. Er löst vorhandene Konflikte und trägt zur Nutzung aller Energien bei, indem er das **3-U-Modell für eine digitale Verweigerung** mit Unwissenheit, Ungewissheiten und das Unbekannte in Bezug auf die Digitalisierung berücksichtigt und diesbezüglich Ausprägungen abbaut. Ein Digital Leader kann am Ende auch Loslassen und davon absehen, alle Probleme selbst zu lösen bzw. die vollkommene Kontrolle über den Lösungsweg zu haben (*Groß* 2019). Aus diesem Set an Verhaltensänderungen aus einer bisher gewohnten Struktur, Hierarchie und Organisation heraus wird nochmals deutlich, dass der **Mut zu eigenen Veränderung am Anfang und nicht am Ende steht** und der zugehörige Weg nicht alleine, sondern nur gemeinsam mit den betroffenen Mitarbeitern im Unternehmen gegangen werden kann.

Deshalb ist es eine Tugend, den Mut zur eigenen Veränderungen aufzubringen und somit die eigene Person sowie die zugehörige Unternehmung mutig in die Zukunft zu führen und Chancen zu ergreifen. Dabei werden Digital Leader nicht nur sich selbst den Mut zur Veränderung einräumen. Auch werden sie das Verhalten der eigenen Teammitglieder in dieser Hinsicht fördern. Natürlich werden aufgrund der Unsicherheit des Neuen auch Entscheidungen getroffen werden, die nicht zum gewünschten Erfolg führen. Diese Entscheidungen sind aber Teil des Spiels und sollten akzeptiert werden, frei nach dem Motto: Mit der Defensive wird das Spiel nicht gewonnen! Führungskräfte mit einem Digital Mindset sind bereit zur eigenen Veränderung und die damit verbundenen **Risiken für die Digitale Transformation einzugehen** sowie den digitalen Wandel groß zu denken.

> **!** **•**   Der Mut zur eigenen Veränderung und der eigenen Entwicklung zu einem Digital Leader steht am Anfang eines Weges, der den Führungskräften einiges im Zuge der Umsetzung bzw. Durchsetzung von neuen digitalen Prozessen, Produkten und Plattformen im eigenen Unternehmen mit den zugehörigen (digitalen) Organisationsformen abverlangt.

2.3.2   Die Widerstände im Unternehmen

Neuerungen gehen immer mit Widerständen einher. Der Mensch ist bekanntlich ein Gewohnheitstier und er möchte prinzipiell erst einmal bei dem bleiben, was er kennt und wofür er ein spezifisches Know-how aufgebaut hat. Und so ist es einleuchtend, dass Digital Leader als Treiber von digitalen Neuerungen auf eine Vielzahl von Widerständen treffen. Diese erschweren die Entwicklung und Einführung von Innovationen oft einschneidend. Nicht zuletzt sind Widerstände in Unternehmen ein zentraler Grund dafür, dass viele vermeintliche Digitalisierungsoffensiven, die aus den obersten Etagen als Strategie ausgerufen werden, zu reinen IT-Automatisierungen verkümmern. Dabei können vor diesem Hintergrund insbesondere die **wesentlichen Widerstände**, die in den Unternehmen im Kontext von digitalen Neuerungen anzutreffen sind, in folgende drei größere Themenblöcke gegliedert werden: bürokratische Widerstände, soziale Widerstände sowie politische Widerstände.

Bürokratische Widerstände

Man kennt es insbesondere aus den Bereichen der öffentlichen Verwaltung, in der Bürokratie zwar zum Kerngeschäft gehört, aber dennoch häufig viele Prozesse den aktuellen digitalen Möglichkeiten Jahrzehnte hinterherhängen. So ist es auch kein Wunder, dass Expertenkommissionen wie diese für Forschung und Innovation (EFI) in einem ihrer Gutachten (2016) speziell die geringen Fortschritte in der elektronischen Verwaltung (E-Government) in Deutschland rügt. Die „digitale Wüste in deutschen Amtsstuben" lasse wichtige Potenziale für Innovation und Wertschöpfung brachliegen. Aber nicht nur in der öffentlichen Verwaltung hindern bürokratische Widerstände die schnelle und erfolgreiche Umsetzung von Ideen mit Potential. Auch in der Privatwirtschaft stehen sich Unternehmen mit bürokratischen Prozessen selbst im Weg.

Beispielhaft sind Genehmigungsprozesse, die häufig von einer **Vielzahl von Verantwortlichen** abgesegnet werden müssen und dies zu zeitlich starken Verzögerungen führt. Insbesondere in Zeiten der Digitalen Transformation, in der sich Produktlebenszyklen deutlich verkürzen und die Relevanz von Geschwindigkeit zunimmt, können zeitliche Verzögerungen zum Scheitern von neuen Produkten bzw. Dienstleistungen führen. Zunehmend werden etablierte Unternehmen von der schnellen Entwicklung von neuen Produkten und Dienstleistungen von Startups überrascht, die kaum bürokratische Prozesse im Unternehmen aufgebaut haben und somit von einer großen Agilität profitieren. Aufgabe eines Digital Leaders ist es somit eine Umgebung gestalten, in der **alle nicht notwendigen bürokratischen Prozesse abgebaut werden**, sodass ihm selbst und seinem Team eine schnelle Reaktionszeit in zunehmend dynamischen Märkten eingeräumt wird. Darüber hinaus prüft ein Digital Leader, ob bestehende Prozesse durch die Verwendung neuer digitaler Technologien vereinfacht werden können und baut diese entsprechend um. Da eine Umwandlung bestehender Prozesse meist ein langwieriger Prozess ist, sind Geduld und Durchhaltevermögen wesentliche Bestandteile eines Digital Mindsets und für den Abbau von bürokratischen Widerständen notwendig.

Soziale Widerstände

Ursprungsort von sozialen Widerständen sind zwischenmenschliche Konstellationen. Dabei entstehen soziale Widerstände auf zwischenmenschlicher Ebene häufig durch Individuen, die eine Abneigung gegen Veränderungen entwickelt haben. Oft klammern sich Personen an **gewohnte und bestehende Arbeitsabläufe**, da diese ihrem Arbeitsalltag Struktur, Ordnung und Sicherheit geben. Dabei ist es nicht von Bedeutung, ob diese eine sinnvolle Veränderung darstellen, oder nicht. Stehen digitale Neuerungen an, so sehen diese Mitglieder der Organisation nicht die damit verbundenen Chancen, sondern die Gefährdung ihrer sicheren Arbeitsumgebung. Zudem besteht die Gefahr, dass durch Neuerungen Unwissenheit zum Vorschein gebracht wird, welches in etablierten Prozessen nicht zum Tragen kommt bzw. verdeckt werden kann. Als Reaktion und zur Bewahrung der bestehenden Ordnung greifen Personen mit einer Abneigung gegen Veränderungen zu verschiedensten Mitteln, die soziale Widerstände aufbauen.

Diese sozialen Widerstände bilden sich entweder verbal oder non-verbal aus und können aktive sowie passive Züge annehmen (s. Abb. 19). Beispielhaft können Teammitglieder, die digitalen Neuerungen kritisch gegenüberstehen, aktiv und verbal durch ein systematisches Argumentieren oder aber das Abschweifen in polemische Gesprächsführung versuchen, neue Entwicklungen und entsprechende Vorschläge im Keim zu ersticken. Aber auch non-verbal und passiv können Teammitglieder sich gegen Veränderungen stemmen. So kann es dazu kommen, dass diese in themenbezogenen Besprechungen schweigen, anstatt sich aktiv an Überlegungen zu beteiligen, lethargisch sind oder in extremen Fällen sogar Krankheiten vortäuschen und nicht zur Arbeit erscheinen (*Groß* 2019). Digital Leader gehen proaktiv mit sozialen Widerständern um, indem Konflikte nicht toleriert, sondern gelöst und nicht ausgesessen werden. Ein solches Verhalten fordern sie auch von ihren Teammitgliedern, sodass sich auch keine grundsätzliche Eigendynamik von Konflikten zwischen anderen Teammitgliedern bildet. Im Allgemeinen ist es somit eine wichtige Aufgabe eines Digital Leaders die sozialen Widerstände zu erkennen und diese zu überkommen. Hierbei ist es wichtig, die beteiligten sozialen Parteien miteinzubeziehen. Durch unterstützende Maßnahmen können seitens der Führungskraft bspw. die Chancen für die individuelle Zukunft aufgezeigt werden, sodass der soziale Widerstand, der in erster Linie durch Unsicherheiten entstanden ist, abgebaut und in eine optimistische Haltung in Richtung digitaler Neuerung verwandelt wird. Gelingt einer Führungsposition dieser soziale Wandel, so werden Teammitglieder, die zuvor digitale Erfolge ausgebremst haben, im Bestfall sogar zu Innovationsquellen und somit zu Treibern positiver Veränderungen.

	Verbal	Non-verbal
Aktiv	Vorwürfe, Gegenargument, Drohung, Polemik, …	Unruhe, Gerüchte, Streit, Intrigen, Gruppenbildung, …
Passiv	Bagatellisieren, Herumdebattieren, sturer Formalismus, …	Schweigen, Lustlosigkeit, Abwesenheit, innere Emigration, Krankheit, …

Abb. 19:   Formen des sozialen Widerstands
Quelle: in Anlehnung an *Groß* 2019, S. 157.

Politische Widerstände

Die dritte wichtige Hürde, die durch einen Digital Leader genommen werden muss, stellt der politische Widerstand innerhalb einer Organisation dar. Politischer Widerstand wird von der Führungsetage in Unternehmen aufgebaut und meist in Leitlinien und Zielen für die Unternehmen, teils gewollt und teils ungewollt, manifestiert. Zentral sind dabei die Anreiz- und Belohnungssetzungen, die sich aus der Motivation von Führungskräften ergeben, näher zu betrachten. Um die Motivation ihrer Führungskräfte mit den Zielen der Organisation in Einklang zu bringen, führen Organisationen, neben dem üblichen Gehalt, meist Anreiz- und Belohnungssysteme ein. Dieses Instrumentarium bietet viele Vorteile, kann jedoch bei falscher Anwendung zu einer gefährlichen Ausrichtung der Unternehmung führen. Kritischer Aspekt hierbei ist häufig der zeitliche Fixpunkt. So ist es nicht selten, dass Anreiz- und Belohnungssysteme von Geschäftsführern und Vorständen an den Ergebniszahlen aus dem laufenden Stammgeschäft ausgerichtet werden. Diese Ausrichtung führt dazu, dass kurzfristige Erfolge belohnt werden und längerfristige Innovationsstrategien vernachlässigt werden, weshalb eine solche Ausrichtung stark kritisiert wird (*Grewe* 2012). Eine mutige und risikoreiche Ausrichtung einer Führungskraft auf neue digitale Geschäftsmodelle, die typischerweise zuerst mit Investitionskosten einhergeht und somit kurzfristig zu erhöhten Kosten führt, würde in einer solchen Organisation durch politische Widerstände anderer Führungskräfte bestmöglich ausgebremst werden. Die kurzfristige Ausrichtung der Anreiz- und Belohnungssysteme lenkt den Fokus auf Kosteneinsparungspotentiale, wodurch viele vermeintliche Digitalisierungsoffensiven zu reinen Optimierungsbemühungen verkommen. Im Ergebnis stehen dann eher inkrementelle statt disruptive Fortschritte und Innovationen. Aus diesem Grund ist es von großer Relevanz, dass Anreiz- und Belohnungssysteme auch förderlich für potentielle Innovationen wirken.

Insgesamt sind Führungskräfte, die digitale Neuerungen anstreben, mit einer Vielzahl von Widerständen konfrontiert. Die zentralen Widerstände sind bürokratischer, sozialer und politischer Natur. Im Gegensatz zu Führungskräften ohne ein Digital Mindset, sind Digital Leader **bereit sich mit diesen Widerständen auseinanderzusetzen**, indem sie bürokratische Prozesse vereinfachen und abbauen, soziale Konflikte aktiv lösen und die politischen Rahmenbedingungen zu Gunsten langfristiger und innovationsfreudiger Entwicklungen auszugestalten.

> **!**
> **•** **Die zentralen Widerstände für neue digitale Entwicklungen in Unternehmen sind bürokratischer, sozialer sowie politischer Natur. Die Bestrebung diese Widerstände zu überkommen ist essentieller Bestandteil für das Digital Mindset, wodurch die notwendige Umgebung für die erfolgreiche Entwicklung von digitalen Neuerungen ermöglicht wird.**

2.3.3 Übung: Digital Hour Challenge

*Die Übung „**Digital Hour Challenge (DHC)**" soll den eigenen Mut und die Entwicklung zu einem Digital Leader unterstützen und zudem die durch den digitalen Wandel betroffenen Mitarbeiter mitnehmen und über den Abbau von zugehörigen Widerständen diese zu Mitstreitern für neue digitale Geschäftsmodelle und -prozesse machen.*

Ausgangslage

Unwissenheit, Ungewissheiten und das Unbekannte in Bezug auf die Digitalisierung sind laut dem 3-U-Modell im Rahmen der digitalen Verweigerung die wesentlichen Hindernisse für den digitalen Wandel in einem Unternehmen. Diesbezüglich können die zugehörigen Widerstände nur über eine offene Kommunikation und Teilhabe der betroffenen Mitarbeiter abgebaut werden. Dafür muss der notwendige Kommunikationsraum geschaffen werden, damit digitale Projekte von Anfang an gemeinsam entwickelt werden und die dafür notwendigen Stakeholder mitgenommen werden.

Aufgabenstellung

Führen Sie pro Woche eine feste „digitale Stunde" (Digital Hour) in Ihrem Unternehmen ein, wo Sie sich mit den verschiedenen Mitarbeitern über alle Hierarchieebenen hinweg in einer wechselnden Zusammensetzung zusammensetzen und den digitalen Wandel mit den zugehörigen Auswirkungen für das Unternehmen diskutieren. Strukturieren Sie diese 60 Minuten nach dem folgenden Muster: 15 Minuten für die Beschreibung des digitalen Themas und dessen Erklärung (z. B. Wie funktioniert ein E-Shop?); 15 Minuten für den Einfluss des digitalen Themas auf das Unternehmen (z. B. Warum wir einen E-Shop brauchen!) und 30 Minuten für die Diskussion zu der Umsetzung des digitalen Themas im Unternehmen (Wie können wir einen E-Shop einführen?). Sammeln Sie dabei bewusst auch die möglichen Probleme und Widerstände ein und verteilen Sie diese für eine Lösung als Aufgabe und Einbindung zurück an die Teilnehmer. Die Erarbeitung dieser Lösung kann in die nächste „digitale Stunde" mitgenommen werden oder parallel in einem neuen Projektteam bearbeitet werden.

Führungsanspruch

Kommunizieren Sie offen über Ihre Überlegungen und laufenden Arbeiten zu dem digitalen Thema der „digitalen Stunde" und geben Sie den Teilnehmern die Möglichkeit für eine Kollaboration und damit Mitarbeit in einem virtuellen Projektteam, welches Sie zwar anführen, wo Sie aber den Mitstreitern die Chance geben, sich in das digitale Thema hinein zu entwickeln. Binden Sie eventuell externe Partner ein oder besuchen Sie mit dem Projektteam vergleichbare Unternehmen, die das digitale Thema schon umgesetzt haben. Zeigen Sie auf, welchen Platz, Aufgaben und Vorteile die Mitstreiter nach der Umsetzung des digitalen Themas haben.

3. Die Digital Skills

3.1 Das Basiswissen für das Digital Leadership

Nachdem in einem ersten Schritt dargestellt worden ist, dass **Digital Leadership** zunächst gewollt werden muss, so steht nun im zweiten Schritt das **Digital Skills** und damit das „**Können**" im Mittelpunkt. Digital Leader benötigen heute das entsprechende **Basis-, Spezial- und Anwendungswissen** rund um die Digitale Wirtschaft. Das Wissen kann somit in drei Ebenen und einem entsprechenden Detailgrad unterteilt werden (Digitalisierung, Digitale Wertschöpfung, Digitale Plattformen). Zunächst ist es wichtig zu verstehen, dass die Grundlage digitaler Geschäftsmodelle und -prozesse die digitalen Daten sind, die über elektronische Technologien zwischen ökonomisch Beteiligten ausgetauscht werden. Es sind die Nullen und Einsen als digitale Inhalte, die drei Kernelemente Information, Kommunikation und Transaktion auf einer elektronischen Handelsebene repräsentieren (*Kollmann* 2019a). Um dies zu gewährleisten, müssen eine Reihe von Rahmenbedingungen gegeben sein, damit das E-Business bzw. die zugehörige Digitale Wirtschaft funktioniert. Hierbei stellt, wie bereits in Kapitel 1.1 genannt, die Entwicklung des Leistungsvermögens der Computer- und Informationstechnik, den Ausgangspunkt dar. Auf dieser Grundlage konnten und wurden Inhalte digitalisiert und über elektronische Netzwerke transferiert. Vor diesem Hintergrund stellen das **Basiswissen über die Digitalisierung**, die Vernetzung, die Datenmenge und der Interaktivität einen Grundpfeiler für erfolgreiches Digital Leadership dar. Die zugehörigen zentralen **Fragen und Lernziele** dieses Kapitels sind:

- **Digitalisierung**: Welche Veränderungen und Auswirkungen auf Information, Kommunikation und Transaktion und damit letztendlich wirtschaftliche Kraft steckt hinter der Digitalisierung von Inhalten?

- **Vernetzung**: Welche Rolle spielt die Vernetzung der Marktteilnehmer und deren Erreichbarkeit über das Internet als digitales Medium und welche Möglichkeiten ergeben sich daraus für Information, Kommunikation und Transaktion?

- **Datenmenge**: Welche Möglichkeiten ergeben sich durch die Sammlung, Auswertung und Übertragung der digitalisierten Inhalte in Form von Daten für Information, Kommunikation und Transaktion?

- **Interaktivität**: Wie ändern sich die Rahmenbedingungen für einen Austausch von Informationen in Form von Daten zwischen den direkt und unmittelbar vernetzten Marktteilnehmern im Rahmen einer transaktionsorientierten Kommunikation?

▶ *Lernhinweis: Zertifikatskurs zum E-Business-Leader*
www.e-business-leader.de

T. Kollmann, *Digital Leadership*, https://doi.org/10.1007/978-3-658-30635-9_3

3.1.1   Die Kraft der Digitalisierung

Die **Digitalisierung** der Informationen im Softwarebereich stellt eine der Grundvoraussetzung für die Digitale Wirtschaft dar. Die Digitalisierung ermöglicht es, große Mengen von Text, Bildern und anderen Informationen ohne Qualitätsverlust und mit hoher Geschwindigkeit zu bearbeiten, zu kopieren, zu übertragen und anzuzeigen (*Bode* 1997, S. 449 ff.). Diese neue digitale Welt wird dabei vom Takt von 0 und 1 bestimmt; Daten, die dann über Netzwerke übertragen werden können und so eine neue Kraft für **Information**, **Kommunikation** und **Transaktion** entfalten können. Für eine optimale Gestaltung elektronischer Geschäftsprozesse mit hohem Informationsgehalt werden dabei die verschiedenen grundlegenden **Datenarten** in ihre digitale Form umgewandelt:

▧ **Text**: Digitalisierung von Text erfolgt meist über den *American Standard Code for Information Interchange* (ASCII)-Code, bei dem jeder lateinische Buchstabe durch eine Folge von sieben Ziffern ausgedrückt wird. Jede Ziffer kann nur den Wert 0 oder 1 annehmen. Die Ziffernfolge 1000001 stellt bspw. den Großbuchstaben „A" dar.

▧ **Bild**: Die Digitalisierung eines Bildes basiert auf dessen Zerlegung in Zeilen und Spalten. Bei einfachen Rastergrafiken mit ausschließlich schwarzen und weißen Bildpunkten nimmt jedes Element dieser Matrix entweder den Wert 0 für weiß oder 1 für schwarz an. Die Matrix wird zeilenweise ausgelesen, wodurch man eine Folge von Ziffern erhält, die das Bild repräsentiert. Um demgegenüber ein Farbbild darzustellen, wird jedem Pixel z. B. eine 16- oder 32-stellige Ziffernfolge zugeordnet.

▧ **Ton**: Die Umwandlung von Tonsignalen erfolgt in der Regel mit einem Analog-Digital-Wandler, der die analogen Eingangssignale in einen digitalen Datenstrom überführt. Auflösung und Abtastrate des Wandlers bestimmen dabei, mit welcher Genauigkeit das ursprüngliche Signal in digitaler Form dargestellt wird und somit die Tonqualität.

Die **Datenmenge**, die bei der Erstellung von Ton- und Bildinformationen entsteht, ist enorm. Ein Bild nach dem internationalen Standard für professionelles digitales Video der *International Telecommunication Union Radiocommunication Sector* (ITU-R) „ITU-R BT 601" (frühere Bezeichnung: CCIR 601) ist 830 KB groß und eine Minute Videodaten benötigen 1,26 GB. Das Fassungsvermögen einer CD-ROM beträgt gegenwärtig in der Regel 800 MB, also etwa 30 Sekunden Videosignal. Selbst handelsübliche DVDs (4,7 GB) und USB-Speichersticks (ca. 64-128 GB) könnten dementsprechend nur wenige Informationen aufnehmen. Zur Reduktion des **Speicherbedarfs** bei der Datenhaltung und zur Reduktion des Datenaufkommens, insbesondere während der Übertragung von Daten, werden die Informationen nach Möglichkeit komprimiert. Bei der Datenkompression wird die Datenmenge dadurch verringert, dass eine günstigere Repräsentation bestimmt wird, mit der sich die gleichen Informationen in kürzerer Form darstellen lassen. Unterschieden wird zwischen einer verlustfreien und/oder verlustbehafteten Kompression. Bei der verlustfreien Redundanzkompression wird die Datenreduktion durch das Entfernen von Redundanzen erreicht und es entsteht somit kein Informationsverlust. Die Irrelevanzreduktion hingegen reduziert die Information. Dabei wird ein Modell zugrunde gelegt, das entscheidet, welcher Teil der Information für den Empfänger entbehrlich ist. Ein Beispiel für eine entbehrliche Information sind akustische Signale, die außerhalb des Bereichs des menschlichen Hörvermögens liegen, aber dennoch z. B. in Musiktiteln enthalten sind. Die Einsatzgebiete der verlustbehafteten Kompression sind insbesondere Ton, Bild und Film. In jedem dieser Bereiche existieren definierte Methoden und Standards zur **Datenkompression**. Ohne diese Informationsreduktion wären die oftmals enormen Datenmengen im E-Business (z. B. Produktbilder, Produktvideos) nicht zu handhaben (*Kollmann* 2019a).

▧   **Bild**: PNG, JPG, GIF, TIFF

▧   **Ton**: MP3, WMA, OGG, AAC

▧   **Video**: MP4, AVI, WMV, MPEG

Im Hinblick auf die **wirtschaftliche Dimension** der Auswirkung einer Digitalisierung von Informationen kann festgehalten werden, dass die elektronische Erfassung, Verarbeitung und Weitergabe von 0/1-Daten erhebliche Skalen- und Kostenvorteile für wirtschaftliche Transaktionen im Hinblick auf die **Datenproduktion** mit sich bringt (s. Abb. 20). Im Gegensatz zu realen Informationsprodukten bzw. -trägern, die mit der Zunahme der Ausbringungsmenge der Informationsinhalte nur bedingt Kosteneinsparungen realisieren können (z. B. bei der Produktion von Broschüren und/oder deren postalischer Versendung), ist bei digitalen Informationsprodukten bzw. -trägern in der Regel lediglich die erstmalige Erstellung des digitalen Inhaltes mit größeren Kosten verbunden (sog. First Copy Costs). Die nachfolgende Vervielfältigung und Verbreitung der 0/1-Daten ist dann nur noch mit marginalen Kosten, z. B. für die digitale Speicherung oder die Datenübertragung über elektronische Netzwerke, verbunden.

In der Folge kommt es mit steigender Anzahl der Kopien der digitalen Informationsprodukte zu einem erheblichen **Kostendegressionseffekt** (s. Abb. 20), der auch zu einem Anstieg der wirtschaftlichen Attraktivität der Nutzung digitaler Informationen und deren mengenmäßigen Distribution über elektronische Datennetze führt (**Gewinnskalierungseffekt**). Diese Effekte sind ein zentrales Merkmal für die Etablierung der Digitalen Wirtschaft. Damit diese Effekte innerhalb des Datenaustausches zwischen Handels- und Kommunikationspartnern wirksam bzw. realisiert werden, müssen die von ihnen genutzten Übertragungsmedien und zugehörigen Nutzer aber miteinander vernetzt sein (*Kollmann* 2019a; *Kollmann* 2019d).

!   **Der Kostendegressionseffekt als Verhältnis von Kosten der einmaligen Datenproduktion zu den Kosten der multiplen Datenverwendung ist umso größer, je öfter die Daten wirtschaftlich verwendet werden können.**

3.1.2   Die Zunahme der Vernetzung

Die **Vernetzung** von Computersystemen lässt neue Freiheitsgrade für die Verbreitung der digitalisierten Informationen und Inhalte in Form von digitalen Daten zu. Die zunehmende Vernetzung der einzelnen, in der Anschaffung immer günstiger werdenden PCs oder mobilen Einheiten, führt dazu, dass quasi jeder am „Datenhighway" teilnehmen kann. Dabei führt die weltweite Vernetzung von digitalen Daten und Informationswegen zu einer neuen Phase des Aufschwungs mit neuen Spielregeln für das wirtschaftliche Zusammenleben. Kommunikationsformen ändern sich, **Marktgrenzen lösen sich auf**, die Globalisierung schreitet fort und individuelle Informationen lassen sich ohne räumliche Beschränkungen nahezu unendlich schnell von einem Punkt zum anderen in diesen Netzen übertragen.

Hält man sich vor Augen, dass die ersten Rechner erst im Jahr 1969 vernetzt wurden, so wird einem immer wieder deutlich, wie kurz eigentlich die Zeitspanne von den Ursprüngen der Entwicklung bis zu den heutigen Strukturen des vorhandenen **globalen Informationsnetzes** ist bzw. war. Der *Global Digital Report* (2019) zeigt, dass heutzutage 4,388 Mrd. Menschen weltweit das Internet nutzen. Somit steigt die Anzahl der Internetnutzer immer weiter an. Die Nutzung ist zu einem Kennzeichen eines innovativen und zukunftsgerichteten Lebensstils und somit zu einer gesellschaftlichen Kulturfrage geworden. Gleichermaßen bestimmt die zunehmende Vernetzung die wirtschaftliche Entwicklung maßgeblich. Internationale Experten sind sich einig, dass sich zunehmend auch überlegene **breitbandige Netz-Infrastrukturen** zu einem entscheidenden Erfolgsfaktor im internationalen Standortwettbewerb entwickeln.

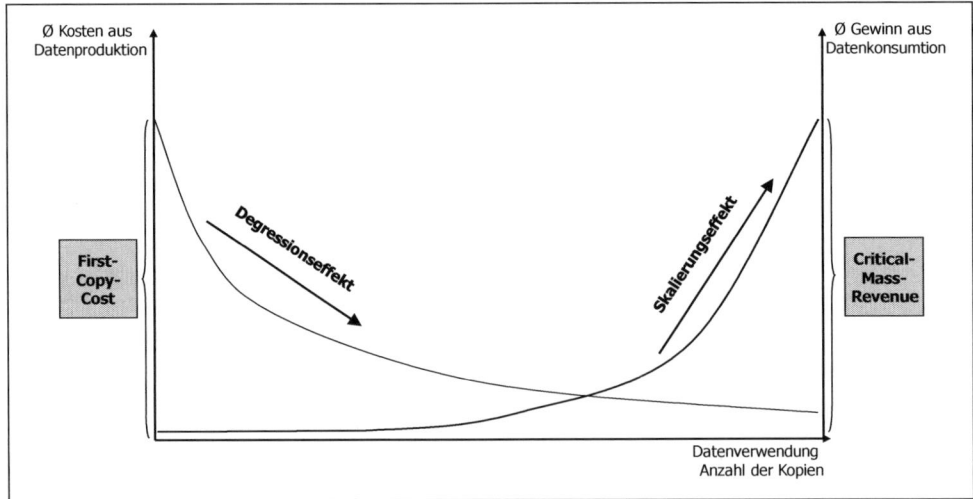

Abb. 20:   Kostendegressions- und Gewinnskalierungseffekte bei der Produktion und Konsumtion von digitalen Informationen

Quelle: in Anlehnung an bzw. Erweiterung von *Wirtz* 2018, S. 219.

Ein ständig verfügbares Netz mit hohen Bandbreiten und moderaten Preisen fördert die Wettbewerbsfähigkeit von Unternehmen und bietet Konsumenten vielfältige neue Möglichkeiten zur Bewältigung und Gestaltung des Alltags. So betrug laut *Statistischem Bundesamt* (2020) der Anteil von Informations- und Kommunikationsdienstleistungen am deutschen Bruttoinlandsprodukt im Jahr 2019 etwa 4,6 %. Experten erkennen ebenfalls einen Trend zur persönlichen Vernetzung über Breitband. So werden insbesondere Kommunikationsservices und Entertainmentangebote als wachsende Gruppen im Bereich Breitband-Nutzung angesehen (*Wirtz* 2008, S. 18 ff.). Die **Breitband-Technologie** stellt somit den Ausgangspunkt von zukünftigen Veränderungen dar, die den Einzelnen genauso wenig unberührt lassen wie die Wirtschaft oder die Gesellschaft als Ganzes. Erst mit einer ausreichenden Bandbreite können die umfassenden und komplexen Informationen für eine geschäftliche Transaktion übertragen werden. Mit dieser technischen Möglichkeit wuchs die Attraktivität für Handelsteilnehmer, das Datennetz wirtschaftlich zu nutzen, und damit wuchs die Vielfalt der Datenquellen und der verfügbaren Datenmenge (*Kollmann* 2019a).

Im Hinblick auf die **wirtschaftliche Dimension** der Auswirkung einer Vernetzung der Teilnehmer im und über das Datennetz kann festgehalten werden, dass mit einer Zunahme der **Datenkonsumtion** ein Skalierungseffekt für den Gewinn aus digitalen Transaktionen entstehen soll bzw. kann (s. Abb. 20). Der Grund hierfür ist die sog. **kritische Masse** (engl. Critical-Mass). Sie bezeichnet die subjektive Attraktivität der von einem Individuum empfundene Mindestzahl an Angeboten oder Nutzern auf einer elektronischen Plattform, die erforderlich ist, damit ein ausreichender Nutzen für die eigene langfristige Verwendung wahrgenommen wird. Dies kann z. B. bei einem E-Shop die Anzahl an angebotenen Produkten, bei einer E-Community die Anzahl der registrierten und/oder aktiven Nutzer oder auf einem E-Marketplace die Anzahl der Anbieter und Nachfrager bzw. der durch sie determinierten Handelsaktivitäten sein. Je größer diese installierte Basis, desto größer ist der Derivativnutzen für den (nächsten/vorhandenen) Kunden. Wenn hierbei eine bestimmte Angebots- bzw. Nutzerzahl überschritten ist und der Derivativnutzen ein bestimmtes Niveau überschritten hat, ist zu erwarten, dass nicht nur die vorhandenen Nutzer das elektronische Angebot auch in Zukunft akzeptieren, sondern auch die Anzahl der Neukunden und die damit verbundenen Einnahmen exponentiell zunehmen (Skalierungseffekt, Critical-Mass-Revenue, s. Abb. 20). Dieser **Gewinnskalierungseffekt** gilt gerade vor dem Hintergrund, dass die dafür notwendigen Informationen aus der Datenproduktion gleichzeitig aufgrund vom bereits dargestellten **Kostendegressionseffekt** (s. Kapitel 3.1.1) immer weiter sinken.

Der Gewinnskalierungseffekt als Verhältnis von Einnahmen bzw. Gewinn aus der multiplen Datenkonsumtion im Verhältnis zu den Kosten der multiplen Datenverwendung ist umso größer, je skalierbarer die Daten systemseitig abgerufen werden können.

3.1.3   Das Wachstum der Datenmenge

Abhängig von der Zahl und der Leistung der vernetzten Rechner auf der Hardwareebene erfolgt parallel eine enorme Zunahme hinsichtlich der über die Datennetze transferierten **Datenmenge** der Bits und Bytes. Die mit ihnen übermittelten Informationseinheiten und damit die eigentlichen Inhalte des Datenaustauschs werden zunehmend auch zum Träger wirtschaftlicher Transaktionen. Geschäftliche Prozesse werden vermehrt von der persönlichen Ebene (Face-to-Face) auf die Kanäle der weltweiten Datennetze (Bit-to-Byte) verlagert. Das hiermit verbundene Informationsaufkommen erreicht bisher unvorstellbare Dimensionen. So wurden in den Jahren 2000 bis 2002 genauso viele Daten produziert wie in den gesamten 2.000 Jahren davor. In den drei Jahren darauf hat sich das weltweite **Datenvolumen** vervierfacht. Schätzungen zufolge beträgt in Deutschland das Datenvolumen im Mobilfunk im Jahr 2019 ca. 2,8 Mio. Gigabyte (*Bundesnetzagentur* 2019). Laut einer Studie von *IDC* und *Seagate* soll sich das weltweite Datenvoumen bis zum Jahr 2025 auf 163 Zettabyte verzehnfachen. Dabei werden der Schätzungen zufolge 60 % der globalen Datenmenge Unternehmen erzeugen (*Seagate* 2017).

Diese Datenexplosion konfrontiert die Menschen mit so vielen Informationen, dass sie nur noch einen geringen Teil wahrnehmen können. Der breite Datenstrom muss daher sowohl logistisch wie inhaltlich organisiert werden und bietet daher viele Chancen für neue Geschäftsmodelle im Bereich der Informationsverarbeitung, -systematisierung und -übertragung (*Kollmann* 2006, *Kollmann/Krell* 2011). Ein aktuelles Stichwort ist in diesem Zusammenhang der Begriff „**Big Data**", der die Zusammenführung von hohen Datenmengen und deren Auswertung umfasst. 90 % der heute gespeicherten Daten wurden allein in den letzten zwei Jahren erzeugt, womit diese Datenvolumina vier Mal schneller wachsen als die gesamte Weltwirtschaft. Täglich werden weltweit ca. 2,5 Trillionen Byte an Daten erzeugt, wovon jedoch 90 % in unstrukturierter Form vorliegen, also z. B. als Posts, Fotos, Nutzerhistorien, Log-Files etc. (*Kroker* 2015). Zudem zeichnet sich eine enorme Verlagerung bei der Datenquelle ab. So wird bis zum Jahr 2025 nicht mehr der Großteil der Daten durch Privatnutzer, sondern durch Unternehmen generiert (*Kroker* 2017). Diese großen, heterogenen Datenmengen gilt es sinnvoll zu analysieren und somit (wirtschaftlich) nutzbar zu machen. Die vier zentralen **Facetten** von Big Data sind vor diesem Hintergrund gemäß der *BITKOM* (2014):

▪ **Datenmenge (Volume)** bezeichnet den stetig ansteigenden Umfang an gespeicherten Daten. Dabei können einzelne Organisationen oder Unternehmen bereits über enorme Datenvolumina verfügen, welche von mehreren Terabytes bis hin zu einigen Petabytes reichen können.

▪ **Datenvielfalt (Variety)** bezieht sich auf die wachsende Vielfalt an Datenquellen und -formaten, welche in Big Data-Datensätze einfließen. Dabei lassen sich diese oft sehr heterogenen Daten grob in die drei Oberkategorien von unstrukturierten, semistrukturierten und strukturierten Daten einordnen. Optional ist auch die Verwendung einer vierten Oberkategorie, den sog. polystrukturierten Daten, möglich. Dabei wird oftmals auch versucht, die unternehmensintern vorliegenden Daten mittels externer Daten, z. B. aus sozialen Netzen, zu ergänzen und besser zu strukturieren.

- **Geschwindigkeit (Velocity)** bezieht sich auf die Notwendigkeit einer immer schnelleren Auswertung der Datenmengen. Die Geschwindigkeit der Datenverarbeitung und -auswertung muss dabei generell mit den stetig wachsenden Datenvolumen Schritt halten, um eine zeitnahe Analyse der Daten zu gewährleisten – oftmals sogar in Echtzeit. Die Datengenerierung und -übertragung mit hohen Geschwindigkeiten, Analyse großer Datenvolumina mit Antwortzeiten im Sekundenbereich sowie Analysen in Echtzeit sind hierbei besondere Herausforderungen.

- **Analysemethoden (Analytics)** bezeichnen die Methoden zur Erkennung und Auswertung von Mustern, Zusammenhängen und Bedeutung innerhalb der Datenmengen. Aufgrund der drei vorgenannten Facetten ist ein höchstmöglicher Grad der Automatisierung essentiell für Big-Data-Analysemethoden. Unter anderem zählen hierzu Verfahren der Statistik, Prognosemodelle, Optimierungsalgorithmen, Data Mining, Data Warehousing, Semantik- und Bildanalysen.

Neben dem sich ergebenden großen Potenzial für neue Geschäftsmodelle im Bereich **Big Data** sind auch Risiken mit der Ansammlung, Auswertung und weiteren Nutzung solch großer Datenmengen zu berücksichtigen. Hier lassen sich grob die drei Bereiche der Data Compliance (rechtliche und soziale Aspekte), der datensatzbasierten Risiken (sicherheits- und Qualitätsaspekte) sowie Definitions- und Aussagerisiken (modell- und interpretationsbezogene Aspekte) nennen (*BITKOM* 2014). Ein bekanntes Erfolgsbeispiel für den Einsatz von Big Data stellt *Microsofts* Vorhersage der Fußball-Weltmeisterschaft im Jahr 2014 dar. Durch die Analyse enormer Datenmengen war es dem *Microsoft*-Team gelungen, sowohl alle Teilnehmer der K.o.-Runde als auch die jeweiligen Gewinner aller 16 K.o.-Rundenspiele korrekt zu prognostizieren.

Wenn über elektronische Datennetze nun aber immer mehr Daten und damit Informationen zur Verfügung stehen, dann stellt sich die Frage nach deren Funktion im wirtschaftlichen Wettbewerb. Ein zentrales Charakteristikum der postindustriellen Computer-Gesellschaft ist vor diesem Hintergrund die systematische Nutzung, Aneignung und Anwendung von Informationen, was die Arbeit und das Kapital als ausschließliche Wert-, Produktions- und Profitquelle komplementiert. Informationen bzw. die damit zusammenhängende „informationsverarbeitende" Industrie werden zum eigenständigen **Wirtschaftssektor**. Die Computertechnik hat dazu geführt, dass Informationen als Produktionsfaktor auf einer breiten Basis und auf wirtschaftliche Weise genutzt werden können. Arbeit wird mehr und mehr von programmierten Maschinen geleistet. Dabei fließt das Kapital dorthin, wo gute Ideen generiert werden. „Die Ausgangsvoraussetzung für Erfolg im Informationszeitalter", sagt der englische Wirtschaftsphilosoph *Charles Handy*, „ist heute ein großer Kopf: Die richtigen Ideen, die richtigen Informationen, sind in Zukunft ausschlaggebend. Der Rest ist kein Problem mehr." Der massive Einsatz von Informations- und Kommunikationstechniken in der gesamten Wirtschaft führt somit nicht nur zu Produktivitäts- und Effizienzsteigerungen.

Ein anderer Punkt ist genauso, wenn nicht sogar noch bedeutsamer: Auch neue Märkte, **neue Geschäftsprozesse und -modelle**, neue Geschäftsfelder und -branchen sowie **neue Unternehmen** entstehen im Rahmen eines **E-Entrepreneurships** oder **E-Intrapreneurships** (*Kollmann* 2019a; *Kollmann* 2019b). Deswegen stehen neben den „Knöpfen" in technischen Systemen eben auch die „Köpfe" als Know-how-Träger und damit auch insbesondere die Digital Leader weiterhin im Mittelpunkt der Digitalisierung (*Kollmann* 2019a; *Kollmann* 2019d).

Der Informationsaustausch mit Hilfe von Datennetzen beinhaltet nicht nur eine dezidierte Zweierbeziehung zwischen einem Anbieter und einem Nachfrager, sondern schafft die Voraussetzung zu weltweiten Verbindungen zwischen allen Anbietern (Angebot) und Nachfragern (Nachfrage) unabhängig von ihrer geografischen Lage. Durch die Zunahme an vernetzten Kommunikationswegen (Computer- bzw. Telekommunikationsnetze) wird es immer einfacher, zweckgerichtete Informationen an bestimmten Punkten in den Netzen zu platzieren, abzurufen, anzubieten, auszutauschen usw. Während Informationen bisher lediglich eine unterstützende Funktion für physische Produktionsprozesse übernahmen, werden sie in Zukunft zu einem eigenständigen **Wettbewerbsfaktor** (s. Kapitel 1.1.4). Dieser Wettbewerbsfaktor begründet sich darin, dass durch die **Gewinnung, Verarbeitung und Übertragung von Informationen** sowohl die Effizienz von wirtschaftlichen Leistungssystemen als auch die Effektivität wirtschaftlicher Aktivitäten im Hinblick auf die Erstellung erfolgreicher Marktleistungen signifikant erhöht werden (*Day/Wensley* 1988, S. 2 ff.; *Bohr* 1993, S. 859 ff.; *Weiber/Jacob* 2000, S. 526 f.).

Damit können Informationen generell als „zentraler Wettbewerbsfaktor" in weltweiten Datennetzen interpretiert werden (*Kollmann* 1998a, S. 44 ff.). Die Verarbeitung der produzierten und übertragenen **Informationsmenge** scheint das schwache Glied zu sein. Diese Engpässe sind sowohl menschlicher als auch organisatorischer Natur, repräsentiert durch die begrenzte Fähigkeit von Individuen und Individuengruppen, Informationen mental zu speichern, zu verarbeiten und zu benutzen (*Noam* 1997, S. 36). Die wirkliche Aufgabe des zukünftigen elektronischen Handels scheint deshalb nicht in der Informationsproduktion und sicherlich nicht in der Informationsübermittlung zu liegen, sondern eher in der **Informationsverarbeitung und -darstellung** mit Hilfe verschiedener Informationstechnologien. Diese Informationstechnologien stellen vor diesem Hintergrund quasi das Zugriffsmedium auf die zwischen vernetzten Rechnern transferierten digitalen Datenmengen dar (*Kollmann* 2019a; *Kollmann* 2019d).

! **Die Datenmenge und -vielfalt sowie deren schnelle Auswertung mit Hilfe von datenbezogenen Analysemethoden im Rahmen eines Big-Data-Ansatzes sind die Quellen für Wettbewerbsvorteile im E-Business.**

3.1.4 Die Notwendigkeit der Interaktivität

Der zunehmende Datentransfer zwischen vernetzten Marktteilnehmern führt zu einer Veränderung in der Art und Weise, wie sich der **Informationsaustausch** und damit die Kommunikation zwischen diesen Individuen in digitalen Datennetzen gestaltet. Damit zusammenhängend ist ein gesellschaftlicher Strukturwandel zu erkennen: Die Allgemeinheit kommuniziert zunehmend unter den virtuellen Rahmenbedingungen des Informationszeitalters, arbeitet verstärkt in der Informationswirtschaft und wird durch das enorme Leistungspotenzial der Informationstechnologie umgeben (*Noam* 1997, S. 35 f.). Der Wandel zur Informationsgesellschaft ist allgegenwärtig. Die besonderen Bedingungen für den Datenaustausch und damit die Kommunikation in dieser Informationsgesellschaft können auf einige wenige, aber dafür sehr gravierende Eigenschaften reduziert werden: Dazu gehört die **Virtualität**, die es erlaubt, dass Kommunikationspartner (Sender und Empfänger) sich nicht mehr real gegenüberstehen müssen, sondern dass sie das Internet als Medium zum Senden und Empfangen von Informationen benutzen und so die reale Präsenz überflüssig wird. **Multimedialität** erlaubt den Einsatz und die Einbindung verschiedenster Medien bzw. Kommunikationsmittel und eröffnet damit ganz neue Möglichkeiten der Informationsübermittlung. Das Internet als Medium zur **Interaktivität** ermöglicht den Kommunikationsprozess in beide Richtungen (zwischen Sender und Empfänger) und kann damit den Dialog zwischen einzelnen Handelspartnern fördern. Dies ist ganz besonders hinsichtlich der Reaktionszeiten eine grundlegende Veränderung im Vergleich zum realen Handel, da auf diese Weise die Kommunikation wesentlich effektiver gestaltet werden kann. Auch der **Individualität** kommt eine große Rolle zu, da das Internet aufgrund seines interaktiven Charakters und der Möglichkeit der Datenspeicherung und Auswertung zum Zwecke der Personalisierung, Bedürfnisse individuell befriedigen kann. Zuletzt ist noch die **Mobilität** zu nennen, die es ermöglicht, jederzeit und überall zu kommunizieren.

Abb. 21 zeigt vor diesem Hintergrund den aufgrund der veränderten Rahmenbedingungen angepassten **digitalen Kommunikationsprozess**, der zwar prinzipiell auf das ursprüngliche Sender-Empfänger-Schema der traditionellen Kommunikation zurückzuführen ist, diesen Prozess allerdings durch die Möglichkeiten des Internets auf eine globale Ebene hebt (*Faulstich* 2000). Kommunikation besteht immer aus einem Kommunikator (Sender), einem Empfänger, einem Medium, einer Botschaft (*Schramm* 1955), die je nach Einsatz von technischen Mitteln kodiert und dekodiert werden muss, und einer Reaktion des Empfängers (Feedback). Das Internet bietet nun jedoch die Möglichkeit, dass der Empfänger einer Botschaft auch (unmittelbar) zum Sender einer Botschaft wird und so die ursprünglichen Rollen der Kommunikationspartner somit z. T. aufgehoben bzw. vermischt werden. Die Gleichzeitigkeit der Sender-/Empfänger-Rolle wird durch die besonderen Eigenschaften des Mediums Internet ermöglicht (Virtualität, Multimedialität, Interaktivität und Individualität). Sie bietet einerseits gerade im Digital Marketing (*Kollmann* 2019c) enorm viele Potenziale, da der **reziproke Dialog** weitaus einfacher wird und die Partner ein direktes Feedback auf ihre Botschaft erhalten können.

Allerdings bergen die neuen Bedingungen auch Herausforderungen, da z.B. auch Kunden untereinander kommunizieren können. Die globale Ebene bedeutet in diesem Zusammen-

hang, dass der Kommunikationsprozess nicht mehr unbedingt zwischen einzelnen Partnern bzw. zwei Individuen stattfinden muss, sondern dass sich (sofern technisch ermöglicht) jeder in den Kommunikationsprozess einklinken kann. Prinzipiell kann also jeder
mit jedem kommunizieren und einmal im Internet veröffentlichte Inhalte können von beliebig vielen Usern **eingesehen**, **manipuliert**, **kopiert** oder **kommentiert** werden. Weiterhin muss der Teilnehmer nicht mehr auf das passive Empfangen einer gewünschten
Nachricht warten, er kann sich aktiv Informationen „holen" und dadurch selektiv das Informationsangebot auf seine Bedürfnisse zurechtschneiden.

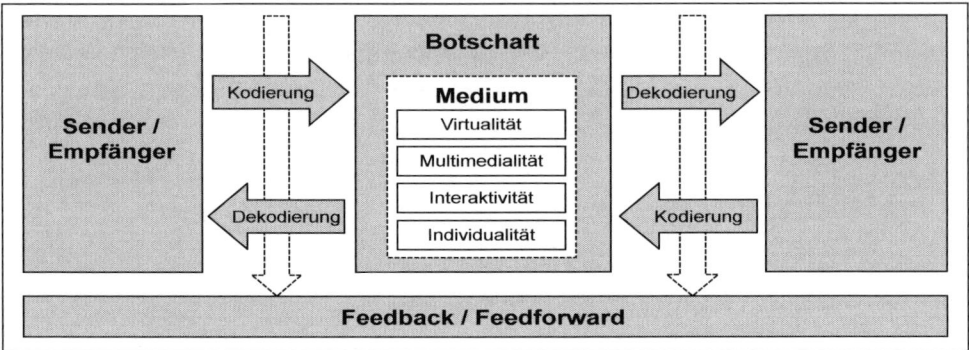

Abb. 21:   Der Online-Kommunikationsprozess über das Internet
Quelle: *Kollmann* 2019a, S. 40.

Unter den Rahmenbedingungen des virtuellen Kontaktes und der individuellen Einwahl ins
digitale Datennetz (z. B. IP-Adresse), wird jeder Teilnehmer zu einer aktiven Komponente
für den Kommunikationsaustausch. Da Informationen nicht nur abgerufen, sondern auch
von jedem eingestellt werden können, kommt es zu einem Wechsel von einer passiven zu
einer aktiven Kommunikation zwischen den Marktindividuen, da jede Einheit durch die
digitale Verarbeitung von Informationen im Netz zum Sender und Empfänger wird. Der
Begriff der **Interaktivität** bezeichnet dieses „miteinander in Verbindung treten", dass „ko-
operative Agieren" sowie die „wechselseitige Kommunikation zwischen Sender und Empfänger". Interaktivität zeichnet sich vor diesem Hintergrund insbesondere durch die Möglichkeit zu individuellen Aktionen und Reaktionen der Kommunikationspartner aus, welche unabhängig von vorgegebenen Ablaufmustern sind. Die Interaktivität ermöglicht es
dem Empfänger zum Sender zu werden und vice versa. Der **Grad der Interaktivität** ist
jedoch immer abhängig von den durch die Software determinierten, zugelassenen Inter-
aktionsmöglichkeiten.

Ein weiterer Parameter der Interaktivität wird durch die Differenzierung nach Online- und
Offline-Technologien bestimmt. Hierbei wird „echte Interaktivität" ausschließlich mit dem
Online-Bereich verbunden, da nur hier eine ständige Verbindung und damit eine perma-
nente Wechselbeziehung zwischen Sender (Mensch/Maschine) und Empfänger (Mensch/
Maschine) besteht. Ein Kernelement der elektronischen Handelsebene ist vor diesem Hin-

tergrund die multimediale Kommunikation mit digitalisierten Informationen, die einen interaktiven medienübergreifenden und damit höchst effektiven Datenaustausch ermöglicht. Insbesondere die Veränderungen hin zu einer **interaktiven Kommunikation** beinhalten ein enormes Potenzial für wirtschaftliche Aktivitäten. Die digitalen Informationsnetze und die Möglichkeiten der Interaktivität bewirken, dass es zu einem Wechsel von der passiven Massen- zu der aktiven Einzeltransaktion kommt. Jeder Marktteilnehmer wird zu einer eigenständigen Informationsadresse, d. h. jeder wird einzeln selektierbar und ansteuerbar. Die Marktkommunikation braucht daher nicht mehr nur auf die anonyme Massenansprache über einzelne Medien zurückgreifen, sondern kann multimedial auf jeden einzelnen Marktteilnehmer gezielt zugeschnitten werden (Individualisierung). Auch hierdurch wird die Kommunikationswirkung vor diesem Hintergrund entscheidend verbessert (s. Abb. 22).

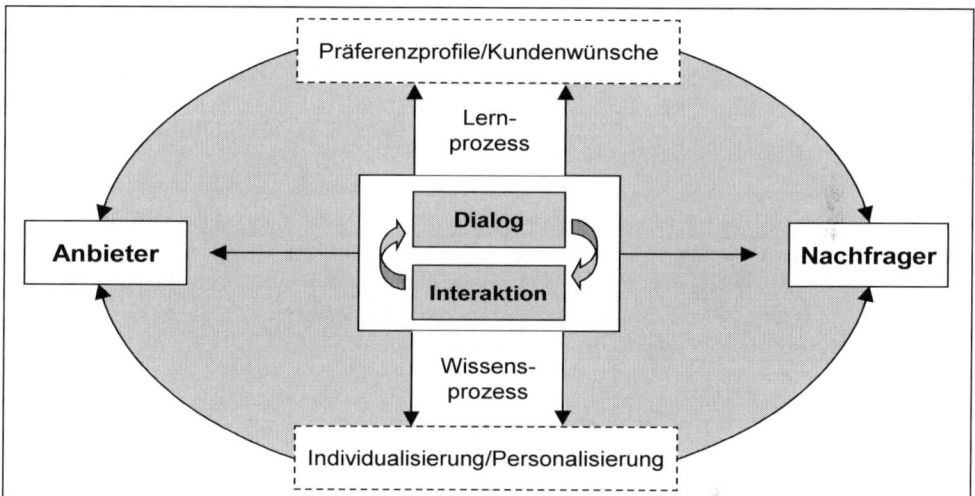

Abb. 22:   Der individuelle Informationsaustausch als Basis des Wissensaufbaus
Quelle: *Kollmann* 2019a, S. 47.

Durch die zweiseitige Kommunikationsbedingung der Interaktivität (Sender/Empfänger) werden in Zukunft nicht nur Informationen („one-way") von einem zum anderen Marktteilnehmer verteilt, sondern die Teilnehmer können sich die gewünschten Informationen selbst beschaffen („two-way"). Die Akteure der elektronischen Handelsebene können/ müssen durch den Interaktionskanal „Datennetz" die Kommunikation gleichberechtigt beeinflussen und zugleich die Rolle von Informationsbereitstellern und Informationsanbietern ausfüllen. Durch diese duale Rolle jedes einzelnen Akteurs drückt sich auch ein Wechsel von einer reinen Push- zu einer Push/Pull-Kommunikation aus, d. h. Informationen werden nicht nur über Massenmedien an möglichst viele Empfänger „gedrückt", sondern die Empfänger „ziehen" sich aus Informationsnetzen auch selbst die jeweilig gewünschten Informationen heraus. Diese **duale Rolle** ist aber in Abhängigkeit einer **wechselseitigen Akzeptanz** der beteiligten Akteure zu sehen, die nur dann gegeben ist, wenn neben einer Einstellungs- (innere Haltung gegenüber digitaler Interaktion) und Handlungsakzeptanz (erstmalige digitale Interaktion) auch eine **Nutzungsakzeptanz** (wiederkehrende digitale Interaktion) gegeben ist. Erst die **Nutzungshäufigkeit und die -intensität** determinieren den Erfolg einer digitalen Interaktion (*Kollmann* 2019a).

Interaktive Kommunikation im Internet wird nicht nur ermöglicht, sondern insbesondere auch zur Individualisierung und Personalisierung der Aktivitäten genutzt. Vorteile im Vergleich zu Offline-Kanälen entstehen hier aufgrund der Tatsache, dass sämtliche Bewegungen, Transaktionen und Informationen der Nutzer in Form von digitalen Daten gespeichert werden können. Auf diese Weise kann der Anbieter unmittelbar nachdem ein potenzieller Kunde seine Seite öffnet und in bestimmter Form agiert, auf dieses Verhalten reagieren und je nachdem, wie dieser sich auf der Seite bewegt, spezielle und auf seine Interessen zugeschnittene Informationsangebote bereitstellen. Je mehr beide Partner miteinander kommunizieren und interagieren, desto mehr Daten fallen an, die der Anbieter analysieren und zur Personalisierung aufbereiten kann. Interaktivität ist daher nicht nur die Basis guter Kommunikation (**Dialog**), sondern auch Voraussetzung für die Ausschöpfung des Individualisierungs- und Personalisierungspotenzials. Und dieses führt am Ende zu einer höheren Erfolgswahrscheinlichkeit für eine tatsächliche Transaktion und damit zum ökonomischen Ziel im E-Business.

  Je interaktiver die digitale Kommunikation gestaltet und die ausgetauschten Daten ausgewertet werden, desto schneller können individuelle Präferenzen erkannt, die Informationen daraufhin angepasst sowie in personalisierte Angebote für eine Transaktion überführt werden.

3.1.5   Übung: Digital Hackathon Challenge

*Die Übung „**Digital Hackathon Challenge (DHC)**" soll den Auf- bzw. Ausbau einer digitalen Infrastruktur mit einem zugehörigen Datenpool ermöglichen, der dann mit Hilfe eines internen oder externen Hackathon einer ersten Auswertung bzw. Nutzung für den Digital Leader unterzogen wird.*

Ausgangslage

Ein Hackathon (Wortschöpfung aus „Hack" und „Marathon") ist eine kollaborative Soft- und Hardwareentwicklungsveranstaltung. Alternative Bezeichnungen sind „Hack Day", „Hackfest" und „codefest". Ziel eines Hackathons ist es, innerhalb der Dauer dieser Veranstaltung gemeinsam nützliche, kreative oder unterhaltsame Softwareprodukte herzustellen oder, allgemeiner, Lösungen für gegebene Probleme zu finden. Die Teilnehmer kommen bei Software-Hackathons üblicherweise aus verschiedenen Gebieten der Software- oder Hardwareindustrie und bearbeiten ihre Projekte häufig in funktionsübergreifenden Teams. Hackathons haben immer ein spezifisches Thema oder sind technologiebezogen.

Ab Mitte der 2000er Jahre wurden Hackathons von der Softwareindustrie und privaten Kapitalgebern in den USA als Methode erkannt, um schnell neue Ideen in Software umzusetzen oder noch unklare Produktideen durch die entstehenden Prototypen zu verfeinern.

Aufgabenstellung

Bauen Sie einen möglichst umfangreichen Datenpool (z. B. Produkt-/Produktions-/Kundendaten) zu einem spezifischen Thema auf (z. B. Industrie 4.0/Logistik/Industrieprodukt) für das Ihr Unternehmen steht. Laden Sie für die externe DHC-Variante Programmierer, Startups und weitere IT-Interessierte zu einem diesbezüglich spannenden Thema ein (z. B. Der Gabelstapler 2.0) und geben Sie eine Aufgabe vor (z. B. Entwicklung von digitalen Serviceleistungen rund um einen Industrie-Gabelstapler) und loben Sie eventuelle Preise aus. Organisieren Sie das Hackathon-Event (Ort, Ablauf usw.) und starten Sie dieses mit einem oder mehreren Vorträgen zum Thema (ggf. mit Vorführung oder Rundgang). Lassen Sie anschließend von den Teilnehmern zugehörige Themenvorschläge und Ideen für Projekte sammeln und bilden Sie auf dieser Basis einzelne Teams (wenn diese nicht schon geschlossen antreten) nach Interesse und Fähigkeiten und idealerweise funktionsübergreifend, d. h. Personen mit unterschiedlichen Fähigkeiten arbeiten zusammen. Nachdem sich die Teams gebildet haben, findet die eigentliche Arbeitsphase statt. Diese kann von einigen Stunden bis mehrere Tage lang dauern. Bei mehrtägigen Veranstaltungen ist es nicht ungewöhnlich, dass die Teilnehmer am Veranstaltungsort schlafen und essen. Am Ende der Veranstaltung stellen die Teams ihre Ergebnisse vor (z. B. Programm für Lokalisation und Bewegung des Gabelstaplers für eine digital protokollierte Optimierung dessen Auslastung oder die digitale Fernwartung mit entsprechender Software).

Führungsanspruch

Ein Hackathon hat immer zwei Seiten: Ein möglichst effektives Event und einen möglichst hohen Effekt aus dem Event. Stellen Sie sicher, dass Sie nicht nur der Organisator und eventuell der Moderator des Events sind, sondern auch der Kommunikator für die Themen und Ergebnisse in Ihr Unternehmen hinein. Binden Sie dafür schon im Vorfeld die Mitarbeiter und Entscheidungsträger ein, die von dem Effekt aus dem Event betroffen sind. Diese Einbindung kann auch als Mentoren oder Experten für die einzelnen Hackathon-Teams erfolgen. Geben Sie sich Zeit für die Planung und die Auswahl des Themas und sorgen Sie für eine passende Location und eine dortige gute technische Ausstattung. Kooperieren Sie mit Partnern aus der Startup- und/oder Coder-Szene, um potentielle Teilnehmer für den Hackathon zu finden. Positionieren Sie den Hackathon nicht als „Ihr Event", sondern als „Firmenevent" und setzen Sie die vielversprechenden Ergebnisse gemeinsam mit den zugehörigen Hackathon-Teams und internen Mitarbeitern in Form von konkreten Anschlussprojekten als unternehmensübergreifendes Projekt auf.

3.2   Das Spezialwissen für das Digital Leadership

Nach dem Basiswissen rund um die Digitalisierung und der zugehörigen Daten mit dem zugehörigen Umgang, steht nun das **Spezialwissen** im Mittelpunkt, welches sich mit der Wertschöpfung aus diesen Daten befasst. Digitale Technologien mit dem zugehörigen Austausch von Daten realisieren die neue Formen der Wertschöpfung für ein Unternehmen. Dabei ist es jedoch wichtig, dass hierbei zunächst die vier **wertschöpfenden Schlüsselfunktionen** adressiert werden (*Lumpkin/Dess* 2004). Dazu zählt zunächst eine einfache und kostengünstige **Suche** nach und damit zusammenhängend das einfache Auffinden von geeigneten Produkten oder Dienstleistungen im großen Online-Angebot. Bezogen auf das Angebot selbst rücken sodann vermehrt bessere Vergleichsmöglichkeiten und der damit verbundene Abbau von Informationsasymmetrien zugunsten des Nachfragers in den Mittelpunkt (**Evaluation**). Unternehmen haben demgegenüber die Möglichkeit ihr Angebot auf den einzelnen Nutzer/Kunden anzupassen und individualisierte Lösungen zu unterbreiten (**Problemlösung**).

Im Ergebnis stehen für beide Seiten aufgrund des schnellen und günstigen Transfers von digitalen Informationen über digitale Technologien im Hinblick auf die **Transaktion** eine Senkung der zugehörigen Kosten und eine Beschleunigung des Prozesses. Ein Beispiel für diese Schlüsselfaktoren bietet die Reise-Webseite von *expedia.de*: Hier findet sich eine Suchmaschine mit Vergleichsmöglichkeiten und Zusatzinformationen für die verschiedenen Flugangebote bzw. Reiseziele, eine Möglichkeit zur Personalisierung (meinExpedia) und die Möglichkeit, den gesamten Transaktionsprozess (Suche, Auswahl, Buchung und Bezahlung) über das Internet abzuwickeln. Neben diesen übergeordneten Schlüsselfunktionen stellt sich aber die Frage, welche konkreten Mehrwerte unterhalb dieser Funktionen aufgebaut werden müssen, damit digitale Geschäftsmodelle und -prozesse erfolgreich sind. Vor diesem Hintergrund ist es für das **Digital Leadership** unumgänglich sich intensiv folgenden ökonomischen Fragestellungen zu widmen und entsprechende Kenntnisse aufzubauen. Die in diesem Zusammenhang zentralen **Fragen und Lernziele** sind:

▦   **Elektronische Wertschöpfung**: Welche elektronischen Mehrwerte können für einen Nachfrager überhaupt geschöpft werden, damit er sich für ein Angebot im oder über das Netz entscheidet?

▦   **Elektronische Wertschöpfungskette**: Auf welcher Basis müssen die elektronischen Mehrwerte durch einen Anbieter gegenüber dem Nachfrager aufgebaut werden?

▦   **Elektronischer Wertschöpfungsprozess**: Wie werden diese elektronischen Mehrwerte durch einen Anbieter gegenüber dem Nachfrager aufgrund von elektronischen Informationsprozessen erzeugt?

▶   *Lernhinweis: Online-Kurs für E-Business-Grundlagen*
    www.e-business-seminar.de (anmeldung.e-business-seminar.de)

3.2.1 Die elektronische Wertschöpfung

Ausgehend von der Möglichkeit, Informationen über die drei zentralen Informationstechnologien Internet, Mobilfunk und interaktives Fernsehen virtuell, multimedial, interaktiv und individuell zwischen Transaktionspartnern auszutauschen, muss nun geklärt werden, was für ein elektronischer Wert durch diesen innovativen Informationstransfer für den Kunden „geschöpft" werden kann, wodurch ein Online-Angebot überhaupt erst attraktiv wird. Für eine elektronische Wertschöpfung können dies z. B. folgende **Aspekte** sein (*Kollmann* 2019a):

- **Überblick**: In diesem Fall schafft ein Online-Angebot einen Überblick über eine Vielzahl von Informationen, die sonst nur sehr mühselig zu beschaffen wären. Damit wird ein Strukturierungswert geschöpft.

- **Auswahl**: In diesem Fall schafft ein Online-Angebot die Möglichkeit, über Datenbank-Abfragen für die Nachfrager die gewünschten Informationen, Produkte oder Dienstleistungen gezielter und damit effizienter zu identifizieren. Damit wird ein Selektionswert geschöpft.

- **Vermittlung**: In diesem Fall schafft ein Online-Angebot die Möglichkeit, Anfragen von Anbietern und Nachfragern effizienter und effektiver zusammenzuführen. Damit wird ein Matchingwert geschöpft.

- **Abwicklung**: In diesem Fall schafft ein Online-Angebot die Möglichkeit, ein Geschäft effizienter und effektiver zu gestalten (z. B. Kostenaspekt oder Bezahlmöglichkeit). Damit wird ein Transaktionswert geschöpft.

- **Kooperation**: In diesem Fall schafft ein Online-Angebot die Möglichkeit, dass verschiedene Anbieter ihr Leistungsangebot effizienter und effektiver miteinander verzahnen können. Damit wird ein Abstimmungswert geschöpft.

- **Austausch**: In diesem Fall schafft ein Online-Angebot die Möglichkeit, dass verschiedene Nachfrager effizienter und effektiver miteinander kommunizieren können. Damit wird ein Kommunikationswert geschöpft.

Dabei ist es durchaus möglich, dass auch eine **multiple Wertschöpfung** stattfindet und durch ein Online-Angebot sowohl ein Strukturierungswert als auch ein Auswahl- und Vermittlungswert erzeugt wird. So bietet *amazon.de* einen Überblicks- (Bücherangebot), Auswahl- (Bücherselektion) und Abwicklungsmehrwert (Bücherkauf). Der eigentliche Wert der Informationsverarbeitung ist als Ergebnis jedoch auch abhängig von der zeitlichen, inhaltlichen und äußeren **Form der Vermittlung** (s. Abb. 23). So können noch so gut aufbereitete Informationen zu Börsenkursen keinen Wert erzeugen, wenn sie nicht schnell, im besten Fall „real-time" übertragen bzw. bereitgestellt werden. Dagegen nutzt einem Segelflieger die schnelle Information über das Wetter nur wenig. Er ist vielmehr an der Genauigkeit und Differenziertheit, z. B. an Aussagen über Luftveränderungen, interessiert. Nach der Identifikation der elektronischen Wertschöpfung wechselt die Perspektive und es stellt sich sodann die Frage: Wie wird der Wert erzeugt? Hierzu kann die elektronische Wertschöpfungskette angeführt werden.

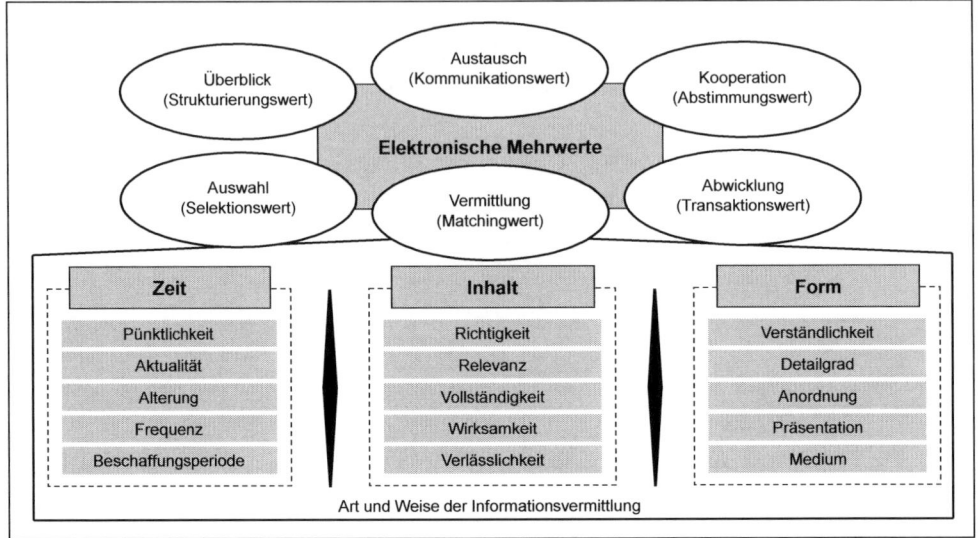

Abb. 23:   Die elektronische Wertschöpfung in der Digitalen Wirtschaft
Quelle: *Kollmann* 2019a, S. 59.

! **Strukturierungs-, Selektions-, Matching-, Transaktions-, Abstimmungs- und Kommunikationswert sind die sechs zentralen elektronischen Mehrwerte, mit denen ein Anbieter einzeln oder in Kombination den Nachfrager im Netz von seinem Angebot bzw. Geschäftsmodell überzeugen kann.**

3.2.2   Die elektronische Wertschöpfungskette

Die **elektronische Wertschöpfungskette** basiert auf dem Ansatz von *Weiber/Kollmann* (1997, 1998): Durch die neue Dimension von Informationen als eigenständige Quelle von Wettbewerbsvorteilen können auch unabhängig von einer physischen Wertschöpfungskette elektronische Wertschöpfungsaktivitäten in digitalen Datennetzen entstehen. Diese elektronischen Wertschöpfungsaktivitäten sind jedoch nicht mit den von *Porter* herausgestellten physischen Wertaktivitäten vergleichbar, sondern liegen in dem besonderen Umgang mit Informationen innerhalb von **informationsverarbeitenden Prozessen**. Die entsprechenden Wertaktivitäten können bspw. in der Sammlung, Systematisierung, Auswahl, Zusammenfügung und Verteilung von Informationen liegen (s. Abb. 24). Durch diese spezifischen Wertschöpfungsaktivitäten innerhalb von digitalen Datennetzen manifestiert sich eine „elektronische" Wertschöpfungskette, deren Ursprung und Auswirkung allein auf der elektronischen Handelsebene zu finden ist (*Kollmann* 2019a).

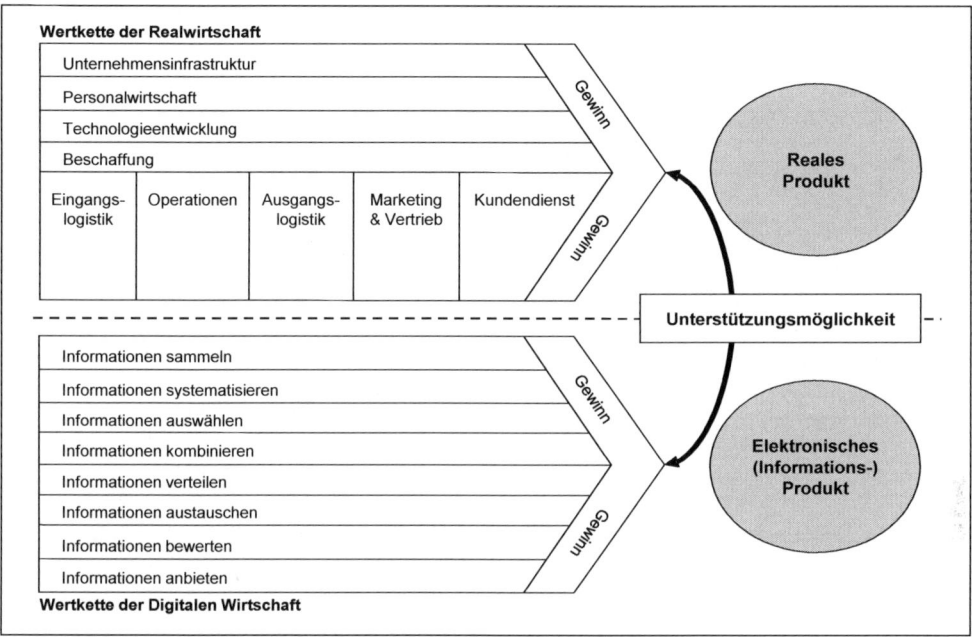

Abb. 24:   Die elektronische Wertschöpfungskette in der Digitalen Wirtschaft
Quelle: in Anlehnung an *Kollmann* 2019a, S. 60.

Im Resultat ergibt sich auf Basis dieser neuen Wertschöpfungsebene ein **elektronisches Informationsprodukt**, für dessen elektronische Wertschöpfung der Kunde (hoffentlich) zu zahlen bereit ist. Dieses Produkt könnte dann entsprechend auch die Basis einer Unternehmensgründung in der Digitalen Wirtschaft sein (*Kollmann* 2006; *Kollmann* 2019b). Als Beispiel für die elektronische Wertschöpfungskette kann erneut *AutoScout24* angeführt werden. Der Wert für den Nutzer wird dabei nicht über den realen Gebrauchtwagen als solches geschaffen, sondern liegt vielmehr in der Überblicks-, Auswahl- und Vermittlungsfunktion der diesbezüglich notwendigen Informationen und deren Verfügbarkeit, unabhängig von zeitlichen und räumlichen Restriktionen. Dieses „elektronische Informationsprodukt" wird nur über die zugrundeliegende Informationstechnologie und die informationsverarbeitenden Prozesse ermöglicht. *autoscout24.de* ist somit ein Unternehmen mit einer elektronischen Wertschöpfungskette, da die innovative Wertschöpfung für den Kunden auf der elektronischen Ebene erfolgt. Das bedeutet nicht, dass keine realen Ressourcen (Personal, Logistik usw.) benötigt werden. Eine reale Wertschöpfungskette ist existent, hat jedoch nur einen Unterstützungscharakter, um die elektronische Wertschöpfung anbieten zu können. Diese Zusammenhänge gelten nicht für ein Angebot wie z. B. *seat.com*. Hier wird der Wert für den Kunden über das reale Produkt „Auto" geschaffen und der Shop im Internet ist „nur" ein weiterer Distributionskanal. Dieser vereinfacht zwar das Bestellverfahren, jedoch wird hierdurch kein eigenständiger Wert geschaffen, für den der Kunde bereit wäre, gesondert zu bezahlen.

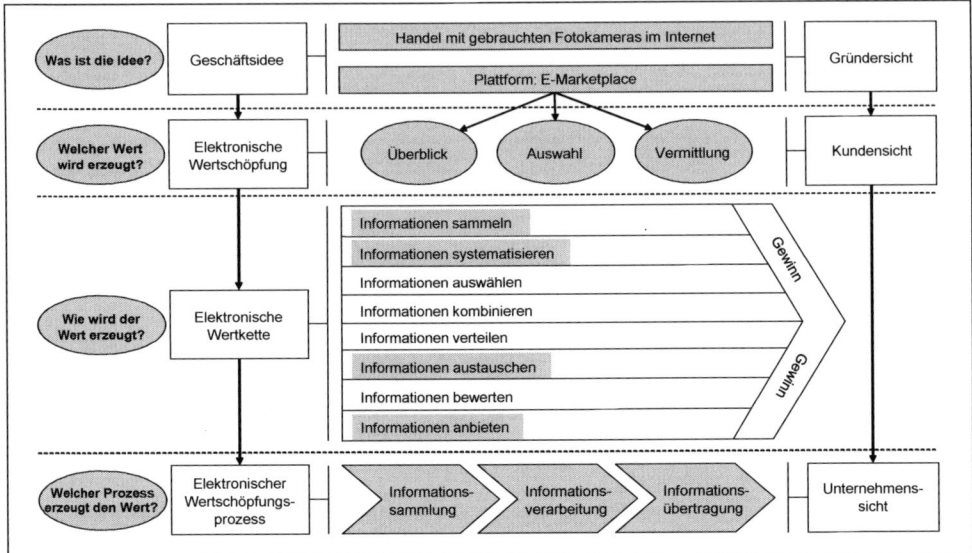

Abb. 25:   Beispiel für eine elektronische Wertschöpfung in der Digitalen Wirtschaft
Quelle: *Kollmann* 2019a, S. 61.

Die elektronische Wertschöpfungskette gliedert eine Unternehmung in der Digitalen Wirtschaft also ebenso in strategisch relevante Tätigkeiten wie die reale Wertschöpfungskette, um dadurch Kostenverhalten sowie vorhandene und potenzielle Differenzierungsquellen zu verstehen (*Kollmann/Krell* 2011, S. 671 ff.). Dabei stellt die elektronische Wertschöpfungskette aber entsprechende spezifische **informationsverarbeitende Prozesse** dar, die in ein „elektronisches Informationsprodukt" münden, welches dann einen elektronischen Wert für den Kunden erzeugt. Die elektronische Wertschöpfungskette zeigt somit den Gesamtwert, der sich aus einzelnen elektronischen Wertaktivitäten und der Gewinnspanne zusammensetzt. Innerhalb der Wertschöpfungskette werden nun insbesondere die Wertaktivitäten identifiziert, die für die Wertschöpfung eine besondere Relevanz aufweisen (*Kollmann* 2019a).

Als Beispiel kann eine Plattform für den Online-Handel mit gebrauchten Fotokameras angeführt werden (*Kollmann* 2019a). Die elektronische Wertschöpfung spiegelt sich unmittelbar in dem resultierenden Mehrwert für den Nutzer wider und bezieht sich in dem angeführten Beispiel im Kern auf die Überblicks-, Auswahl-, und Vermittlungsfunktion. Somit könnte der Anbieter der Fotokameras bereit sein, insbesondere für die Vermittlungsfunktion zu bezahlen, während der Nachfrager eventuell für die Überblicksfunktion eine Gebühr zahlen würde. Um diese Wertschöpfung zu realisieren, werden im Unternehmen mit Hilfe der elektronischen Wertschöpfungskette insbesondere die **Wertaktivitäten** identifiziert, die hinter der angebotenen elektronischen Wertschöpfung stehen (s. Abb. 25). Dabei müssen zunächst die Informationen über das Objekt, den Standort und den Anbieter der Gebrauchtkamera gesammelt werden, um in einem nächsten Schritt in einer Datenbank strukturiert abgelegt zu werden. Über diese Datenbank werden die Informationen den Nachfragern angeboten, die über entsprechende Suchmechanismen eine Anfrage formulieren können. Wird ein passendes Objekt gefunden, so werden die diesbezüglichen Informationen verbunden mit der Vorstellung ausgetauscht, dass es anschließend zu einer Transaktion kommt. Nach der Identifikation der elektronischen Wertschöpfung und der zugehörigen elektronischen Wertschöpfungskette wechselt nun erneut die Perspektive und es stellt sich die Frage: Wie kann das elektronische Informationsprodukt nun konkret erzeugt werden? Hierzu kann aus Unternehmenssicht der zentrale elektronische Wertschöpfungsprozess angeführt werden.

> **!** **Die elektronische Wertschöpfungskette basiert auf informationsverarbeiten-**
> **den Prozessen und damit dem Umgang mit digitalen Daten und ist die Basis**
> **● für die resultierenden elektronischen Mehrwerte als Informationsprodukt.**

3.2.3   Der elektronische Wertschöpfungsprozess

Der **elektronische Wertschöpfungsprozess** beschreibt die Informationsaktivitäten bzw. die Abfolge von Informationstätigkeiten, die zusammengenommen einen Mehrwert für den Kunden schaffen (*Kollmann* 2019a). Dabei gibt es **Kern- und Serviceprozesse.** Die Kernprozesse haben eine echte Wertschöpfungsfunktion, während die Serviceprozesse die Abläufe in der Wertschöpfungskette unterstützen. Der elektronische Wertschöpfungsprozess beginnt in der Regel mit dem **Informationsinput.** Um den avisierten Mehrwert anbieten zu können, müssen zunächst die benötigten Informationen gesammelt werden (z. B. Wer fragt was in welcher Qualität nach bzw. bietet an?). In einem zweiten Schritt werden die Informationen intern so bearbeitet, dass sie in gewünschter Form als **Informationsoutput** wieder an den Kunden mehrwertorientiert übertragen werden können. Dieser Vorgang kann als zentraler elektronischer Wertschöpfungsprozess bezeichnet werden und beschreibt den Kernprozess der meisten Aktivitäten im E-Business. Somit kann meist der folgende idealtypische elektronische Wertschöpfungsprozess, als sog. **Informationsdreisprung** für die Digitale Wirtschaft unterstellt werden (*Kollmann* 1998b):

▫   Im ersten Schritt steht die Informationsgewinnung, bei der es darum geht, relevante Daten als Informationsinput für die weitere Wertschöpfung zu sammeln. Im Ergebnis steht der Aufbau eines nutzbaren Datenbestandes. Dieser Wertschöpfungsschritt kann auch als **Informationssammlung** bezeichnet werden (s. Abb. 26). Ziel dieser Informationssammlung ist eine Effektivitätssteigerung: Die einfache, schnelle und umfassende Gewinnung von Informationen über die Ansprüche bzw. Vorstellungen der potenziellen Kunden soll die Basis für die Realisierung eines auf die individuellen Wünsche zugeschnittenen Leistungsangebotes sein. Kundeninformationen können aktiv in die Produktgestaltung einfließen.

▓   Im zweiten Schritt steht die Informationsbearbeitung, bei der es um die Umwandlung des Datenbestandes in ein Informationsprodukt für den Kunden geht. Dieser Wertschöpfungsschritt kann dementsprechend auch als **Informationsverarbeitung** bezeichnet werden (s. Abb. 26). Ziel dieser Informationsverarbeitung ist insbesondere eine Effizienzsteigerung: Die einfache, schnelle und umfassende Verarbeitung von Informationen kann unternehmensinterne Prozesse verbessern und kostengünstiger gestalten.

▓   Im dritten Schritt steht der Informationstransfer, bei dem es um die Umsetzung des neu erlangten oder bestätigten Wissens über die gesammelten, gespeicherten, verarbeiteten und ausgewerteten Daten gegenüber dem Kunden geht. Im Resultat steht ein wertschaffender Informationsoutput. Dieser Wertschöpfungsschritt kann auch als **Informationsübertragung** bezeichnet werden (s. Abb. 26). Ziel dieser Informationsüberarbeitung ist insbesondere eine Effektivitätssteigerung: Die einfache, schnelle und umfassende Übertragung von Informationen kann zu einer verbesserten Wahrnehmung der Vorteilhaftigkeit eines Angebotes führen. Die relevanten und individuell benötigten Informationen werden dabei vom Empfänger selektiert und aktiv ausgewertet.

	Informations-sammlung	Informations-verarbeitung	Informations-übertragung	Mehrwert
google.com	Daten zu Webseiten und Suchanfragen (=Input)	Abstimmung von Suchwörtern und Webinhalten	Liste mit passenden Webseiten (=Output)	Überblick, Auswahl
miles-and-more.com	Daten zu Produkten, Kunden und Webangeboten (=Input)	Vergabe von Bonuspunkten für die Nutzung von Webangeboten	Punkteinformationen, Eintauschoptionen, Kundeninformationen (=Output)	Abwicklung, Kooperation
delticom.de	Daten zu Reifen und Kundenanfragen (=Input)	Abstimmung von Anfrage und Angebot	Liste mit passenden Angeboten und deren Online-Bestellmöglichkeit (=Output)	Überblick, Auswahl Abwicklung
guenstiger.de	Daten zu Produktpreisen und Kundenanfragen (=Input)	Strukturierung von Produktpreisen, Abstimmung von Anfrage und Angebot	Produktinformationen, Preisinformationen, Kundeninformationen (=Output)	Überblick, Auswahl, Vermittlung
travelchannel.de	Daten zu Reisezielen, Buchungsmöglichkeiten und Reiseberichten (=Input)	Abstimmung von Anfrage und Angebot, Strukturierung von Reiseangeboten und Reiseberichten	Reiseangebote, Zielortinformationen, Reiseberichte (=Output)	Überblick, Auswahl Abwicklung Austausch

Abb. 26:   Beispiele elektronischer Wertschöpfungsprozesse der Digitalen Wirtschaft
Quelle: *Kollmann* 2019a, S. 63.

Wichtig bei dieser Betrachtung ist die Erkenntnis, dass ein einmaliger Durchlauf durch diesen idealtypischen elektronischen Wertschöpfungsprozess alleine nicht ausreicht, sondern der Durchlauf durch Informationsgewinnung, -verarbeitung und -übertragung vielmehr permanent notwendig ist. Dies gilt umso mehr, als die Daten, aus denen Informationen gewonnen werden, Veränderungen unterliegen. Insofern muss deren Aktualität stetig überprüft werden. Einige Beispiele für den elektronischen Wertschöpfungsprozess in der Digitalen Wirtschaft bietet vor diesem Hintergrund die Abb. 26.

Der Informationsdreisprung beschreibt mit der Informationssammlung, -verarbeitung und -übertragung die drei zentralen Schritte eines elektronischen Wertschöpfungsprozesses, die im Kern bei allen digitalen Angeboten im Netz zu beobachten sind.

3.2.4   Übung: Digital Shadowing Challenge

*Die Übung „**Digital Shadowing Challenge (DSC)**" soll die verschiedenen Herangehensweisen an eine reale und eine digitale Wertschöpfung mit Hilfe einer Zusammenführung von internen Mitarbeiter mit externen digitalen Startups ermöglichen, wobei der Digital Leader als Brückenbauer fungiert.*

Ausgangslage

Der englische Begriff Shadowing bedeutet im allgemeinen Sinne „beschatten". Beim Job Shadowing beobachtet eine Person eine andere bei der Arbeit, um den jeweiligen Beruf kennenzulernen. Das Job Shadowing dauert einen Tag. Im Gegensatz zu einem Praktikum arbeitet der Beobachtende nicht selbst mit, sondern sieht anderen bei ihrer Tätigkeit zu. Dieses Grundprinzip ist auch die Basis für die DSC-Methode, wenn auch leicht abgewandelt. Hier geht es nicht um das Kennenlernen eines Berufes, sondern um das Kennenlernen von jeweiligen realen und digitalen Wertschöpfungen zwischen einem realen und einem digitalen Unternehmen mit den zugehörigen Arbeitsweisen. Fragen sind bei diesem „über die Schulter schauen" ausdrücklich erlaubt.

Aufgabenstellung

Identifizieren Sie ein innovatives Startup, welches mit seinem digitalen Geschäftsmodell bzw. -prozess möglichst nah in Ihrem Themen- bzw. Geschäftsbereich unterwegs ist (z. B. eine Plattform für den Handel mit Ihren Produkten anbietet). Vereinbaren Sie ein gegenseitiges Shadowing in Form eines jeweils 1-tägigen gegenseitigen Besuchs des jeweils anderen Unternehmens. Stellen Sie ein Besucherteam mit zentralen Funktionsträgern aus Ihrem Unternehmen zusammen und zeigen Sie ihnen im Rahmen des Startup-Besuchs zusammen mit den dortigen Gründern die Funktionsweise der Startup-Idee mit der zugehö-

rigen elektronischen Wertschöpfung. Ziel ist es zu verstehen, wie diese auf Basis von Daten entsteht und welche elektronischen Mehrwerte dadurch geschöpft werden. Ermöglichen Sie umgekehrt den Startup-Gründern einen Besuch in Ihrem Unternehmen und zeigen Sie die reale Wertschöpfung aus einer Produktproduktion oder eines Dienstleistungsangebotes, damit diese auch den (digitalen) Handel vielleicht noch besser verstehen. Stellen Sie die reale und die elektronische Wertschöpfung in einem Abschlusstreffen für beide Seiten dar und versuchen Sie ggf. gemeinsame Projekte oder eine Kooperation oder den eigenen digitalen Wandel zu motivieren.

Führungsanspruch

Die elektronische Wertschöpfung ist nicht greifbar und somit für klassische Mitarbeiter kaum nachzuvollziehen. Wer es sprichwörtlich gewohnt ist, am Ende des Tages ein reales Produkt in den Händen zu haben, der kann mit virtuellen Daten kaum etwas anfangen, auch wenn er deren Auswirkungen auf die eigene Arbeit und das eigene Unternehmen spürt. Sehen Sie sich als Partner dieser Mitarbeiter und Funktionsträger und öffnen Sie die Black Box der elektronischen Wertschöpfung in dem Sie immer wieder die Verbindung zwischen der realen Arbeit und der digitalen Geschäftsidee des Startups ziehen und Zusammenhänge bzw. Verknüpfungen herstellen.

3.3 Das Anwendungswissen für das Digital Leadership

Nach dem Basis- und Fachwissen, kommt nun das **Anwendungswissen** zum Tragen. Im Rahmen der Digitalen Wirtschaft und vor dem Hintergrund einer wachsenden Bedeutung der Informationstechnologien hat sich eine neue **wirtschaftliche Dimension** der Informationsnutzung entwickelt. Kapitel 3.2 verdeutlicht hierbei, inwieweit durch die neue Nutzung des Faktors Information ein **Mehrwert** für den Kunden über die elektronische Wertschöpfung entstehen kann. In der Praxis haben sich drei zentrale Plattformen gebildet, die für die Abwicklung elektronischer Geschäftsprozesse herangezogen werden (*Kollmann* 2019a). Hierbei haben sich das **E-Procurement** und demnach der elektronische Einkauf von Produkten bzw. Dienstleistungen, der **E-Shop** und demnach der elektronische Verkauf von Produkten bzw. Dienstleistungen sowie der **E-Marketplace** und demnach der elektronische Handel mit Produkten bzw. Dienstleistungen über digitale Netzwerke etabliert. Jedes Geschäftsmodell weist dabei bestimmte Spezifika auf mit denen sich ein **Digital Leadership** intensiv befassen muss, um entsprechende Fachkompetenzen aufzubauen. Die zugehörigen zentralen **Fragen und Lernziele** dieses Kapitels sind:

- **Der elektronische Einkauf**: Wie ist das Grundprinzip beim E-Procurement aufgebaut und welche Grundmodelle gibt es als Systemlösung für den elektronischen Einkauf?

- **Der elektronische Verkauf**: Wie ist das Grundprinzip beim E-Shop aufgebaut und welche Grundmodelle gibt es als Systemlösung für den elektronischen Verkauf?

- **Der elektronische Handel**: Wie ist das Grundprinzip beim E-Marketplace aufgebaut und welche Grundmodelle gibt es als Systemlösung für den elektronischen Handel?

▶ *Lernhinweis: Zertifikatskurs zum E-Business-Manager*
www.e-business-manager.de

3.3.1   Der elektronische Einkauf (E-Procurement)

Der Begriff **E-Procurement** besteht aus den beiden Wörtern „electronic" und „procurement" und beschreibt den elektronischen Einkauf über digitale Netzwerke (*Kollmann* 2019a, S. 139 ff.). Damit erfolgt eine Integration innovativer Informations- und Kommunikationstechnologien zur Unterstützung bzw. Abwicklung von operativen, taktischen und strategischen Aufgaben im **Beschaffungsbereich**. Das „E-Procurement" stellt dabei im Prinzip einen Sammelbegriff für die elektronisch unterstützte Beschaffung dar, ohne dass jedoch eindeutig definiert werden kann, was alles darunter zu verstehen ist. Einigkeit herrscht in der Literatur allerdings darin, dass der Einsatz von Internettechnologien ein Kernelement von E-Procurement-Konzepten darstellt (*Nekolar* 2003; *Bogaschewsky* 1999). Die Grundidee des elektronischen Einkaufs ist also darin zu sehen, dass die Beziehung und die einkaufsrelevanten Abläufe zwischen einem Unternehmen (Einkäufer) und einem Lieferanten (Verkäufer) über die mit Hilfe des Internets vernetzten Computer und den damit einhergehenden Rahmenbedingungen des elektronischen Informationsaustausches abgewickelt werden (s. Abb. 27).

Obwohl das E-Procurement bereits seit Anfang der 2000er-Jahre Einzug in den Alltag vieler Unternehmen gefunden hat, zeigen Untersuchungen, dass Unternehmen auch weiterhin mit steigenden Bestell- bzw. Beschaffungsvolumina über E-Procurement-Tools planen (*Bogaschewsky* 2015). Hintergrund für die Zunahme des Einsatzes elektronischer Informationstechnologien im Beschaffungsbereich und damit Kerntreiber für das E-Procurement waren zahlreiche Probleme in der **realen Beschaffung**, die mit Hilfe der elektronischen Informationsverarbeitung gelöst werden sollten. Zu diesen **Problemen** gehören insbesondere die folgenden Aspekte (*Dolmetsch* 2000, S. 11 f.):

- **Routinearbeiten**: Die Einkaufsabteilung verwendet sehr viel Zeit für wiederkehrende Aufgaben (*Hartner* 2008, S. 43), so z. B. mit dem Verbuchen von Beschaffungsanträgen, dem Anfordern von Lieferantenkatalogen und der manuellen Suche nach Lieferanten und Produkten. Studien gehen davon aus, dass nahezu 70 % aller Einkaufsvorgänge in diesen Bereich fallen. Für Aufgaben mit höherer Wertschöpfung (wie z. B. der Durchführung von Ausschreibungen und Lieferantenverhandlungen) bleibt dementsprechend wenig Zeit.

▨ **Einkaufsregularien**: Bis zu einem Drittel aller zu beschaffender Güter und Dienstleistungen werden außerhalb der formalen Beschaffung und damit abseits von gültigen
Regularien eingekauft. Trotz verhandelter Rahmenverträge werden von den Mitarbeitern oftmals Produkte von Unternehmen beschafft, mit denen nicht vorab Verein-
barungen getroffen wurden. Teilweise liegen überhaupt keine Regularien für die Beschaffung vor, sodass es immer wieder zu Einzelfallentscheidungen kommt. So führt
eine Vielzahl von Unternehmen in diesem Zusammenhang auch Prozesstransparenz
und Compliance als wichtige Punkte an (*Bogaschewsky* 2015).

▨ **Beschaffungszeit**: Der reale Beschaffungsprozess benötigt enorme Zeitressourcen,
da die einzelnen Ablaufschritte unter der Hinzunahme realer Mitarbeiter erfolgt. Dies
gilt sowohl für die Bedarfsformulierung und die Genehmigungsverfahren, als auch
für die Bestellabwicklung (z. B. Lieferantenauswahl und Eingangskontrolle). Studien
haben ergeben, dass reale Beschaffungsprozesse bis zu neun Tage dauern können.

▨ **Beschaffungskosten**: Der reale Beschaffungsprozess ist relativ kostspielig, was
nicht nur an dem eingesetzten Personal liegt, sondern insbesondere in der Tatsache begründet ist, dass immer noch ein beachtlicher Anteil aller Bestellungen papierbasiert
ist. Studien im internationalen Umfeld haben ergeben, dass die Beschaffungskosten
für einen $ 5-Artikel und einen $ 4.000-Artikel in etwa gleich hoch sind und sich die
Gesamtkosten für einen einzelnen Beschaffungsvorgang bei etwa $ 70 - $ 300 bewegen. Die anfänglich prognostizierten Einsparungspotenziale in Höhe von 50-60 %
durch Einsatz von E-Procurement-Systemen mussten jedoch nach ersten Studien auf
10-20 % korrigiert werden (*Andreßen* 2010, S. 294).

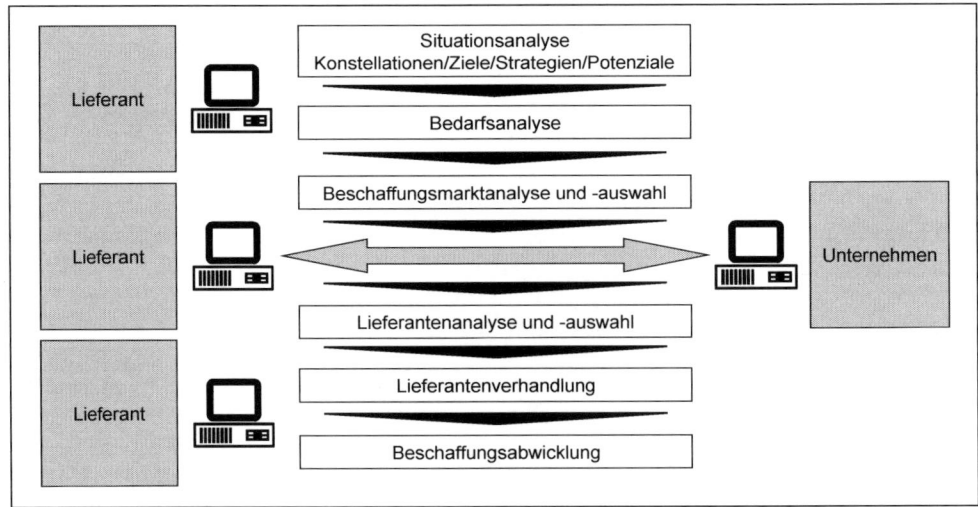

Abb. 27:   Die Grundidee des E-Procurement
Quelle: in Anlehnung an *Koppelmann/Brodersen/Volkmann* 2001, S. 81.

Eine zentrale Anforderung an elektronische Beschaffungssysteme ist insbesondere die Möglichkeit des Datenaustausches mit bereits bestehenden Informationssystemen auf Anbieter- und Nachfragerseite. Somit ist eine Integration von E-Procurement-Systemen in die bestehende Systemlandschaft eines Unternehmens unerlässlich. Von besonderer Relevanz ist dabei der Datenaustausch zwischen Beschaffungssystemen und **Warenwirtschaftssystemen** oder auch sog. **ERP-Systemen** (*Kollmann* 2019a). Der offensichtliche Integrationsbedarf zwischen E-Procurement-Lösungen und der bereits bestehenden Systemlandschaft erfordert standardisierte Schnittstellen, über die die Anwendungen auf Basis einer einheitlichen, auf etablierten Standards basierenden Kommunikationsinfrastruktur Daten austauschen können.

Wichtige Ziele internetbasierter Beschaffungslösungen sind unter anderem, einen dezentralen Einkauf am Arbeitsplatz der Mitarbeiter zu ermöglichen, Kosten zu sparen sowie definierte Rechte an Einkäufer zu vergeben. Ähnlich wie bei den anderen beiden Plattformen des E-Business im engeren Sinn (E-Shop, E-Marketplace), bei denen elektronische Geschäftsprozesse nach ihrem Veranstalter differenziert werden, lassen sich auch die **Systemlösungen** im E-Procurement anhand der Frage differenzieren, wer die resultierenden Geschäftsprozesse durch die Implementierung der Systemlösung ermöglicht. In Abhängigkeit von der Partei, die die Beschaffungslösung in ihrem System hält, kann zwischen drei **Grundmodellen** bzw. Ausprägungen von internetbasierten E-Procurement-Lösungen unterschieden werden. Dies sind das Sell-Side-, Buy-Side- und Marketplace-Modell:

- Bei **Sell-Side-Lösungen** werden sowohl Einkaufssoftware als auch Online-Katalog vom **Lieferanten (Anbieter)** zur Verfügung gestellt (*Nekolar* 2003, S. 8 f.) und verursachen somit aus Sicht des beschaffenden Unternehmens nur geringe Kosten, da das Katalogmanagement vollständig vom Lieferanten übernommen wird. Jedoch sind die Kataloge verschiedener Anbieter weder konsolidiert noch rationalisiert, sodass Sell-Side-Lösungen unfähig sind, den Besteller beim Vergleich der Angebote verschiedener Anbieter zu unterstützen. Im Wesentlichen unterstützen Sell-Side-Lösungen den Beschaffer beim **Sourcing**, nicht jedoch bei unternehmensinternen Verfahren wie z. B. den Genehmigungsprozessen.

- Im Gegensatz zu einer Sell-Side-Lösung werden bei einer **Buy-Side-Lösung** vor diesem Hintergrund die Einkaufssoftware und der überwiegende Teil des Online-Kataloges von dem einkaufenden **Unternehmen (Nachfrager)** betrieben (*Nekolar* 2003, S. 8 f.). Somit lassen sich Buy-Side-Lösungen optimal in die bestehende Systemlandschaft des Unternehmens integrieren. Der zugehörige Multilieferantenkatalog ermöglicht die lieferantenübergreifende Auswahl der gewünschten Produkte. Des Weiteren ermöglicht eine Buy-Side-Lösung die einmalige und lieferantenunabhängige Abbildung von Regeln für den Beschaffungsprozess und sorgt so für die Einhaltung von Rahmenvereinbarungen, Kompetenzen und Genehmigungsabläufen. Buy-Side-Lösungen werden in diesem Zusammenhang oft auch als **Desktop-Purchasing-Systeme** (DPS) bezeichnet, da sie es jedem Mitarbeiter ermöglichen, von dem eigenen Schreibtisch aus über eine einheitliche Benutzeroberfläche Bestellungen zu generieren.

▓ Bei einer **E-Marketplace-Lösung** werden die für die Bestellabwicklung erforderlichen Funktionen sowie Online-Kataloge in der Regel durch einen **Marktplatzbetreiber (Intermediär)** betrieben, dessen MSPC-basierte Internet-Plattform von mehreren einkaufenden und verkaufenden Unternehmen genutzt wird (*Nekolar* 2003, S. 9 f.). Dabei müssen Marktplätze nicht zwangsweise allgemein offen sein. Oft werden im Rahmen des E-Procurement auch gemeinschaftlich betriebene Portale eingesetzt, bei denen eine Gruppe einkaufender oder verkaufender Unternehmen federführend ist und die für die Geschäftsvorgänge gültigen Regeln aufstellt (*Schubert* 2002, S. 5). Ähnlich wie bei den Sell-Side-Lösungen unterstützen Marketplace-Lösungen das einkaufende Unternehmen beim Sourcing, weniger aber beim Genehmigungsprozess. Zwar werden einige der Nachteile von Sell-Side-Lösungen durch den vorhandenen MSPC und die einheitliche Benutzeroberfläche ausgeglichen, eine optimale Integration mit bestehenden Systemlösungen auf Nachfragerseite ist aber auch bei der Nutzung einer reinen Marketplace-Lösung nicht gegeben.

Eine jüngere **Entwicklung im E-Procurement** ist die auch hier weiter zunehmende Mobilität der Beschaffung (Mobile-Procurement). Um sowohl Kosten- und Zeitvorteile als auch Flexibilität und Qualität der Beschaffung realisieren zu können, spielen mobile Endgeräte eine wichtige Rolle, da durch mobile Bestellungen und eventuell einhergehendes Mobile Payment Wettbewerbsvorteile genutzt werden können (*Nachtmann/Trinkel* 2002, S. 15). Unternehmen auf der ganzen Welt setzen zunehmend auch auf die mobilen Technologien wie bspw. Laptops, Handys und weitere mobile Endgeräte, um orts- und zeitunabhängig Beschaffungsaktivitäten auszuführen. So werden unternehmensinterne und auch unternehmensübergreifende Prozesse mit Lieferanten und Partnern revolutioniert und neuartige Anwendungsbereiche erschlossen. **Mobile Procurement** kann dabei alle Prozessschritte von der Anfrage, der Bestätigung und dem Empfang von zu beschaffenden Waren abdecken (*Gebauer/Shaw* 2004). Dabei ist unter anderem zu beachten, dass eine Vereinheitlichung des Datenflusses eines Unternehmens stattfindet, welche insbesondere bei Unternehmen mit stark verteilter Struktur von Bedeutung ist. Zwei Schnittstellen sind vor allem maßgeblich für die einheitliche Verknüpfung von Procurement-Prozessen mit mobilen Endgeräten: **Mobile Availability Checks** erlauben es Mitarbeitern zum einen, die Verfügbarkeit von benötigten Produkten oder Ersatzteilen online zu überprüfen.

 Das E-Procurement steht für die elektronisch gestützte Beschaffung auf Basis der Internet-Technologie mit einem betriebswirtschaftlich lose oder fest gekoppelten Datenaustausch zwischen Einkäufer- und Lieferantenseite, wobei dieser über das Sell-Side-, Buy-Side- oder Marketplace-Modell erfolgen kann.

3.3.2 Der elektronische Verkauf (E-Shop)

Der **E-Shop** steht allgemein als Begriff für den elektronischen Verkauf von Produkten bzw. Dienstleistungen durch eine Person oder ein Unternehmen über digitale Netzwerke (*Kollmann* 2019a, S. 259 ff.). Damit erfolgt eine Integration innovativer Informations-

und Kommunikationstechnologien zur Unterstützung bzw. Abwicklung von operativen, taktischen und strategischen Aufgaben im **Absatzbereich**. Die zunehmende Akzeptanz elektronischer Medien bei den Nachfragern geht mit einem wachsenden Angebot an Produkten und Dienstleistungen einher, die teilweise oder ausschließlich über das Internet durch diese „virtuellen Läden" vertrieben werden. Ein E-Shop ist somit ein „eigenständiges System aus Hard- und Software, das einem Händler erlaubt, seine Wirtschaftsgüter über Rechnernetze anzubieten, zu verkaufen und ggf. zu vertreiben" (*Zwißler* 2002, S. 32). Man kann vereinfacht sagen, dass ein E-Shop ein virtueller Verkaufsraum eines Unternehmens ist, dessen Grundidee darin besteht, die Beziehung und die verkaufsrelevanten Abläufe zwischen einem Unternehmen (Anbieter) und einem Kunden (Nachfrager) über die mit Hilfe des Internet vernetzten Computer und den damit einhergehenden Rahmenbedingungen des elektronischen Informationsaustausches abzuwickeln (s. Abb. 28).

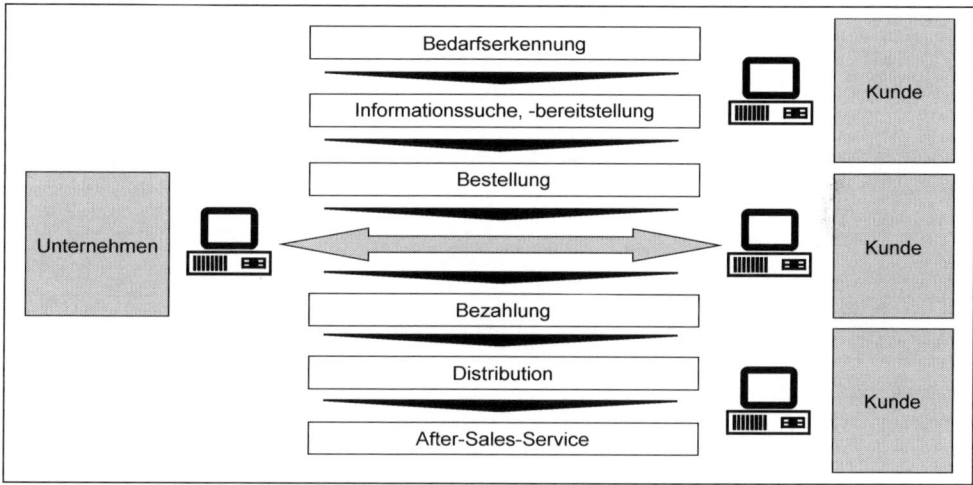

Abb. 28:   Die Grundidee beim E-Shop
Quelle: *Kollmann* 2019a, S. 259.

Der elektronische Verkauf (**E-Commerce**) über einen E-Shop unterscheidet sich vom realen Verkauf dabei in drei wesentlichen Faktoren (*Choi/Stahl/Whinston* 1997, S. 16 ff.; s. Abb. 28): Dazu gehört zunächst der **Verkäufer** (Shopanbieter) an sich, welcher Produkte über das Internet absetzen möchte. Im traditionellen Sinne ist der Verkäufer im Laden physisch präsent, d. h. er ist „persönlich" oder über Angestellte anwesend. Im elektronischen Handel erfolgt ein Kontakt nur virtuell, d. h. der Shopbetreiber braucht nicht persönlich anwesend zu sein, die Kundenkommunikation und der Verkaufsprozess findet aus Kundensicht über eine Mensch-Maschine-Beziehung im Rahmen der individuellen Webseiten-Nutzung statt. Außerdem kann das **Produkt**, mit dem gehandelt wird, nicht nur physischer (z. B. Computer), sondern teilweise auch digitaler Natur sein (z. B. Software). Dies hat Auswirkungen auf die zugehörigen **Prozesse**, denn im ersten Fall wäre der virtuelle Verkauf auch mit einer realen Distribution als notwendige Unterstützungsleistung verbunden, während im zweiten Fall auch die Logistik per Download rein elektronisch erfolgen kann. In Abhängigkeit dieser beiden Fälle können sich E-Shops sehr unterschiedlich gestalten, wobei insbesondere die Digitalisierung des Verkaufsraums immer gegeben sein muss, um vom elektronischen Verkauf sprechen zu können. Im Endeffekt können aber dann sowohl physische Produkte wie Bücher und Audio-CDs genauso über E-Shops vertrieben werden wie digitale Produkte (z. B. MP3-kodierte Musikstücke oder Software).

Hintergrund für die Zunahme des Einsatzes elektronischer Informationstechnologien im Absatzbereich und damit Kerntreiber für den E-Shop waren zahlreiche Probleme im realen Verkauf, die mit Hilfe der elektronischen Informationsverarbeitung gelöst werden sollten. Zu diesen **Problemen** gehören insbesondere die folgenden Aspekte:

- **Kapazitätsbegrenzungen**: Im realen Verkauf sind die Verkaufsflächen eines Ladens begrenzt, da die gesamte Ladenfläche durch räumliche Gegebenheiten und Abgrenzungen bestimmt ist. Mit Rücksicht auf die limitierte Verkaufsfläche muss der Verkäufer sich für eine Auswahl an Produkten entscheiden, die er in seinen Regalen zum Verkauf anbieten will und hat u. U. nicht die Möglichkeit, die gesamte Produktpalette seines Sortiments dem Kunden angemessen zu präsentieren.

- **Handelsstrukturen**: In den meisten Branchen existiert kein direkter Kontakt zwischen dem Anbieter (Hersteller) einer Ware und dem Endkunden. Mehrstufige Handelsstrukturen (z. B. Großhändler und/oder Einzelhändler) stehen dazwischen und erschweren die ungefilterte Kommunikation in beide Richtungen, sodass die Effizienz und Schnelligkeit der Marktbearbeitung darunter oftmals leiden.

- **Marktanonymität**: Auf klassischen Massenmärkten ist der Kommunikationskontakt zwischen Hersteller und Endkunden oftmals anonym und die zugehörigen Werbebotschaften richten sich nicht gezielt an eine einzelne Person, sondern werden über Medien an möglichst viele Endkunden gleichförmig versendet. Individualität und persönliche Ansprache wertvoller Kunden ist dadurch kaum möglich.

- **Intransparenz**: Der Nachfrager hat in der realen Wirtschaft keinen Einblick in die Abläufe innerhalb der Handelsstruktur. Sämtliche Prozesse hinter dem reinen Verkaufsakt bleiben für den Kunden intransparent. Gibt es Probleme mit den Produkten, bleibt dem Kunden lediglich der Kontakt zum Händler, um z. B. Beschwerden, Mangelware, Verbesserungsvorschläge etc. zu kommunizieren. Ferner ist es für den Kunden in der realen Wirtschaft schwierig, sich über einen umfassenden Vergleich von Produkten, Preisen und Anbietern einen wirklichen Marktüberblick zu verschaffen.

Für **Systemlösungen** im E-Shop-Bereich hat sich eine Vielzahl von Anbietern etabliert, die in den unterschiedlichsten Formen ein solches System zur Verfügung stellen können. Das Spektrum reicht dabei von sehr umfangreichen kommerziellen Shoplösungen, wie sie etwa von *intershop.de* angeboten werden, bis zu kostenlosen Open-Source-Anwendungen, welche sich online in relativ kurzer Zeit einrichten lassen (z. B. *oscommerce.de* oder *xt-commerce.com*). Der Shop-Betreiber muss die Hauptentscheidung dahingehend treffen, inwiefern er ein Shop-System kaufen, mieten oder selber entwickeln soll, um sich für eine Methode der Umsetzung zu entscheiden, die seinen Ansprüchen und Ressourcen entsprechend genügt. Drei **Grundmodelle** kommen dabei in Frage: Entweder die Lösung wird selbständig entwickelt (Betreiber-Modell), (Teil-)Komponenten der Lösung werden bei einem externen Anbieter gemietet (Dienstleister-Modell) oder aber der gesamte E-Shop-Betrieb wird an einen Dritten weitergegeben (Partner-Modell).

▨ Ein wichtiges Kriterium bei der Auswahl des **Betreiber-Modells** sind die Kosten, die nicht nur mit dem Kauf der Hard- und Software verbunden sind, sondern vor allem auch mit personellem Aufwand. Schließlich muss das System nach der aufwendigen Programmierung und Implementierung regelmäßig gewartet und gepflegt werden. Für einen reibungslosen Ablauf müssen deshalb genügend Kapazitäten zur Verfügung stehen, die die Instandhaltung und den Unterhalt des Systems gewährleisten können. Ferner müssen beim Betreiber die Fähigkeiten (E-Kompetenz) zum Aufbau und Betrieb des E-Shops vorhanden sein. Als **Beispiel** kann das von *inmedias.de* angebotene Produkt *Magento* genannt werden.

▨ Während beim Betreiber-Modell der Aufbau und Betrieb eines E-Shops quasi „aus eigener Hand" erfolgt, kann im Rahmen des **Dienstleister-Modells** für den physischen Betrieb einer Webseite auch die Option des Outsourcings in Frage kommen. Diese Dienstleistung kann für den E-Shop eine sinnvolle Alternative zum „In-House-Hosting" des Betreiber-Modells darstellen (*Barreca/O'Neill* 2003, S. 61 ff.). Das **Outsourcing** umfasst im Allgemeinen die Auslagerung von Informations- und Kommunikationstechnologien an dritte, externe Unternehmen (*Kuhl* 2002, S. 300). Dienstleister können aber auch für sämtliche mit einem E-Shop-System zusammenhängende Aufgaben eingesetzt werden, z. B. für Call Center, die Katalogpflege oder das Content Management. Als **Beispiel** bietet der Webhoster *strato.de* seinen Kunden mit dem Erwerb einer Domain-Adresse auch direkt die notwendige Software für einen E-Shop an, mit der ein Betreiber auch ohne Programmierkenntnisse schnell und einfach seine Produkte online anbieten kann.

▨ Im Vergleich zu dem Dienstleister-Modell werden bei einem **Partner-Modell** nicht nur eine Komponente oder sogar mehrere Teilkomponenten (Hard- oder Software) an einen Dienstleister abgegeben, sondern gleich der gesamte E-Shop-Betrieb. Hierzu werden lediglich die Artikeldaten in den E-Shop des Partners eingepflegt. Die nachfolgende Abwicklung des Online-Bestell- und Bezahlprozesses obliegt dann alleine dem Partner, der für seine erfolgreiche Durchführung in der Regel eine Provision erhält. Sollte der E-Shop in seiner Gesamtheit (also Hard- und Software) von Dritten betrieben werden, so muss auch hier vor allem die Angebotsverwaltung, Bestellung und Logistik der Waren, die Verwaltung der Kunden- und Händlerdaten, die Preisgestaltung, der Einsatz von Zahlungssystemen, Abrechnungen, Kooperationen, die Anbindung an bestehende Systeme usw. gewährleistet sein (*Zwißler* 2002, S. 280 ff.). Ein bekanntes **Beispiel** für ein Partner-Modell ist *ebay.com*.

Jüngere **Entwicklungen beim E-Shop** versuchen den eigentlichen Bestellprozess mit Aktionen und Anreizen anzureichern (*Kollmann* 2019c, S. 37 ff.). Hierzu gehört z. B. das aus den USA stammende Konzept des Live-Shoppings. Beim **Live-Shopping** wird für kurze Zeit, meist für einen Tag, ein Produkt zu einem besonders günstigen Preis angeboten. Dadurch, dass nur ein Produkt angeboten wird, können große Abnahmemengen für den Betreiber realisiert werden, der den günstigen Preis an die Kunden weitergeben kann. Der Kunde muss sich durch die zeitliche Restriktion schnell entscheiden, sodass hier vor allem Spontankäufer angesprochen werden. **Beispiele** für solche Portale in Deutschland sind *1dayfly.com* oder *dailydeal.de*. Einige Shops erweitern mittlerweile das ursprüngliche Live Shopping. So bietet bspw. die Webseite *1dayfly.com* in verschiedenen Kategorien jeweils ein Produkt für einen begrenzten Zeitraum an. Eine diesbezügliche Erweiterung und weitere innovative Web 1.0-Entwicklung beim E-Shop ist das **Speed-Shopping**. *dealclub.de* ist dabei ein interessantes **Beispiel**. Bei *dealclub.de* starten in regelmäßigen Abständen Verkaufsaktionen, in denen der Nutzer bis zu 80 % Ersparnis erreichen kann. Der Nutzer kann sich nach Anmeldung und Produktwahl seinen „BigDeal" anzeigen lassen, der nach Angaben der Betreiber weit unter dem Standardpreis liegt. Klickt der User auf den Button „zeig's mir" hat er 33 Sekunden Zeit, um sich für den Deal zu entscheiden. Das sog. „BigDeal"-Angebot wird jedoch pro Produkt nur ein einziges Mal gemacht.

Eine weitere Entwicklung besteht im sog. **Abo-Commerce**, einem in der Regel individualisierten E-Shop, der nur für registrierte Mitglieder zugänglich ist. Innerhalb des Shops wechselt das Sortiment in regelmäßigen Abständen. Bei der Registrierung wird oftmals ein Style- oder Persönlichkeitstest durchgeführt, um die Mitglieder in Kategorien einzuteilen. Darauf basierend werden dem E-Shop-Mitglied – je nach Konzept – regelmäßig Shoppingvorschläge oder direkt vermutlich zum Kunden passende Produkte zugeschickt. Wie bei einem Abo auch in der realen Wirtschaft üblich, wird dem Mitglied regelmäßig ein bestimmter Betrag in Rechnung gestellt. Das Hauptproblem bei diesem Geschäftsmodell ist die Überschneidung von Lieferung und Kundennutzen im immer wiederkehrenden Zeitpunkt. Ein bekanntes Beispiel ist *glossybox.de*. Wie viele der Plattformen beim Abo-Commerce bedient *glossybox.de* vorrangig eine weibliche Zielgruppe. Den Mitgliedern wird monatlich eine Überraschungsbox zugesendet, die fünf, nach eigenen Angaben, hochwertige Markenprodukte beinhaltet, die dem Bereich Beauty zugerechnet werden können. Mittlerweile bietet *glossybox.de* auch Produkte für Männer an. Auch können Boxen (bspw. zum Verschenken) einmalig ohne Abo erworben werben.

 Der E-Shop steht für den elektronisch gestützten Absatz auf Basis der Internet-Technologie mit einem betriebswirtschaftlich lose gekoppelten Datenaustausch zwischen Verkäufer- und Kundenseite, wobei dieser über ein Betreiber-, Dienstleister- oder Partner-Modell erfolgen kann.

3.3.3 Der elektronische Handel (E-Marketplace)

Der **E-Marketplace** steht allgemein als Begriff für die marktliche Organisation des elektronischen Handels von Produkten bzw. Dienstleistungen durch einen Marktplatzbetreiber über digitale Netzwerke (*Kollmann* 2019a, S. 495 ff.). Damit erfolgt eine Integration innovativer Informations- und Kommunikationstechnologien zur Unterstützung bzw. Abwicklung von operativen, taktischen und strategischen Aufgaben im **Handels- bzw. Marktbereich** (auch **Plattform-Ökonomie** genannt). Während reale Marktplätze von örtlichen Gegebenheiten (z. B. Messe oder Wochenmarkt) gekennzeichnet sind, setzen elektronische Marktplätze als virtuelle Plattformen auf die digitale Vernetzung der Marktteilnehmer (*Kollmann* 2019a, S. 495). Jeder dieser Teilnehmer kann auf elektronischem Wege von jedem beliebigen Punkt im Datennetz einen beliebigen E-Marketplace „betreten" (z. B. per Mausklick am heimischen Computer), ohne sich real zu einem bestimmten Ort begeben zu müssen.

Dieser nicht-reale Zutritt kann dabei **zu jedem Zeitpunkt** erfolgen (7 Tage die Woche/24 Stunden am Tag/365 Tage im Jahr), da elektronische Marktplätze eine permanent vorhandene und durchgehend geöffnete Einrichtung darstellen. Anbieter und Nachfrager treffen sich somit nicht mehr persönlich zur Abwicklung einer Transaktion, sondern treten über digitale Datenwege im Internet unter einer spezifischen Adresse (*marktplatz-name.de*) in Kontakt. Unter dem Begriff des E-Marketplace wird somit „ein konkreter aber nicht-realer Ort der Zusammenkunft von nur über vernetzte elektronische Datenleitungen miteinander verbundenen Anbietern und Nachfragern zum Zwecke der Durchführung von wirtschaftlichen Transaktionen verstanden, wobei diese von realen Restriktionen losgelöste Durchführung indirekt und unter Hinzunahme einer übergeordneten marktlichen Instanz (Marktplatzbetreiber) vollzogen wird, die die Transaktionsanfragen aktiv koordiniert" (*Kollmann* 2001, S. 39).

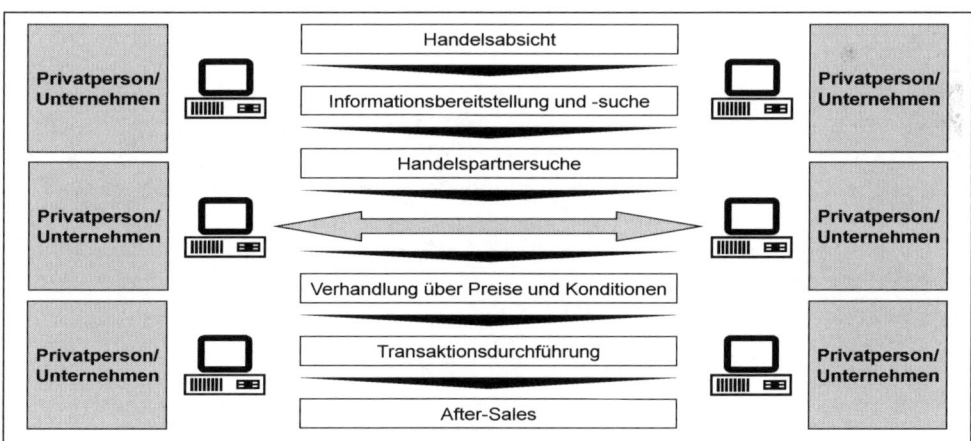

Abb. 29: Die Grundidee des E-Marketplace
Quelle: *Kollmann* 2019a, S. 496.

Man kann vereinfacht sagen, dass ein E-Marketplace der virtuelle Handelsraum eines Marktplatzbetreibers ist, den Anbieter und Nachfrager digital betreten können. Die Grundidee des elektronischen Handelsplatzes ist also darin zu sehen, dass die Koordination von marktrelevanten Abläufen zwischen einem Anbieter (Unternehmen/Privatperson) und einem Nachfrager (Unternehmen/Privatperson) über die mit Hilfe des Internets vernetzten Computer und den damit einhergehenden Rahmenbedingungen des elektronischen Informationsaustausches abgewickelt werden (s. Abb. 29). Der elektronische Handel über einen E-Marketplace unterscheidet sich vom realen marktplatzorientierten Handel in zwei wesentlichen Faktoren (*Kollmann* 2000a): Die Rahmenbedingungen der virtuellen **Marktplatzkoordination** ermöglichen gerade einen uneingeschränkten Handel ohne physische Restriktionen. Während reale Marktplätze örtlichen (z. B. Teilnahme an einer Messe) und zeitlichen Begrenzungen (z. B. Wochenmarkt) unterliegen, da sie einen physischen Kontakt zwischen Anbietern und Nachfragern erfordern, werden diese geografisch-kalendarischen Raum-Zeit-Restriktionen im elektronischen Handel ausgeräumt. Anbieter und Nachfrager brauchen nicht mehr in einen direkten persönlichen Kontakt zu treten, vielmehr können sie digitale Daten über die weltweiten Kommunikationsnetze von jedem Ort aus und zu jeder Zeit über die Plattform austauschen.

Ferner gehen die Möglichkeiten des **Marktplatzbetreibers** aufgrund der elektronischen Informationsverarbeitung weit über die eines realen Marktanbieters (z. B. Messegesellschaft) hinaus. Während ein realer Marktplatzbetreiber lediglich den Handelsraum zur Verfügung stellt und den Teilnehmern damit einen Überblick zu einem bestimmten Themenfeld verschafft, kann der E-Marketplace-Betreiber aktiv in das Marktgeschehen eingreifen. Er sammelt dabei Angebote und Gesuche in seiner Datenbank und ordnet diese nach einem bestimmten Koordinationsmechanismus (sog. **Matching**) zu (*Kollmann* 2005). Diese aktive Vermittlungsleistung wird als unternehmerisches Produkt offeriert. Er bietet den Marktteilnehmern somit nicht nur einen Überblick zu einem Themenfeld, sondern übernimmt aktiv die konkrete Vermittlung von Angebot und Nachfrage und bietet somit Unterstützung bei jeder einzelnen Transaktion. Diese Attraktivität hat dazu beigetragen, dass sich der E-Marketplace als Plattform stark im Internet positioniert hat.

Hintergrund für die Zunahme des Einsatzes elektronischer Informationstechnologien im Handelsbereich und damit Kerntreiber für den E-Marketplace waren zahlreiche Probleme im realen Handel, die mit Hilfe der elektronischen Informationsverarbeitung gelöst werden sollten. Zu diesen **Problemen** gehören insbesondere die folgenden Aspekte:

- **Kapazitätsbegrenzungen**: Im realen Handel sind die Handelsflächen eines Marktplatzes begrenzt, da die zur Verfügung stehende Handelsfläche durch räumliche Gegebenheiten und Abgrenzungen bestimmt ist. Mit Rücksicht auf die limitierte Handelsfläche muss der Marktplatzbetreiber sich für eine Auswahl an Objekten entscheiden, die er auf seinem Marktplatz (z. B. Messehallen) zum Handel zulässt und hat u. U. nicht die Möglichkeit, jedem Anbieter zu ermöglichen, die gesamte Objektpalette seines Sortiments den Nachfragern angemessen zu präsentieren.

- **Vermittlungsrestriktionen**: In der Regel stellen Marktplatzbetreiber lediglich den Handelsraum zur Verfügung. Die Vermittlungsaufgabe im realen Handel konzentriert sich somit darauf, den Kunden einen Überblick über Handelspartner und -objekte zu verschaffen, ohne dass jedoch auf den individuellen Transaktionswunsch eingegangen wird. Eine konkrete Vermittlungsleistung für das einzelne Transaktionsobjekt wird dabei nicht geboten.

- **Marktintransparenz:** Aufgrund der vielen Akteure auf der Anbieter- und Nachfragerseite und dem daraus resultierenden unübersichtlichen Gesamtmarkt ist es für den Einzelnen nicht oder nur unter sehr hohen (Opportunitäts-)Kosten möglich, sich eine Marktübersicht zu verschaffen. Dies unterminiert einen effektiven Preiswettbewerb unter konkurrierenden Anbietern, was die Nachfrager dazu zwingt, Transaktionen auf einem hohen Preisniveau zu tätigen.

- **Koordinationsineffizienzen:** Einem Anbieter ist es in der Regel nicht möglich zu allen potenziellen Nachfragern direkte Beziehungen zu unterhalten. Im umgekehrten Fall ist es für den Nachfrager ebenso schwierig, alle Anbieter zu identifizieren und zu kontaktieren. Darüber hinaus kann der Nachfrager nicht von jedem Anbieter selbst einzeln ein Angebot einholen und prüfen. Dies müsste er allerdings, um sicherzustellen, dass er den bestmöglichen Preis erhält. Im Ergebnis kann kein idealer Transaktionspartner gefunden werden und es kommt entweder zu gar keinem Leistungsaustausch oder es müssen weniger bedarfsgerechte Objekte gekauft werden.

Bezüglich dieser Problemfelder soll ein E-Marketplace eine deutliche Verbesserung darstellen. Die genannten Problemlösungsattribute eines E-Marketplace, haben in den letzten Jahren dazu geführt, dass Online-Marktplätze wie *Amazon*, *Alibaba* & Co. ein starkes Marktwachstum erreicht haben. Nach *Altmeyer* (2018, S. 256) gelten diese Marktplätze heute als „globale Pioniere im digitalen Zeitalter". Zu ihren **Erfolgsfaktoren** zählt *Altmeyer* (2018, S. 256) eine überdurchschnittliche Kundenorientierung, eine enorme globale Skalierbarkeit, Vielseitigkeit, Dynamik und Risikobereitschaft. Im Hinblick auf mögliche **Systemlösungen** können in Abhängigkeit von der Ausgestaltung der elektronischen Vermittlungs- bzw. Koordinationsleistung grundsätzlich zwei **Arten von E-Marketplaces** unterschieden werden: vertikale und horizontale Marktplätze. Diese Bezeichnungen haben sich – ohne einen historischen Definitionshintergrund – in der Praxis allgemein durchgesetzt:

- **Vertikale Marktplätze** fokussieren dabei eine ganz bestimmte geschlossene Nutzergruppe (z. B. Mitglieder einer Branche oder Industrie). Sämtliche Funktionen des E-Marketplace sind voll auf diese Nutzergruppe zugeschnitten, sodass eine spezifische, meistens nach bekannten Regeln (z. B. Lieferkonditionen) ablaufende Zusammenführung von Angebot und Nachfrage branchenintern erfolgt (*Kollmann* 2000c, S. 816). Im Zentrum der vertikalen Marktplätze steht deshalb in diesem Zusammenhang die Identifikation und Lösung gruppen- oder branchenspezifischer Probleme, wozu eine spezifische Kenntnis der Sachprobleme unabdingbar ist (*Simon* 2000, S. 26). Vertikale Marktplätze sollen dabei alle Stufen der Wertschöpfungskette dieser Nutzergruppe mit elektronischen Serviceleistungen abdecken und somit entsprechend in die Tiefe gehen. Vertikale Marktplätze entstehen vor diesem Hintergrund in der

Regel nur in stark fragmentierten Branchen, auf denen Anbieter und Nachfrager sonst nur unter Inkaufnahme sehr hoher Transaktionskosten in Verbindung treten können. Das Entstehen von vertikalen B2B-Marktplätzen ist zusätzlich darauf zurückzuführen, dass die Unternehmen mit starken Schwankungen in ihrer Kapazitätsauslastung konfrontiert sind, sodass durch die Vermarktung der überschüssigen Kapazitäten eine deutliche Verbesserung der Gewinnsituation herbeigeführt werden kann (*Kollmann* 2001, S. 83). Die Dienste der vertikalen Marktplatzbetreiber sind dabei insbesondere auf die Lösung dieser speziellen Unternehmensprobleme ausgerichtet.

- **Horizontale Marktplätze** konzentrieren sich dagegen nicht auf die Bedürfnisse einer bestimmten Nutzergruppe bzw. Branche, sondern auf bestimmte Produktgruppen (z. B. Büromaterial oder Computerhardware) oder bestimmte Funktionen und Prozesse, denen in bestimmten Branchen ein hoher Stellenwert zukommt (z. B. Beschaffungswesen). Alle Funktionen auf dem horizontalen E-Marketplace sind hier voll auf die Vermittlung dieser Objekte bzw. auf den spezifischen Prozess zugeschnitten, sodass eine eher branchenübergreifende Zusammenführung von Angebot und Nachfrage erfolgt. Horizontale Marktplätze richten sich dabei auf eine bestimmte Stufe in der Wertschöpfungskette (Kaufakt) aus, an der aber möglichst viele Mitglieder aus unterschiedlichen Branchen teilnehmen sollen (*Kollmann* 2000c). Damit geht die elektronische Serviceleistung eher in die Breite. Folglich handelt es sich bei den Teilnehmern auf horizontalen Marktplätzen um einen offenen Nutzerkreis, wenngleich für die Anbieter und Nachfrager zumeist aber eine Registrierung obligatorisch ist (*Simon* 2000, S. 26).

Der **Betrieb eines elektronischen Marktplatzes** muss nicht zwangsläufig durch einen neutralen Intermediär erfolgen. Auch einzelne Objekt-Anbieter und/oder Nachfrager können durchaus ein originäres Interesse daran haben, eigene elektronische Marktplätze zu etablieren bzw. den E-Marketplace eines Intermediärs an sich zu binden. Für jede der drei Marktparteien bestehen spezifische Anreize zur Investition in Marktplätze. Auf der Anbieterseite besteht die Aussicht auf eine Gewinnerhöhung, auf der Nachfragerseite zur Nutzenmaximierung und auf der Seite des Intermediärs zur Gewinnerzielung. Ähnlich wie bei den anderen Plattformen des E-Business lassen sich auch die Systemlösungen eines E-Marketplace anhand der Frage differenzieren, wer die resultierenden Geschäftsprozesse durch die Implementierung der Systemlösung ermöglicht. In Abhängigkeit von der Partei, welche die Marktplatzlösung in ihrem System hält bzw. maßgeblichen Einfluss auf das Marktplatzgeschehen ausübt, können zwischen den beiden Extrema „E-Shop" und „E-Procurement" insgesamt **drei Grundmodelle** bzw. Ausprägungen von internetbasierten E-Marketplace-Lösungen unterschieden werden, auf die im Folgenden jeweils detailliert eingegangen werden soll:

- Bei einem **Anbieter-Modell** versucht ein bzw. versuchen wenige Anbieter einen E-Marketplace zu betreiben. Hintergrund ist die Tatsache, dass der Abbau von Informations-asymmetrien und die Verringerung der Suchkosten zwei zentrale Motive für die Partizipation von Nachfragern an einem E-Marketplace sind. Die daraus resultierende Anbieter- und Produktpreistransparenz vergrößert den Kostendruck auf die Anbieter und ist somit unvorteilhaft für die Anbieterseite. Die Anbieter werden folglich tendenziell versuchen, die Form und Ausrichtung des E-Marketplace zu ihren Gunsten zu beeinflussen und anstelle von E-Marketplaces mit überwiegender Preisvergleichsfunktion **informationsorientierte E-Marketplaces** zu gestalten (*Bakos* 1991, S. 302). Dabei soll insbesondere die Produktdifferenzierung in den Mittelpunkt gestellt werden. Durch die Etablierung eigener E-Marketplaces, die diesem Anbieter-Modell folgen, soll letztendlich auch die Entstehung neutraler oder nachfragerseitiger Marketplaces verhindert resp. ein Gegengewicht zu bereits bestehenden E-Marketplaces geschaffen werden. Über die passive, strategieinduzierte Argumentation hinaus, werden die Anbieter darauf zielen, einen Teil des messbaren Mehrwerts als Betreiberrendite abzuschöpfen (*Bakos* 1997, S. 1686 f.). Zu diesem Zwecke schließen sich Anbieter zusammen und betreiben gemeinsam einen Marktplatz. Der Betreibergewinn für die einzelnen Anbieter ist dabei abhängig von der Gruppengröße. Je mehr Anbieter sich zusammenschließen, desto geringer fällt der Individualgewinn aus. So entstehen Anreize zur Gestaltung eines individuellen E-Marketplace. Dieses Extremum eines geschlossenen, individuellen E-Marketplaces kann ebenfalls als E-Shop-Lösung bezeichnet werden. Als **Beispiel** für ein Anbieter-Modell kann der Online-Reiseservice *opodo.de* genannt werden. Das Unternehmen stellt im Internet ein breites Spektrum an Reiseleistungen zur Verfügung. Anteilseigner von *opodo.de* sind die Vermögensgesellschaft *AXA Private Equity* und die Beteiligungsgesellschaft *Permira Funds* sowie neun der führenden europäischen Fluggesellschaften (u.a. *Lufthansa, Aer Lingus, Air France, Alitalia, British Airways, Iberia* und *KLM*).

- Bei einem **Nachfrager-Modell** versucht ein bzw. versuchen wenige Nachfrager einen E-Marketplace zu betreiben. Nachfragerseitige Marktplätze entstehen in der Regel aus ähnlichen Motiven wie anbieterseitige Marktplätze. Die Marktplatzpartei versucht durch die größtmögliche Einflussnahme auf das Handelsgeschehen einen in der Regel geldlichen Vorteil zu erzielen. Die Nachfrager werden folglich tendenziell versuchen, die Form und Ausrichtung des E-Marketplace zu ihren Gunsten zu beeinflussen und tendenziell **preisorientierte E-Marketplaces** zu konstruieren. Die Nachfrager verfolgen durch die Etablierung eigener Marktplatzlösungen nach dem Nachfrager-Modell das Ziel, den Nutzen zu maximieren und parallel die Kosten zu senken (*Bakos* 1997). In der Regel ist es für die Nachfrager schwieriger, geeignete Anbieter auf sich und ihren Transaktionswunsch aufmerksam zu machen als umgekehrt. Jedoch hat sich in vielen Bereichen ein Wandel von Verkäufer- zu Käufermärkten vollzogen, sodass die Nachfrager stark konzentriert sind oder über eine hohe Marktmacht verfügen (*Weller* 2000, S. 8 f.). Der Zusammenschluss zu sog. Nachfragerkonsortien zielt auf eine weitere Erhöhung der Nachfragermacht. Ein mögliches Beispiel für nachfragerseitige Marktsysteme ist die **Nachfragebündelung**, bei der sehr viele Nachfrager das gleiche Objekt erwerben möchten und über ein gemeinsam abgegebenes Gesuch aufgrund der dem Anbieter in Aussicht gestellten hohen Absatzmenge einen reduzierten Preis erhalten. Die Extremform der nachfragerseitigen Marktplatzlösungen ist der private, geschlossene Nachfragermarktplatz, bei dem in der Regel ein einzelnes Unternehmen seinen Einkauf mit mehreren (potenziellen) Lieferanten elektronisch und ggf. automatisiert durchführt. Diese Lösungen werden ebenfalls als E-Procurement-Systeme bezeichnet. Als **Beispiel** für ein Nachfrager-Modell kann *pharmaplace.de* genannt werden. Aus der Reaktion auf steigende Kosten und immer komplexere Versorgungsketten wurde im Jahr 2000 von neun Pharmaunternehmen unter Beteiligung des Bundesverbands der Pharmazeutischen Industrie der nachfragerseitige Marktplatz als eine nutzenorientierte Einkaufsplattform „aus der Branche für die Branche" gegründet. Die Kombination eines Kooperations- und Marktplatzbereiches ermöglicht den Kunden klare Preisvorteile, eine Entlastung des Einkaufs und einen Know-how-Ausbau.

Bei einem **Makler-Modell** versucht ein unabhängiger Handelsvermittler den E-Marketplace zu betreiben. Maklerseitige Marktplätze entstehen in der Regel aus polypolistischen Situationen heraus, bei denen sich viele Anbieter und viele Nachfrager ohne eine ausgeprägte Machtstruktur auf einer der beiden Marktseiten gegenüberstehen. Der Makler versucht dabei aus der unabhängigen Vermittlungsleistung die größtmögliche Einflussnahme auf das Handelsgeschehen auszuüben und dadurch einen geldlichen Vorteil zu erzielen. Der Makler wird folglich tendenziell versuchen, die Form und Ausrichtung des E-Marketplace zu seinen Gunsten zu beeinflussen und tendenziell **handelsorientierte E-Marketplaces** zu konstruieren. Die eigentliche Besonderheit von E-Marketplaces besteht vor diesem Hintergrund in der Rolle des Maklers als zentrale Marktplatzinstanz. Das Makler-Modell ist hauptsächlich in stark fragmentierten Märkten zu beobachten, da in diesem Umfeld die Marktmacht nicht auf wenige große Anbieter oder Nachfrager konzentriert ist, die zusätzlich möglicherweise sogar selbst über genug Ressourcen zum Aufbau eines E-Marketplace verfügen (*Weller* 2000, S. 9). Im digitalen Handel kommt dem Makler-Modell eine entscheidende Rolle zu, da dort in der Regel große **Informationsasymmetrien** zwischen Herstellern bzw. Anbietern und den Endkunden herrschen (*Clement/Schreiber* 2016, S. 94 ff.). In diesem Bereich werden elektronische Marktplätze nahezu ausschließlich von Intermediären induziert, da einerseits die Anbieterseite kein Interesse daran hat, eine größere Markttransparenz zu schaffen und andererseits die Endkunden nicht über die benötigten Ressourcen verfügen und zu stark fragmentiert sind, um eigene Marktplätze zu etablieren. Diesem Gedanken weiter folgend ist der C2C-Handel auf einen neutralen Vermittler sogar grundsätzlich angewiesen. Als **Beispiel** für ein Makler-Modell kann der E-Marketplace für Gebrauchtwagen *autoscout24.de* genannt werden. Nach eigenen Angaben werden auf diesem E-Marketplace von Privatpersonen sowie gewerblichen Autohändlern ca. 2,5 Mio. Gebrauchtwagen gehandelt.

Jüngere **Entwicklungen beim E-Marketplace** im Web 1.0 sind bspw. in den Bereichen Re-Commerce und Mobile-Matching zu sehen. Angesicht der oftmals kritisierten Entwicklung hin zu einer Wegwerfgesellschaft bieten **Re-Commerce**-Plattformen Kunden die Möglichkeit, nicht mehr verwendete Produkte (z. B. gebrauchte Bücher, Videospiele, Handys) an sie zu verkaufen, statt die oftmals für andere Menschen noch wertvollen Produkte verstauben zu lassen oder diese zu entsorgen. Auf der anderen Marktseite bieten sie interessierten Kunden an, diese Gebrauchtwaren im Vergleich zu ggf. gleichwertigen Neu-waren relativ günstig zu erwerben. Ein **Beispiel** ist die Plattform *rebuy.de*, die sich nach eigenen Angaben bereits seit 2007 mit der Thematik beschäftigt. Neben der bereits be-schriebenen Funktionalität bietet *rebuy.de* in Übereinstimmung mit einer anzunehmenden Nachhaltigkeitsorientierung seinen Kunden die Möglichkeit, einen Teil oder den Gesamt-betrag eines Verkaufserlöses im Rahmen eines Partnerprogramms zu spenden. Zu den Partnern gehören bspw. die *Aktion „Deutschland hilft"*, die *SOS Kinderdörfer* oder *World Vision*.

! **Der E-Marketplace steht für den elektronisch gestützten Handel auf Basis der Internet-Technologie, über den ein betriebswirtschaftlich lose oder fest gekop-pelter Datenaustausch zwischen der Anbieter- und Nachfragerseite über einen Marktplatzbetreiber erfolgt, wobei dieser über ein Anbieter-, Nachfrager oder Makler-Modell erfolgen kann.**

3.3.4   Übung: Digital Tipping Challenge

*Die Übung „**Digital Tipping Challenge (DTC)**" soll den Digital Leader in die Lage ver-setzen die verschiedenen Trends in den einzelnen Geschäftsfeldern von Web 1.0 bis Web 5.0 wahrzunehmen und die zugehörigen Tipping Points (Wendepunkt) zu erkennen, ab wann ein Trend zu einer notwendigen Betrachtung bzw. eigenen Umsetzung kippt.*

Ausgangslage

Der aus dem Englischen stammende Begriff „Tipping Point" (dt. Umkipp-Punkt oder Um-schlagspunkt) bezeichnet einen Punkt oder Moment, an dem eine vorher geradlinige und eindeutige Entwicklung durch bestimmte Rückkopplungen abrupt abbricht, die Richtung wechselt oder stark beschleunigt wird („qualitativer Umschlagspunkt"). Im Deutschen findet der Begriff Kipppunkt oder Kippelement Verwendung. Der Übergang von der Ana-logkamera zur Digitalkamera wird als Tipping Point bezeichnet. Innerhalb von 3 Jahren ist der Marktanteil der Digitalkameras beim Verkauf von 5 auf 90 Prozent gestiegen. Kurze Zeit später ist der Verkauf der Analogkameras fast auf Null gesunken. Als Tipping Point für die App TikTok gilt der Zeitpunkt, als das Lied „Old Town Road" bei vielen Anwendern zu einem beliebten Meme wurde. Dies veranlasste viele User dazu, den Song in ihre TikTok-Videos einzubauen, was die Popularität der App sprunghaft ansteigen ließ.

Aufgabenstellung

Besuchen Sie nationale und international Digitalkonferenzen bzw. -messen (z. B. South by Southwest in Austin, die dmexco in Köln oder Bits&Pretzels in München) und gehen Sie auf die Suche nach Neuheiten und Trends. Nehmen Sie zudem regelmäßig an Networking-

Events der digitalen Szene in Ihrer Umgebung teil. Bauen Sie sich einen zugehörigen Trend- und Themenradar auf. Sobald Sie von einem neuen digitalen Trend, einer neuen digitalen Plattform oder einer neuen digitalen Idee dreimal gehört oder darüber gelesen haben, sollten Sie sich spätestens damit befassen. Beantworten Sie sich selbst die folgenden drei W-Fragen: Um was geht es? Was bringt es? Welche Auswirkungen hat es? Definieren Sie zugehörige Tipping Points für das untersuchte Thema in Form von Anwender- oder Teilnehmerzahlen, Berichte von Implementierungen bei bekannten Unternehmen oder Ankündigungen für eine Verwendung bei Ihrer Konkurrenz. Wird ein Tipping Point erreicht, führt dies zur Bildung eines eigenen digitalen Projektes zur weitergehenden Prüfung eines Einsatzes im eigenen Unternehmen.

Führungsanspruch

Berichten Sie nach jedem Besuch einer Digitalkonferenz bzw. –messe in Ihrem Unternehmen, was Sie dort erlebt und gesehen haben. Stellen Sie alle Unterlagen digital (z. B. in einem Intranet) zur Verfügung und laden Sie verschiedene Mitarbeiter ein, um mit Ihnen gemeinsam über die Verwertbarkeit und Auswirkungen von gewonnenen Informationen zu diskutieren. Laden Sie ferner Funktionsträger aus Ihrem Unternehmen ein, mit Ihnen gemeinsam an dem digitalen Trend- und Themenradar zu arbeiten und diesen gemeinsam mit Meldungen (Postings) zu füllen.

4.   Die Digital Execution

4.1   Der Managementansatz für das Digital Leadership

Neben dem „Wollen" und dem „Können" ist der dritte Faktor der Umsetzung die **Digital Execution** und damit das „**Machen**" ebenso elementar für das **Digital Leadership**. Ohne diese konkrete **Umsetzungsebene** bleibt das Digital Leadership nur eine theoretische Fingerübung. Dieses „Machen" umschließt nicht nur die verschiedenen digitalen Management- und Führungsansätze, sondern auch die zugehörige Etablierung verschiedener digitaler Methoden. Darunter fallen im Rahmen dieses Managementansatzes die agile, die wertorientierte sowie auch die proaktive Unternehmensführung. Allerdings sind diese drei Ansätze nicht immer trennscharf voneinander zu betrachten, sondern hierbei gilt es zu beachten, dass die drei Ansätze einen jeweils verschiedenen Fokus haben und sich damit teilweise sogar zu einem Digital Leadership-Mix ergänzen.

So verfolgt die agile Unternehmensführung das Ziel, die Innovationsfähigkeit und Fehlerkultur im Unternehmen unter Einbezug verschiedener Methoden zu stärken oder etwaige Prozesse zu verbessern. Die wertorientierte Unternehmensführung nutzt gängige Modelle, um auf Basis von genauen (digitalen) Kennzahlen strategische Entscheidungen zu treffen. Die proaktive Unternehmensführung setzt auf den Einsatz verschiedener Methoden, um proaktiv nach neuen Ideen und Inspirationen am Markt zu suchen, um sich so gegenüber dem Wettbewerb einen Vorteil aufzubauen. Bei jedem **Managementansatz** stehen verschiedene Werte und entsprechende (digitale) Methoden für die Praxis im Vordergrund. Die zugehörigen zentralen **Fragen und Lernziele** sind:

- **Die agile Unternehmensführung**: Wodurch ist die agile Unternehmensführung charakterisiert? Welche Methoden werden im Rahmen der agilen Unternehmensführung umgesetzt?

- **Die wertorientierte Unternehmensführung**: Wodurch ist die wertorientierte Unternehmensführung gekennzeichnet? Welche Modelle sind im Rahmen der Digitalen Wirtschaft in Bezug auf die wertorientierte Unternehmensführung besonders wichtig?

- **Die proaktive Unternehmensführung**: Wodurch ist die proaktive Unternehmensführung gekennzeichnet? Welche Methoden finden im Rahmen der proaktiven Unternehmensführung Anwendung?

▶ *Lernhinweis: Zertifikatskurs zum E-Business-Leader*
  www.e-business-leader.de

4.1.1   Die agile Unternehmensführung

Eine sich stetig ändernde und komplexer werdende Umwelt drängt Unternehmen heute zu einer Erhöhung ihrer Anpassungsfähigkeit und ihrer Anpassungsgeschwindigkeit (*Petry* 2016). Dies kann durch den **Faktor der Agilität** realisiert werden (*Erner/Hammer* 2019). Im Rahmen der agilen Unternehmensführung stehen neben der Steigerung der Innovationsfähigkeit, die Früherkennung von Fehlern sowie deren Behebung und die stärkere Einbeziehung von Marktentwicklungen und Marktinteressen weitestgehend im Vordergrund (*Petry* 2016; *Erner/Hammer* 2019). Nicht umsonst wird die agile Unternehmensführung bzw. Agilität in der Literatur daher oft als das „Management-Paradigma des 21. Jahrhunderts" charakterisiert (*Prodoehl* 2019, S. 11). Grund dafür ist, dass Agilität die Unternehmen befähigt „sich stetig im Einklang mit den Wandlungen in ihrer Systemumwelt zu bewegen" (*Olbert/Prodoehl* 2019, S. 2) und so auf die dynamische, digitale Umwelt zu reagieren. Der Definition von *Goldman* et al. (1996, S. 3) folgend, stellt **Agilität auf der Unternehmensebene** die Fähigkeit dar „in einer Wettbewerbsumgebung gewinnbringend zu operieren, die charakterisiert ist durch ständig aber unvorhersehbar sich verändernde Kundenwünsche". **Agilität auf der Individuumsebene** wird dagegen als Fähigkeit charakterisiert, die dazu beiträgt, „den Nutzen dieses Unternehmens gewinnbringend zu mehren, das als Antwort auf unvorhersehbar sich verändernde Kundenwünsche ständig seine menschlichen und technischen Ressourcen verändern muß" (*Goldman* et al. 1996, S. 3).

In Ergänzung durch *Redmann* (2017, S. 30) wird unter Agilität ebenfalls die Fähigkeit verstanden, „aus den eigenen Erfahrungen zu lernen und zukunftsorientiert zu handeln". Die agile Unternehmensführung ist dadurch gekennzeichnet, dass sie das Unternehmen dazu befähigt kontinuierlich „wandlungsfähig und wandlungsbereit" zu sein (*Prodoehl* 2019, S. 18). So können die Aspekte der stetigen Erneuerung und Weitsicht im Rahmen der agilen Unternehmensführung auch in der Unternehmenskultur verankert werden (*Prodoehl* 2019). Nach *Mahayni* (2019) **basiert das Führungskonzept der Agilität auf fünf Säulen**:

- ▨ **Transparenz:** Die agile Unternehmensführung ist dazu angehalten einen passenden Kontext für die Arbeit im Unternehmen zu formen. Dies bedeutet, dass Raum für Gestaltungsfreiheiten und Inspiration geschaffen werden muss. Vor allem aber sollte das übergeordnete Ziel darin liegen, alle Mitarbeiter zu unterstützen und ihnen die Möglichkeit der Weiterentwicklung zu geben. Vor diesem Hintergrund werden Entscheidungen auch einander zugesprochen.

- ▨ **Steigerung der Eigenverantwortung durch die Mitarbeiter:** Die Mitarbeiter sollen mehr Eigenverantwortung übernehmen, indem festgelegte Prozesse, Abläufe und Abteilungen im Unternehmen neugedacht und starre Strukturen aufgebrochen werden.

- ▨ **Stärkung der Selbstorganisation:** In Gruppen, die mit Experten unterschiedlicher Fachbereiche besetzt sind, können Projekte eigenverantwortlich und selbstorganisiert umgesetzt werden.

▨ **Stärkung der Fehler- und Vertrauenskultur:** Sowohl Mitarbeiter als auch Führungskräfte arbeiten in einem offenen, vertrauensvollen und kritikfähigen Umgang miteinander.

▨ **Teambuilding:** Mitarbeiter werden für ihre persönlichen und individuellen Eigenschaften durch eine agile Unternehmensführung geschätzt. In gemeinschaftlichen Projekten können diese Mitarbeiter mit großem Ansporn und hoher Effektivität miteinander arbeiten.

Eine detaillierte Ausführung zu den Prinzipien einer agilen Unternehmensführung findet sich bei *Böhm* (2019). Um eine ganzheitliche agile Unternehmensführung auf Basis dieser fünf Säulen zu gewährleisten, wird eine Auswahl an agilen Methoden empfohlen, die im Unternehmen Anwendung finden. Oftmals wird in der Praxis eine der nachfolgenden Methoden verwendet:

Design Thinking

Eine Methode, die den system-analytischen Ansätzen zugeordnet werden kann, ist das **Design Thinking**, dass sich insbesondere in den letzten Jahren steigender Beliebtheit erfreut. Durch das Design Thinking sollen aus Sicht des Anwenders Probleme bestmöglich gelöst sowie neue Ideen generiert werden (*Hilbrecht/Kempkens* 2013, S. 349). Design Thinking setzt dabei auf interdisziplinäre Teams und spezifische Prozessschritte samt Visualisierungen (*Grots/Pratschke* 2009, S. 19 ff.). Die Diversität innerhalb des Teams soll die kreative Zusammenarbeit fördern und dabei helfen, diverse Anforderungen aus verschiedenen Perspektiven zu überprüfen. Das Vorgehen beim Design Thinking orientiert sich an der Arbeitsweise von Designern, d. h. wie diese typischerweise Produkte, Dienstleistungen, Prozesse und sogar Strategien visualisieren und entwickeln (*Hilbrecht/Kempkens* 2013, S. 349). Mit Hilfe des Design Thinking werden üblicherweise Probleme fallabhängig gelöst und Innovationen zielgerichtet entwickelt, sodass betriebswirtschaftliche Faktoren, wie bspw. die Umsetzbarkeit und der Nutzen für unterschiedliche Stakeholder, besser bedient werden können *(Grots/Pratschke* 2009, S. 18). Vor diesem Hintergrund sind für den Erfolg von Design Thinking folgende drei Faktoren von besonderer Relevanz: die Anziehungskraft (personelle Faktoren), die Wirtschaftlichkeit (Unternehmensfaktoren) und die Umsetzbarkeit (technische Faktoren) (*Weiss* 2002, S. 36). Insbesondere die Schnittmenge dieser Faktoren stellt dabei den spezifischen Mehrwert dar.

Der konkrete Prozess hinter Design Thinking basiert auf sechs iterativen Schritten, die idealerweise direkt aufeinander folgen. Diese Schritte sind: Verstehen, Beobachten, Synthese, Ideen, Prototyping und Testen *(Grots/Pratschke* 2009, S. 19; s. Abb. 30). Der Prozess folgt einem ganzheitlichen, interdisziplinären und integrativen Ansatz, mit dessen Hilfe starre Muster standardisierter organisationaler Strukturen aufgeschlüsselt und durch kreative Lösungen, Kollaboration und Wissensteilung ein Problem gelöst bzw. nützliche Innovationen entwickelt werden sollen (*Hilbrecht/Kempkens* 2013, S. 350). Im Nachfolgenden sollen diese **idealtypischen Schritte** näher erläutert werden (*Grots/Pratschke* 2009, S. 19 ff.):

▨ In der **ersten Phase (Verstehen)** des Prozesses geht es darum, ein gemeinsames Verständnis zu schaffen und sich die Aufgabenstellung des Problems zu verdeutlichen. Dabei muss zunächst erarbeitet werden, was das Projekt für den Erfolg benötigt und welche Zielgruppe angesprochen werden soll.

▨ In der **zweiten Phase (Beobachten)** des Prozesses versuchen die beteiligten Personen sich in den Nutzer hineinzuversetzen und sich so von dessen Perspektive inspirieren zu lassen. Das Problem wird dann – im besten Fall – aus einer 360°-Perspektive des Nutzers betrachtet. Hierbei kann sowohl auf quantitative als auch auf qualitative Instrumente der Forschung zurückgegriffen werden.

▨ Die **dritte Phase (Synthese)** zielt anschließend darauf ab im Team einen gemeinsamen Konsens zu finden. Dazu werden die Ergebnisse der Beobachtung ausgewertet und eine einheitliche Wissensbasis geschaffen. Die gesammelten Informationen werden gebündelt und im Team geteilt.

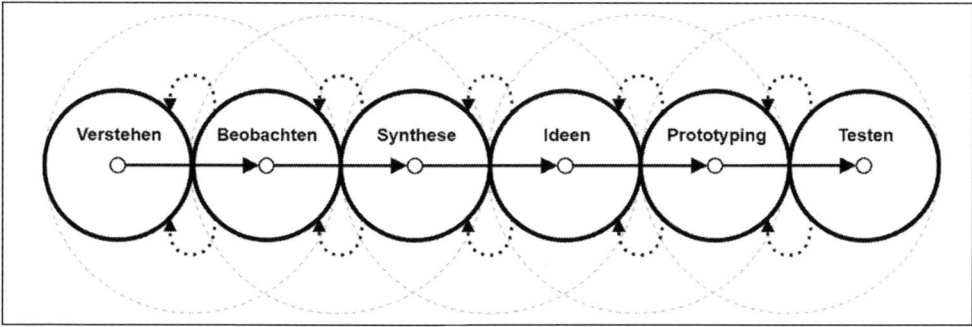

Abb. 30:   Der Design-Thinking-Prozess
Quelle: in Anlehnung an *Grots/Pratschke* 2009, S. 19 ff.

▨ In der **vierten Phase (Ideen)** liegt das Augenmerk dann auf der Ideenfindung. Für die identifizierten Probleme soll eine Lösung entwickelt werden. Dabei werden möglichst viele Ideen in einem kurzen Zeitraum gesammelt, um später eine Auswahl aus einer großen Menge von Ideen wählen zu können.

▨ Die **fünfte Phase (Prototyping)** dient der Erstellung eines ersten Prototyps. Es werden Ideen ausgewählt und weiterentwickelt. Das Ziel besteht darin, potenzielle Lösungen auszuarbeiten und diese sowohl erfahr- als auch kommunizierbar zu machen. Die Prototypen vereinen die Vorstellungen der Teammitglieder und verhelfen zu einem gemeinsamen projektinternen Verständnis (*Hilbrecht/Kempkens* 2013, S. 359).

▨ In der **sechsten Phase (Testen)** wird das Projekt abgeschlossen. Zuvor entwickelte Prototypen werden direkt am Nutzer getestet. Im Anschluss folgt, abhängig vom Ergebnis, gegebenenfalls eine weitere Iteration.

Es kann hingegen auch der Fall eintreten, dass im Prozess „zurückgegangen" wird und ein zurückliegender Schritt wiederholt werden muss. Das Testen dient in erster Linie dazu, ein direktes Feedback vom Nutzer zu erhalten. Der Fokus liegt nun auf der Weiterentwicklung und Verfeinerung des bestehenden Produktes (*Grots/Pratschke* 2009, S. 19 ff.). Als **beispielhafter Fall** kann die erstmalige Anwendung des Design-Thinking-Prozesses angeführt werden. Dies fand im Jahr 1999 statt, als die internationale Design- und Innovationsberatung *IDEO* die Methode zur Entwicklung eines innovativen Produkts angewandt hat. Der damalige Geschäftsführer *David Kelley* konnte mit seinem Team innerhalb von fünf Tagen einen nutzerorientierten, flexiblen und variablen Einkaufswagen für den US-Fernsehsender *ABC* gestalten. Dieser wurde damals in einem – heute als legendär geltenden – *ABC*-Nightline-Beitrag präsentiert. Der Erfolg von DT ist somit eng mit dem Aufstieg des Beratungshauses *IDEO* verknüpft (*Hilbrecht/Kempkens* 2013, S. 349).

Scrum

Eines der aktuell am häufigsten beachteten und genutzten sowie aus dem Bereich der agilen Softwareentwicklung stammenden Verfahren ist der sog. **Scrum-Ansatz**. Scrum bildet eine inkrementelle Methode im Rahmen der Produktentwicklung bzw. des Projektmanagements ab (*Preußig* 2015; *Erner/Hammer* 2019). Das Vorgehensmodell von Scrum dient dem Ziel, eine schnelle und gleichzeitig effektive Entwicklung von Software-Applikationen zu ermöglichen. Der Ansatz berücksichtigt dazu im Besonderen die vier Leitsätze der agilen Softwareentwicklung, welche im Jahr 2001 im „Manifest für agile Softwareentwicklung" von damals 17 namhaften Erstunterzeichnern aus dem Bereich der Softwareentwicklung formuliert wurden (*Beck* et al. 2001): Individuen und Interaktionen stehen über Prozessen und Werkzeugen; Funktionierende Software steht über einer umfassenden Dokumentation; Zusammenarbeit mit dem Kunden steht über der Vertragsverhandlung und Reagieren auf Veränderung steht über dem Befolgen eines Plans.

Der Begriff Scrum geht vor diesem Hintergrund zurück auf Arbeiten der Organisationstheoretiker *Takeuchi* und *Nonaka* (1986) sowie von *DeGrace* und *Stahl* (1990), welche Scrum als Alternative für die wasserfallartige Softwareentwicklung vorschlugen. Theoretisch wurde Scrum bzw. seine Existenzberechtigung als Alternative zu klassischen Entwicklungsmethoden in der Vergangenheit anhand von mathematischen und logistischen Theorien fundiert (*Gloger* 2016). Zentrales Element des Ansatzes ist das Vorgehen in einem **Prozessmodell**. Das Scrum-Prozessmodell (s. Abb. 31) sieht in diesem Zusammenhang dabei insbesondere drei **zentrale Rollen**, die es zu beachten gilt (*Schwaber* 2004; *Wirdemann* 2017):

- ▨ **Product Owner**: Der Product Owner repräsentiert den Kunden bzw. Auftraggeber. Er formuliert die Anforderungen an die zu entwickelnde Software in Namen und Auftrag des (externen) Kunden und verfügt regelmäßig über Domänenwissen, um die Anforderungen sinnvoll formulieren und Detailfragen beantworten zu können. Damit ist er der fachliche Leiter und letztlich auch für den Gesamterfolg des Projekts verantwortlich.

- **Entwicklerteam**: Das Entwicklerteam besteht aus den Softwareentwicklern sowie ggf. Designern oder anderen benötigten Fachleuten, welche jeweils für die konkrete Programmierung einzelner Teile der Software zuständig sind. Wichtiges Element von Scrum ist, dass das Team selbstorganisiert in vorab zeitlich und inhaltlich festgelegten Iterationen, den sog. Sprints, arbeitet und es insofern keinen Projektleiter gibt, der das Team operativ steuert oder eingreift.

- **Scrum Master**: Der Scrum Master ist als zentrale Person für die Scrum-Einführung und -Umsetzung zuständig. Dabei agiert er jedoch nur als Coach für das Team, gibt diesem jedoch keine operativen Handlungsanweisungen oder verteilt konkrete Aufgaben an das Team.

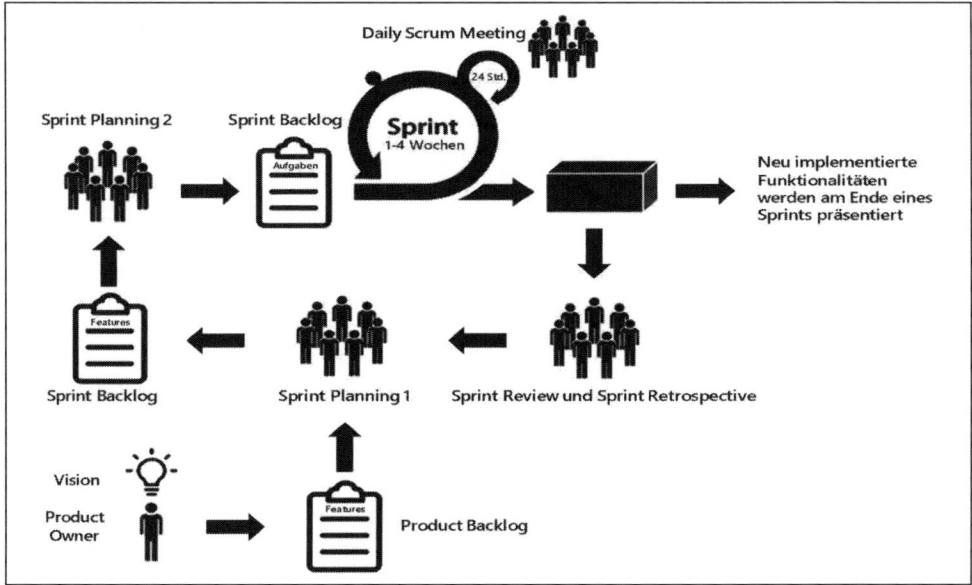

Abb. 31: Scrum-Prozessmodell
Quelle: in Anlehnung an *Sutherland* 2010, S. 11.

Im Gegensatz zu klassischen Planungsmethoden geht Scrum iterativ vor, wobei nach jeder Iteration ein fertiges Inkrement entsteht, das für den Kunden nutzbar ist. Für ein erfolgreiches Softwareentwicklungsprojekt mit Scrum gilt es daher neben den drei vorgenannten Rollen außerdem fünf **grundlegende Elemente** zu berücksichtigen (*Sutherland* 2010):

- **Product Backlog**: Der Product Owner formuliert die Anforderungen an das Produkt und diese werden priorisiert in Form einer Liste, dem sog. Product Backlog festgehalten. Wichtiges Merkmal des Product Backlog ist, dass dieses kein starrer Anforderungskatalog ist, sondern sich durchaus im Verlauf des Projekts verändern kann.

▓ **Sprint**: Im Scrum-Ansatz wird die Entwicklung in Arbeitszyklen unterteilt, welche sich Sprints nennen und in der Regel Arbeitszeiträume von 1-4 Wochen umfassen. Die Dauer eines Sprints wird dabei vorab fix festgelegt und ein Sprint endet stets an dem vorgegebenen Enddatum, unabhängig davon, ob das Entwicklerteam bis dahin die vorgegebenen Aufgaben erfüllt hat oder nicht.

▓ **Sprint Planning**: Zu Beginn eines jeden Sprints wird ein Meeting zur Planung des Sprints abgehalten. Dabei legen der Product Owner und das Scrum Team (unter Anleitung des Scrum Masters) anhand des Product Backlogs die Entwicklungsziele und -gegenstände fest, die in diesem Sprint fertiggestellt werden sollen. Dabei wird die Priorisierung der Anforderungen im Product Backlog beachtet. Jeder ausgewählte Entwicklungsgegenstand wird dann in einzelne Tätigkeiten heruntergebrochen und diese in das sog. Sprint Backlog aufgenommen.

▓ **Daily Scrum Meeting**: Sobald ein Sprint gestartet hat, hält das Scrum Team regelmäßig, in der Regel täglich, kurze Stand-Up Meetings ab. Diese Stand-Up Meetings sollen nur ca. 15 Minuten dauern und finden an jedem Arbeitstag zu einer festen Uhrzeit statt. Bei dieser Besprechung werden von den Teammitgliedern gegenseitig alle Informationen präsentiert, die zur Einschätzung des aktuellen Entwicklungsforschritts wichtig sind. Als Ergebnis folgen im unmittelbaren Anschluss an das Meeting tiefergehende Inhaltsdiskussionen, um Probleme zu lösen oder das weitere Vorgehen neu zu planen.

▓ **Sprint Review und Sprint Retrospective**: Nach Beendigung eines Sprints findet das Sprint Review statt, bei dem das Scrum Team mit den beteiligten Stakeholdern die Ergebnisse des letzten Sprints überprüft und das weitere Vorgehen diskutiert. Anwesend sind hier neben dem Scrum Team auch der Product Owner und der Scrum Master sowie der Kunde und weitere Experten bzw. Vorgesetzte. Mitunter ist oftmals auch die Teilnahme sonstiger Angestellter des Unternehmens zugelassen, um Feedback und neue Impulse zu erhalten. Im Anschluss an das Sprint Review erhält das Team in der Sprint Retrospective, also dem Rückblick, die Chance, untereinander zu diskutieren, was gut und schlecht lief im vergangenen Sprint und kann sich dadurch auf mögliche Änderungen bzw. Verbesserungen verständigen.

Kanban

Kanban gilt nach *Böhm* (2019, S. 31) als „ein System zur Steuerung von aufeinander aufbauenden Abläufen in einer Wertschöpfungskette bzw. der Produktentwicklung". Das Wort *Kanban* bezeichnet in der japanischen Sprache **eine Karte/ein Schild** (*Syska* 2006; *Jordan*, 2018) und wurde in der Mitte des 20. Jahrhunderts durch den Japaner *Taiichi Ohno* geprägt, der im Rahmen seiner Tätigkeit für den Automobilhersteller *Toyota* diese neue Produktionsmethode entwickelt hat (*Epping* 2011). Entsprechend hatte die Produktionsmethode zum Ziel auf unnötigen Materialvorrat während der Produktion zu verzichten bzw. diesen zu minimieren (*Epping* 2011) sowie kürzere Durchlaufzeiten ohne Verlust der Qualität zu erreichen (*Henkel* 2018). So wurden bei Toyota Signalkarten in der Produktion verwendet, die den Bedarf von Material erst genau dann anzeigten, wenn er benötigt wurde. Im Jahr 2004 wurde die **Kanban-Methode** erstmals von *Dragos Dumitriu* in der Softwareentwicklung für *Microsoft* eingesetzt (*Epping* 2011). Wenige Jahre später, im Jahr 2007 hat *David J. Anderson* die Methode als Vorgehensmodell der schlanken Softwareentwicklung präsentiert (*Epping* 2011; *Henkel* 2018). Seitdem ist sie zu eine der bekanntesten Methoden in der Softwareentwicklung geworden. Über die Zeit ist die Methode auch im Bereich des Projektmanagements angekommen und gilt heute z. B. neben *Scrum* als eine der bekanntesten agilen Managementmethoden (*Henkel* 2018).

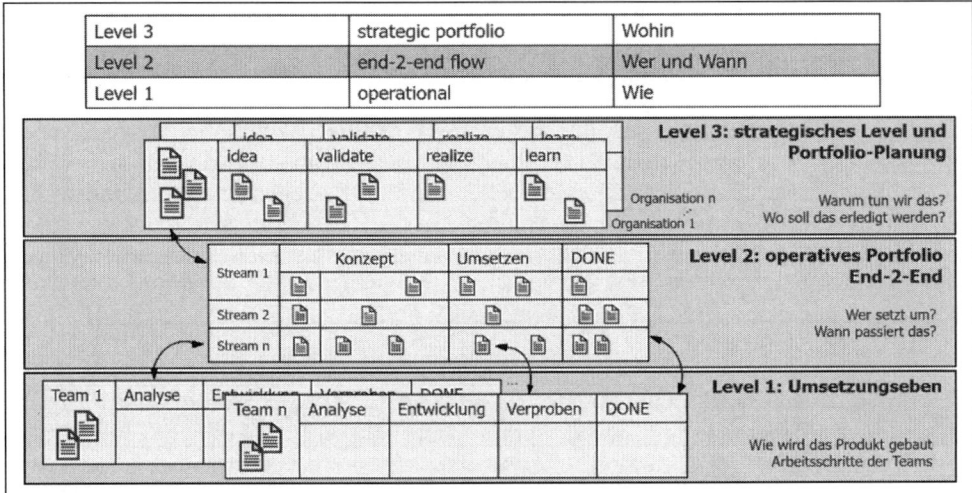

Abb. 32:   Flugebenen kaskadierender Kanban-Boards im Unternehmen
Quelle: *Böhm* 2019, S. 33.

Ziel eines sog. **Kanban-Systems** ist es, ein „Fluss-System für Lieferungen [zu erstellen], dass die Menge paralleler Arbeit durch den Einsatz visueller Signale begrenzt" (*Anderson/Carmichael* 2016, S. 1). Im Rahmen von Kanban soll Effizienz in der Projektarbeit etabliert werden (*Henkel* 2018). Dabei soll die Methode zu einer „besseren Auslastung", „schnellere[n] Iterationen" sowie „höhere[r] Transparenz" führen (*Henkel* 2018). Wurde in den 1950er Jahren im Rahmen der Automobilproduktion bei *Toyota* noch der Materialfluss visualisiert, so werden in Bezug auf das Projektmanagement bzw. der agilen Managementmethode nun die Aufgaben über das **Kanban-Board** dargestellt (*Henkel* 2018). Dabei wird jede Aufgabe auf einer farbigen Karte verzeichnet. Diese farbigen Karten werden je nach Bearbeitungsstatus auf dem Board von links nach rechts bis hin zur Fertigstellung geschoben (*Henkel* 2018). Das Kanban-Board wird klassisch in drei Spalten untergliedert (*Henkel* 2018):

▨   **To Do**: Stellt die ganz linke Spalte dar, in der noch nicht gestartete Aufgaben eingetragen werden.

▨ **In Progress/Doing**: Stellt die mittlere Spalte dar, in der die Aufgaben eingetragen werden, die begonnen wurden.

▨ **Done**: Stellt die ganz rechte Spalte dar, in der die Aufgaben eingetragen werden, die bereits final erledigt worden sind.

Wichtig ist, dass ein Kanban-Board individuell, je nach Projekt, angepasst werden sollte. Hierbei können bspw. **mehrstufige Modelle** herangezogen werden, die eine detaillierte Bezeichnung für die einzelnen Arbeitsschritte beinhalten können (*Henkel* 2018). *Böhm* (2019) beschreibt hierbei ferner, dass die Boards **unterschiedliche Detaillierungsstufen oder Ebenen** haben und sogar aufeinander aufbauen können. Als Beispiel nennt der Autor hierbei, dass ein Kanban-Board des Teams, das strategische Unternehmensentscheidungen plant, „eine andere Granularität der Aufgaben auf dem Board [aufweist] als das Entwicklerteam, das an einem Feature eines Softwareprodukts des Unternehmens arbeitet" (*Böhm* 2019, S. 33). Als Beispiel führt *Böhm* (2019) hier die drei unterschiedliche Level an (s. Abb. 32). Darüber hinaus können die Kanban-Boards sowohl analoger oder digitaler Natur sein (*Henkel* 2018). Damit die **Kanban-Methode** ideal durch das Unternehmen genutzt werden kann, gilt es die nachfolgenden sechs Praktiken zu beachten (*Goll* 2015; *Henkel* 2018; *Lenz* 2019):

▨ **Visualisierung des Workflows:** Es gilt alle (Teil-)Aufgaben im Rahmen des Kanban-Boards visuell abzubilden, um so einen detaillierten Überblick über den Bearbeitungsstand der einzelnen Arbeitspakete zu erhalten.

▨ **Begrenzung der Arbeitsmenge bzw. der Anzahl angefangener Arbeitspakete (WIP):** Die Anzahl der sog. Kanban-Karten (Aufgabenkarten) bzw. auch oft als WIP („Work in Progess") bezeichnet, sollte begrenzt werden, sodass nicht zu viele Aufgaben gleichzeitig begonnen werden. Stattdessen sollte das Ergebnis fokussiert werden. Der Meinung von *David J. Anderson* nach sollte sogar ein bestimmtes Karten-Limit pro Station festgelegt werden.

▨ **Klare Regeln:** Allen Beteiligten müssen die Anforderungen und Bedingungen klar aufgeführt und demnach „explizit" und transparent gemacht werden. Dies bedeutet, dass ein gemeinsames Verständnis darüber herrschen muss, was z. B. unter dem Status „Done" oder auch den einzelnen Spalten des Kanban-Boards verstanden wird.

▨ **Förderung von Leadership:** Im Rahmen von Kanban müssen alle Mitarbeiter auf allen Ebenen entsprechende Verantwortung übernehmen und sich aktiv für die Verbesserung von Abläufen und Prozessen einsetzen.

▨ **Modelle:** Bestimmte Modelle aus der Theorie (wie z. B. die Engpasstheorie) sollten herangezogen werden, um ein besseres Verständnis für einzelne Prozesse zu erhalten und auf Basis dessen eine effizientere Lösung zu erlangen.

▨   **Kontinuierliche Verbesserungsprozesse (Kaizen)**: Es ist wichtig, die Kanban-Prozesse regelmäßig zu analysieren, um so die Effizienz der eigenen Arbeitsweise stets und nachhaltig zu verbessern.

In der Literatur wird häufig ein Vergleich zwischen Scrum und Kanban abgebildet. Hierbei geht es primär darum zu verstehen, wann sich welche Methode besser eignet. Insbesondere weist *Henkel* (2018) darauf hin, dass sich beide Methoden zwar unterscheiden jedoch auch in Kombination voneinander gut funktionieren (siehe eine umfangreiche Tabelle in *Böhm* (2019, S. 32) zu den Unterschieden zwischen Scrum und Kanban).

Kanban ist eine sehr einfache und effiziente Management-Methode, die auf wenigen festen Regeln basiert und sich sowohl für Projekte als auch Routineaufgaben eignet (*Henkel* 2018). Es gibt hierbei keine festgelegten Rollen, allerdings ist die stetige Pflege des Kanban Boards von großer Bedeutung. Im Gegensatz dazu basiert Scrum auf einem festgelegten komplexen Regelwerk und umfasst die Festlegung bestimmter Rollen (Product Owner, Scrum Master, Team). Demnach wird in der Literatur häufig angemerkt, dass sich Scrum erst ab einer Teamgröße von 3 Teilnehmern eignet (*Schwaber/Sutherland* 2017). Scrum eignet sich eher zum Einsatz für Projekte und nicht für Routineaufgaben. Nach jedem Sprint wird das Scrum Board neu aufgesetzt (*Henkel* 2018).

Objectives and Key Results

Die **OKR-Methode**, basierend auf dem Begriff „Objectives and Key Results", ist eine Management-Methoden, die zur Strategieumsetzung und Zielerreichung eingesetzt wird (*Kudernatsch* 2019). Nach *Kudernatsch* (2019) wird die OKR-Methode gerade im *Silicon Valley* bereits seit einigen Jahren angewandt, so nutzt bspw. der Tech-Gigant *Google* seit fast 20 Jahren diese Methode „um seine ambitionierten (Wachstums-)Ziele zu erreichen". Dabei stammt die OKR-Methode aus den 1980er- Jahren und wurde maßgeblich durch den ehemaligen *Intel*-Manager *Andy Grove* unter Bezugnahme des „Management by Objectives"-Konzept entwickelt. Für *Grove* standen vor allem zwei zentrale Anforderungen an das System im Vordergrund: 1.) „Es muss einfach und flexibel sein", 2.) „die Mitarbeiter müssen in den Prozess der Strategieentwicklung und -umsetzung einbezogen werden". Um dies zu gewährleisten, sah *Grove* die zentralen Schlüssel in den folgenden zwei Fragen, die jeder Mitarbeiter im Unternehmen beantworten muss: „**Wo will ich hin?** (Objectives)" und „**Woran messe ich, ob ich mein Ziel erreicht habe?** (Key Results") (*Kudernatsch* 2019). In den 90er-Jahren stellte ein Freund von *Grove*, mit dem Namen *John Doerr*, die OKR-Methode bei *Google* vor und definierte sie in diesem Rahmen als „eine Management-Methode, die hilft, alle Aktivitäten in einer Organisation auf die gleichen, wichtigsten Ziele zu fokussieren" (*Kudernatsch* 2019). Seitdem setzt *Google* die OKR-Methode um und legt pro Quartal seine Ziele und Prioritäten aufs Neue fest, um seine Ziele zu erreichen. Laut *Murakamy* 2020 wird die OKR-Methode heute auch von *LinkedIn* und *Twitter* erfolgreich genutzt.

Als einer der ersten Vertreter der OKR-Methode *John Doerr* ist der Meinung, „Ideas are easy, execution is everything" (*Doerr* 2017, S. 6). Somit liegt das oberste Ziel der OKR-

Methode darin „die Vision und Strategie des Unternehmens über Ziele in Aktionen zu übersetzen und schnell und stetig aufgrund kurzer Zyklen zu lernen. Das OKR-Konzept soll dabei helfen, die Qualität der Umsetzung von Zielen zu erhöhen" (*Teipel/Alberti* 2019). Die OKR-Methode basiert auf folgenden Parametern (*Teipel/Alberti* 2019; *Kudernatsch* 2019):

- Pro Quartal definiert das Unternehmen (ausgehend von der Strategie des Top-Management) wenige zentrale Ziele (Objectives) und deren Kernergebnisse (Key Results). Ein OKR-Set basiert auf **maximal fünf zentralen Zielen und vier Kernergebnissen**. Die zentralen Ziele (sog. Objectives) beschreiben auf ambitionierte und motivierende Weise das „Was" zu erreichen ist.

- Die Kernergebnisse (sog. Key Results) umfassen das „Wie" und werden in **messbaren Schlüsselergebnissen** dargestellt, die über den Fortschritt Auskunft geben und am Quartalsende zur Reflexion dienen. Nach *Kudernatsch* (2019) gelten die Key Results als „Teilziele, die es auf dem Weg zum Erreichen des übergeordneten Ziels, also der Objectives, zu erreichen gilt."

- Die Ziele können sowohl auf **Unternehmens-, Team- und Mitarbeiterebene** formuliert werden und sollten mit Kennzahlen messbar sein. Allerdings müssen die OKRs der verschiedenen Ebenen alle miteinander verknüpft sein. So sollten sich die Mitarbeiterziele an den Teamzielen und sich die Teamziele an den Unternehmenszielen orientieren. Insgesamt geht es darum, dass eine gemeinsame Vision des Unternehmens erreicht werden kann (*Vaske* 2020).

Die OKR-Methode bietet eine Vielzahl von Vorteilen. Auf der einen Seite bietet sie die Gewinnung von Klarheit über die Aufgaben und entsprechenden Ressourcen im Unternehmen, sodass diese entlang der festgelegten Ziele optimal eingesetzt werden können (*Gründerszene* 2020). Auf der anderen Seite wird die entsprechende Transparenz für die Mitarbeiter geschaffen (*Gründerszene* 2020). Hierbei wird der Mitarbeiter über die Zielrichtung des Unternehmens informiert und kann so die eigene Tätigkeit zielführender einsetzen. Darüber hinaus kann der Erfolg einer entsprechenden Maßnahme sofort gemessen werden (*Gründerszene* 2020). **Eine OKR-Leistung von 70 % gilt als „guter Fortschritt"** (*Vaske* 2020). Da die Ziele meist sehr ambitioniert gesteckt werden ist eine OKR-Zielerreichung von 100 % oft nur selten möglich (*Vaske* 2020). Laut *Vaske* (2020) sollten die OKRs einmal im Monat ausgewertet werden, um mögliche Probleme früh genug aufzudecken und entsprechend entgegenzuwirken.

!• **Die vier gängigsten Methoden in der agilen Unternehmensführung sind Design Thinking, Scrum, Kanban und die OKR-Methode. Im Kern verfolgen alle vier Methoden das gleiche Ziel und erlauben für den Digital Leader die Steuerung von Projekten auf agile Art und Weise, wobei sie dabei auf bestimmte Methoden, Techniken, Prinzipien und Werte zurückgreifen.**

4.1.2 Die wertorientierte Unternehmensführung

Indem sämtliche interne und externe Prozesse im Rahmen elektronischer Geschäftsmodelle datenbasiert ablaufen und durch den Faktor der elektronischen Information ein Wert erzeugt wird, können und müssen eben diese Prozesse **nachhaltig kontrolliert** und **stetig verbessert** werden. Die **wertorientierte** Unternehmensführung ist dadurch charakterisiert, dass die Effizienz der Abläufe und Aufgabenverteilung im Unternehmen stets hinterfragt und anhand von genauen **(digitalen) Kennzahlen** überprüft werden soll. Hierfür haben sich im Rahmen der Digitalen Wirtschaft insbesondere zwei Messinstrumente etabliert. Dies ist zum einen die Balance Scorecard bzw. die E-Performance Scorecard und zum anderen ist es das 4-K-Modell für die digitale Wirtschaft.

Balance Scorecard/E-Performance Scorecard

Als ein weitreichend etabliertes Kennzahlensystem gilt die sog. **Balanced Scorecard** (*Kaplan/Norton* 1997; *Kollmann* 2019c, S. 225 ff.). Hierbei werden traditionelle, finanzielle Kennzahlen ergänzt durch weitere Perspektiven, die einen umfassenderen, vielschichtigen Blick auf die Unternehmensprozesse erlauben (*Weber/Schäffer/Freise* 2001, S. 449):

▓ **Kundenperspektive**: Die Kundenperspektive reflektiert die strategischen Ziele des Unternehmens im Hinblick auf den Grad der Kundenorientierung. Hier werden Zielvorgaben und Maßnahmen z. B. zu Kundenzufriedenheit, Kundenprofitabilität und Marktdurchdringung erstellt und ausgewertet. Wichtig sind gerade bei dieser Perspektive die genaue Festlegung der Kennzahlen und die Rückschlüsse auf ihre Bedeutung. Kundenzufriedenheit kann z. B. auf unterschiedlichste Art gemessen werden und sich auf viele verschiedene Aspekte des Unternehmens beziehen. Der Kunde kann zufrieden sein mit der Bestellauslösung (einfache Suche, Eingabe der Daten), mit der Liefergeschwindigkeit, mit der Beschwerdebearbeitung, mit der Angebotspalette, mit den Preisen etc.

▓ **Interne Prozessperspektive**: Die interne Prozessperspektive reflektiert die Prozesse, die zur Erreichung der Unternehmensziele notwendig sind. Hier werden Zielvorgaben und Maßnahmen zu sämtlichen Prozessen z. B. der Wertschöpfungskette erstellt. Darunter fallen insbesondere alle Prozesse, die in direktem Zusammenhang mit der Auftragsabwicklung stehen und diese maßgeblich beeinflussen. Allerdings heißt das nicht, dass andere Bereiche vernachlässigt werden können, sie haben lediglich weniger Einfluss auf das Gesamtergebnis des Unternehmens und sollten daher im Vergleich zu diesen nicht sämtliche Ressourcen verbrauchen.

▓ **Lern- und Entwicklungsperspektive**: Die Lern- und Entwicklungsperspektive reflektiert die Infrastruktur zur Erreichung der drei anderen Ziele. Dabei geht es z. B. um die Qualifizierung von Mitarbeitern, die Leistungsfähigkeit des Informationssystems oder die Motivation und Zielausrichtung von Mitarbeitern. Mitarbeiter, die z. B. direkten Kundenkontakt haben, sollen motiviert werden, Ideen und Anregungen zur

Verbesserung von Leistungen und Prozessen zu entwickeln. Neben personalbezogenen Kennzahlen sind darüber hinaus weitere Kennzahlen z. B. zu Motivation, Flexibilität, Teamfähigkeit und Zielorientierung zu definieren.

Jede dieser Perspektiven muss durch die Festlegung von Zielen, Ergebniskennzahlen und den dazugehörigen **Leistungstreibern** und Vorgaben zu Maßnahmen bestimmt werden. Damit erreicht man das Herunterbrechen von Unternehmenszielen auf kleinste Einheiten, die besser kontrollierbar und steuerbarer sind (*Weber/Schäffer* 2000). Werden die vordefinierten Ziele nicht erreicht, gilt es die Problemstellen zu identifizieren und korrigierende Maßnahmen einzuleiten. Je präziser die Kennzahlen also erhoben werden, desto besser lassen sich auch die wahren Gründe für Probleme oder ineffiziente Prozessabwicklung aufdecken und Handlungsempfehlungen ableiten. Die Balanced Scorecard geht somit über die traditionelle Ergebniskontrolle hinaus, indem Rückinformationen an die Aufgabenträger zur kontinuierlichen Verbesserung des unternehmerischen Handels geliefert werden. Grundsätzlich findet die **Balanced Scorecard** auch in der Digitalen Wirtschaft eine sinnvolle Anwendung (*Weber/Schäffer/Freise* 2001, S. 447 ff.). Allerdings werden hier einige Anpassungen notwendig, die die Besonderheiten des Internets Rechnung tragen. Darunter fallen zum einen die Einbeziehung und Abwandlung spezieller Online-Ziele und -Kennzahlen, zum anderen die Erweiterung des Konzeptes um eine **Front-End-Perspektive**. Diese Perspektive dient der Verknüpfung zwischen Kundenperspektive und interner Prozessperspektive. Das Front-End ist die mediale Schnittstelle zwischen Anbieter und Nachfrager und ferner visuelle Schnittstelle zwischen Mensch und Maschine. Die resultierende **E-Performance-Scorecard** wurde von *McKinsey* zur besseren Planung und Steuerung der Zielerreichung des gesamten Kundenbindungsmanagements bei einem E-Shop entwickelt (*Agrawal/Arjona/Lemmens* 2001).

Insgesamt werden **21 Indikatoren zur Messung der E-Performance** herangezogen, die in drei Kategorien eingeordnet werden können: Attraction, Conversion, Retention. Während **Attraction** auf die Anziehung und Gewinnung von Neukunden abzielt (Pre-eSales; eSearch), geht es bei der wichtigsten E-Performance-Kennzahl **Conversion** um die Umwandlung der Besucher (Surfer) in Kunden (eSales). An dieser Stelle wird oftmals der Begriff „**Conversion Funnel**" herangezogen (*Kollewe/Keukert* 2016, S. 201). Das englische Wort für Trichter soll dabei verdeutlichen, dass sich die Anzahl der (potenziellen) Kunden, die die Startseite des E-Shops oder eine Landingpage, d. h. die Seite, die nach einem Klick auf ein Werbemittel oder einen Eintrag in einer Suchmaschine erreicht wird, betreten, über die verschiedenen Schritte des Einkaufsprozesses, wie bspw. Aufruf einer Produkt-Detailseite, Aufruf des Warenkorbs, Eingabe der Zahlungsdaten, in der Regel trichterförmig immer weiter reduziert, da potenzielle Kunden den Prozess abbrechen. Zur Optimierung des Conversion Funnels und der Conversion Rate ist eine möglichst genaue Identifikation der Abbruchursachen von großer Bedeutung. **Retention** hingegen konzentriert sich auf die Kundenbindung und die Erzielung von Wiederholungskäufen (After-Sales).

Nach Errechnung der gewichteten Durchschnittswerte wird ein Indexwert erstellt, der den Grad der E-Performance widerspiegelt. Je nach Bedarf können auch separate Indizes für die Kategorien erstellt werden. Die E-Performance-Scorecard ist besonders um den lang-fristigen Kundenwert bemüht und strebt dadurch die Kontrolle bzw. Steuerung und Aus-schöpfung des „Customer-Lifetime-Value" an (*Agrawal/Arjona/Lemmens* 2001, S. 32). In diesem Zusammenhang ist auch der Begriff **„Performance Marketing"** zu nennen. Die-ser wird im Kontext von Digital Marketingaktivitäten verwendet, die auf eine messbare Reaktion des Konsumenten abzielen (*Seifert* 2013, S. 263). Messbare Reaktionen sind bspw. Klicks auf einen Werbebanner oder eine durchgeführte Transaktion mit den für die Leistungsabrechnung zugehörigen **„Key Performance Indicators"**, wie **Pay-per-Click** oder **Pay-per-Action**. Anhand dieser zentralen Messgrößen können dann gezielt effektive und effiziente Maßnahmen ausgewählt werden, was dazu beträgt, Streuverlust zu reduzie-ren und Marketingbudgets sinnvoll einzusetzen. Die erweiterte Form der „E-Balanced Scorecard" lässt sich ebenfalls auf weitere Bereiche im E-Business übertragen und an-wenden.

4-K-Modell

Als weiteres prozessorientiertes Steuerungsinstrument im Rahmen der wertorientierten Unternehmensführung kann das **4-K-Modell für die digitale Wirtschaft** von *Kollmann/ Hensellek* (2017a) genutzt werden. Das 4-K-Modell umfasst sowohl quantitative als auch qualitative Steuerungsgrößen und spiegelt die wichtigsten Kennzahlen der elektronischen Wertschöpfungslogik wider (*Kollmann* 2019c, S. 227 ff.). Grundsätzlich dient das 4-K-Modell als KPI-Steuerung für Unternehmen in der Digitalen Wirtschaft und kann dement-sprechend für alle elektronischen Plattformen (E-Procurement, E-Shop, E-Marketplace) genutzt werden. Insgesamt deckt das 4-K-Modell unternehmensinterne (Kundengewin-nung, Konversion, Kundenbindung) und unternehmensexterne (Kommunikation) Berei-che prozessorientiert und anhand jeweils geeigneter KPIs ab (s. Abb. 33). Die dabei in-kludierten KPIs werden nach *Klinser* (2016) ebenso für den Erfolg von entsprechenden digitalen Werbekampagnen herangezogen. Darüber hinaus wird etwaigen Indikatoren eine steigende Bedeutung beigemessen. Zu den wichtigsten Kampagnen KPIs nach *Klinser* (2016) gehören: Conversion, Conversion-Rate, Ad-Impression, Page Impression und Klicks.

Im Rahmen der Kundengewinnung werden alle potenziellen Interessenten des E-Shops beschrieben, welche potenziell in neue Kunden umgewandelt werden können. Wichtige Kennzahlen zur Ermittlung der Kundengewinnung bieten dabei unterschiedliche quanti-tative Kennzahlen, wie bspw. der Tausender-Kontakt-Preis (TKP). Die Konversion bildet anschließend den Übergang von Interessenten zu tatsächlichen Kunden nebst dazugehöri-ger Transaktion ab und folgt somit unmittelbar aus dem Prozess der Kundengewinnung. Eine der wichtigsten KPIs in diesem Zusammenhang ist die Konversionsrate, welche die Anzahl der Transaktionen (z. B. Verkauf im E-Shop) in Relation zur Anzahl der Seiten-besuche setzt und so angibt, wie erfolgreich die Umwandlung von Interessenten in Kunden gelingt. Das dritte Feld im 4-K-Modell bildet die langfristige Perspektive der Kundenbin-dung ab. Es trägt damit der anhaltenden Entwicklung hin zum Relationship- und One-to-One-Marketing Rechnung und gibt Aufschluss über die Nachhaltigkeit des Erfolgs eines E-Shops. Die Nutzung eines digitalen Angebots, als Folge einer erfolgreichen Konversion, führt auf Kundenseite zu einer Zufriedenheitseinschätzung, die regelmäßig über Online-Bewertungen ausgedrückt werden kann. Das vierte Feld des 4-K-Modells bildet die Kommunikation des E-Shops mit (potenziellen) Investoren ab. Im Rahmen einer erfolgreichen „Investor Relation" sollte ein digitales Start-up proaktiv vorgehen und Einblick in die unternehmensindividuelle elektronische Wertschöpfungslogik geben. Dazu ist es notwendig, auch vermeintlich vertrauliche Informationen mit Investoren zu teilen, denn es sind nur solche KPIs zur Kommunikation an Investoren zielführend, die vom Start-up selbst als so relevant eingestuft werden, sodass diese auch intern erhoben, ausgewertet und als Grundlage für laufende Verbesserungszyklen genutzt werden. Insofern ist intuitiv nachvollziehbar, dass die zu Kommunikationszwecken zu verwendenden KPIs zwangsläufig den drei Bereichen der digitalen Kundengewinnung, Konversion und Kundenbindung entstammen müssen.

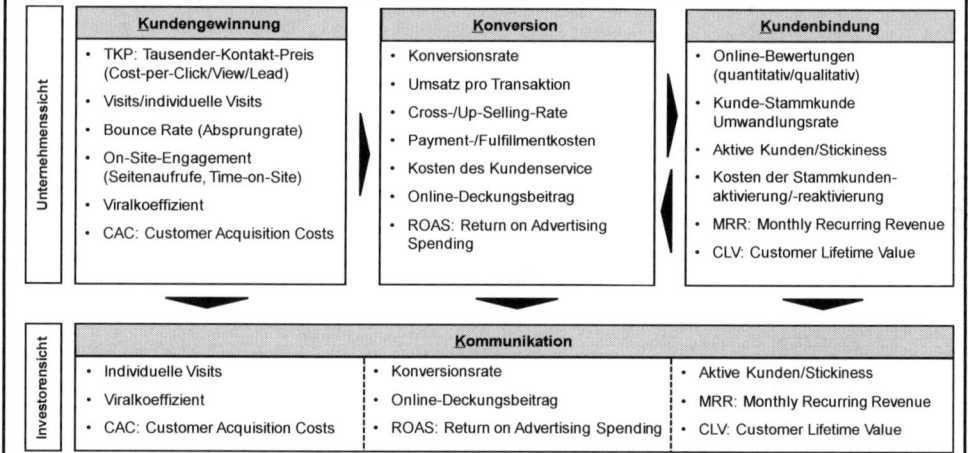

Abb. 33:   Das 4-K-Modell zur wertorientierten (digitalen) Unternehmensführung
Quelle: *Kollmann/Hensellek* 2017a, S. 50.

> **!** **Die wertorientierte Unternehmensführung basiert auf Methoden, die zum einen vom Digital Leader zur Identifikation der wichtigsten Erfolgsfaktoren digitaler Geschäftsmodelle herangezogen werden und zum anderen für ihn eine Betrachtung der wichtigsten Unternehmenskennzahlen zulassen, um entsprechende Produkte/Prozesse anzupassen.**

4.1.3   Die proaktive Unternehmensführung

Durch die, sich schnell verändernde und dynamische Umwelt, fordert die aktuelle Managementlehre zunehmend ein Umdenken weg von reaktiven Ansätzen hin zu proaktiven

Ansätzen (*Macharzina/Wolf* 2008). Dieses Umdenken begründen *Macharzina* und *Wolf* (2008, S. 29) vor diesem Hintergrund durch die drei nachfolgenden Argumente und erklären diese als Begründung der „Notwendigkeit einer proaktiven Unternehmensführung auf der ökonomischen Ebene":

▨ Die **Einflüsse der Umwelt** bedeuten in Zukunft eine Gefährdung für erfolgsversprechende Produkt-Markt-Strategien und können weitreichende Auswirkungen nach sich ziehen.

▨ Die **Kosten potentieller Umweltkonflikte** sind höher als der Aufwand für ein proaktives Vorgehen.

▨ Ein **effektives proaktives Vorgehen** kann bestmöglich zu Wettbewerbsvorteilen für das Unternehmen führen.

Letzterer Punkt wird jedoch nur dann greifen, wenn ein proaktives Management frühzeitig genug handelt. In der Theorie wird diese zeitlich vorgelagerte Form als „**Issue-Management**" definiert (*Achleitner* 1985). Sog. Issues „sind sich abzeichnende Anliegen, von denen erwartet werden kann, dass sie sich auf das „Fließgleichgewicht" des Unternehmens mit seiner relevanten Umwelt auswirken werden" oder kurzum „Issues sind die Ansprüche von morgen" (*Macharzina/Wolf* 2008, S. 30). Eine proaktive Unternehmensführung ist demnach durch das ständige und proaktive „screenen" nach neuen Möglichkeiten, Ideen und Ansätzen für das Unternehmen gekennzeichnet. Ferner wird die proaktive Unternehmensführung dadurch charakterisiert, dass sie stetig die strategischen Entscheidungen des Unternehmens sowie Trends und die entsprechenden Auswirkungen auf die Arbeitswelt beobachtet und/oder identifiziert und daraufhin die jeweiligen Maßnahmen proaktiv anstößt (*Ruf* 2019). Dabei gilt es eben nicht nur die entstandenen Probleme auf der operativen Ebene zu lösen, sondern auch neue Ideen und Ansätze proaktiv einzubringen. Ziel ist es dadurch Wettbewerbsvorteile sowie eine Wertsteigerung des Unternehmens aufzubauen (*Kahveci* 2014). Obgleich die proaktive Unternehmensführung bislang nur wenig in der Theorie untersucht worden ist, so haben sich in der Praxis einige **Methoden für das proaktive „*Screenen*"** nach neuen Ideen und Ansätzen etabliert:

Hackathon

Das Wort Hackathon gilt als Wortschöpfung aus den beiden Begriffen „Hack" und „Marathon" (*Groß* 2019). Oft wird der Begriff in Verbindung mit der Softwareentwicklung genannt. Hierbei gilt es im Rahmen eines Tages eine **funktionsfähige Software** zu erstellen. Im Fokus steht hierbei das „hacken" eines Problems, im engeren Sinne also die Lösung eines Problems. Der Hackathon kann auch auf mehrere Tage verteilt werden, wobei dann das Schlafen und Essen am gleichen Ort stattfindet. Das primäre Ziel eines Hackathons ist die **Lösung eines Problems**, dass von einem einzelnen Fachbereich nicht alleine gelöst werden kann, sondern noch weitere Kompetenzen benötigt. Im Unternehmen werden Hackathons meist als Wettbewerbe ausgestaltet, bei denen die Gewinner entweder

Sachpreise oder monetäre Preise erhalten (*Ionos* 2019). Oftmals sind Hackathons allerdings nicht nur intern ausgeschrieben und für die entsprechende Mitarbeiter-Belegschaft zugänglich, sondern oftmals sind Hackathons auch für externe Teilnehmer geöffnet.

Digitale Stunde

Bei der digitalen Stunde handelt es sich um eine einstündige Veranstaltung, die fest in den Arbeitsalltag integriert wird. Im Rahmen dieser täglich bis wöchentlich stattfindenden Veranstaltung (je nach Bedarf) treffen sich kleine Teams bis hin zu ganzen Fachbereichen, um sich **mit den Chancen der Digitalisierung proaktiv zu beschäftigen**. Innerhalb der Stunde können bspw. neue digitale Technologien und Trends vorgestellt und diskutiert werden. Ziel der digitalen Stunde ist es, eine digitale Inspiration sowie die digitale Leidenschaft intern zuzulassen.

Job Shadowing 2.0

Im Rahmen des Job Shadowing 2.0 steht der **Erfahrungs- und Ideenaustausch** zwischen „Interessenten" und „Experten" im Vordergrund. Hierbei soll ein übergreifender Austausch von Informationen, Wissen und Ideen von jungen Mitarbeitern für alte Mitarbeiter stattfinden. Der junge Mitarbeiter zeigt dabei, wie die neusten digitalen Technologien die Arbeitsprozesse/den Arbeitsplatz des älteren Mitarbeiters optimieren können. Im Gegenzug lassen die erfahrenen Mitarbeiter die jungen Mitarbeiter an Erfahrungen und Routinen teilhaben.

Innovation-Lab

Ein Innovation Lab ist laut *t2informatik.de* (2020) eine spezialisierte Organisationseinheit, die sich mit (digitalen) Innovationen – von der **Ideenfindung bis zur möglichen Markteinführung** – beschäftigt. In vielen Unternehmen ist sie außerhalb der klassischen Aufbauorganisation angesiedelt. In manchen Publikationen wird ein Innovation Lab auch als virtueller oder physischer Raum definiert, in dem Mitarbeiter einer oder mehrerer Unternehmen kreativ und gemeinsam tätig werden. Diese Interpretation basiert vor allem auf dem Begriff „Lab" als Ausdruck für Labor bzw. Laboratorium, und somit auf einem Arbeitsplatz, an dem u.a. Experimente, Tests sowie Messungen und Kontrollen durchgeführt werden.

Fuckup-Nights

Als Fuckup-Nights werden inszenierte Events definiert auf denen Gründer/innen aber auch Projektmanager die **Geschichte ihres „Scheiterns"** erzählen (*Fichtel* 2020). Ziel ist es dabei, aus den Fehlern anderer zu lernen (*Alexander/Kowark* 2018). Somit steht die Fehleranalyse im Mittelpunkt der Events. Die beteiligten Personen, die ihre Geschichte im Rahmen einer 10-Minütigen-Präsentation (*Fichtel* 2020) und via einem Powerpoint-Chart vorstellen, folgen laut *Alexander/Kowark* (2018) bei ihrer Darstellung den drei folgenden

Leitfragen und Präsentationsregeln: „1. Was tut am meisten weh, wenn ein [digitales] Projekt ins Stolpern gerät? Wann ist Dir das passiert?" 2. „Stell Dir vor, Du würdest heute Deine Idee realisieren: Welche zwei Dinge würdest Du anders machen? (Learnings)" 3. „Welche strukturellen Veränderungen wünschst Du Dir nach Deiner Erfahrung?" Auch die Fuckup-Nights sollen eine Fehlerkultur fördern. Zum einen kann aus den Fehlern anderer gelernt werden, zum anderen können hierbei proaktive Maßnahmen für das eigene Unternehmen abgeleitet werden, um diese Fehler vorzubeugen.

Fehlerkultur

Im Rahmen eines **Workshops** werden den Teilnehmern die Prinzipien und Strategien aufgezeigt und beigebracht, wie man Fehler und die daraus resultierende Erfahrung für die eigene persönliche Weiterentwicklung, die Weiterentwicklung des Teams sowie die Weiterentwicklung des Unternehmens aktiv nutzen kann (*Mandl* 2017). Die **Fail Wall** ist ein Board, das an entsprechender Stelle im Unternehmen aufgehängt wird und auf dem die Mitarbeiter des Unternehmens entsprechende Situationen beschreiben, in denen sie gescheitert sind und was sie daraus gelernt haben (*edutrainment company* 2020; *Gibson* 2014; *Stibel* 2018). Im Rahmen von sog. **Celebration Grids** werden Projekte im Unternehmen anhand ihrer positiven Ergebnisse und auch anhand ihrer Fehler visualisiert (*Oehlbrecht* 2019; *management30.com* 2020). Celebration Grids dienen als Lerninstrument um die vier Komponenten einer gesunden Fehlerkultur zu visualisieren (*edutrainment company* 2020). Darunter fällt laut *edutrainment company* (2020) 1. die Planung von Projekten, 2. das bewusste Einkalkulieren von Fehlern, 3. die sichtbare Darstellung von Ergebnissen sowie 4. die Evaluation von Ergebnissen. **Retrospektiven** stellen Teamtreffen dar, bei der das Lernen aus den Erfahrungen anderer im Vordergrund steht (*edutrainment company* 2020; *Schwaber/Sutherland* 2017, S. 14). Im Rahmen von Retrospektiven schauen die Teammitglieder zusammen auf ein Projekt zurück. Hierbei bewerten sie insbesondere was im Rahmen des Projekts gut und was schlecht gelaufen ist (*edutrainment company* 2020). Um Verbesserungsmaßnahmen abzuleiten, analysieren die Teammitglieder in einem zweiten Schritt gemeinsam welche Gründe zu den entsprechenden Fehlern geführt haben (*edutrainment company* 2020).

Die proaktive Unternehmensführung basiert auf der Etablierung von bestimmten Methoden/Prozessen im Unternehmen, die einem Digital Leader zusammen mit den Mitarbeitern das „Screenen" von neuen Ideen ermöglicht, aus Fehlern zu lernen und somit Raum für neue digitale Inspirationen zu schaffen.

4.1.4 Übung: Digital Management Challenge

*Die Übung „**Digital Management Challenge (DMC)**" soll den Digital Leader in die Lage versetzen, mit Hilfe der OKR-Methode, ein konkretes Digital-Projekt gemeinsam mit Mitarbeitern in seinem Unternehmen im Hinblick auf die Ziele zu planen, umzusetzen und zu kontrollieren.*

Ausgangslage

Objectives und Key Results (OKRs) sind eine Methode für die Entwicklung und das (digitale) Management von Zielen und Leistung auf allen organisatorischen Ebenen eines Unternehmens. Objectives beschreiben hierbei wohin es gehen soll, Key Results wie man dorthin kommt. Ein Objective sollte daher generell ambitioniert gesetzt werden und von qualitativer Natur sein. Key Results hingegen sollten ein messbares Ergebnis darstellen, welches erlaubt zu evaluieren, ob ein bestimmtes Ziel erreicht wurde. OKRs müssen stets der Industrie, den spezifischen Unternehmensfaktoren sowie weiteren Umwelteinflüssen auch im Hinblick auf den zugehörigen digitalen Wandel angepasst werden.

Aufgabenstellung

Definieren Sie ein digitales Projekt, welches durch Sie und einem Mitarbeiterteam im Unternehmen umgesetzt werden soll (z. B. digitale Zeiterfassung oder Einführung eines E-Procurement-Systems). Definieren Sie zusammen mit den Mitarbeitern zunächst eine Vision für das gesamte Projekt, aber auch für jeden einzelnen Projektteilnehmer fünf Ziele mit jeweils nicht mehr als vier Kernergebnissen. Wichtig ist, dass nicht Sie, sondern das Projektteam gemeinsam die Ziele definiert. Die Kernergebnisse beschreiben, wie die einzelnen Ziele erreicht werden sollen. Sorgen Sie dafür, dass die OKRs des gesamten Teams für alle Mitarbeiter einsehbar sind. Nutzen Sie dafür eine (kostenlose) Software, welche die OKR-Methode abbildet und in welche die Mitarbeiter ihren Arbeitsfortschritt festhalten können. So weiß jeder jederzeit, woran die anderen gerade arbeiten und den Mitarbeitern werden die Ziele der eigenen Arbeit klar und sie wissen, was man von ihnen erwartet.

Führungsanspruch

Organisieren Sie monatlich, spätestens aber alle drei Monate einen Workshop, wo diskutiert wird, ob und wie sich die Rahmenbedingungen geändert haben und ob etwas funktioniert oder nicht (Fehlerkultur). Kalibrieren Sie im Ergebnis ggf. das Digital-Projekt neu und reporten Sie den Fortschritt innerhalb des Unternehmens und stellen Sie dabei das Team in den Mittelpunkt.

4.2   Der Objektansatz für das Digital Leadership

Neben dem „Wollen" und dem „Können" ist der dritte Faktor der Umsetzung die **Digital Execution** und damit das „**Machen**" ebenso elementar für das **Digital Leadership**. Dabei ist in Bezug auf die drei Geschäftsfelder bzw. -plattformen der Digitalen Wirtschaft (siehe Kapitel 3.3) wichtig zu verstehen, wie diese konkret umgesetzt werden. Hier werden alle Aspekte bezüglich der praxisorientierten **Grundlagen für die Durchführung** elektronischer Geschäftsprozesse behandelt. Dazu gehören insbesondere Entscheidungen über die Planung, Organisation und Einführung von elektronischen Systemen. Im Mittelpunkt einer erfolgreichen Implementierung stehen dabei das plattformbezogene Projektmanagement und die Darstellung spezieller Aufgaben. Ferner werden auch die praxisbezogenen Grundlagen in den Bereichen Schnittstellenmanagement und **Change Management** behandelt.

Dabei ist grundlegend festzuhalten, dass die Implementierung einer digitalen Plattform keinesfalls mit einer reinen Software-Implementierung gleichzusetzen ist. So sind eine Vielzahl vor- und nachgelagerter Prozesse und Schnittstellen sowie Systemanforderungen gleichermaßen Teile eines E-Projektes und diese wirken sich nachhaltig auf Mitarbeiter, Unternehmensprozesse, Organisation und andere Informationstechnologien aus. Vor diesem Hintergrund gilt es die digitalen Prozesse, die digitalen Produkte sowie auch die digitale Strategie in Bezug auf die drei Geschäftsmodelle zu beleuchten. Die zugehörigen zentralen **Fragen und Lernziele** sind:

▪ **Die Implementierung eines E-Procurement**: Wie sehen die Anforderungen an ein Projektmanagement für den elektronischen Einkauf aus und was muss bei der Einführung eines solchen Systems beachtet werden?

▪ **Die Implementierung eines E-Shop**: Wie sehen die Anforderungen an ein Projektmanagement für den elektronischen Verkauf aus und was muss bei der Einführung eines solchen Systems beachtet werden?

▪ **Die Implementierung eines E-Marketplace**: Wie sehen die Anforderungen an ein Projektmanagement für den elektronischen Handel aus und was muss bei der Einführung eines solchen Systems beachtet werden?

▶ *Lernhinweis: Zertifikatskurs zum E-Business-Manager*
www.e-business-manager.de

4.2.1 Die Implementierung eines E-Procurement

Die Komplexität von Projekten im elektronischen Einkauf steigt mit den mit der Implementierung verbundenen Zielen. Dies ist schon bei der **Projektplanung** zu berücksichtigen. Bei der Beschaffungsoptimierung kann vor diesem Hintergrund zwischen **drei Entwicklungsstufen** bzw. Zieldimensionen unterschieden werden (*Kollmann* 2019a, S. 139 ff.). So kann das E-Procurement von der Einkaufsabteilung zunächst „nur" als zusätzlicher Beschaffungskanal zur Reduzierung der Einkaufs- und Prozesskosten eingesetzt werden (Entwicklungsstufe I). Hier würden die Funktionen des operativen Einkaufs im Mittelpunkt stehen. Darüber hinaus könnte das E-Procurement aber auch als Informationsquelle für Prozessoptimierungen und eine umfassende Analyse des Einkaufsverhalten genutzt werden, wodurch eher Aspekte des taktischen Einkaufs zum Tragen kämen (Entwicklungsstufe II). Für die höchste Zieldimension würden dagegen die Aspekte des strategischen Einkaufs im Mittelpunkt stehen, die bis zu einer Optimierung der gesamten Supply Chain und einer starken Integration von Lieferanten in die eigenen Informationssysteme führen können (Entwicklungsstufe III). Insbesondere in den letzten beiden Fällen kommt es zu einer Neuausrichtung der internen Prozesse bzw. zu einer Umstellung der Unternehmensorganisation. Ein besonderes Gewicht ist daher bereits im Vorfeld auf die organisatorische Ausrichtung des Projektes zu legen.

Der **Projekterfolg** wird dabei in hohem Maße von umfangreichen Vorbereitungen und einer zielgerichteten Planung bestimmt (*Möhrstädt/Bogner/Paxian* 2001, S. 4). Zusätzlich dazu sind Projekte, die die Beschaffung indirekter Güter betreffen, zwar anspruchsvoll, trotzdem aber überschaubar in Sachen Zielsetzungen und Projektdesign. Projekte zur direkten Beschaffung hingegen sind wesentlich komplexer, weisen in vielerlei Hinsicht aber die gleichen Strukturen und Prinzipien auf (*Neef* 2001, S. 189 f.). Im Folgenden wird daher nicht immer explizit zwischen direkter und indirekter Beschaffung unterschieden.

Erfolgsfaktoren

Im Hinblick auf die **Erfolgsfaktoren** muss zunächst festgestellt werden, dass die Einführung eines E-Procurement-Systems insbesondere bei einer vollkommenen Neuimplementierung eine völlig neue Herangehensweise an die Beschaffung darstellt und daher neue Denk- und Arbeitsweisen auf Seiten der Mitarbeiter erfordert (*Kollmann* 2019a, S. 222). Bei der **Implementierung** eines E-Procurement-Projektes spielen daher prinzipiell vier **Risikofaktoren** eine Rolle, die sich im Zusammenspiel zwischen Technik und handelnden Akteuren wiederfinden (*Peukert/Ghazvinian* 2001, S. 214 f.; s. Abb. 34):

- Die **Technologie** (Systemlösung und Hardware/Infrastruktur) erscheint zunächst als größtes Hemmnis. Sofern die Standards der Hersteller jedoch übernommen werden und eine Modifizierung der Systemlösung nur in wirklich begründeten Fällen erfolgt, ist dieser Bereich beherrschbar. Ein kritischer Punkt ist die Gestaltung von Katalogaustausch und Content Management. Hier muss insbesondere frühzeitig entschieden werden, welche Partei in welchem Maße für die Pflege der Online-Kataloge verantwortlich ist (einkaufende Organisation, Lieferant oder Dienstleister). Trotzdem ist die

Technologie heute schon so ausgereift, dass dieser Punkt nicht unbedingt als besonders kritisch eingestuft werden muss. Eine potenzielle Fehlerquelle (z. B. im Schnittstellenmanagement) ist hier jedoch auf alle Fälle zu identifizieren.

▨ Auch die Zusammenstellung des **Projektteams** ist tendenziell als unkritisch einzustufen. Dieses muss klar strukturiert und jedes Mitglied mit entsprechender Kapazität ausgestattet sein, um eine Verzögerung der Implementierung zu verhindern. Die Mitglieder des Projektteams müssen sich selbst ergänzen, sodass jeder anderen Mitgliedern helfen kann, spezifische Lösungsmöglichkeiten für Implementierungsprobleme zu entwickeln.

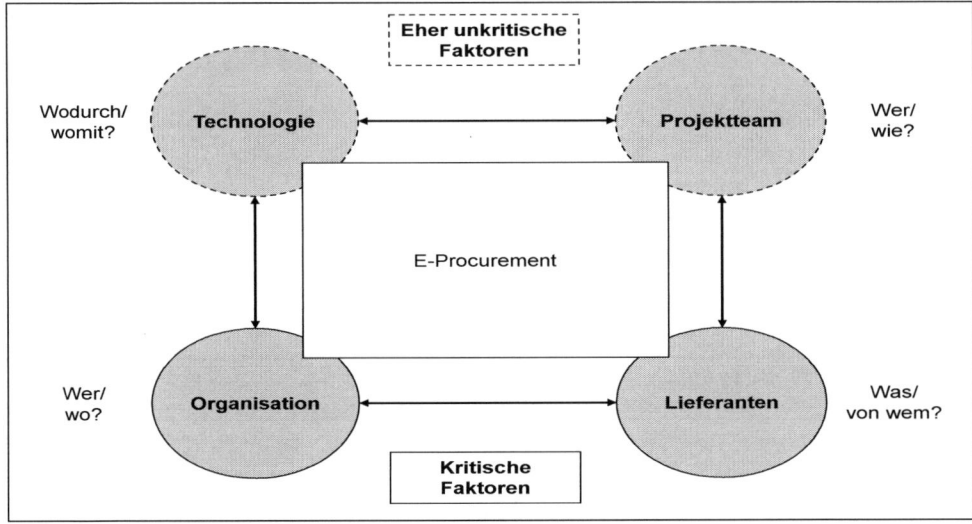

Abb. 34:   Risikofaktoren bei der Implementierung von E-Procurement
Quelle: in Anlehnung an *Peukert/Ghazvinian* 2001, S. 214.

▨ Für die **Organisation** des einkaufenden Unternehmens bedeutet die Implementierung jedoch eine massive Veränderung. Selbst wenn ein standardisiertes System eingesetzt und ein besonders schlanker Beschaffungsprozess implementiert wird, muss es in allen mit den Einkaufsprozessen verbundenen Abteilungen zu einem schnellen und radikalen Umdenken kommen: Teilprozesse entfallen, der Einkauf zieht sich aus der operativen Beschaffung zurück und Bedarfsträger bekommen mehr Verantwortung. Diese Veränderungen müssen im Rahmen der Implementierung proaktiv begleitet und gefördert werden. Die Projektorganisation ist dabei insbesondere auf die Unterstützung der Geschäftsführung angewiesen.

▨ Die **Lieferanten** des einkaufenden Unternehmens werden zukünftig die Bestellungen auf elektronischem Wege erhalten. Sie müssen entsprechend vorbereitet sein, sodass es Sinn machen kann, dass einzelne Lieferanten direkt in die Implementierung eingebunden werden. Dazu empfiehlt sich die Erstellung eines Anforderungskataloges, der das Zusammenspiel mit den Lieferanten sowie Katalogaustauschformate, Transaktionsstandards und technische Schnittstellen definiert. Eine Entlastung bietet hier das Outsourcing an einen Online-Beschaffungsagenten, der je nach Vertragsgestaltung sämtliche Aufgaben von der Lieferantenauswahl bis zur Pflege der Online-Kataloge übernimmt.

Die Erfahrungen mit den oben genannten Risikofaktoren zeigt, dass die technischen Fragestellungen eher kontrollierbar sind, während insbesondere Fragen zur „Organisation" und „Lieferanten" oft emotional behandelt werden und daher von sachlichen Fragestellungen wegführen können (*Peukert/Ghazvinian* 2001, S. 215). Daher ist eine genaue **Projektkommunikation** der Potenziale der Anwendungen im zu implementierenden E-Procurement-System an die beteiligten und betroffenen Personen von entscheidender Bedeutung für den späteren Projekterfolg. Für die folgenden Anwendungen können beispielhaft folgende kommunizierbare positive **Potenziale einer E-Procurement-Einführung** identifiziert werden (*Wirtz/Eckert* 2001, S. 155; *Kollmann* 2019a, S. 224 f.):

- **Elektronischer Katalog**: Durch Online-Katalogsysteme verringert sich erwiesenermaßen die Anzahl von Fehlbestellungen und Bedarfsträger haben einen wesentlich besseren Überblick über die zur Verfügung stehenden Produkte. Die entsprechenden Daten sind durch die elektronische Verarbeitung und Online-Zugriffe auf Lieferantensysteme zudem wesentlich aktueller als in einem Papierkatalog.

- **Bedarfsanforderung**: Die elektronische Abbildung von Workflows im E-Procurement-System entlastet die Beschaffungsabteilung, die sich vermehrt taktischen und strategischen Einkaufsaktivitäten widmen kann. Zudem führt die elektronische Bedarfserfassung zu einer Vermeidung von Medienbrüchen und damit zu einer Senkung der entstehenden Prozesskosten.

- **Genehmigungsverfahren**: Die elektronisch unterstützte Genehmigung entlastet Kontrollinstanzen (vor allem also leitende Mitarbeiter) und führt zu einer Beschleunigung des Beschaffungsprozesses. Dies begründet sich insbesondere durch die neue Möglichkeit der Automatisierung von beschaffungsbezogenen Entscheidungen, die mit der Einführung von E-Procurement-Lösungen einhergeht.

- **Bestellverfahren**: Auch die elektronische Bestellung an sich entlastet die Beschaffungsabteilung, da die aus der Verwendung von traditionellen Kommunikationsmedien (Post, Fax, Telefon) resultierenden Medienbrüche vermieden werden können. Zudem lassen sich Ersatzbestellungen durch die Integration mit Warenwirtschafts- und ERP-Systemen in vielen Fällen automatisieren.

- **Bestellverfolgung**: Ebenso wird die Beschaffungsabteilung durch eTracking-Funktionen, die einen durchgängigen Einblick in den Lieferstatus (z. B. Aufenthaltsort der Ware) ermöglichen und somit wesentlich bessere Reaktionsmöglichkeiten mit sich bringen, entlastet. Für elektronische Bezahlfunktionen gilt dies analog, da zeitinten-sive Prozesse wie z. B. die manuelle Rechnungsprüfung entfallen.

Unternehmensanalyse

Den Ausgangspunkt der Implementierung von E-Procurement-Systemen bildet in der Re-gel eine **Unternehmensanalyse**, in der insbesondere die vorhandene Unternehmensstruk-tur bzw. die organisatorischen und strategischen Rahmenbedingungen der Implementie-rung untersucht werden (*Kollmann* 2019a, S. 225 f.). Ziel der Unternehmensanalyse ist es, erste beschaffungsbezogene Annahmen zu Schwachstellen zu treffen und anschließend, basierend auf den gesammelten Daten, Ziele und Potenziale für die Einführung des E-Pro-curement identifizieren zu können (*Wirtz* 2018, S. 690 f.).

Eine Analyse der **Infrastruktur** hilft in diesem Zusammenhang bei einer Identifikation von Beschaffungsstrategien mit dem höchsten Potenzial zur Implementierung. Zunächst gilt es, sich einen Überblick über die Gesamtorganisation der Beschaffung, z. B. in Form eines Organigramms des Einkaufs, zu verschaffen. Neben der Organisationsstruktur be-zieht sich die Unternehmensanalyse auch auf die im Einkauf bereits eingesetzten Informa-tionstechnologien, Fähigkeiten der Mitarbeiter und aktuelle Beschaffungsabläufe des Un-ternehmens. Eine besondere Rolle spielen dabei die nachfolgenden fünf **Charakteristika der Beschaffungsfunktion** (*Smeltzer/Carter* 2001, S. 79):

- Der Grad der **Zentralisierung** der Beschaffungsfunktion: Ist der Beschaffungspro-zess für bestimmte Güter bereits zentral organisiert, kann das Unternehmen Vorteile aus Volumenkontrakten ziehen und langfristige Geschäftsbeziehungen zu Online-Lieferantenbeziehungen ausbauen. Vor allem in größeren Unternehmen kann hier großes Verbesserungspotenzial beobachtet werden.

- Die **Beziehung** zwischen Einkaufsleitung und Geschäftsführung: Eine enge Bezie-hung zur Geschäftsführung führt dazu, dass diese einen engagieren Beitrag zum Erfolg des Projektes leistet. Sie ist in der Regel sowohl Kunde als auch Sponsor des Projektes.

- Die **Kompetenzen** der Einkaufsabteilung: Nur qualifizierte und unter den Mitarbei-tern anerkannte Einkäufer sind in der Lage, die mitunter radikalen Veränderungen im Beschaffungsprozess zu implementieren.

- Die **Interdisziplinarität** der Einkaufsabteilung: Funktionsübergreifende Teams, die die betrieblich zusammenhängenden Abläufe in ihrer Gesamtheit analysieren, sind ein Schlüssel zur erfolgreichen Prozesskostenreduktion, Produktstandardisierung und Lieferanteneinbeziehung.

- Der Grad der **Technisierung**: Hier spielen sowohl die vorhandene informationstech-nische Infrastruktur als auch die IT-Kompetenzen zur Pflege und Weiterentwicklung der vorhandenen EDV-Systemlandschaft eine entscheidende Rolle. Modulare Systeme, die Schnittstellen bereitstellen und die Verwendung von Standards ermöglichen, vereinfachen die Integration einer E-Procurement-Lösung.

Produkt- und Lieferantenanalyse

Da der Einsatz von E-Procurement nur für diejenigen Beschaffungsobjekte erfolgen sollte, bei deren Einkauf substantielle Einsparpotenziale hinsichtlich des Preises und der Beschaffungskosten zu erwarten sind, muss in der Projektplanung eine Auswahl der elektronisch zu beschaffenden Produkte erfolgen (*Kollmann* 2019a, S. 226 ff.). Dies bedarf einer möglichst vollständigen **Produktanalyse**, von der das Unternehmen Einkaufsstrategien und E-Procurement-Lösungen ableiten kann (*Smelzer/Carter* 2001, S. 79). Zusammen mit der Unternehmensanalyse stellt die Produktanalyse den Status Quo der aktuellen Beschaffung in organisatorischer und produktbezogener Hinsicht fest (*Wirtz* 2018, S. 690 f.). Die Auswahl der zu beschaffenden Produkte muss dabei nicht bereits zu Beginn statisch zementiert werden. Vielmehr kann hier ein **Entwicklungspfad** für die zukünftige Produktbeschaffung im E-Procurement skizziert werden. So können in einer zeitlichen Abfolge mehr und mehr Produkte hinsichtlich der Kriterien „Standardisierbarkeit" und „Prozesskosten" der elektronischen Beschaffung hinzugefügt werden (s. Abb. 35).

Dabei gelten indirekte C-Güter aufgrund ihrer meist hohen Standardisierbarkeit als am besten geeignet für den ersten Schritt in das E-Procurement. In diesem Bereich lassen sich die größten Prozesskosteneinsparungen erzielen (*Kollmann* 2019a, S. 139 ff.). Zudem wird der überwiegende Teil dieser Produkte repetitiv beschafft, was das Bestreben nahelegt, das Einkaufsvolumen bzw. die Einkaufsmacht des Unternehmens zu bündeln. Vor allem bei diesen Produkten bietet es sich an, im Zuge der Implementierung Rahmenverträge, in denen bestimmte Lieferkonditionen (z. B. der Preis in Abhängigkeit vom Beschaffungsvolumen oder der Beschaffungshäufigkeit) fixiert werden, abzuschließen (*Wirtz* 2018, S. 648). Hat ein Unternehmen dann die ersten Erfahrungen mit elektronischen Beschaffungsprozessen gemacht, kann E-Procurement auf höherwertige Objekte ausgeweitet werden. Dabei können zunächst geringwertige, später aber auch höherwertige direkte Güter, bei denen neben Prozesskostenreduktion vor allem auch Informationskostenreduktionen im Rahmen der Automatisierung realisierbar sind (*Kollmann* 2019a, S. 139 ff.), in den Beschaffungsprozess eingebunden werden. Die weitere Entwicklung kann bis zu einer Integration von Lieferanten in die eigene primäre Wertschöpfungskette im Sinne eines **eSupply Chain Managements** gehen.

Basierend auf der Entscheidung über die zu beschaffenden Produkte über das E-Procurement-System muss in einem nächsten Schritt festgestellt werden, mit welchen bestehenden oder neuen Lieferanten dies überhaupt möglich ist (*Kollmann* 2019a, S. 227 f.). Die diesbezügliche **Lieferantenanalyse** beurteilt demnach zunächst die bestehenden Lieferantenbeziehungen hinsichtlich ihrer Eignung für die geplante elektronische Zusammenarbeit (*Wirtz* 2018, S. 692). Untersucht werden dazu zunächst die wichtigsten Lieferanten der zuvor ausgewählten Produktsegmente. Die Lieferantenanalyse beurteilt Lieferanten zum einen auf einer **technologischen Ebene**. Dabei geht es in erster Linie um ihre Fähigkeit, Online-Kataloge in gewünschter Qualität und im geforderten Format zu liefern und

Schnittstellen für elektronische Zahlungsvorgänge oder den elektronischen Austausch von Geschäftsdokumenten zur Verfügung zu stellen. Zum anderen sollten die Lieferanten aber auch bezüglich ihrer Bereitschaft beurteilt werden, als exklusiver Lieferant zusätzliche **Preiszugeständnisse** zu machen. Typische Fragen der Lieferantenanalyse sind zudem, ob und in welchem Ausmaß man auf Lieferantenseite ein entsprechendes Engagement für die Durchführung von E-Procurement-Prozessen erwarten kann (*Dolmetsch* 2000, S. 245). Ergebnis der Lieferantenanalyse sollte neben der Beurteilungsübersicht der Lieferanten auch eine Abschätzung der **Integrationskosten** sein. Fällt die Entscheidung für die Integration eines Lieferanten positiv aus, gilt es am Ende der Lieferantenanalyse eine individuelle Adoptionsstrategie, die Ziele, Budget, Zeitplan und Ressourcen der Integration festlegt, zu definieren (*Wirtz* 2018, S. 692 f.).

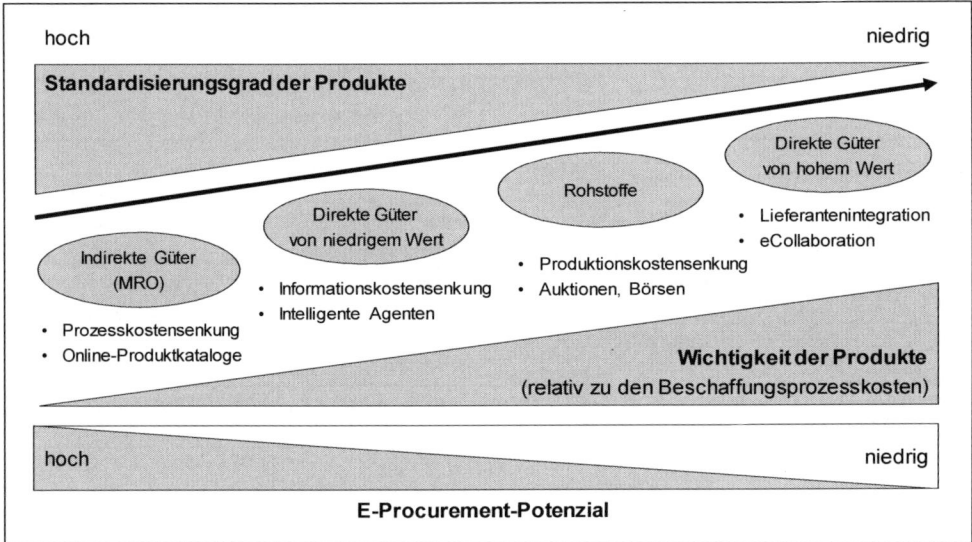

Abb. 35:   Entwicklung einer produktbezogenen Implementierung im E-Procurement
Quelle: *Wirtz* 2018, S. 647.

Prozessanalyse

Durch die Implementierung von E-Procurement-Systemen werden eine Reihe von Prozessen radikal geändert (s. Abb. 36). Im Rahmen der sich der Produkt- und Lieferantenauswahl anschließenden **Prozessanalyse** wird dabei zunächst der bisherige (reale) Beschaffungsprozess detaillierter untersucht, um Verbesserungspotenziale bzw. kritische Erfolgsfaktoren zu identifizieren (*Kollmann* 2019a, S. 228 f.). Ergebnisse sollten also eine Detailbeschreibung der untersuchten Beschaffungsprozesse und eine Analyse der jeweils möglichen Prozesseinsparungen sein (*Wirtz* 2018, S. 664 f.). Entfällt die Prozessanalyse, bildet das Unternehmen bestehende ineffiziente Prozesse ab und verpasst die wertvolle Gelegenheit, seine Beschaffungsprozesse grundlegend zu ändern (*Dolmetsch* 2000, S. 17).

Zu einem erfolgreichen operativen Beschaffungsprozess gehört viel mehr als der direkte Kontakt zwischen Bedarfsträger und Lieferanten (*Kollmann* 2019a, S. 229). Durch E-Procurement-Systeme kann nämlich eine Vielzahl an Teilfunktionen mit übernommen oder zumindest unterstützt sowie mit Informationen versorgt werden (*Möhrstädt/Bogner/Paxian* 2001, S. 117). Zu berücksichtigen ist auch die Tatsache, dass Beschaffungsprozesse variantenreich sind: So gibt es zumeist zwar eine unternehmensweite Beschaffungspolitik, die der einzelnen Geschäftseinheit jedoch oft Freiräume lässt, ihre eigenen **Beschaffungsregeln** zu definieren (*Dolmetsch* 2000, S. 238). Damit zusammenhängende Abläufe dabei nicht nur in Teilabschnitten optimiert werden, ist für alle Geschäftsprozesse ein funktionsübergreifendes Denken erforderlich. Die betrieblich zusammenhängenden Prozesse sind also in ihrer Gesamtheit zu analysieren. Der Sinn einer Prozessanalyse besteht demnach vor allem darin, eine Durchgängigkeit von Beschaffungsprozessen zu erreichen, denn durchgängige Prozesse reduzieren Doppelbearbeitungen und Blindleistungen sowie die Verschwendung von Zeit und Material (*Möhrstädt/Bogner/Paxian* 2001, S. 33). Auf diese Weise trägt die Prozessanalyse zu den geforderten Zielen einer Umstellung im Beschaffungsmanagement bei (Zeit, Qualität, Kosten).

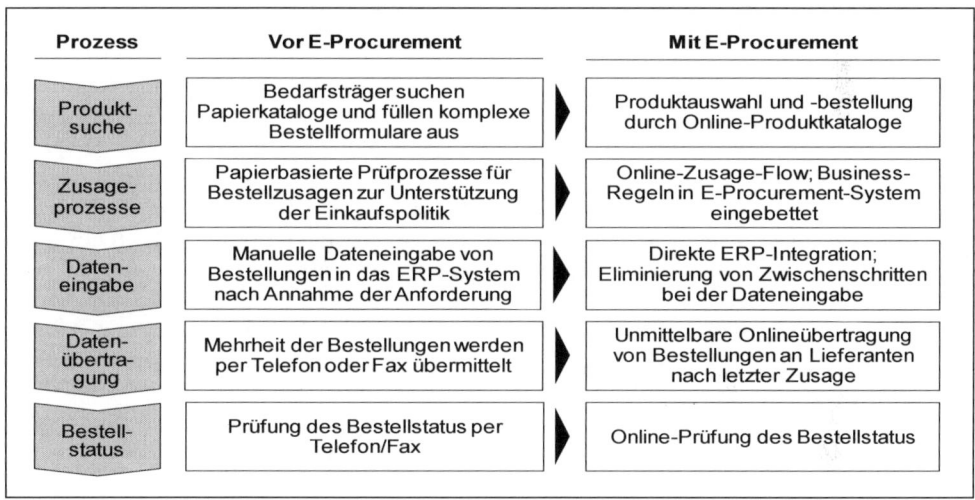

Abb. 36:   Prozessanalyse zur Darstellung von Veränderungen im E-Procurement
Quelle: *Kollmann* 2019a, S. 228.

Als weitere Aufgabe im Rahmen der Prozessanalyse werden aufbauorganisatorische Aspekte wie z. B. die Einbettung der Prozesse, Funktions- und Personalzuordnung untersucht. Anschließend können in einem Workshop mit den die Prozesse ausführenden Personen ablauforganisatorische Aspekte wie z. B. Informationsfluss, Workflows sowie Hilfs- und Sachmittel untersucht werden. Zur Erstellung der Grundlagen für eine spätere Prozessoptimierung sowie für eine quantitative Bewertung der Ausgangssituation (z. B. Bearbeitungszeiten, Liegezeiten und interne Transportzeiten) bietet sich die Verwendung von EDV-

Tools zur Geschäftsprozessanalyse an (*Möhrstädt/Bogner/Paxian* 2001, S. 34). Die antei-
ligen Kosten der jeweiligen Beschaffungsprozesse können dann mit Hilfe einer **Prozess-
kostenanalyse** (PKA) ermittelt werden. Dieses Verfahren ermöglicht die Kontrolle und
systematische Zuordnung von Gemeinkosten auf der Basis einer umfassenden Prozessorientierung (s. o.). Im Mittelpunkt steht dabei zum einen die Sensibilisierung der Prozess-
beteiligten am Prozess selbst und am eigenen Handeln, zum anderen die Analyse des Ist-
Zustandes in Bezug auf die Prozesse und die damit verbundenen Kosten. Der Vorteil dieses
Verfahrens liegt in der einfachen Aufdeckung von Kostentreibern und Maßgrößen und in
der schnellen Identifizierung und Darstellung von Rationalisierungspotenzialen. Zwar sind
die entstehenden Kosten oft nur schwer durchschaubar, eine mangelnde Transparenz der
Prozesse steht allerdings in direktem Zusammenhang mit der Höhe der Kosten (*Möhr-
städt/Bogner/Paxian* 2001, S. 34 f.). Die Ergebnisse stehen dabei auch im Zusammenhang
mit einer späteren Erfolgsmessung des E-Procurement.

Projektorganisation

Die Einführung eines E-Procurement-Systems stellt vor dem Hintergrund der bisherigen
Ausführungen hohe Anforderungen an die **Projektorganisation**, da ein breites Wissensspektrum aus den Bereichen Einkauf, Lager, Rechnungsprüfung und Logistik sowie der
Fachgebiete Prozessgestaltung, Systemintegration und Internettechnologien notwendig erscheint (*Kollmann* 2019a, S. 229 ff.; *Dolmetsch* 2000, S. 238). Daher spielt die Zusammensetzung des **Projektteams** eine besondere Rolle und es muss sichergestellt werden,
dass die für die erfolgreiche Implementierung nötigen Ressourcen und Fähigkeiten verfügbar sind. Abb. 37 zeigt eine entsprechende Projektstruktur mit Rollen und Verantwortlichkeiten, die diese Voraussetzungen garantieren soll. Das dargestellte **Projektteam** setzt
sich aus folgenden **Strukturelementen** zusammen (*Neef* 2001, S. 189 ff.):

- Der **Lenkungsausschuss**, in dem der Projektsponsor, leitende Mitarbeiter aus den Bereichen Einkauf, IT und Logistik sowie die Projektleitung vertreten sind, entwickelt
  den strategischen Plan, erstellt Projektrichtlinien, definiert Ziele und ordnet dem Projekt die entsprechenden Ressourcen zu. Er wird optimalerweise von der Geschäftsführung gebildet. Dieses Vorgehen stellt sicher, dass das Projekt der Unterstützung der
  Geschäftsführung sicher ist und diese engagiert ihren Beitrag zum Erfolg des Projektes leistet.

- Der **Projektleiter** trägt die Gesamtverantwortung für das Projekt. Er ist entweder ein
  Mitarbeiter des eigenen Unternehmens oder entstammt einem Software- oder Bera-
  tungshaus. Er stellt die Konsistenz des Projektes und die Befolgung von Projektrichtlinien und Meilensteinen sicher. Er muss dafür sorgen, dass die Geschäftsführung
  stets informiert und involviert ist, ohne dass das Projekt jedoch von ihr dominiert
  wird. Dafür muss der Projektleiter neben langjähriger Erfahrung im Projektmanagement über ein entsprechendes Taktgefühl, technisches Wissen und den Respekt der
  Top-Manager verfügen.

▓ Der **technische Projektmanager** ist für das Design und die Implementierung der Systemlösung sowie der unterstützenden Hardware verantwortlich. Er sorgt dafür, dass das System in die bestehende Systemlandschaft integriert wird, überwacht die Implementierung von Schnittstellen, stimmt die erforderlichen Ressourcen ab, kommuniziert mit Softwareherstellern, klärt Betriebsfragen und verantwortet die Datenmigration. Zudem ist er für die Durchführung von Schulungen und die Bereitstellung des technischen Supports verantwortlich. Gefragt ist in dieser Position ein erfahrener IT-Projektmanager, der ein gutes Verständnis für die Beschaffungsprozesse des Unternehmens und unternehmensweite Geschäftsziele mit sich bringt.

▓ Der **betriebswirtschaftliche Projektmanager** ist für alle Aspekte des Projektes, die außerhalb der IT liegen, zuständig. Diese sind u. a. den Bereichen Projektrisikomanagement und Change Management zuzuordnen, sowie der Geschäftsprozessanalyse und den aus E-Procurement resultierenden Änderungen an Prozessen. Der nichttechnische Projektmanager verantwortet alle personellen und wirtschaftlichen Fragenstellungen sowie die Ableitung und Dokumentation von Änderungen an bestehenden Workflows und Mitarbeiterpositionen. Zudem unterstützt er die einzelnen Abteilungen bei der Erstellung von Änderungsplänen und der Durchführung von Schulungen im nichttechnischen Bereich.

▓ Das **Kernteam** sollte aus etwa sechs bis acht Repräsentanten der vom Beschaffungsprozess betroffenen Unternehmensfunktionen bestehen. Im Falle der indirekten Beschaffung könnte es sich dabei um Lieferantenmanagement, Beschaffung, Buchhaltung, IT und Wareneingang handeln. Bei der direkten Beschaffung hingegen kämen bspw. Lagermanagement, Produktdesign, Produktion, Logistik und Hauptlieferanten hinzu. Auch die Mitglieder des Kernteams sollten anerkannte Führungspersönlichkeiten sein und ihre Kollegen von dem zu bewältigenden Projekt überzeugen können. In vielen Fällen macht es zudem Sinn, einen Mitarbeiter der Personalabteilung zu integrieren, da mit der Einführung von E-Procurement eine Reihe von personellen Veränderungen einhergeht.

Oft wird das Projektteam in Abhängigkeit von der aktuellen Projektphase durch E-Procurement-Experten eines **Beratungsunternehmens** oder Softwarehauses, die in vielen Fällen auch Positionen in der Projektleitung übernehmen, ergänzt. Da sich der Bedarf an Fachexperten im Kernteam im Laufe des Projektes ändern kann, sollten eigene Mitarbeiter und externe Berater stets flexibel zuziehbar sein (*Dolmetsch* 2000, S. 241 f.). Gerade im Fall der Einbeziehung externer Hilfe ist es wichtig, dass die Mitglieder des ursprünglichen Projektteams das Projekt als einen Teil ihres Verantwortungsbereiches sehen und versuchen von den Best Practice-Erfahrungen von Beratern und Softwarespezialisten zu profitieren, anstatt eine passive Rolle einzunehmen und die Zukunft des eigenen Unternehmens durch externe Spezialisten gestalten zu lassen (*Neef* 2001, S. 194).

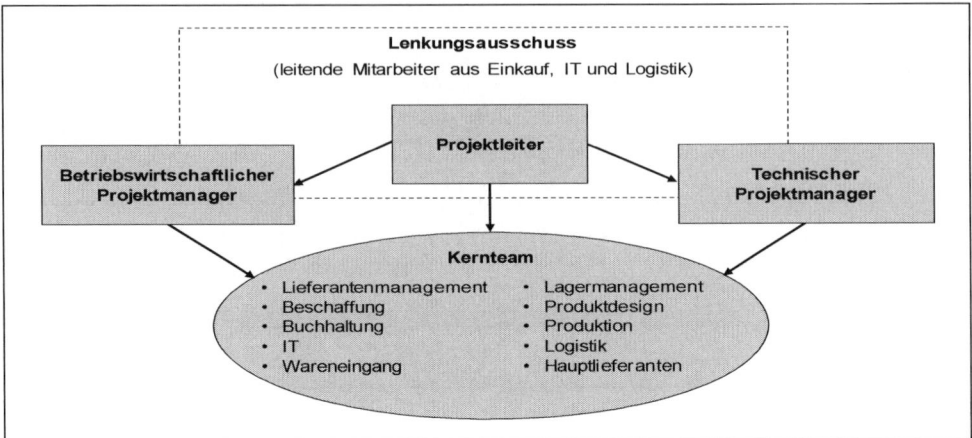

Abb. 37:   Projektorganisation und Teamzusammensetzung im E-Procurement
Quelle: *Neef* 2001, S. 193.

Projektkalkulation

Aus den vorangegangenen Analysen von Infrastruktur, Produkten, Prozessen und Lieferanten kann ein Soll-Konzept erarbeitet werden, das im Rahmen der **Projektkalkulation**
die Grundlage einer Kosten-Nutzen-Betrachtung darstellt (*Kollmann* 2019a, S. 232 f.).
Um den **Return on Investment** (ROI) des Projektes zu bestimmen, muss vor diesem
Hintergrund im Rahmen der Projektkalkulation dazu grundsätzlich zwischen Potenzialen
und GuV-wirksamen Maßnahmen unterschieden werden (*Peukert/Ghazvinian* 2001,
S. 216):

▨   Zu den **Potenzialen** gehören alle theoretischen Einsparungen, die zu einer Umvertei-
    lung von Kapazitäten führen. Die Beschleunigung des Genehmigungsworkflows
    (s. Kapitel 2.2.1) bspw. wird kaum zum Unternehmensergebnis beitragen und darf
    daher auch nicht dem ROI zugerechnet werden. Denn selbst wenn alle Abteilungsleiter
    durch die entfallenden Genehmigungen viel Zeit einsparen, wird kein Abteilungsleiter
    freigesetzt. Die Folge ist vielmehr, dass den Abteilungsleitern nun mehr Zeit für Füh-
    rungsaufgaben bleibt, was für die Mitarbeiter einen Zugewinn an Arbeitsqualität und
    Motivation bedeutet.

▨   Im Gegensatz dazu führen **GuV-wirksame** Maßnahmen direkt zu Veränderungen
    beim Unternehmensergebnis und müssen daher auch beim ROI berücksichtigt wer-
    den. So wird die Einführung von Sammelrechnungen oder die Einführung von ePay-
    ment-Prozessen bspw. zu einer echten Entlastung im Bereich der Rechnungsprüfung
    führen. Ist diese Reduzierung hoch genug, kann dies zu einer Freisetzung von Kapa-
    zitäten führen. Allerdings kann dies nur mittelfristig oder kurzfristig durch Fluktuation

erfolgen, da die Investitionen in Hardware, Software und Beratungsleistungen ebenfalls GuV-wirksam sind. Ebenfalls GuV-wirksam sind Freisetzungen in Einkauf und
Wareneingang sowie Einsparungen durch die Bündelung des Einkaufsvolumens.

Der GuV-wirksame **Wert** einer E-Procurement-Lösung berechnet sich aus der Summe von
Preis- und Transaktionskostenvorteilen, abzüglich der bei der Implementierung entste-
henden Opportunitätskosten (s. Abb. 38). Transaktionskostenvorteile ergeben sich dabei
aus einer Reduktion der Bestellabwicklungskosten. Dabei handelt es sich um fixe Kosten,
die für die Beschaffung von Gütern und Dienstleistungen anfallen. Sie sind nicht von der
Beschaffungsmenge, sondern lediglich von der Anzahl der Bestellungen bzw. getätigten
Transaktionen abhängig. Zu den Bestellkosten zählen u. a. Personal- und Sachkosten der
Unternehmensfunktionen Beschaffung, Materialprüfung und Rechnungsprüfung (*Möhr-
städt/Bogner/Paxian* 2001, S. 37). Der Wert des E-Procurement hängt vom betrachteten
Produktsegment, den jeweiligen Beschaffungsvolumina und der Komplexität des Beschaf-
fungsprozesses ab. Zudem besteht ein Zusammenhang zum Ist-Ablauf der Beschaffung,
der während der Prozessanalyse untersucht wurde (*Kollmann* 2019a, S. 139 ff.).

Insbesondere lassen sich Unterschiede zwischen bereits vor der Implementierung automatisierten, fest definierten Ist-Abläufen und manuellen, nicht genau definierten Beschaffungsprozessen feststellen (*Kollmann* 2019a, S. 139 ff.). Generell kann man dabei davon
ausgehen, dass der durch die Implementierung von E-Procurement erzeugte Wert bei einer
vormals unstrukturierten Beschaffung höher ist als bei einer vormals strukturierten Beschaffung (*Subramaniam/Shaw* 2004, S. 168 f.).

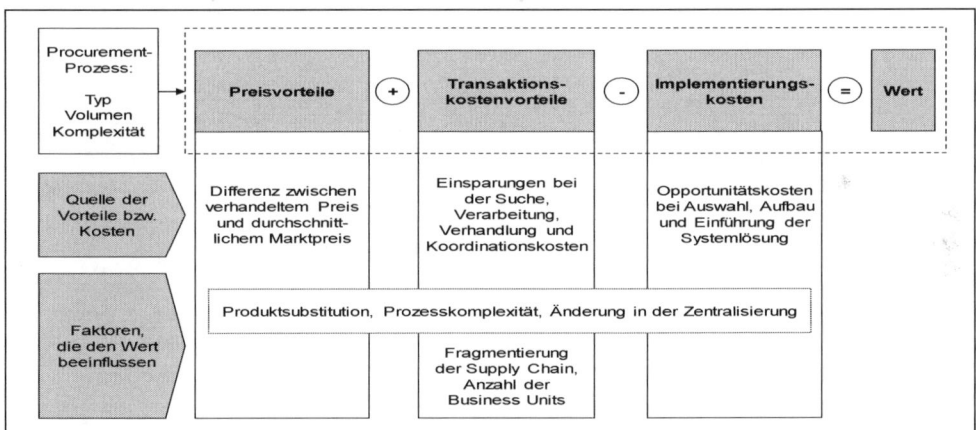

Abb. 38:   Berechnung des GuV-wirksamen Wertes einer E-Procurement-Einführung
Quelle: in Anlehnung an *Subramaniam/Shaw* 2004, S. 168 f.

Die **Implementierungskosten** sind im Vorfeld der Implementierung nur schwer zu bestimmen, da die Anzahl der unbekannten Variablen hoch ist. Sie beinhalten bspw.
Investitionen in die ausgewählte Systemlösung, Kosten für die Integration mit internen und

externen Systemen sowie Kosten für die Ausgestaltung des Online-Katalogmanagements. Die Implementierungskosten hängen von der im Unternehmen vorhandenen Infrastruktur (*Kollmann* 2019a, S. 139 ff.), vom Ist-Zustand der Beschaffungsprozesse sowie vom Lieferantenportfolio ab und müssen für jede elektronisch zu beschaffende Produktart in Beziehung zu den **Produktgesamtkosten** gesetzt werden.

Diese **Gesamtkosten** eines einzukaufenden Produktes wiederum setzen sich aus Verwaltungskosten, Nutzungskosten und Einkaufspreis zusammen (*Smeltzer/Carter* 2001, S. 82). Anhand der Ergebnisse der (positiven) Projektkalkulation kann nun die konkrete Projektumsetzung, bei der die Auswahl der Systemlösung und die Neuausrichtung der Organisation eingeleitet werden, erfolgen.

Projektumsetzung

Basierend auf den Ergebnissen der initialen Projektplanungsphase kann nun die technische und betriebswirtschaftliche **Projektumsetzung** erfolgen (*Kollmann* 2019a, S. 234 ff.). Die unternehmensweite Implementierung von E-Procurement lässt sich in verschiedene **Projektphasen** einteilen. Abb. 39 gibt einen Überblick über die wesentlichen Aktivitäten eines Projektes und setzt diese in eine Ablauffolge. Dargestellt ist ein aus der vorhandenen Literatur synthetisiertes Vorgehensmodell, das die Projektphasen und deren zentrale Ergebnisse in Beziehung zueinander setzt.

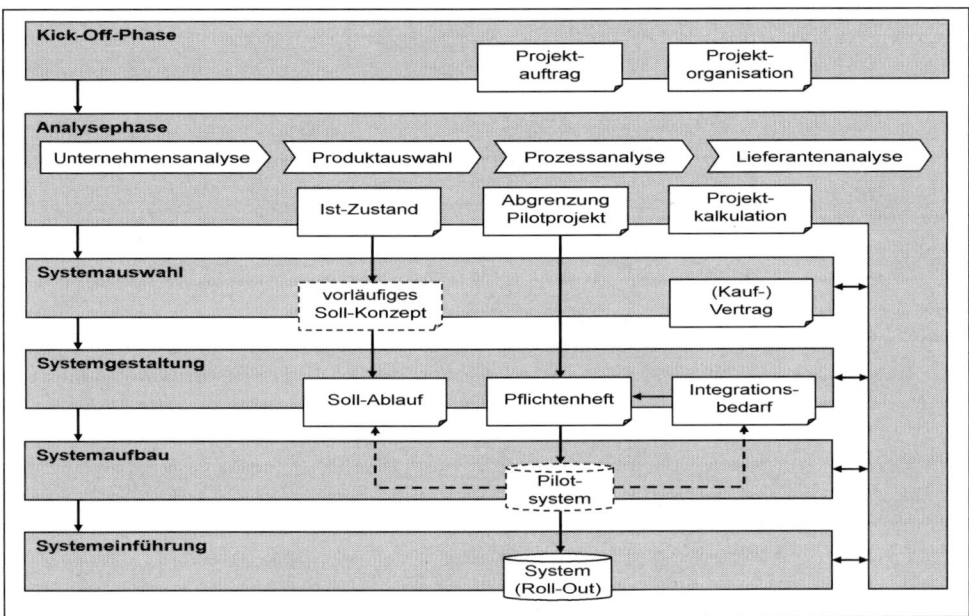

Abb. 39:   Phasen eines unternehmensweiten E-Procurement-Projektes
Quelle: *Kollmann* 2019a, S. 234.

Angestoßen wird ein E-Procurement-Projekt meist von Einkauf, Controlling, der Finanz- oder der IT-Abteilung in Kombination mit einem Digital Leader. Das Projekt startet mit einer **Kick-Off-Phase**, in der Geschäftsprobleme formuliert, erste Informationen bei Systemherstellern eingeholt und Kostensenkungspotenziale grob abgeschätzt werden. Zudem wird ein Projektsponsor gefunden und überzeugt, ein Projektteam (*Kollmann* 2019a, S. 139 ff.) aufgestellt sowie ein Projektauftrag formuliert (*Dolmetsch* 2000, S. 240). Ziel dieses Projektauftrages ist es, eine Vision internetgestützter Beschaffung zu formulieren und daraus Projektziele abzuleiten. Der Detaillierungsgrad ist dabei abhängig von der organisatorischen Stellung, also der Fachabteilung und Hierarchiestufe des Projektsponsors. Dieser ist im Idealfall Mitglied der Geschäftsleitung, z. B. Logistik- und Finanzvorstand (CFO) oder direkt ein CDO. Ergebnisse der Kick-Off-Phase sind neben dem Projektauftrag eine Grobabschätzung der Einsparungspotenziale, die Festlegung der Projektorganisation und eines Projektbudgets sowie Verträge und Projektvereinbarungen mit externen Beratungsunternehmen (*Dolmetsch* 2000, S. 241 f.).

Wenngleich die Entscheidung für E-Procurement in letzter Instanz der Geschäftsführung vorbehalten bleibt, ist es Aufgabe des Projektteams, durch präzise Analysen von Unternehmensstruktur, Produkten, Prozessen und Lieferanten (*Kollmann* 2019a, S. 139 ff.) eine attraktive Entscheidungsvorlage zu erstellen. Dem Kick-Off folgt daher eine **Analysephase**, die neben den organisatorischen Rahmenbedingungen zur Realisierung das Einsparpotenzial für jede Geschäftseinheit und die entsprechenden Produktsegmente möglicher Prozess- und Produkteinsparungen prüft. Die Analysephase setzt sich aus Unternehmens-, Produkt-, Prozess- und Lieferantenanalyse, die den Ist-Zustand der Beschaffung festhalten, zusammen. Aufgrund der Ergebnisse der Unternehmensanalyse und der getroffenen Produktauswahl kann ein erster Vorschlag zur Abgrenzung eines Pilotprojektes gemacht werden. Dieses definiert sich durch eine begrenzte Anzahl von Benutzern, die einbezogenen Abteilungen und die abgebildeten Produktsegmente. Unternehmensanalyse und Produktauswahl legen somit implizit fest, welche Beschaffungsprozesse und Lieferanten in der Analysephase untersucht werden (*Dolmetsch* 2000, S. 244). Die Analysephase, auf deren Werkzeuge und Methoden im weiteren Projektverlauf immer wieder iterativ zurückgegriffen wird, endet mit einer ausführlichen Projektkalkulation, die die Grundlage Budgetgenehmigung und Projektumsetzung bildet (*Kollmann* 2019a, S. 139 ff.).

Die Projektumsetzung beginnt mit der Phase der **Systemauswahl**, in der sich das Team für eine Systemlösung entscheidet und in der Regel einen Vertrag mit einem Systemanbieter abschließt (*Kollmann* 2019a, S. 139 ff.). Dabei wird geprüft, ob ein System das sich aus den Ergebnissen der Analysephase ergebende vorläufige Soll-Konzept abbilden kann. Ist die Entscheidung für eine Systemlösung gefallen, können die Soll-Abläufe in der Phase **Systemgestaltung** weiter ausgebaut werden (*Kollmann* 2019a, S. 139 ff.). Dazu wird ein unternehmensweites Modell entwickelt, das so standardisiert ist, dass es in allen Geschäftsbereichen und an allen Standorten angewendet werden kann. Grundlagen sind dabei nicht nur der bereits in der Analysephase festgehaltene Ist-Zustand, sondern auch die verfügbare Funktionalität der Systemlösung. Zusätzlich definiert das Projektteam den Integrationsbedarf mit internen und externen EDV-Systemen, der zusammen mit den Soll-Abläufen in ein Pflichtenheft überführt wird (*Peukert/Ghazvinian* 2001, S. 212).

Generell ist es von Vorteil, das System zunächst als Pilotlösung mit wenigen Benutzern und ausgewählten Produktsegmenten zu betreiben. Ziel ist hier ein Proof-of-Concept, also ein Meilenstein, an dem die prinzipielle Durchführbarkeit des Vorhabens belegt wird. In der Phase **Systemaufbau** (*Kollmann* 2019a, S. 139 ff.) wird daher entsprechend der im Pflichtenheft festgehaltenen betriebswirtschaftlichen und technischen Anforderungen des Unternehmens eine erste lauffähige Pilotlösung für die für das Pilotprojekt ausgewählten Abteilungen, Benutzer, Produktsegmente und Lieferanten implementiert. Dies beinhaltet die Entwicklung zusätzlicher Funktionalitäten, die Integration mit bestehenden Systemen, die Realisierung des Online-Kataloges und die Anbindung der ersten Anbieter.

In der abschließenden Phase **Systemeinführung** (*Kollmann* 2019a, S. 139 ff.) werden die mit den Pilotanwendern und ersten Transaktionen im Tagesgeschäft gemachten Erfahrungen dokumentiert und die sich daraus ergebenden zusätzlichen Anforderungen an die Systemlösung nachträglich ins Pflichtenheft aufgenommen. Iterativ werden die notwendigen Änderungen dann während der Einführungsphase implementiert. Nachdem die im Laufe der Einführung des Pilotsystems aufgetretenen Probleme gelöst sind, kann das System unternehmensweit und auf die übrigen Produkte und Lieferanten ausgebreitet werden (*Dolmetsch* 2000, S. 250 f.). Gleichzeitig führt das Implementierungsteam Tests am System durch und bereitet das Projektteam und die zukünftigen Systembenutzer durch Schulungen auf den Produktivstart vor.

 Die Implementierung eines E-Procurement wird aktiv von einem Digital Leader angestoßen oder begleitet, wobei er darauf achtet, dass alle notwendigen Analysen durchgeführt, die Projektorganisation und -kalkulation stimmt sowie die Erfolgsfaktoren durch die richtige Auswahl des passenden digitalen Einkaufssystems adressiert werden.

4.2.2   Die Implementierung eines E-Shop

Die Komplexität von Projekten im elektronischen Verkauf steigt mit den bei der Implementierung verbundenen Zielen (*Kollmann* 2019a, S. 259 ff.). Dies ist schon bei der **Projektplanung** zu berücksichtigen. Bei der Verkaufsoptimierung kann vor diesem Hintergrund zwischen drei **Entwicklungsstufen** bzw. Zieldimensionen unterschieden werden. So kann der E-Shop von der Verkaufsabteilung eines realen Unternehmens zunächst „nur" als zusätzlicher Absatzkanal zur Reduzierung der Verkaufs- und Prozesskosten eingesetzt werden (Entwicklungsstufe I). Dies gilt auch für einen reinen Online-Händler, der auf ein Partner-Modell setzt (*Kollmann* 2019a, S. 259 ff.). Hier würden dann die Funktionen des operativen Verkaufs im Mittelpunkt stehen. Darüber hinaus könnte der E-Shop aber auch als Informationsquelle für Prozessoptimierungen und eine umfassende Analyse des Kundenverhaltens genutzt werden, wodurch eher die Aspekte des taktischen Verkaufs zum Tragen kämen (Entwicklungsstufe II). Für die höchste Zieldimension würden dagegen die Aspekte des strategischen Verkaufs im Mittelpunkt stehen, die bis zu einem konsequenten eCustomer Relationship Management gehen können (Entwicklungsstufe III). Insbesondere in den letzten beiden Fällen kommt es bei bereits bestehenden Unternehmen der realen Wirtschaft zu einer Neuausrichtung der internen Prozesse bzw. zu einer Umstellung der Unternehmensorganisation. Dies gilt auch für einen reinen Online-Händler, der auf ein Betreiber-Modell setzt. Ein besonderes Gewicht ist daher bereits im Vorfeld auf die strategische Ausrichtung des Projektes zu legen. Der Projekterfolg wird dabei in hohem Maße von umfangreichen Vorbereitungen und einer zielgerichteten Planung bestimmt (*Möhrstädt/Bogner/Paxian* 2001, S. 4). Dem E-Shop-Betreiber muss dabei zunächst einmal klar sein, welche Faktoren den Erfolg beeinflussen, wie die genaue Struktur des E-Shops aussehen soll, wie einzelne Prozesse und der Prozessablauf gestaltet sein sollen und welche finanziellen Rahmenbedingungen gegeben sind.

Erfolgsfaktoren

Im Hinblick auf die **Erfolgsfaktoren** muss zunächst festgestellt werden, dass die Einführung eines E-Shops eine ganze Reihe an Anforderungen an den Betreiber stellt (*Kollmann* 2019a, S. 451 ff.). Dies gilt insbesondere bei einer Neuimplementierung. Erfolg wird dabei im Allgemeinen als mittel- bis langfristige Steigerung des Unternehmens- bzw. E-Shop-Wertes betrachtet (*Berens/Schmitting* 2004, S. 173). Für die erfolgreiche Umsetzung sollte sich der Betreiber eines E-Shops aber zunächst vier **Risikofaktoren** vor Augen führen, die sich vor diesem Hintergrund in einem Zusammenspiel zwischen Technik und Angebot wiederfinden (*Kollmann* 2019a, S. 452; s. Abb. 40):

■   Die **Technologie** des E-Shops (Hardware/Software) erscheint besonders im Hinblick auf die umfangreichen und unumgänglichen Systemanforderungen als Risikofaktor, da erst die Erfüllung der Anforderungen in ihrer Gesamtheit zu dem Erfolg des E-Shops beitragen können. Auch der Aufbau der Systemarchitekturen und die gewählte Lösung der Implementierung spielen hierbei eine nicht zu unterschätzende Rolle. Allerdings sind die Technologien heute im Allgemeinen schon so ausgereift, dass dieser Punkt nicht unbedingt als besonders kritisch eingestuft werden muss.

■   Der **Betreiber** des E-Shops sollte durch seine Kompetenzen und Fähigkeiten dazu beitragen, dass die Produktanalyse fachmännisch und professionell durchgeführt wird, um daraus ein wettbewerbsfähiges, in seinem eigenen Shop anzubietendes Angebot abzuleiten. Dasselbe gilt gleichermaßen für die Nachfrageranalyse und die Strategieanalyse, da hier das erworbene Wissen über den Markt und dessen Teilnehmer bzw. Nachfrager dazu beiträgt eine ausgewogene und wohlüberlegte Strategie zu verfolgen, die langfristig über Erfolg oder Misserfolg entscheiden kann. Somit ist der Betreiber mit seinen fehlenden Fähigkeiten und Kompetenzen als kritischer Risikofaktor zu betrachten.

■   Das **Angebot** des E-Shops kann wiederum als besonders kritischer Risikofaktor betrachtet werden, da erst durch ein wettbewerbsfähiges Angebot der Markt so bearbeitet werden kann, dass auch genügend Umsätze generiert werden, die den Fortbestand des E-Shops garantieren. Je nach E-Potenzial eignen sich manche Angebote zwar sehr gut für den Online-Verkauf, allerdings sind hier die Marktanteile der meist schon vorhandenen Märkte auch schon stark abgegriffen. Weiterhin muss sich das Angebot über das Internet optimal bewerben lassen, um die für den Erfolg des E-Shops notwendige kritische Nachfragermasse erreichen zu können. Daher stellt das Angebot einen weiteren kritischen Risikofaktor dar.

▓ Die **Prozesse** innerhalb eines E-Shops (Online-Prozessgestaltung) erscheinen zunächst als hoch komplexer und kritischer Risikofaktor. Allerdings lassen sich die Prozessanforderungen durch gut strukturierte und wohlüberlegte Anordnung der Bausteine relativ leicht erreichen. Abläufe und Schnittstellen müssen zwar professionell gehandhabt werden, sind jedoch in der Regel weitestgehend vordefiniert und festgelegt. Die einmalige Implementierung der wichtigsten Prozesse ist daher zwar besonders aufwendig, wenn diese vom Shopbetreiber selbst installiert werden müssen, der Unterhalt sowie notwendige Anpassung sind aber mit wenigen Handgriffen durchgeführt. Daher stellen die Prozesse einen eher unkritischen Risikofaktor dar.

Die veränderten Rahmenbedingungen des E-Commerce erfordern dennoch die Konfiguration klassischer Erfolgsfaktoren bzw. sogar die Erkennung neuer Faktoren, da diese nicht nur der Orientierung und Steuerung dienen, sondern auch direkt die Ausgestaltung eines eControlling-Systems (*Kollmann* 2019a, S. 259 ff.) bestimmen. Im Mittelpunkt stehen daher zwei Fragen: Welche Erfolgskriterien beziehen sich auf das zu verkaufende **Online-Produkt** und welche Erfolgskriterien beziehen sich auf den zugehörigen **Online-Verkaufsprozess**? Während die erste Frage mit den Online-Wettbewerbsvorteilen und der entsprechenden Online-Wettbewerbspositionierung relativ schnell beantwortet werden kann, benötigt die zweite Frage eine eingehendere Betrachtungsweise (*Kollmann* 2019a, S. 259 ff.). Eine diesbezügliche Untersuchung mit fünf zentralen Faktoren zu den hier beobachtbaren **Erfolgsaspekten** kann als erster Hinweis für den Erfolg im E-Commerce bzw. bei einem E-Shop gewertet werden (*Kollmann* 2019a, S. 453 f.; *Böing* 2001, S. 214 f.):

▓ **Technologie- und Prozessorientierung**: Dazu zählt die technische Beherrschung der Transaktionsprozesse inklusive aller Schnittstellen zum Kunden und die Fähigkeit die angebotenen Produkte und Leistungen weiter zu entwickeln. Sehr wichtig bei diesem Faktor ist die Kundenorientierung, die sich durch alle Technologie- und Innovationsprozesse hindurchziehen muss, denn schließlich darf die Technologie den Kunden nicht überfordern und neue Produkte und Leistungen müssen einen für den Kunden wahrnehmbaren Zusatznutzen darstellen.

▓ **Planungsfähigkeit**: Die sorgfältige Planung beginnt schon vor dem eigentlichen Markteintritt, denn dieser sollte auf einer detaillierten Planung (dem Business Plan) basieren. Detaillierte Planungsaktivitäten lassen sich trotz der hohen Dynamik des Umfeldes realisieren. Da die detaillierte Planung von Zielgrößen, Kontrollen und Anpassung wesentliche Funktionen und Bereiche des Controllings umfasst, kann das Controlling an sich schon als Erfolgsfaktor gesehen werden.

▓ **Kommunikation**: Erfolgreiche Unternehmen kommunizieren ihre Leistung konstant über sämtliche Kanäle hinweg an den Kunden. Erst wenn die Möglichkeiten der Individualisierung und Personalisierung ausreichend genutzt werden, kann das Angebot bedarfsgerecht kommuniziert werden. Somit ist auch bei E-Shops der Einsatz von Suchmaschinen, Homepage, E-Mail, Newsgroups, Bannerwerbung etc. ein wichtiger Erfolgsfaktor für die konstante Vermittlung der Leistung.

▓ **Zusatznutzen**: Transaktionsunterstützende und -begleitende Elemente, wie z. B. Warenkörbe, Kontoabfragen, Bestell- und Versandbestätigungen oder Entertainment-Elemente, fördern den E-Shop-Erfolg. Die Schaffung des notwendigen, elektronischen Mehrwertes steht in einem engen Zusammenhang mit der oben aufgeführten Technologie- und Innovationskompetenz.

▓ **Distribution**: Da viele E-Shops letztendlich als weiterer Absatz- oder Vertriebskanal gesehen werden, ist die physische Auslieferung von Produkten ein wesentlicher Teil der Leistung. Die Festlegung und Transparenz der Lieferbedingungen und die Einhaltung der Lieferzeiten sind maßgeblich am Erfolg von E-Shops beteiligt.

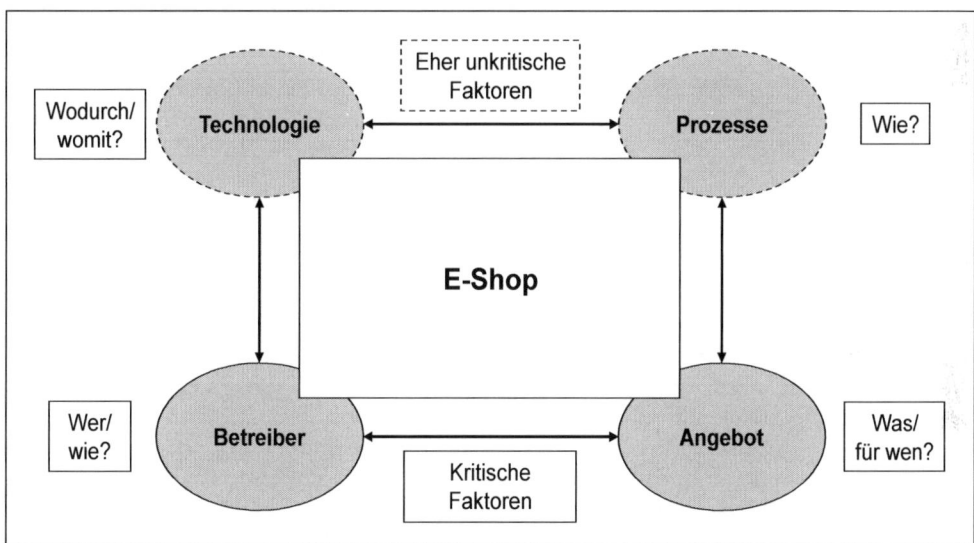

Abb. 40:   Risikofaktoren bei der Implementierung eines E-Shops
Quelle: in Anlehnung an *Peukert/Ghazvinian* 2001, S. 214.

Auch wenn diese einzelnen Faktoren sicherlich zu dem Erfolg eines E-Shops beitragen können, sind sie nicht absolut und isoliert zu betrachten. Erst die erfolgreiche **Kombination** vieler verschiedener Faktoren ermöglicht die Steigerung des Unternehmenswertes, worin sicherlich auch die üblichen Erfolgsfaktoren, wie Zeit, Kosten, Qualität etc. eine nicht unerhebliche Rolle spielen (*Kollmann* 2019a, S. 454).

Produkt- und Käuferanalyse

Den Ausgangspunkt für die Implementierung eines E-Shops bildet in der Regel die Produkt-
und Käuferanalyse (*Kollmann* 2019a, S. 454 ff.). Dabei sollten zwei elementare Fragen
beantwortet werden: Erstens, was für Produkte sollen angeboten werden und zweitens,
für wen sollen diese Produkte angeboten werden? Da der Einsatz eines E-Shops zunächst
nur für diejenigen Produkte erfolgen sollte, bei denen eine hohe Online-Produkteignung
(*Kollmann* 2019a, S. 259 ff.) festgestellt wurde, muss in der Projektplanung zunächst eine
Auswahl der elektronisch zu verkaufenden Produkte erfolgen. Dies bedarf einer möglichst
vollständigen **Produktanalyse**, anhand derer der E-Shop-Betreiber verschiedene Ver-
kaufsstrategien und Shop-Lösungen ableiten kann. Dabei kann auf die Methoden zur Online-Produkteignung und Online-Produktbewertung im elektronischen Verkauf zurückgegriffen werden (*Kollmann* 2019a, S. 259 ff.). Die Auswahl der zu beschaffenden Produkte
muss dabei nicht bereits zu Beginn statisch zementiert werden. Vielmehr kann hier ein
Entwicklungspfad für das zukünftige Produktangebot im E-Shop skizziert werden. So
können in einer zeitlichen Abfolge vor diesem Hintergrund mehr und mehr Produkte hinsichtlich der Kriterien „Zusatzprodukte" und „Zusatzservice" dem E-Shop hinzugefügt
werden (s. Abb. 41).

Abb. 41 beschreibt den Entwicklungspfad eines typischen Internet-Angebotes. Ausgehend
von der Kernleistung des E-Shops werden hier das Kernprodukt (z. B. der Verkauf von
Büchern über den E-Shop) und eine **Kernleistung** als Basisservice (Versand der Bücher)
angeboten (*Kollmann* 2019a, S. 455). Bei einer Erweiterung der Kernleistung um eine
Zusatzleistung wäre es z. B. möglich, nicht nur den Versand der Bücher anzubieten, sondern
auch noch eine 24 Stunden Liefergarantie gegen Aufpreis anzubieten. Möchte der Shopbetreiber zu seinem Kernprodukt noch zusätzliche Produkte verkaufen, kann er z. B. neben
den normalen Büchern in einem nächsten Entwicklungsschritt auch Hörbücher anbieten
und damit sein Sortiment erweitern. Letztendlich ist es nun auch noch möglich, das Angebot durch eine Kombination aus Zusatzleistungen und Zusatzangeboten weiter zu entwickeln, um so die bestehende Kundengruppe noch besser bedienen zu können bzw. neue
Kunde hinzuzugewinnen. Im vorliegenden Beispiel (s. Abb. 41) könnte sich dies in der
Möglichkeit, sowohl das Kernprodukt (Bücher) als auch die Zusatzprodukte (Hörbücher)
über das Internet runter zu laden (Downloadoption), widerspiegeln. Der Entwicklungspfad
hängt in der Regel jedoch stark von der Wettbewerbspositionierung (*Kollmann* 2019a,
S. 259 ff.) des E-Shops ab, da nicht unbedingt die ständige Erweiterung des Angebotes
im Vordergrund stehen muss, sondern vielmehr die kontinuierliche Pflege des Alleinstel-
lungsmerkmals. Erst wenn das Alleinstellungsmerkmal auch bei der geplanten Erweiterung erfolgreich verteidigt werden kann, lohnt es sich, den nächsten Entwicklungsschritt
konkret zu vollziehen.

Im Rahmen der **Kunden- bzw. Käuferanalyse** werden bei einem E-Shop insbesondere die
folgenden Aspekte untersucht: Kundenmerkmale, Kundensegmentierung und Kundenziel-
gruppe (*Kollmann* 2019b). Während die Beschreibung eines Marktes eher übergeordnet und
tendenziell anonym ist (Makroebene), wird bei der Kundenanalyse der Fokus auf die einzelne Person als potenzieller Abnehmer der Leistung gelegt (Mikroebene). Wenn es in der
Fortführung des Beispiels „Buchhandel" darum geht, 5 % der Online-Buchkäufe über die

neue elektronische Plattform abzuwickeln, so muss im Folgenden geklärt werden, welche Art von Kunden sich dahinter verbergen. Im Mittelpunkt steht die Frage: Wer ist mein Kunde und welche Eigenschaften können diesem Kunden zugeschrieben werden (*Kollmann* 2019a, S. 259 ff.)?

Ausgangspunkt der Analyse ist die Identifikation relevanter **Kundenmerkmale** (*Kollmann* 2019a, S. 455 f.). Hierzu gehören bspw. verhaltensorientierte Kriterien (z. B. Preisverhalten, Mediennutzung, Einkaufsstättenwahl), soziodemographische Kriterien (z. B. Geschlecht, Alter, Einkommen, Beruf), geographische Kriterien (z. B. Wohnort, Land, Sprache) und psychographische Kriterien (z. B. Motive, Einstellungen, Akzeptanz) im B2C-Bereich (*Freter* 2008, S. 93). Im B2B-Bereich können zusätzlich auch Kriterien des organisatorischen Beschaffungsverhaltens hinzukommen (z. B. Entscheidungsträger, Buying Center, Lock-in-Effekte; *Backhaus/Voeth* 2014). Diese Kundenmerkmale sind sodann die Grundlage für eine **Kunden- bzw. Marktsegmentierung**. Im Rahmen der Kundensegmentierung geht es darum, den Gesamtmarkt anhand der Kundenmerkmale in intern homogene und untereinander heterogene Untergruppen (Marktsegmente) zu zerlegen (*Schreiber* 1966; *Meffert/Burmann/Kirchgeorg* 2015, S. 174 ff.). Damit ist das Ziel verbunden, eine segmentspezifische Bedürfnisbefriedigung anzubieten bzw. eine gezielte Bearbeitung mit unterschiedlichen Strategien zu erkennen. Ein einfaches Beispiel für einen E-Shop ist die Segmentunterscheidung bei dem Reiseanbieter *expedia.de* in Reisen für Singles und Familien, die zu unterschiedlichen Angeboten und Bearbeitungsstrategien führt.

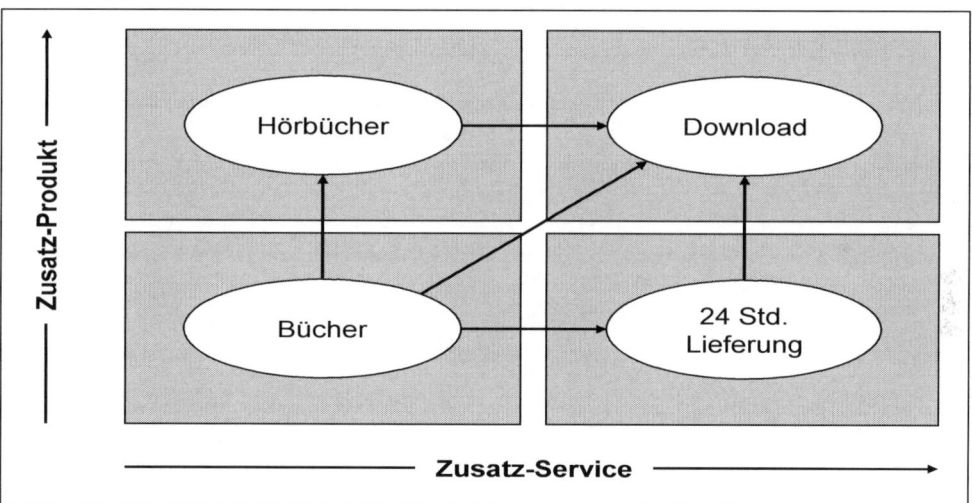

Abb. 41:   Entwicklungspfad für das Produkt- und Serviceangebot in einem E-Shop
Quelle: *Kollmann* 2019a, S. 456.

Für einen E-Shop stellt sich vor diesem Hintergrund die Aufgabe, anhand des elektronischen Angebots, die verbundenen Kriterien einer Kunden- bzw. Segmentidentifikation vorzugeben (*Kollmann* 2019a, S. 259 ff.). Wenn bspw. ein E-Shop für Segelboote (z. B.

Jollen) und Segelzubehör geplant ist, so können folgende Kundenkriterien relevant sein: Alter/Geschlecht/Einkommen, Wohnort/Land, Mediennutzung, Akzeptanz. Im Ergebnis hätte man ein **Zielkundensegment**, mit den Eigenschaften: männlich (2/3 aller Segler), über 40 (Segeln ist Erwachsenensport), hohes Einkommen (Segelboote sind relativ teuer), Küstenland-Bewohner (Segeln ist hauptsächlich in Ländern mit Meereszugang populär), Küsten-/Seeort-Bewohner (Segelboot braucht Liegeplatz), Internet-Nutzer (Online-Käufer). Die Implikationen aus diesem **Kundenprofil** sind darin zu sehen, dass sich der E-Shop-Betreiber überlegen muss, wie er die identifizierten Kunden erreichen und für sich gewinnen möchte (*Kollmann* 2019a, S. 456).

Strukturanalyse

Einen weiteren Punkt für die Implementierung eines E-Shops bildet in der Regel die **Strukturanalyse** (*Kollmann* 2019a, S. 457 ff.; s. Abb. 42). Dabei sollte die Frage beantwortet werden: Wie gestalten sich die strukturellen Voraussetzungen für den E-Shop? Bevor daher die Realisierung eines E-Shops eingeleitet wird, sollten im Rahmen der Strukturanalyse gewisse Aspekte zu den Rahmenbedingungen des E-Shop-Betriebs und des Online-Marktes betrachtet werden. In einer Vorstudie können diese Aspekte danach kategorisiert werden, ob sie vom E-Shop beeinflussbar sind oder nicht. Zu den **internen Faktoren** und damit beeinflussbaren Aspekten zählen vor diesem Hintergrund insbesondere (*Kollmann* 2019a, S. 457; *Schwarze/Schwarze* 2002, S. 161):

▪ **Kostenstruktur**: Hier stellt sich die Frage, wie die gesamte Kostenstruktur eines E-Shops aufgebaut sein kann bzw. soll. Darunter fällt nicht nur die Grundfinanzierung eines E-Shops, sondern auch Personalkosten, Marketingkosten, Mietkosten usw., die als laufende Kosten in den E-Shop-Betrieb eingehen.

▪ **Infrastruktur**: Die Infrastruktur wird hauptsächlich von der Entscheidung bestimmt, für welche Systemlösung (Betreiber-, Dienstleister- oder Partner-Modell) sich der E-Shop-Betreiber entscheidet. Hierbei ist zu berücksichtigen, dass je nach Grad der Auslagerung von Komponenten oder Software, die Infrastruktur unterschiedliche Ausprägungen annehmen kann, wobei jedoch der wesentliche Grundaufbau weitestgehend vorbestimmt ist.

▪ **Personalstruktur**: Eine Realisierung eines E-Shop-Projekts erfordert ein breites Kompetenzfeld der handelnden Personen, das durch den oder die E-Shop-Betreiber abgedeckt sein muss. Dazu zählen technische, kaufmännische, organisatorische, juristische Kenntnisse, die entweder durch Einstellung von geschultem Personal oder durch den Einsatz von Dienstleistungsunternehmen eingebracht werden können, sofern sie nicht von den E-Shop-Gründern selber mitgebracht werden. Dieser Aspekt sollte immer im Zusammenhang mit der jeweiligen Arbeitsmarktsituation betrachtet werden.

▪ **Produkte**: Nicht jede Art von Produkten eignet sich gleichermaßen für den Verkauf im elektronischen Handel. Die genaue Betrachtung der Branche und des Marktes lässt erkennen, inwiefern die zu verkaufenden Produkte für den Verkauf über das Internet geeignet sind. Das Dilemma liegt meistens darin, dass die Märkte für leicht digitalisierbare Produkte schon von Anbietern überfüllt sind und der Shop nur als weiterer Konkurrent in den Markt eintreten kann (Musik, Software, Bücher etc.). Ist das Produkt jedoch nur schwer digitalisierbar, hat es ein E-Shop schwer, diese über das Internet erfolgreich zu verkaufen. Die Überlegung über das zu verkaufende Produkt ist somit ein Schlüsselfaktor in der Realisierungsphase, da es den E-Shop-Aufbau und die Struktur wesentlich beeinflusst.

Die oben aufgelisteten Aspekte sind grundsätzlich von dem E-Shop-Gründer beeinflussbar (*Kollmann* 2019a, S. 458). Sie können als Stellschrauben für den E-Shop-Erfolg angesehen werden, die es in bestimmte Richtungen zu drehen gilt. Erst wenn sie optimal aufeinander abgestimmt sind, sind die Voraussetzungen für den Online-Betrieb gegeben. Somit wird deutlich, dass eine Einzelbetrachtung der Faktoren nicht sinnvoll ist, da sich z. B. aus der technischen Infrastruktur das benötigte Personal ergibt, bereits vorhandene Kompetenzen der E-Shop-Betreiber jedoch auch die Kostenstruktur verändern zu können. Erst wenn die **Wechselwirkungen** in die Analyse einbezogen werden, kann eine umfassende Strukturanalyse für den späteren Aufbau des E-Shops erstellt werden. Da die internen Faktoren jedoch nicht allein den Gesamterfolg der Unternehmung ausmachen, müssen auch die externen Faktoren betrachtet werden, die zwar nicht vom E-Shop direkt beeinflusst werden können, aber dennoch eine entscheidende Rolle für den weiteren Verlauf des E-Commerce-Projektes spielen. Auch hier ist darauf zu achten, dass sich die Faktoren nicht nur direkt, sondern auch indirekt auf den Erfolg auswirken können.

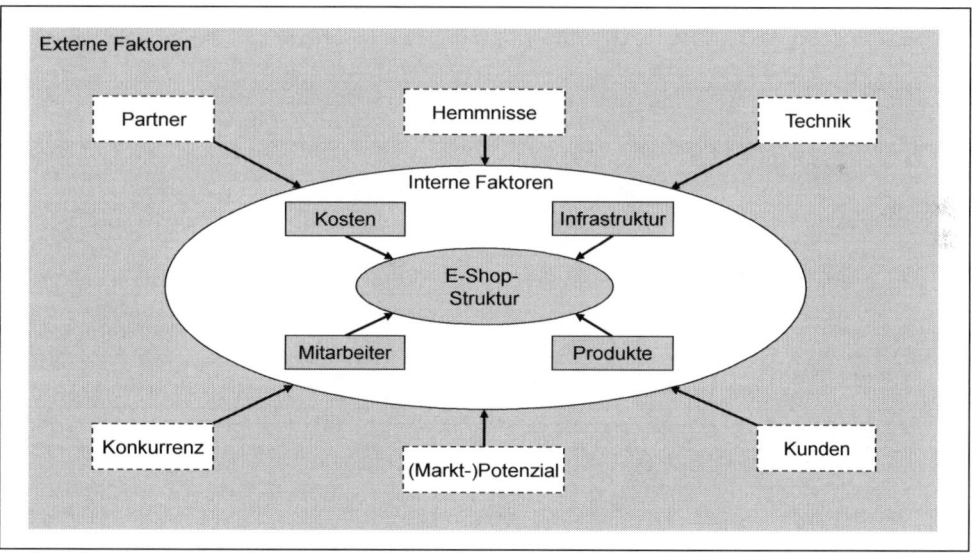

Abb. 42:   Die internen und externen Faktoren der Strukturanalyse bei einem E-Shop
Quelle: in Anlehnung an *Schwarze/Schwarze* 2002, S. 163.

So kann z. B. eine neue Technik am Markt verfügbar sein, die bestimmte Prozesse vereinfacht, wenn aber das geeignete Personal zur Bedienung dieser Technik nicht vorhanden ist, kann diese auch nicht eingesetzt werden. Andere E-Shops, die diese Technik einsetzen, könnten dann einen Wettbewerbsvorteil erlangen. Zwar kann der E-Shop die vorhandene Technik nur in den seltensten Fällen beeinflussen, aber er kann darauf in bestimmter Art und Weise reagieren, was wiederum auch die E-Shop-Struktur bestimmt. Einige Beispiele für die **externen Faktoren** sind (*Kollmann* 2019a, S. 459 f.; *Schwarze/Schwarze* 2002, S. 162):

- **Konkurrenz**: Die Zusammenstellung von Konkurrenzinformationen hat zum Ziel, die Stärken und Schwächen der Wettbewerber im Markt zu analysieren und für die Planung des eigenen E-Shops zu verwenden. Im besten Fall resultiert aus dieser Analyse ein Status quo der gesamten Branche.

- **Partner**: Der Aufwand für bestimmte Aufgabenbereiche ist zu Beginn des E-Shop-Betriebs nicht immer angemessen. Der Einbezug externer Dienstleister oder Partner zur Auslagerung bestimmter Dienste kann somit eine strategisch wichtige Entscheidung sein. Der Markt der Dienstleister sollte deshalb analysiert werden, ob und welche relevanten Dienste angeboten werden und inwiefern es rentabler für den E-Shop ist, die anbietenden Dienstleister in Anspruch zu nehmen oder welche Partnerschaften einzugehen sind.

- **Kunden**: Vor Einführung eines E-Shops sollte die (potenzielle) Online-Käufergruppe untersucht werden. Dabei muss erkennbar werden, ob Kunden erreicht und gewonnen werden können. Eine Testphase zur Untersuchung der Funktionalität und Generierung des Mehrwertes ist zwar aufwendig und selten unter realistischen Bedingungen durchführbar, allerdings lässt sich dadurch zumindest eine Tendenz erkennen, ob die Lösung akzeptiert wird und wo es eventuelle Schwachstellen zu beseitigen gibt.

- **Potenziale und Hemmnisse**: Die Strukturanalyse sollte schon im Vorfeld die Potenziale und Hemmnisse für die weitere Entwicklung des E-Shops aufdecken. Dieser Aspekt bezieht sich nicht nur auf technische Erweiterungen, sondern auch auf Veränderungen im Kundenstamm oder in der Produktpalette. Sollte sich ein E-Shop z. B. entscheiden, neben seinen Büchern auch noch CDs anzubieten, so kann allein schon ein Name (z. B. *ebooks.com*) hinderlich sein. Solche etwaigen Hemmnisse können zwar nicht gänzlich im Vorfeld berücksichtigt werden, ein paar wenige Grundsätze helfen allerdings auf zukünftige Potenziale und Hemmnisse zu testen.

- **Technik**: Bei der technischen Umsetzung eines E-Shops muss auf die am Markt existierenden Technologien zurückgegriffen werden. Eine eingehende Analyse der technischen Möglichkeiten kann u. U. dazu führen, dass der E-Shop-Betreiber frühzeitig erkennt, dass sein Geschäftsmodell technisch noch nicht realisierbar ist oder die Beauftragung eines Dienstleisters zur Lösung dieses Problems in Erwägung gezogen werden muss.

▨   **Marktpotenzial**: Bei innovativen E-Shop-Konzepten ist es schwierig, das Marktpotenzial einzuschätzen, da noch keine Zahlen bzgl. Umsatz und Marktvolumen existieren. Das Marktpotenzial kann also nur geschätzt werden. Dieser Nachteil wird jedoch durch die Chance, das Marktpotenzial zu generieren, wieder aufgehoben. Bei der Einführung eines nicht innovativen E-Shops kann der Betreiber auf Zahlen der Konkurrenz zurückgreifen. Hierbei bleibt meistens nur die Verdrängung der Konkurrenz, um dieser Marktanteile wegzunehmen. Überlegungen zum Marktpotenzial bilden auch die Schnittstellen zur umfassenden Marktanalyse.

Marktanalyse

Einen weiteren Punkt für die Implementierung eines E-Shops bildet in der Regel die **Marktanalyse** (*Kollmann* 2019a, S. 460 ff.). Dabei sollte die Frage beantwortet werden: In welchem Marktumfeld soll der E-Shop platziert werden? Der letzte Punkt der externen Faktoren im Rahmen der Strukturanalyse führt dabei unmittelbar zu dieser Marktanalyse und umfasst bei einem neuen E-Shop insbesondere die Aspekte Marktpotenzial, Marktvolumen, Online-Marktvolumen und Online-Marktanteil (*Kollmann* 2019b). Das sog. **Marktpotenzial** (s. Abb. 43) beschreibt zunächst die Gesamtheit aller möglichen Absatzmengen/-erlöse eines Marktes (*Kotler/Keller* 2016, S. 109 f.; *Thommen* et al. 2017, S. 63). Es geht davon aus, dass alle mit der erforderlichen Kaufkraft ausgestatteten Zielkunden das Produkt kaufen würden. Im Gegensatz dazu beschreibt das **Marktvolumen** nur die tatsächlich realisierten Umsätze in einer Bezugsperiode. Als Beispiel können die Umsätze bzw. Kundenanzahl im gesamten Buchhandel für 2018 angeführt werden. Verfolgt das Geschäftskonzept ein variables Erlösmodell, so sind die Umsätze von Interesse (z. B. 2 % pro Transaktion). Bei einem fixen Erlösmodell sind es die Kundenzahlen (z. B. 10 Euro pro Nutzer/Jahr). Entscheidende Fragen sind die nach Entwicklung und Wachstum des Gesamtmarktes und die damit einhergehende Feststellung, ob ein Rückgang, eine Stagnation oder ein Wachstum in den Basiszahlen zu verzeichnen ist.

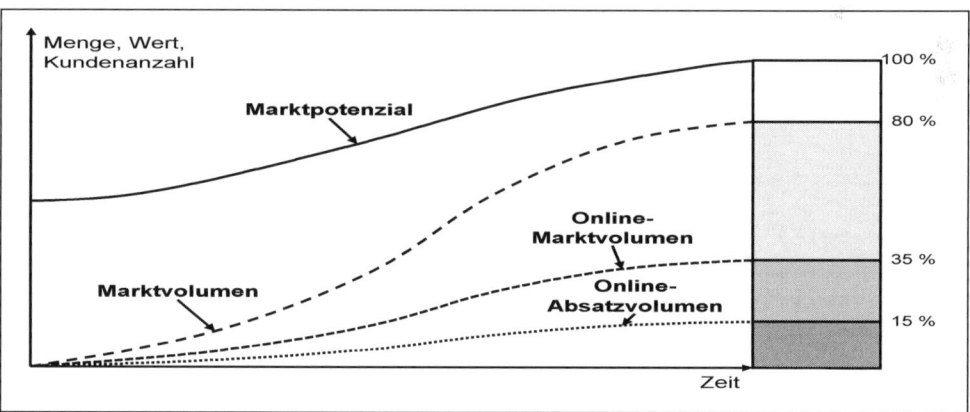

Abb. 43:   Die Marktanalyse für einen E-Shop
Quelle: *Kollmann* 2019a, S. 461.

Das **Online-Marktvolumen** (s. Abb. 43) für einen E-Shop wäre für das einfache Beispiel „Buchhandel" jedoch nur durch die Umsätze repräsentiert, die über das Internet oder andere elektronische Online-Medien innerhalb einer Periode abgewickelt wurden (*Kollmann* 2019b). Analog kann nur die Kundenanzahl herangezogen werden, die einen Zugang zum Internet hat und die Bücher online bestellt. Hier muss entsprechend geklärt werden, ob beim Online-Marktvolumen noch Wachstumszahlen realisiert werden oder erste Sättigungseffekte eingetreten sind. In der Regel ist das Online-Marktvolumen bei einem E-Shop durch den Kundenkreis repräsentiert, für den der elektronische Mehrwert (Bedarf) erstens einen Sinn macht und für den zweitens überhaupt ein technischer Zugang zu dem Angebot besteht (Internet-Nutzung). Möchte ein neuer E-Shop z. B. Möbel über das Internet verkaufen, so wird man schnell feststellen, dass nur ein Bruchteil der Gesamtumsätze in dieser Branche (Marktvolumen) über elektronische Medien abgewickelt wird (Online-Marktvolumen). Der Grund liegt darin, dass eine Vielzahl der Möbelhäuser noch gar nicht für den elektronischen Geschäftsverkehr gerüstet ist.

Der **Online-Marktanteil** (s. Abb. 43) spiegelt für ein E-Shop am Ende das Verhältnis des eigenen Online-Absatzvolumens am gesamten Online-Marktvolumen in Prozent wider (*Kollmann* 2019b). Es ist entsprechend der Anteil an den Online-Umsätzen bzw. Online-Kunden innerhalb eines Zielbereiches, den das neue Unternehmen für sich erobern will. Der gesamte Marktanteil wäre das Verhältnis zwischen Online-Absatzvolumen und gesamten Marktvolumen in Prozent. Ein entsprechendes Beispiel kann lauten: Von dem Online-Marktvolumen im Buchhandel sollen 5 % über die neue elektronische Plattform abgewickelt werden, die von dem neuen E-Shop zur Verfügung gestellt wird. Insgesamt ist es gerade für junge E-Shops, die häufig Nischenmärkte in der Digitalen Wirtschaft bedienen, sehr schwierig, die für die exakte Abschätzung des geplanten Online-Marktanteils notwendigen Daten zu ermitteln. Trotz hohem Rechercheaufwand ist nur eine grobe Abschätzung in der Praxis möglich, da gesicherte Marktdaten meist nicht vorliegen und viele bereits existierende E-Shops ihre Absatz- und Umsatzzahlen nicht publizieren (*Rüggeberg* 2003, S. 47).

Die Ermittlung des Online-Marktanteils ist für ein E-Shop nicht zu unterschätzen (*Kollmann* 2019a, S. 461 f.). Zum einen wird den E-Shop-Betreibern hierdurch klar, welchen Spielraum die Geschäftsidee im Markt eigentlich hat. So müssen bei einem kleinen Markt (**Nischenmarkt**) relativ viele Marktanteile gewonnen werden, um bestimmte Umsätze zu erreichen (z. B. 40 % von 1 Mio. Kunden). Bei einem großen Markt (**Massenmarkt**) reicht dagegen ein kleiner Anteil (z. B. 2 % von 50 Mio. Kunden). Dies schlägt sich auf die Marketing- und Vertriebsstrategie nieder. Zum anderen werden mit Hilfe des Online-Marktanteils die Einnahmen und Aufwendungen für den jungen E-Shop kalkuliert. Ein angestrebter Marktanteil von 10 % sollte z. B. zu 90.000 Kunden führen, für die dann Werbekosten von durchschnittlich 50 Euro auf der Kostenseite angesetzt werden.

Prozessanalyse

Eine weitere Frage im Zusammenhang mit der Implementierung eines E-Shops ist die Umsetzung der Vorgaben aus der Produkt- und Käuferanalyse sowie der Struktur- und

Marktanalyse in notwendige Prozesse zum Online-Verkauf der entsprechenden Angebote (**Prozessanalyse**). Bevor die Prozesse eines E-Shops eingehend analysiert werden, gilt es zunächst einmal die Prozesse in Intra-Prozesse und Extra-Prozesse zu unterscheiden (*Kollmann* 2019a, S. 462 f.). Diese Unterscheidung der Prozessarten ist für das Verständnis einzelner Prozesse und deren Einbettung in das gesamte System wichtig. Intra-Prozesse sind all diejenigen Prozesse, die vollständig auf der Webseite durchlaufen werden und dem Nutzer direkt ein Ergebnis liefern (*Bauer/Herrmann* 2004, S. 367). Dies kann z. B. die Produktkonfiguration auf der Webseite sein. Nach jedem Konfigurationsschritt erhält der Nutzer ein Feedback auf seine Aktion bis letztendlich, am Ende der Prozesse, das gewünschte Produkt fertig konfiguriert ist. Bei Extra-Prozessen werden Webseiten-externe Schnittstellen in den Prozessablauf eingebunden. Dadurch wird der Gesamtprozess meist erst nach dem Besuch der Webseite abgeschlossen. Dies wäre z. B. eine Produktbestellung oder Produktanfrage über den E-Shop, die über Schnittstellen direkt zum Kundenservice oder andere Abteilungen geleitet wird. Dem Nutzer bleiben die durch seine Aktion angestoßenen Folgeprozesse meist verborgen. Wichtig ist nur die Qualität der Reaktion, egal wie nachgelagerte Prozesse aussehen.

Bei der Prozessanalyse geht es vor diesem Hintergrund darum, die Prozessarchitektur sowohl der Intra- als auch der Extra-Prozesse zu analysieren. Da sich die **Intra-Prozesse** auf die Webseite des E-Shops beschränken, sollte analysiert werden, welche Rolle die Webseite im Rahmen der regulären Geschäftsprozesse spielt. Zudem sollte beantwortet werden, welche Absichten die Benutzer haben und welche konkreten Erwartungen sie an die interaktiven Funktionalitäten der Webseite haben (*Bauer/Herrmann* 2004, S. 368). Weiterhin müssen die Intra-Prozesse auf etwaige interne oder externe Schnittstellen hin analysiert werden und auf die Möglichkeit bestimmte Messinstrumente zur Qualitätssicherung einzusetzen. Je nach Art des E-Shops kann die Prozessarchitektur dieses scheinbar „einfachen" Prozesses einen hohen Komplexitätsgrad aufweisen. Die Effizienz einzelner Schritte, wie z. B. eine Informationsanfrage, kann dadurch sehr beeinträchtigt werden, was wiederum die Gefahr eines frühzeitigen Prozessabbruchs birgt. Somit sollte auch die Prozessleistung und Effizienz durch quantitative Performanzparameter analysiert werden.

Die Analyse der **Extra-Prozesse** beurteilt die Qualität der Prozesse aus Kundenperspektive. Hierbei wird versucht den gesamten Verlauf von Webseiten-Initialkontakten über den „physischen" Kontakt bis zur Kaufentscheidung abzubilden (*Bauer/Herrmann* 2004, S. 372). Dabei kommen folgende Fragestellungen auf: Wie gut ist der Übergang von Online- zu Offline-Prozessen? Wie hoch ist die Request-Fulfillment-Quote? Welche Leistungsdimensionen beeinflussen die Zufriedenheit der Kunden? Welche Auswirkung hat die Prozessqualität auf die Kaufentscheidung? Diese Fragen werden normalerweise in einer qualitativen Erstbefragung und einer quantitativen Nachbefragung beantwortet. Steht der E-Shop allerdings erst am Anfang seiner Aktivitäten wird es schwierig werden, ausgiebige und detaillierte Informationen zu bekommen. Für erste Anhaltspunkte kann eine Gruppe von potenziellen Käufern befragt werden, die dann im Laufe der Zeit mit weiteren Befragungsdaten und Informationen angereichert werden. Damit ist dann eine Analyse der Ursachen-Wirkungsverhältnisse möglich, die mögliche Gefahren oder bereits bestehende Schwachstellen aufdecken kann. Wichtig ist dabei zu beachten, dass ein Gesamt-

prozess immer vom schwächsten Glied in der Kette bestimmt wird. Wird eine Produktanfrage nicht korrekt weitergeleitet oder dauert die Bearbeitung durch umständliche Verknüpfung verschiedener Aktivitäten und Aufgabenträger zu lang, so beeinträchtigt dies
im hohen Maße die Wahrnehmung der Prozessqualität in den Augen der Kunden. Studien
haben gezeigt, dass nicht nur der Nicht-Kontakt, sondern auch die Qualität des Kontaktes
eine entscheidende Rolle für die Zufriedenheit der Kunden spielt (*Bauer/Herrmann* 2004,
S. 375).

Hat der E-Shop-Betreiber die Prozessanalyse sowohl für Intra-Prozesse als auch für Extra-
Prozesse durchgeführt, so kann die Analyse später im Rahmen des eControlling (*Kollmann*
2019a, S. 259 ff.) durch eine sog. Abbrecheranalyse (s. auch Conversion Funnel) erweitert
werden. Die **Abbrecheranalyse** umfasst den Gesamtprozess im Hinblick auf scheinbare
und faktische Abbrüche. Scheinbare Abbrüche werden zu einem späteren Zeitpunkt fort-
gesetzt, wobei faktische Abbrüche als endgültig angesehen werden. Diese Unterscheidung
ist bei der Prozessanalyse sehr wichtig, da die Motivation der unterschiedlichen Ab-
bruchszenarien sehr divergieren kann. Die Ableitung des Optimierungspotenzials bietet
sich besonders in unmittelbar umsatztreibenden Prozessen an (*Bauer/Herrmann* 2004,
S. 371). Eine einfache Analyse der Logfiles ist hier nicht ausreichend, da nicht zwischen
scheinbaren und faktischen Abbrüchen unterschieden werden kann. Bei einer detaillierten
Analyse müssen einerseits die Motive, die zum Abbruch geführt haben betrachtet werden,
andererseits ist es wichtig, den Zeitpunkt/die Position des Abbruches im gesamten Prozessablauf zu berücksichtigen. So können manchmal faktische Abbrüche durch kleine Veränderungen im Prozessablauf stark reduziert werden. Die Abbrecheranalyse kann von Beginn des Shop-Betriebs an durchgeführt werden, da sie gerade in der Anfangsphase wertvolle Einblicke in die Prozessabläufe gibt und den Optimierungsbedarf genauestens definieren kann.

Projektorganisation

Im Rahmen der **Projektorganisation** sollten sodann zwei elementare Fragen beantwortet
werden (*Kollmann* 2019a, S. 463 ff.): Erstens, wer setzt den E-Shop nun konkret um
(Projektteam) und zweitens, unter welchen Rahmenbedingungen erfolgt diese konkrete
Umsetzung (Projektdesign)? Im Hinblick auf das **Projektteam** sind bei der Einführung
eines E-Shops Fachkenntnisse verschiedener Bereiche abzudecken. Darunter fallen nicht
nur technisches und kaufmännisches Know-how, sondern ganz besonders auch Fachkenntnisse im Bereich der Schnittstellen dieser beiden Bereiche. Das erforderliche **Fachwissen**
bei einem E-Shop-Projekt bewegt sich also im Spannungsfeld von Informatik, Betriebswirtschaft und Wirtschaftsinformatik (*Kollmann* 2019b):

- **Informatik**: Die technologische Seite des E-Shops erfordert ein fundiertes Wissen
  über Technologien, Systeme, Datenbanken und die Programmierung.

- **Wirtschaftsinformatik**: Die von der Informatik bereitgestellte technologische Basis
  muss auf ihren Gehalt für wirtschaftliche Fragestellungen hin bewertet werden können.
  Dazu zählt bspw. Wissen über Managementinformationssysteme, IT-Sicherheit, Data

Warehouse und Data Mining oder auch elektronische Zahlungssysteme. Ebenso muss Klarheit bestehen über bereits vorhandene Geschäftsmodelle und Möglichkeiten der elektronischen Wertschöpfung.

- **Betriebswirtschaftslehre**: Auf der betriebswirtschaftlichen Ebene ist ein solides kaufmännisches Wissen unerlässlich. Themen, die in diesem Zusammenhang besonders hervorzuheben sind, kommen aus dem Marketing, der Organisation, der Unternehmensführung, der Finanzierung oder auch der Investitionslehre. Neben diesen grundlegenden betriebswirtschaftlichen Kompetenzen sind zusätzlich spezielle, branchenspezifische Kenntnisse erforderlich.

Betrachtet man die vielfältigen Anforderungen an das Projektteam, so wird deutlich, dass sich diese kaum in einer einzelnen Person wiederfinden lassen und sich daher in der Regel mehrere Personen als „E-Shop-Betreiber" zusammenfinden. Betrachtet man die **Teamzusammenarbeit**, so kann man **zwei Ebenen** unterscheiden, die für den Erfolg des Projektes berücksichtigt werden müssen. Zum einen stehen die Teammitglieder auf einer sachlichen, zum anderen auf einer emotionalen Ebene in Beziehung (*Kuster* 2011, S. 253):

- **Sachebene**: Auf der Sachebene findet die Auseinandersetzung mit inhaltlichen Themen statt. Darunter fällt z. B.: die Definition der Projektziele, die Auswertung der Analyse-Ergebnisse, die Entwicklung von Lösungsansätzen, Planung und Organisation, Terminabsprachen usw. Hierbei dominiert der Verstand die Beziehungen innerhalb des Teams.

- **Beziehungsebene**: Auf dieser psychosozialen Ebene spielen Gefühle, Bedürfnisse, Sympathie und Antipathie, Werte und Normen eine wichtige Rolle. Hierbei dominieren Emotionen die Beziehung innerhalb des Teams (*Meves* 2013).

Beide Ebenen sind eng miteinander verflochten und beeinflussen sich gegenseitig, wobei die Beziehungsebene die dominantere Ebene ist (*Kuster* 2011, S. 253). Entstehen zwischenmenschliche Störungen in der Beziehungsebene, so wirken diese sich auf die inhaltliche Arbeit aus. Gänzlich vermeiden lassen sich solche Störungen nicht, da sie in Gruppen immer auftreten. Allein der Grad der Störung ist ausschlaggebend für den Erfolg der Projektarbeit. Daraus kann man eine aktive Konfliktreduzierung und -vermeidung ableiten. Vor Projektbeginn sollten Regeln und Verhaltensweisen im Team festgelegt werden, die es von allen zu beachten gilt. Auch Vorgehensweisen zu Problemlösungen können schon frühzeitig Ärger innerhalb der Gruppe vermeiden. Bevor das Projektteam mit der tatsächlichen Realisierung des E-Shops beginnen kann, müssen die äußeren Rahmenbedingungen im Zuge des **Projektdesigns** abgesteckt werden. Erst wenn diese klar definiert sind, kann das Projekt Gestalt annehmen. Die Rahmenbedingungen gelten nicht nur als Orientierungshilfe während des Projektablaufes, sondern schon vor Projektbeginn zur Einschätzung der Realisierbarkeit und der notwendigen Voraussetzung (*Kollmann* 2019a, S. 465). Zur Klärung der **Rahmenbedingungen** sollten folgende Aspekte genau diskutiert und formuliert werden (*Eggers* 2001, S. 404 ff.):

- **Zielsetzung**: Die Formulierung des Projektziels ist für den Erfolg des E-Shops wichtig, da daraus alle weiteren Teilziele (Meilensteine) und aus den Teilzielen wiederum Aufgaben abgeleitet werden müssen. Die strategische Planung und Realisierung des Projektes muss immer zur Erreichung des Ziels ausgerichtet sein. Erst wenn ein Ziel definiert ist, können die zukünftigen E-Shop-Betreiber mit externen Stakeholdern verhandeln.

- **Anfangs-/Endtermin**: Normalerweise sind Projekte jeglicher Art zeitlich begrenzt und haben somit einen klar definierten Anfangs- und Endtermin. Die Implementierung eines E-Shops ist nur in der Anfangsphase als Projekt zu betrachten, da das Projekt nach Fertigstellung in der Fortführung des E-Shops endet. Somit ist die zeitliche Begrenzung des Projektes schwer zu definieren. Zur Sicherstellung des Erfolgs ist es jedoch ratsam, zumindest eine zeitliche Grobplanung aufzustellen, damit das Projekt nicht „versandet". Zudem ist besonders im E-Business der First-Mover-Effekt von Bedeutung, da dieser meist durch einen hohen Bekanntheitsgrad (z. B. *amazon.de*, *ebay.com*) und große Lerneffekte belohnt wird. Deshalb sollte das Projekt zeitlich straff organisiert sein, damit strategische Einstiegschancen nicht verpasst werden (*Wohlenberg/Krause* 2001).

- **Innovationsgrad**: Je nach strategischer Ausrichtung des E-Shops wird bei der Implementierung entweder eine bereits bestehende Unternehmensidee übernommen oder unternehmerisches Neuland betreten. Der Innovationsgrad des Projektes bestimmt nicht nur den gesamten Verlauf, sondern auch die Struktur des Projekts. Bei innovativen Lösungen beeinflusst der Novitätsgehalt die gesamte Wertschöpfungskette, die wiederum die Gestaltung des Projektes bestimmt und deren Aufbau somit von Beginn an geklärt werden muss.

- **Bedeutung/Risiko**: Wird bei der Implementierung des E-Shops eine innovative Geschäftsidee realisiert, so können die Gründer kaum auf Erfahrungswerte zurückgreifen. Absatzprognosen, Markteinschätzungen und Annahmen über die benötigten Voraussetzungen können somit nur relativ wage abgeschätzt werden und stellen dadurch eine Gefahrenquelle für den Erfolg des Projektes dar. Das Betreten von unbekanntem Terrain bedeutet also einerseits, ein höheres Risiko zu tragen, dafür hat man aber andererseits mehr Chancen, sich am Markt durchzusetzen und die Vorteile des First-Mover-Effektes auszuschöpfen.

- **Ressourcenbegrenzung**: Die Ressourcenbegrenzung betrifft in erster Linie finanzielle Ressourcen, auf die das Projekt gestützt wird. Erst wenn ausreichend monetäre Mittel zur Verfügung stehen, können andere Ressourcen (z. B. Humankapital, Technologie etc.) eingekauft bzw. bezahlt werden. Eine solide Finanzierung benötigt daher eine genaue Errechnung des finanziellen Aufwands aller für das Gelingen des Projektes benötigten Ressourcen. Diese werden dann bei der Projektkalkulation eingerechnet und ergeben den finanziellen Rahmen des Projektes.

■ **Komplexität:** Nicht nur interne und externe Interessengruppen müssen bei der Implementierung des E-Shops berücksichtigt werden, sondern auch die Dynamik der einzelnen Elemente, auf die das Projekt gestützt ist. Gerade in der Digitalen Wirtschaft können sich die Rahmenbedingungen, z. B. durch Technologieentwicklungen und Gesetzesänderungen, sehr schnell ändern. Um dieser Dynamik standzuhalten, benötigt das Projekt ein höchst professionelles Management, das die Komplexität des Projektes besonders im Hinblick auf externe Rahmenbedingungen nicht unterschätzt.

Jeder dieser Aspekte bestimmt den Aufbau und Ablauf des Projektes, da es sich hierbei um Rahmenbedingungen handelt, innerhalb derer sich das Projekt bewegt. Je genauer und zielgerichteter die einzelnen Punkte vom Team diskutiert und festgelegt werden, desto weniger Spielraum bleibt für die Durchführung des Projektes übrig. Dies kann sich einerseits positiv auf den weiteren Verlauf des Projektes auswirken, da das weitere Vorgehen somit sehr klar bestimmt wird und die Erreichung des Projektziels zielstrebig verfolgt werden kann. Andererseits bedeutet ein zu straffes Projektdesign aber auch, dass sich die Dynamik im äußeren Umfeld nur schwer in das Projekt integrieren lässt und eine Reaktion auf plötzlich auftretende Veränderungen oder Voraussetzungen das gesamte Konzept in Gefahr bringen kann. Es muss also ein gesunder Mittelweg gefunden werden, den Projektrahmen so eng zu gestalten, dass sich während des Projektes viele Fragen anhand der Rahmenbedingungen beantworten lassen können, und so viel Spielraum zu lassen, dass Veränderungen im externen Umfeld flexibel in das Projekt eingebracht werden können und somit das Projekt nicht gefährden (*Kollmann* 2019a, S. 466 f.).

Projektkalkulation

Unter einer **Projektkalkulation** versteht man die „Ermittlung der voraussichtlichen kostenwirksamen Projektleistungen und ihre Bewertung" (DIN 69905). Da jedes Projekt per Definition einmalig ist, ist die Projektkalkulation eine der schwierigsten Aufgaben bei der Projektplanung. Erfahrungswerte sind meist nicht vorhanden, sodass gewisse Kosten nur geschätzt werden können und die Kalkulation somit an Präzision verliert. Trotzdem benötigen die E-Shop-Betreiber vor Realisierung des E-Shops eine Aufstellung der voraussichtlichen Aufwendungen, damit eine Kosten-Nutzen-Abwägung durchgeführt werden kann (*Kollmann* 2019a, S. 467 f.).

Es entsteht eine Diskrepanz zwischen den Anforderungen der Wirtschaftlichkeitsrechnung und der unsicheren Prognose, die bei verschiedenen Methoden der Projektkalkulation berücksichtigt werden. Die sog. **Bottom-Up-Planung** versucht, die einzelnen Aufgaben in möglichst kleine, detaillierte Teilaufgaben aufzubrechen und durch diesen höheren Detaillierungsgrad die Genauigkeit der Aufwandsschätzung zu vergrößern. Verbindet man verschiedene Methoden miteinander, so kann es gelingen, den wahrscheinlichen Aufwand und seine möglichen Abweichungen zu ermitteln. Zur Verringerung des Kostenrisikos ist es ratsam, schon vor Projektbeginn verbindliche Angebote einzuholen. Weitere Maßnahme kann die Einplanung von finanziellen Puffern sein, wodurch zwar einerseits der ROI (Return on Investment) verschlechtert, aber andererseits größere Sicherheit für das Gelingen des Projektes erlangt wird. Weiterhin kann eine Risikoanalyse mögliche Kostenüberschreitungen abschätzen, die durch Eintreten verschiedener Risiken auftreten können. Sind die Risiken erkannt und eingeschätzt, können Gegenmaßnahmen zur Verringerung der Risiken eingeleitet werden. Bei der **Top-Down-Planung** hingegen wird ein Kostenrahmen für das gesamte Projekt im Voraus festgelegt, sodass sich die Projektplanung mit ihrem Ergebnis daran orientieren muss. Die gesamte Projektkalkulation muss sich also innerhalb der festgelegten Kostenstruktur bewegen. Typischerweise geschieht dies durch die Kostenträgerrechnung, wobei die Projektkosten nach Arbeitspaketen berechnet werden. Bei kleineren Projekten lohnt es sich dagegen eher, Pauschalen für einzelne Kostenarten (Personalkosten, Sachkosten, Abschreibungen etc.) für die Kalkulation anzusetzen. Zusammen mit der Ablaufplanung ergibt die Projektkalkulation den Kostenplan des Projekts. Die Ablaufplanung ist wichtig, da sich der Zeitpunkt einzelner Anfangsinvestitionen stark auf den Kostenplan auswirken kann (*Kollmann* 2019a, S. 467).

Als **Beispiel** kann hier Abb. 44 für die Projektkalkulation eines Online-Shops dienen. Die obere Hälfte zeigt den Bottom-Up-Ansatz, der wie schon beschrieben vom Detail zum Gesamten geht. Dabei werden zunächst die Kosten einzelner Teilkomponenten (bspw. Kosten für Server 9.000 Euro, Computer 5.000 Euro, Internetanbindung/Standleitung 4.000 Euro, Bürostühle 8.000 Euro, Miete 9.000 Euro, Telefonkosten 3.000 Euro etc.) errechnet bzw. geschätzt, um sie dann zu einzelnen Arbeitspaketen zusammenzufassen (Technik z. B. 18.000 Euro, Bürokosten 20.000 Euro, Personalkosten 17.000 Euro etc.). Die ermittelten Werte werden dann zusammenaddiert und ergeben in ihrer Summe die Gesamtkosten des E-Shop-Projektes (55.000 Euro). Die Genauigkeit der Projektkalkulation hängt also sehr stark davon ab, wie präzise einzelne Kostenaspekte bewertet werden können. In einigen Fällen kann es sich lohnen, das eigene Projekt mit einem gleichwertigen/ähnlichen Projekt zu vergleichen oder konkrete Recherchen in der Branche zu betreiben, um die Planung so realistisch wie möglich zu gestalten.

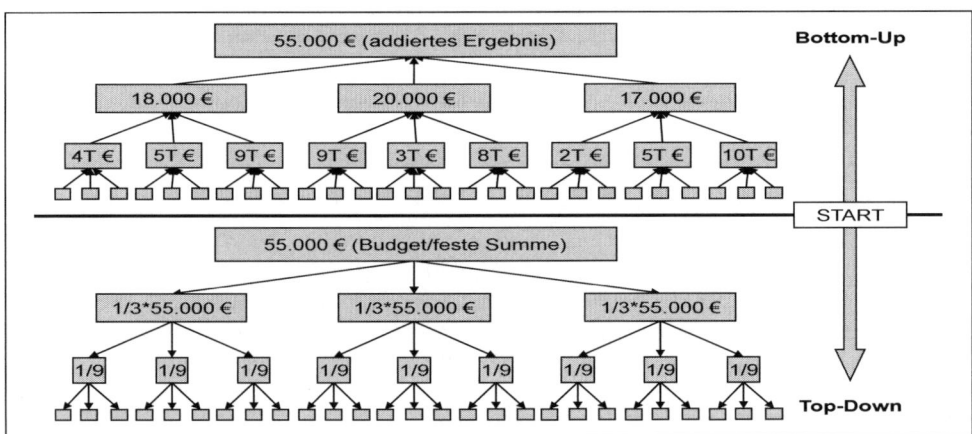

Abb. 44:   Die Bottom-Up- und Top-Down-Methode
Quelle: *Kollmann* 2019a, S. 468.

Bei der Top-Down-Methode verläuft die Planungs- und Kalkulationsrichtung vom Gesamten zum Detail. Ausgangspunkt ist hier das gesamte für das Projekt zur Verfügung stehende Budget (z. B. 50.000 Euro), das je nach Gewichtung der Projektbereiche (Personal, Technik, Büro) auf die Teilkomponenten aufgebrochen wird. Im vorliegenden Beispiel werden alle Bereiche als gleichwertig betrachtet und bekommen daher jeweils 1/3 des Gesamtbudgets gestellt. Insgesamt sollte der E-Shop-Betreiber bedenken, dass bei dieser Methode die **Einhaltung des Budgets** als oberste Priorität gesehen wird, wobei die Kostenverteilung jedoch sehr unter fehlender Flexibilität leiden kann. Andersherum birgt diese Methode nicht die Gefahr, die Gesamtkosten so zu übersteigen, dass die Finanzmittel direkt vollkommen ausgeschöpft werden und der Spielraum für unvorhergesehene Kosten sehr gering wird. Je nach Ausgangslage des Projektes lohnt sich evtl. die Kombination beider Ansätze, um einerseits ein realistisches Bild der Kostenstruktur zu bekommen, aber auf der anderen Seite auch zu erkennen, wo es unter Umständen Einsparungen geben muss, um das Gesamtbudget nicht zu überziehen (*Kollmann* 2019a, S. 468).

Projektumsetzung

Basierend auf den Ergebnissen der initialen Projektplanungsphase kann nun die technische und betriebswirtschaftliche **Projektumsetzung** erfolgen (*Kollmann* 2019a, S. 469 ff.). Die Implementierung eines E-Shops lässt sich dabei in verschiedene **Projektphasen** einteilen. Abb. 45 gibt einen Überblick über die wesentlichen Aktivitäten eines Projektes und setzt diese in eine sukzessive Ablauffolge. Dargestellt ist ein aus der vorhandenen Literatur synthetisiertes Vorgehensmodell, dass die Projektphasen und deren zentrale Ergebnisse in Beziehung zueinander setzt. Angestoßen wird ein E-Shop-Projekt meist entweder von bestehenden Unternehmen, die den E-Shop als weiteren Vertriebskanal betrachten oder Einzelpersonen, die ein neues Geschäftsmodell entwickeln und realisieren möchten. Das Projekt startet mit einer **Kick-Off-Phase**, in der die zentrale Geschäftsidee formuliert wird, erste Planungsschritte erfolgen, Basisinformationen eingeholt werden und Erfolgspotenziale grob abgeschätzt werden. Nach der klaren Formulierung des Projektvorhabens (evtl. Business Plan) werden Geldmittel zur Finanzierung des E-Shops akquiriert und ein Projektteam bzw. Gründerteam aufgestellt. Ziel der Artikulierung des Projektvorhabens ist es, eine Unternehmensvision zu formulieren und daraus Projektziele abzuleiten. Der Detaillierungsgrad ist dabei abhängig von der organisatorischen Stellung des Shops (Shop als weiterer Vertriebsweg oder Shop als Existenzgründung). Ergebnisse der Kick-Off-Phase sind neben der Projektformulierung eine Grobabschätzung der Absatzpotenziale, die Festlegung der Projektorganisation und eines Projektbudgets sowie eventuell Verträge und Projektvereinbarungen mit externen Partnern (*Kollmann* 2019a, S. 469).

Sämtliche **Entscheidungen** des E-Shop-Projektes liegen zunächst bei der Person, die die höchste Verantwortung trägt. Dies kann entweder der Digital Leader (CDO) oder aber ein Mitarbeiter des Unternehmens sein, der mit dem Aufbau eines E-Shops beauftragt wurde oder die Gründerperson(en) im Fall der Existenzgründung (*Kollmann* 2019b). Das zusammengestellte Projektteam (evtl. auch die Gründerperson/-gruppe) erhält die Aufgabe durch präzise Analysen von Branchenstruktur, Produkten, Prozessen und Kunden eine attraktive Entscheidungsvorlage für das weitere Vorgehen zu erstellen. Der Kick-Off-Phase folgt daher eine Analysephase, die den gesamten organisatorischen Rahmen und die Bedingungen zur Realisierung des Projektes untersucht und bewertet. Die **Analysephase** setzt sich aus Struktur-, Produkt-, Prozess-, Markt- und Käuferanalyse zusammen (*Kollmann* 2019a, S. 259 ff.). Aufgrund der Ergebnisse der Markt- und Strukturanalyse und der getroffenen Produktauswahl kann ein erster Vorschlag zur Abgrenzung eines Pilotprojekts gemacht werden, dass sich auf nur wenige Produktangebote und potenzielle Käufer konzentriert, um daraus das weitere Vorgehen abzuleiten. Die Analysephase, auf deren Werkzeuge und Methoden auch im weiteren Projektverlauf immer wieder iterativ zurückgegriffen wird, endet mit einer ausführlichen Projektkalkulation, die die Grundlage für die Budgetierung und die Projektumsetzung bildet (*Kollmann* 2019a, S. 469).

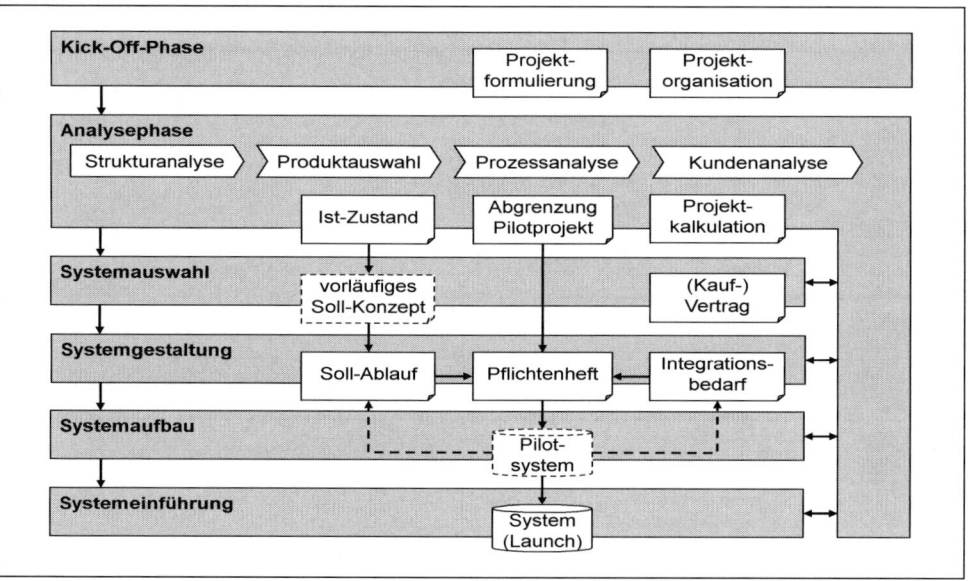

Abb. 45:   Phasen eines E-Shop-Projekts
Quelle: *Kollmann* 2019a, S. 470.

Die Projektumsetzung beginnt mit der Phase der **Systemauswahl**, in der das Team sich für eine Systemlösung entscheidet und in der Regel Verträge mit einem Dienstleister oder Partner abschließt (*Kollmann* 2019a, S. 259 ff.). Dabei wird geprüft, ob ein System das sich aus den Ergebnissen der Analysephase ergebende vorläufige Soll-Konzept abbilden kann (*Kollewe/Keukert* 2016, S. 69 ff.). Ist die Entscheidung für eine Systemlösung gefallen, können die Soll-Abläufe in der Phase **Systemgestaltung** weiter ausgebaut werden. Grundlage sind dabei nicht nur der bereits in der Analysephase festgehaltene Ist-Zustand, sondern auch die verfügbare Funktionalität der Systemlösung. Zusätzlich definiert das Projektteam den ggf. notwendigen Integrationsbedarf mit internen und externen EDV-Systemen des bestehenden Unternehmens, der zusammen mit den Soll-Abläufen in ein Pflichtenheft überführt wird (*Kollmann* 2019a, S. 469 f.).

Generell macht es Sinn, das System zunächst als Pilotlösung mit wenigen Benutzern und ausgewählten Produkten zu betreiben. Ziel ist hier ein Proof-of-Concept, also ein Meilenstein, an dem die prinzipielle Durchführbarkeit des Vorhabens belegt wird. In der Phase **Systemaufbau** wird daher entsprechend der im Pflichtenheft festgehaltenen betriebswirtschaftlichen und technischen Anforderungen des Unternehmens eine erste lauffähige Pilotlösung für die ausgewählten Produktangebote und Kundengruppen implementiert (*Kollmann* 2019a, S. 259 ff.). Dies beinhaltet die Entwicklung zusätzlicher Funktionalität, die Integration mit evtl. bestehenden Systemen, die Realisierung des Online-Kataloges und die erste Anbindung an das Internet.

In der abschließenden Phase **Systemeinführung** werden die Erfahrungen der ersten Testkäufer, die Probe-Transaktionen durchführen, dokumentiert und die sich daraus ergebenden zusätzlichen Anforderungen an die Systemlösung nachträglich ins Pflichtenheft aufgenommen (*Kollmann* 2019a, S. 259 ff.). Iterativ werden die notwendigen Änderungen dann während der Einführungsphase implementiert. Nachdem die im Laufe der Einführung des Pilotsystems aufgetretenen Probleme gelöst sind, kann das System zunächst auf weitere Produktangebote und Kundengruppen ausgeweitet werden (*Dolmetsch* 2000, S. 250 f.) und im Anschluss vollständig in den Markt eingeführt werden. Dazu kann auch auf die Methoden der Kundengewinnung zurückgegriffen werden (*Kollmann* 2019a, S. 470 f.). Nach Abschluss der eigentlichen Shop-Implementierung bleibt dem Shopbetreiber die Aufgabe der ständigen **Systemkontrolle**. Dadurch können einerseits Verbesserungsmöglichkeiten am gesamten Shop-System aufgedeckt werden, zum anderen müssen besonders die einzelnen Kostentreiber regelmäßig im Rahmen eines ausgewogenen eControllings überwacht werden (*Kollmann* 2019a, S. 259 ff.).

> **!** **Die Implementierung eines E-Shop wird aktiv von einem Digital Leader angestoßen oder begleitet, wobei er darauf achtet, dass alle notwendigen Analysen durchgeführt, die Projektorganisation und -kalkulation stimmt sowie die Erfolgsfaktoren durch die richtige Auswahl des passenden digitalen Verkaufssystems adressiert werden.**

4.2.3 Die Implementierung eines E-Marketplace

Die Komplexität von Projekten im elektronischen Handel steigt mit den mit der Implementierung verbundenen Zielen (*Kollmann* 2019a, S. 495 ff.). Dies ist schon bei der **Projektplanung** zu berücksichtigen. Bevor mit der Implementierung des E-Marketplace begonnen werden kann, müssen daher zuerst Zielsetzung und Strategien der Einführung festgelegt werden (*Schneider/Schnetkamp* 2000, S. 225). Der Schnelllebigkeit der Digitalen Wirtschaft mit ihren sich ständig ändernden Rahmenbedingungen Rechnung tragend, muss das Implementierungsziel nicht zwangsläufig die „perfekte" Marktplatzlösung sein, vielmehr können sich der bzw. die Marktplatzgründer in bestimmten Bereichen erst einmal darauf beschränken, „nur" die grundlegenden Kundenbedürfnisse zu befriedigen

(Entwicklungsstufe I) und erst in weiteren Implementierungsiterationen inkrementelle Verbesserungen vorzunehmen. Zunächst würden somit die Funktionen des operativen Handels (*Kollmann* 2019a, S. 495 ff.) fokussiert. Darüber hinaus könnte der E-Marketplace aber auch als Informationsquelle für Optimierungen der Handelsprozesse und eine umfassende Analyse des Verhaltens von Anbietern und Nachfragern genutzt werden, wodurch eher Aspekte des taktischen Handels (*Kollmann* 2019a, S. 495 ff.) zum Tragen kämen (Entwicklungsstufe II). Für die höchste Zieldimension würden dagegen die Aspekte des strategischen Handels im Mittelpunkt stehen, die bis zu einer Optimierung der gesamten Supply Chain und einer starken Integration von Anbietern und Nachfragern in die eigenen Informationssysteme führen können (Entwicklungsstufe III).

Insbesondere in den letzten beiden Fällen kommt es zu einer kontinuierlichen Neuausrichtung der internen Prozesse des E-Marketplace. Ein besonderes Gewicht ist daher bereits im Vorfeld auf die strategische Ausrichtung des Projektes zu legen (*Kollmann* 2019a, S. 625). Der Projekterfolg wird dabei in hohem Maße von umfangreichen Vorbereitungen und einer zielgerichteten Planung bestimmt (*Möhrstädt/Bogner/Paxian* 2001, S. 4). Aus den bestehenden beziehungsweise noch zu formulierenden Ideen ergibt sich, welcher E-Marketplace mit welchem Anspruch aufgebaut werden soll. Die meisten Marktplatzgründer verfügen vor diesem Hintergrund über innovative Ideen, an einer konsistenten Vision mangelt es aufgrund der Neuheit des Geschäftsfeldes jedoch in vielen Fällen. Zur Konkretisierung der Ideen erfolgen die Identifikation der Faktoren, die den Erfolg beeinflussen, sowie detaillierte Analysen wie einzelne Prozesse und der Prozessablauf gestaltet sein sollen und welche finanziellen Rahmenbedingungen gegeben sind (*Kollmann* 2019a, S. 625).

Erfolgsfaktoren

Neben der aus den Aspekten Information, Kommunikation und Transaktion zusammengesetzten Grundleistung der elektronischen Marktplätze kann in der Praxis beobachtet werden, dass sich diese Marktplätze in ihrer dahinter liegenden Architektur in der Regel aus den gleichen Grundbausteinen für das operative Geschäft zusammensetzen, die vor diesem Hintergrund somit ebenfalls als **Erfolgsfaktoren** des E-Marketplace zu betrachten sind (*Kollmann* 2019a, S. 495 ff.; s. Abb. 46). Dabei ist zu beachten, dass hinsichtlich der Ausprägung nicht immer „je mehr, desto besser" gilt (*Kollmann/Herr/Kuckertz* 2008; *Kollmann/Herr/Kuckertz* 2010), vielmehr gilt es in vielen Bereichen das für das jeweilige Unternehmen ideale Maß zu finden. Folgende fünf Erfolgsfaktoren sind dabei zu unterscheiden:

- **Kapital**: Alle elektronischen Marktplätze benötigen eine gewisse Kapitalbasis, um kurz- bis mittelfristig überleben zu können. Dieser Kapitalbedarf, der zumeist neuen Unternehmen wird mit Hilfe eines Businessplans ermittelt und in der Regel (neben Eigenkapital der Gründer) von Business Angels (1. Finanzierungsrunde oder Early Stage) als sog. Seed Capital oder dem Venture Capital Bereich (2. Finanzierungsrunde oder Expand Stage) als sog. Pre-IPO Capital zur Verfügung gestellt (*Kollmann* 2019b; *Kuckertz* 2006; *Middelberg* 2013).

▓ **Technologie**: Neben dem Kapital wird die technologische Plattform benötigt, auf der die Grundleistung des E-Marketplace funktionieren soll. Hierzu gehören neben dem Datenbanksystem (z. B. *Oracle*) auch Server und entsprechende Schnittstellen. Darüber hinaus spielt die Trading-Software, die für ein Matching von Angebot und Nachfrage sorgen soll, eine besondere Rolle.

▓ **Content**: Der Content ist dafür verantwortlich, dass interessante Informationen rund um das Handelsgeschehen vorhanden sind. Dabei können die Informationen über eine eigene Redaktion selbst produziert oder die entsprechenden Nachrichten, Mitteilungen bzw. Stories von externen Dienstleistern erworben werden. Über ein Content Management System (CMS) werden die Inhalte verwaltet und an den entsprechenden Stellen im Webangebot platziert.

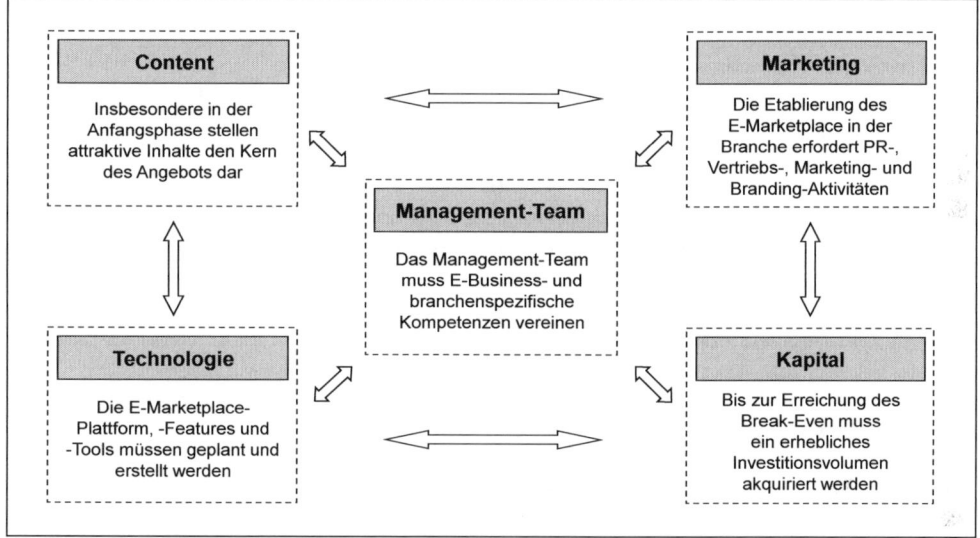

Abb. 46:   Erfolgsfaktoren für den Aufbau eines E-Marketplace
Quelle: in Anlehnung an *Kollmann* 2001, S. 92.

▓ **Marketing/Relationship**: Das Marketing ist dafür verantwortlich, dass der E-Marketplace in der entsprechenden Branche bekannt wird. Hierfür kann im Idealfall auf ein kostengünstiges Beziehungsnetzwerk (Relationships) in Form von Partnerschaften zurückgegriffen oder es muss zum Teil kostenintensive Online- und Offline-Werbung geschaltet werden.

▓ **Management-Team**: Als vielleicht wichtigster Baustein muss das Management-Team genannt werden, welches als Betreiber des E-Marketplace fungiert. Das Management sollte dabei nicht nur über Kompetenzen im Bereich der elektronischen

Marktplätze verfügen, sondern auch über tiefgreifendes Wissen der entsprechenden Branche (*Kollmann/Häsel/Stöckmann* 2007; *Häsel/Kollmann/Breugst* 2010; *Kollmann/Häsel/Breugst* 2009). Aus diesem Grund kann man in der Praxis oft beobachten, dass sich etablierte Branchenkenner mit langjähriger Berufserfahrung und junge Unternehmer aus dem E-Business-Bereich zusammenschließen. Innerhalb der Management-Entscheidungen geht es gerade und insbesondere um die technische Realisierung der Handelsplattform sowie das Projektmanagement zur Etablierung des Marktplatzes und das Verhalten gegenüber den Wettbewerbern.

Strukturanalyse

Die Geschäftsmodelle des elektronischen Handels werden in der Realität von den jeweiligen Marktplatzbetreibern mit mehr oder minder großem wirtschaftlichen Erfolg betrieben (*Kollmann* 2019a, S. 626 ff.). Einige der mit vielen Erwartungen verbundenen elektronischen Marktplätze sind bereits wieder verschwunden oder aber die ursprüngliche Geschäftsidee musste modifiziert werden, damit der Marktplatzbetreiber überhaupt wirtschaftlich bestehen kann. Der erfolgreiche Aufbau des E-Marketplace hängt deshalb davon ab, ob der Marktplatzbetreiber über die entsprechenden Voraussetzungen verfügt und ob die **äußeren Rahmenbedingungen** für eine derartige transaktionsvermittelnde Institution überhaupt vorhanden sind (*Kollmann* 2019a, S. 627 f.). Während Aussagen über das Vorliegen einer entsprechenden unternehmerischen Qualifikation nur nach einer Einzelfallprüfung möglich sind, wird dieser Aspekt an dieser Stelle nicht weiterverfolgt. Im Gegensatz dazu können allerdings in allgemeiner Form die Bedingungen angeführt werden, die erfüllt sein müssen, damit überhaupt ein tragfähiger E-Marketplace entstehen kann. Hinsichtlich einer **strukturellen Analyse** gelten folgende allgemeine **Voraussetzungen** für die Entwicklung eines erfolgreichen E-Marketplace (*Kollmann* 2001, S. 89):

▪ **Fragmentierung**: Ein hoher Grad der Fragmentierung innerhalb einer Branche begünstigt die Akzeptanz der Koordination/Vermittlung über einen zentralen E-Marketplace. Sind viele Anbieter und viele Nachfrager in einer Branche vorhanden, kann der Marktplatzbetreiber kostengünstiger und schneller ein hochqualitatives Matching anbieten, als es den Marktparteien ohne dessen Hilfe möglich wäre. So kann der Marktplatzbetreiber bspw. das Gesuch eines Nachfragers zeitgleich über alle Offerten eines jeden Anbieters hinweg matchen. Ohne E-Marketplace müssten die Angebote von dem Nachfrager selbst einzeln eingeholt und geprüft werden, was mit sehr hohen (Opportunitäts-)Kosten verbunden ist.

▪ **Konzentration**: Ebenfalls von Bedeutung für Marktplatzprojekte ist der Konzentrationsgrad einer Branche. Bestimmt ein Big-Player den Markt, besteht keine Notwendigkeit für Nachfrager, sich an einen Vermittler zu wenden. Ist der Markt jedoch wenig konzentriert wie z. B. in der Möbelbranche (die zehn größten Unternehmen im Möbelhandel haben lediglich 10 % Marktanteil), besteht großer Vermittlungsbedarf, um möglichst das gesamte Marktangebot zu erfassen.

▓ **Transparenz**: In intransparenten Branchen ist es für den einzelnen Nachfrager nur schwer in Erfahrung zu bringen, welcher Anbieter was produziert bzw. liefert. Ebenfalls ist es für Anbieter nicht ersichtlich, wer ihre potenziellen Abnehmer sind. Der Marktplatzbetreiber kann in diesem Fall Übersicht und Strukturierung bieten.

▓ **Internationalität**: Innerhalb eines internationalen Umfelds bestehen häufig regionale Wissensschranken, die der Markplatzbetreiber im Rahmen einer Übersichtsfunktion auflösen kann.

▓ **Online-Durchdringung**: Die Akzeptanz für einen E-Marketplace steigt mit dem Grad der Online-Durchdringung der Branche. Sind die Unternehmen „E-fähig" und die Geschäftsprozesse elektronisch gestützt, kann der E-Marketplace über einfach zu implementierende Schnittstellen in das Handelsgeschehen eingebunden werden.

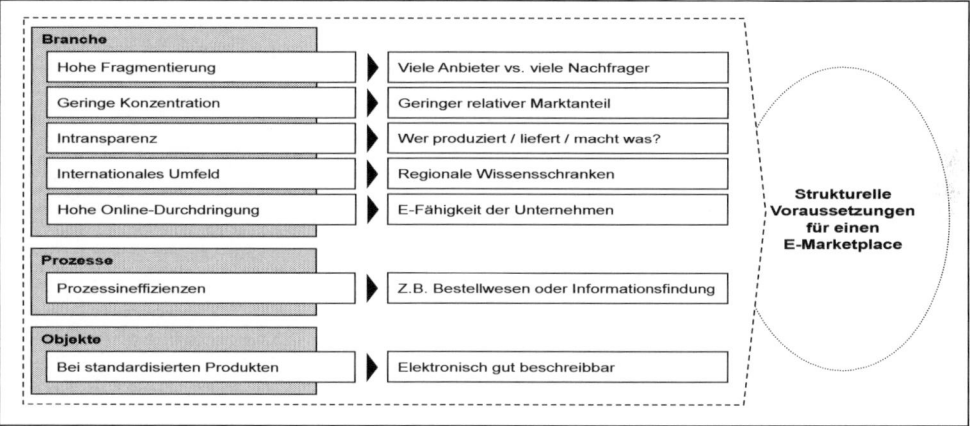
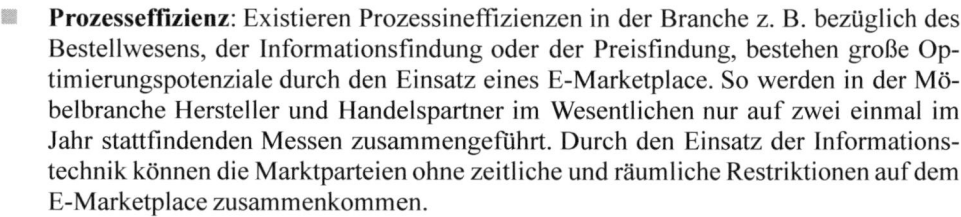
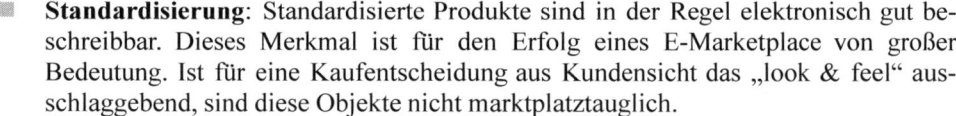

Abb. 47:   Strukturelle Voraussetzungen für den Erfolg eines E-Marketplace
Quelle: in Anlehnung an *Kollmann* 2001, S. 89.

▓ **Prozesseffizienz**: Existieren Prozessineffizienzen in der Branche z. B. bezüglich des Bestellwesens, der Informationsfindung oder der Preisfindung, bestehen große Optimierungspotenziale durch den Einsatz eines E-Marketplace. So werden in der Möbelbranche Hersteller und Handelspartner im Wesentlichen nur auf zwei einmal im Jahr stattfindenden Messen zusammengeführt. Durch den Einsatz der Informationstechnik können die Marktparteien ohne zeitliche und räumliche Restriktionen auf dem E-Marketplace zusammenkommen.

▓ **Standardisierung**: Standardisierte Produkte sind in der Regel elektronisch gut beschreibbar. Dieses Merkmal ist für den Erfolg eines E-Marketplace von großer Bedeutung. Ist für eine Kaufentscheidung aus Kundensicht das „look & feel" ausschlaggebend, sind diese Objekte nicht marktplatztauglich.

Diese strukturellen Voraussetzungen lassen sich in die drei Kategorien **Branche**, **Prozesse** und **Objekte** einteilen, die es bei der Analyse zu berücksichtigen gilt. Abb. 47 gibt vor diesem Hintergrund zusammenfassend einen Überblick über die Probleme, die in einer Branche auftreten können und im besten Fall durch einen E-Marketplace gelöst werden können.

Marktanalyse

Im Rahmen der **Marktanalyse** spielt die Identifikation der relevanten Marktzone vor dem Hintergrund der branchenspezifischen Anforderungen, Risiken und Gewinnpotenzialen für den wirtschaftlichen Erfolg des E-Marketplace eine elementare und richtungweisende Bedeutung (*Kollmann* 2019a, S. 629 f.). Der Prozess der Auswahl des Marktes, in der ein Betreiber seinen E-Marketplace etablieren möchte, die sog. **Zielmarktanalyse**, konzentriert sich im Kern auf drei Stufen (s. Abb. 48; *Wohlenberg/Krause* 1999):

▪ **Marktumfeld**: Auf der ersten Stufe gilt es zunächst die Frage zu klären, ob es in der anvisierten Branche überhaupt zu den bestimmten Problemfeldern kommt, die durch elektronische Marktplätze gelöst werden können (sog. Pain Points). So ist bspw. die Möbelbranche durch ihre mittelständische Prägung mit Sicherheit fragmentiert und intransparent, aber die Durchdringung des Internets in diesem Bereich (auch B2B) liegt gerade einmal bei 20 %. Hierdurch wird der Einsatz eines Marktplatzes fraglich.

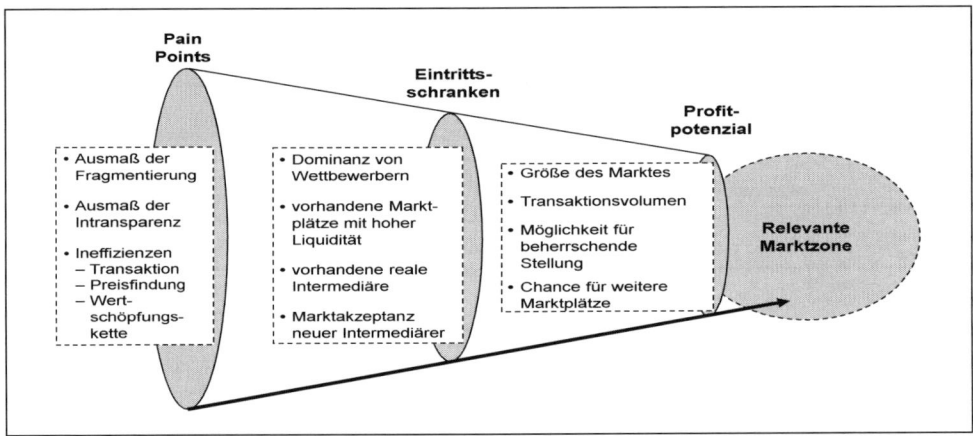

Abb. 48:   Zielmarktanalyse für den Aufbau eines E-Marketplace
Quelle: in Anlehnung an *Wohlenberg/Krause* 1999, S. 12.

▪ **Wettbewerbsumfeld**: Auf der zweiten Stufe sollte sich der Betreiber über die Markteintrittsschranken Gedanken machen: Existieren bereits dominante Wettbewerber mit ausreichender Liquidität? Sind bereits starke Intermediäre in der realen Welt am Markt, die demnächst in die elektronische Ebene eintreten werden oder wird ein neuer Intermediär von der Branche als positiv angesehen?

▨ **Profitpotenzial**: Auf der dritten Stufe gilt es, die wirtschaftliche Ertragssituation abzuschätzen. Wie hoch ist das Transaktionsvolumen? Ist der Markt groß genug, um mehrere Marktplätze zu verkraften? Wie hoch ist das Potenzial für die Vermittlungsleistung des Marktplatzes? Man kann davon ausgehen, dass der anvisierte Markt ein gewisses Handelsvolumen aufweisen sollte, damit E-Marketplace mit einem einstelligen Marktanteil überleben kann. Entsprechende Branchen sind bspw. die Elektroindustrie, IuK-Technik, Chemie, Lebensmittel, Transport, Landwirtschaft, Laborprodukte, Fotoindustrie, Plastik, Baubranche oder Schifffahrt/Boote.

Erst wenn die Zielmarktanalyse positiv durchlaufen wurde, ist eine relevante Marktzone identifiziert und es erscheint sinnvoll, darüber nachzudenken, einen E-Marketplace anzubieten. Es ist jedoch zu berücksichtigen, dass es sich bei der Digitalen Wirtschaft um eine hochdynamische Branche handelt (s. Kapitel 1.1), sodass eine einmal identifizierte interessante Marktzone nach einer gewissen Zeit wieder verschwunden oder bereits durch einen Wettbewerber besetzt sein kann. Abb. 48 stellt den Analyseprozess insbesondere die sukzessive Reduktion der in Frage kommenden Marktzone abschließend anschaulich dar.

Teilnehmeranalyse

Innerhalb des Implementierungsprozesses eines E-Marketplace bildet die Analyse der zukünftigen Teilnehmer der Plattform einen weiteren elementaren Bestanteil der Projektplanung (*Kollmann* 2019a, S. 630 ff.). Für elektronische Marktplätze sind aufgrund der bilateralen Ausrichtung der Kundenorientierung im Rahmen der **Teilnehmeranalyse** somit zwei Analysen durchzuführen: Anbieter- und Nachfrageranalyse. Auch wenn sich diese Betrachtungen auf zwei Marktparteien mit divergierenden Interessen beziehen, können beiden Analysen doch grundsätzlich gleiche **Kriteriengruppen** zugrunde gelegt werden (s. Abb. 49):

▨ **E-Readiness**: In Analogie zu der entsprechenden Online-Durchdringung der Branche ist zu analysieren, inwieweit die potenziellen Anbieter und Nachfrager aus technischer Sicht in der Lage sind, als E-Marketplace-Teilnehmer den elektronischen Handel aktiv mitzugestalten. Als Determinanten der E-Readiness (auch E-Commerce-Readiness; *Gerst* 2002, S. 65) sind insbesondere die technische Infrastruktur, die E-Commerce-Erfahrungen sowie die Qualität des Datenbestandes zu analysieren.

▨ **Handelsvolumen**: Für den Marktplatzbetreiber sind insbesondere Kunden attraktiv, die häufig hochwertige Transaktionen durchführen. Anhand von unternehmens- und transaktionsorientierten Kennzahlen (z. B. Anzahl/Häufigkeit der Transaktionen, Höhe des Umsatzes) kann die derzeitige Bedeutung des Kunden als Handelspartner bewertet werden. Ebenso sollte das zukünftige Potenzial des Kunden prognostiziert werden, um Schlüsse für die langfristige Entwicklung der Geschäftsbeziehungen zu ziehen.

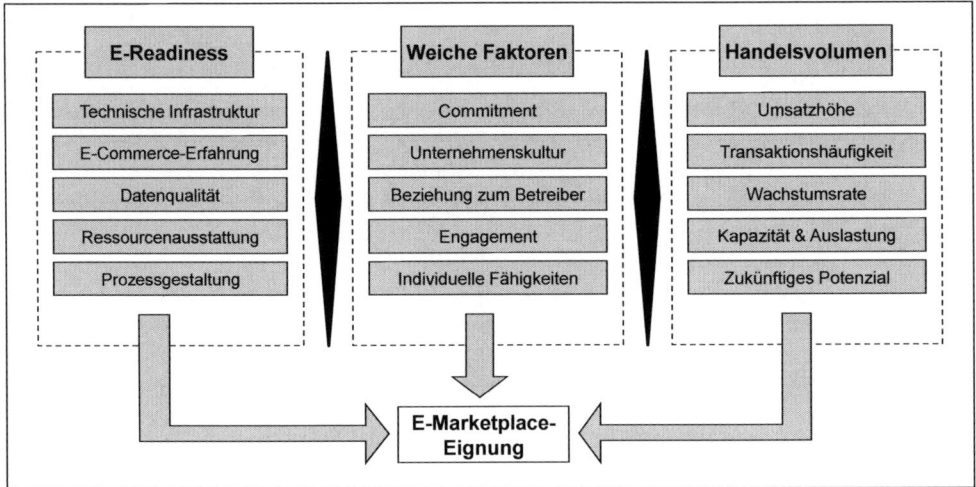

Abb. 49:   Kriterien der E-Marketplace-Eignung
Quelle: *Kollmann* 2019a, S. 631.

▨ **Soft-Facts**: Ebenfalls sollte der Marktplatzbetreiber sog. „weiche Faktoren", also nicht
   bzw. nicht objektiv quantifizierbare Größen, die Einfluss auf den Erfolg haben, wie
   bspw. soziale und psychologische Komponenten, in seine Analyse einbeziehen. So
   kann z. B. ein großes Commitment bzw. Engagement hinsichtlich der Marktplatz-
   partizipation Defizite in den beiden anderen Bereichen wettmachen (*Dolmetsch* 2000).
   Ebenso kann eine positive Beziehung zwischen Marktplatzbetreiber und Kunden zu
   einer dauerhaften Marktplatzbindung führen.

Abb. 49 gibt einen Überblick über Kriterien, die bei der Anbieter- und Nachfrageranalyse
berücksichtigt werden sollten. Die konkrete Ausgestaltung der Analyse sollte jedoch unbedingt in Abhängigkeit der Branche und des Geschäftsmodells individuell geplant werden (*Kollmann* 2019a, S. 631 f.).

Matchinganalyse

Wenn die Zielmarktanalyse zu einem positiven Ergebnis geführt hat, d. h. die betreffende
Branche eine wirtschaftlich ausreichend relevante Marktzone für den Betrieb eines E-
Marketplace eröffnet und die Marktplatzteilnehmer sich als geeignet herausgestellt haben,
dann kann über die konkrete Ausgestaltung des Matchings und der begleitenden Prozesse
nachgedacht werden (*Kollmann* 2019a, S. 495 ff.). Unabhängig von dem speziellen Angebot für die jeweilige Branche und der Ausgestaltung im Einzelfall können grundsätzlich
drei **Kernangebote** identifiziert werden: Information, Kommunikation und Transaktion
(*Kollmann* 2001; *Kollmann* 2019b).

■ Im **Informationsbereich** werden für die angesprochene Zielgruppe relevante Informationen bereitgestellt. Dies können Branchenreports, Reportagen, Statistiken usw. sein. Ein kostenloses, attraktives Informationsangebot wird häufig gerade in der Startphase eines E-Marketplace angeboten, um die Kundengewinnung zu beschleunigen.

■ Im **Kommunikationsbereich** werden verschiedene Kommunikationstechnologien wie Chats, Newsboards oder Diskussionsforen ergänzend angeboten, die der stärkeren Einbindung der Marktplatzbesucher dienen. Die so entstehenden Interaktionen zwischen verschiedenen Marktplatz-Nutzern helfen bei der Etablierung einer elektronischen Marktplatz-Community. Die Erfahrung zeigt, dass das Kommunikationselement zum Funktionieren von Marktplätzen beiträgt. Durch User-Beiträge wird der Marktplatz nicht nur mit interessanten Inhalten gespeist, die Plattform entwickelt sich zudem gemäß den Anforderungen der Zielgruppe, was Akzeptanz und Interesse steigert.

■ Der **Transaktionsbereich** bietet das größte Einnahmepotenzial eines E-Marketplace und ist letztlich der einzige Weg elektronische Marktplätze profitabel zu betreiben. Die Möglichkeit, Geschäftsabschlüsse zu tätigen kann durch die verschiedenen Modelle (Auktionen, Kataloge, Börsen) realisiert werden. Die Transaktionsgebühren können volumenabhängig (z. B. prozentuale Gebühr vom Transaktionsvolumen) oder -unabhängig (z. B. monatliche Nutzungsgebühr für die Plattform) gestaltet werden.

Information, Kommunikation und Transaktion müssen parallel aufgebaut werden, um ein effizientes Matching zu ermöglichen (*Kollmann* 2019a, S. 632 f.). Nur die Attraktivität des Gesamtpakets kann die Nutzung des Angebotes steigern und damit auch den wirtschaftlichen Erfolg des E-Marketplace sichern. Durch eine **Matchinganalyse** können die bestehenden Pain Points eines Geschäftsprozesses identifiziert und analysiert werden, um diese im nächsten Schritt durch anwenderorientierte, elektronisch gestützte Marktplatzlösungen zu optimieren. Abb. 50 verdeutlicht vor diesem Hintergrund die Verknüpfung von **Pain Points** (alter Prozess) und einer Marktplatzlösung (neuer Prozess) anhand eines Beispiels (*Kollmann* 2019a, S. 632 f.).

Die konkrete Ausgestaltung der Kernbereiche Information, Kommunikation und Transaktion kann in Abhängigkeit der Branche und der gewünschten Ausrichtung des Marktplatzes deutlich divergieren. Bei vertikalen Marktplätzen (*Kollmann* 2019a, S. 495 ff.), die darauf zielen alle Stufen der Wertschöpfungskette einer bestimmten Nutzergruppe abzudecken, ist ein intimes Verständnis der Sachprobleme, Strukturen und Prozesse unabdingbar (*Simon* 2000, S. 26). Die Ausgestaltung der Marktplatzaktivitäten sollte sich in diesem Falle nach einer ausgiebigen Prozessanalyse an den bestehenden Abläufen orientieren und das Ziel verfolgen, diese durch elektronische Serviceleistungen zu optimieren (**Prozessoptimierung**). So sollten zur Steigerung der Prozesseffizienz z. B. Medienbrüche in Form von Übermittlungen der Bestellungen per Telefon oder Fax abgestellt werden, indem der Vorgang auf eine unmittelbare Onlineübertragung mit paralleler Verfügbarkeitsprüfung umgestellt wird. Horizontale Marktplätze (*Kollmann* 2019a, S. 495 ff.) konzent-

rieren sich nicht auf die Bedürfnisse einer bestimmten Nutzergruppe, vielmehr fokussieren sie einzelne Funktionen oder Prozesse, denen in einer Branche ein hoher Stellenwert
zukommt (z. B. Beschaffungswesen). In diesem Fall dienen die etablierten Prozesse als
Vorbild. Aus Marktplatzsicht ist eine mögliche Teilnahme der Kunden für diese so problemlos wie möglich zu gestalten und die Funktion, die der Marktplatz übernimmt, muss
problemlos in die bisherigen Abläufe integriert werden können. Ein deutlicher Unter-
schied zu den Altstrukturen besteht häufig in der Substitution der bipolaren Lieferanten-
Kunden-Beziehung durch eine tripolare Struktur zwischen Anbieter, Nachfrager und elektronische Marktplatzbetreiber (*Kollmann* 2019a, S. 633 f.).

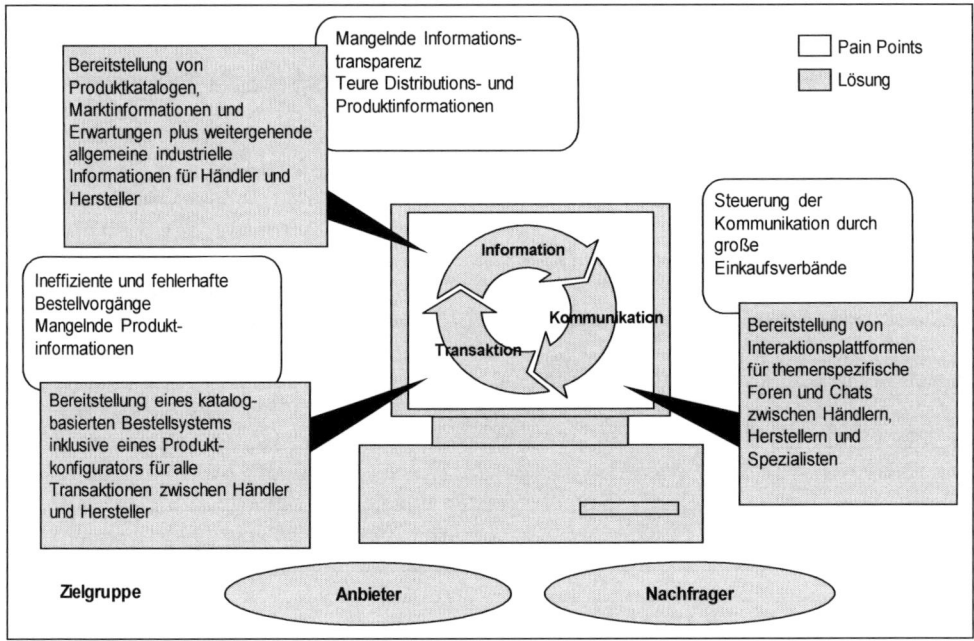

Abb. 50:   Geschäftsprozessoptimierung durch elektronische Marktplätze
Quelle: in Anlehnung an *Wohlenberg/Krause* 1999, S. 15.

Mit den identifizierten und analysierten Geschäftsprozessen als Ausgangspunkt wird dann
in einem zweiten Schritt ein neues Prozessdesign geschaffen (s. Abb. 50). Der Marktplatzbetreiber muss bei der Prozessanpassung Widerstände des Wandels erkennen und
ihnen adäquat begegnen (*Hungenberg* 2014, S. 359 ff.; *Hellriegel/Slocum* 2007). Diese
Widerstände fußen im Wesentlichen auf dem Bedürfnis nach Kontinuität, Identität und
Sicherheit seitens der Kunden. In diesem Kontext wird auch von einem **organisatorischen Konservatismus** gesprochen, der verhindert, dass Veränderungen in der intendier-
ten Art und Weise bzw. Geschwindigkeit vonstattengehen und somit den Aufbau des
E-Marketplace als Intermediär zwischen Anbieter- und Nachfragerseite beeinträchtigen
und im Extremfall verändern (*Kieser/Hegele* 1998, S. 120 ff.).

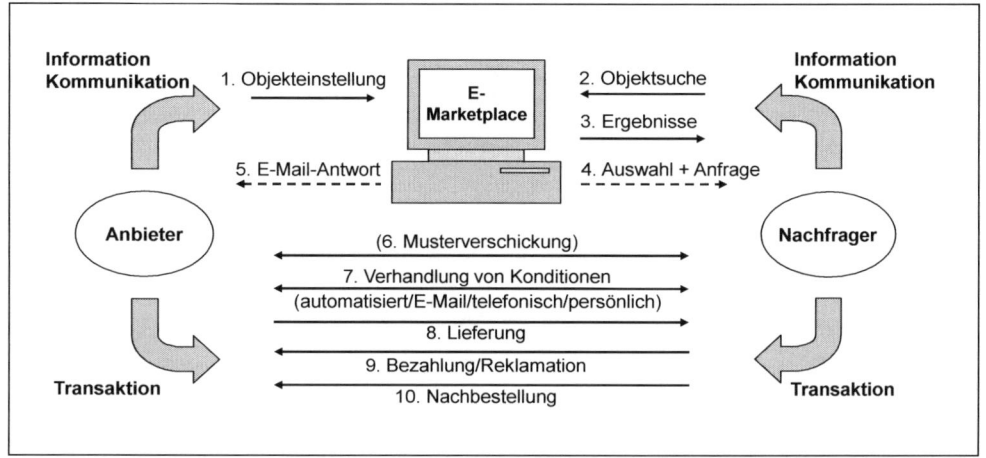

Abb. 51:   Exemplarisches Marktplatz-Prozessdesign
Quelle: *Kollmann* 2001, S. 172.

Abb. 51 zeigt anhand eines fiktiven Beispiels das **Matchingdesign** eines katalogbasierten E-Marketplace als Intermediär zwischen Herstellern und Händlern in der Möbelbranche. Das Geschäftskonzept des E-Marketplace ist so gestaltet, dass die Anbieter ihre Produkte über den eigenen Shop auf dem Marktplatz einstellen. Der Nachfrager kann mittels eines einheitlichen Thesaurus dann selbständig und übergreifend nach seinen Wunschprodukten suchen oder sich vom Marktplatzbetreiber beraten bzw. sich Vorschläge unterbreiten lassen. War die Objektsuche erfolgreich und wurden die Suchergebnisse angezeigt, kann nach einer Auswahl eine Anfrage hinsichtlich der Verfügbarkeit und der Preisvorstellung an den Anbieter erfolgen. Ist hierbei eine persönliche Begutachtung des Objektes erwünscht, so kann ferner die Versendung eines Musterexemplars an den Nachfrager erfolgen. Die hierfür anfallenden Kosten für den Nachfrager können bei der nachfolgenden Transaktion angerechnet werden. Ist die Entscheidung gefallen und die Ware real geprüft, kann nach einer abschließenden Verhandlung über die Konditionen die Bestellung online erfolgen. Entsprechend erfolgen die Lieferung und die Bezahlung der Ware.

Projektorganisation

Die Einführung eines E-Marketplace-Systems stellt vor dem Hintergrund der bisherigen Ausführungen hohe Anforderungen an die **Projektorganisation**, da ein breites Wissensspektrum aus dem E-Business-Bereich und branchenspezifischem Know-How notwendig ist (*Kollmann* 2019a, S. 635 ff.). Daher spielt die Zusammensetzung des Projektteams eine besondere Rolle. Hier muss sichergestellt werden, dass die für die erfolgreiche Implementierung nötigen Ressourcen und Fähigkeiten verfügbar sind. Denn nur, wenn Branchen-Know-How und E-Commerce -Fähigkeiten optimal aufeinander abgestimmt sind, kann eine gute Idee erfolgreich in der betreffenden Branche umgesetzt werden (*Kollmann* 2001, S. 91).

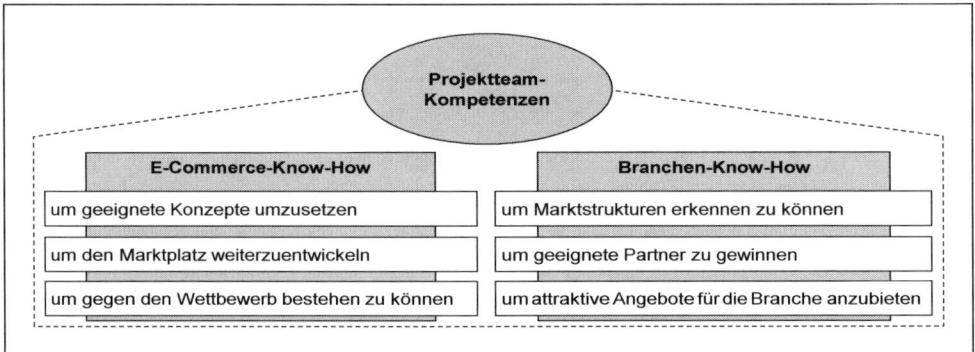

Abb. 52:   Anforderung an das E-Marketplace-Projektteam
Quelle: *Kollmann* 2019a, S. 636.

Das **Projektteam** muss daher nicht nur über herausragende Kompetenzen im Bereich der elektronischen Marktplätze verfügen, sondern ebenfalls über branchenspezifisches Wissen (s. Abb. 52). In der Praxis kann daher oft beobachtet werden, dass sich etablierte Branchenkenner mit langjähriger Berufserfahrung und junge Unternehmer aus dem E-Business-Umfeld zusammenschließen, um eine E-Marketplace-Initiative zu starten. Ferner stellt die Zusammenstellung des Teams aufgrund der in der Regel geringen finanziellen Ressourcen eine besondere Herausforderung dar (*Kollmann/Kuckertz/Lomberg* 2007). Die Einführung eines E-Marketplace ist sehr komplex und das zugehörige Wissen bewegt sich im Spannungsfeld von Informatik, Wirtschaftsinformatik, Betriebswirtschaftslehre und Entrepreneurship. Die **Kompetenzen** des Projektteams müssen folglich in allen drei Bereichen von entsprechendem Niveau sein. Dazu zählen bspw. die folgenden drei Aspekte (*Kollmann* 2019b):

▓ **Betriebswirtschaftslehre**: Auf der betriebswirtschaftlichen Ebene ist ein solides kaufmännisches Wissen unerlässlich. Themen, die in diesem Zusammenhang besonders hervorzuheben sind, kommen aus dem Marketing, der Unternehmensführung, der Finanzierungs- und Investitionslehre. Neben diesen grundlegenden betriebswirtschaftlichen Kompetenzen sind spezielle, branchenspezifische Kenntnisse erforderlich.

▓ **Informatik**: Die technologische Seite des E-Business erfordert ein fundiertes Wissen über Internet-Standards und -Technologien, Datenbanken, Programmierung und internetbasierte Software-Architekturen.

▓ **Wirtschaftsinformatik**: Die von der Informatik bereitgestellte technologische Basis muss auf ihren Gehalt für wirtschaftliche Fragestellungen hin bewertet werden können. Dazu zählt bspw. Wissen über Managementinformationssysteme, IT-Sicherheit, Data Warehousing, Data Mining und elektronische Zahlungssysteme. Ebenso muss Klarheit bestehen über bereits vorhandene Geschäftsmodelle und Möglichkeiten der elektronischen Wertschöpfung.

Die Zusammenstellung des Projektteams muss gewährleisten, dass diese für die erfolgreiche Implementierung notwendigen Kompetenzen verfügbar sind. Vor diesem Hintergrund ergeben sich die nachfolgenden Rollen innerhalb des **Kern-Projektteams**:

- **Betriebswirtschaftlicher Repräsentant**: Dieser hat die aus betriebswirtschaftlicher Sicht tragende Rolle. Er leitet die Business-Analysen und partizipiert in der anschließenden Gestaltung und Durchführung der Unternehmensprozesse. Zusammenfassend betrachtet ist er für sämtliche personellen und finanziellen Aspekte der Implementierung zuständig.

- **IT-Repräsentant**: In einer komplementären Sichtweise vertritt dieser die technologische Seite der Implementierung. Er leitet und koordiniert die Aufgaben, die mit der technologischen Infrastruktur zusammenhängen, wie in der Anfangsphase z. B. Wahl und Betrieb der Systemlösung. Somit sichert er die technologische Bereitschaft des E-Marketplace (*Kollmann/Häsel* 2007).

- **Initiativen-Manager**: Dem Initiativen-Manager (Projektleiter) obliegt das organisationale Management des Projekts. Dazu gehören vor diesem Hintergrund u. a. Administration, Koordination, Planfortschrittskontrollen sowie das Projekt-Controlling (*Jenny* 2001).

Nicht jede Rolle muss zwangsläufig von genau einer Person besetzt werden – eine Person kann multiple Rollen einnehmen, genauso wie eine Rolle durch mehrere Personen vertreten werden kann. Wenn das **Kernteam** maßgeblich die Stoßrichtung bestimmt und entscheidend zu Erfolg oder Misserfolg beiträgt, kann es die Gesamtaufgabe nur mit Unterstützung lösen. Zu den Unterstützungsstellen, die sich eher durch einen operativen Charakter auszeichnen, gehören Programmierer, Datenbankspezialisten, Content-Manager, Business-Analysten etc. Ihre Anzahl sowie die konkrete Ausgestaltung dieser Stellen hängen maßgeblich von unternehmensspezifischen Faktoren, wie bspw. Unternehmensgröße, Budget, individuelle Fähigkeiten etc. ab (*Wieczorrek/Mertens* 2011, S. 43 f.).

Bevor das Projektteam mit der tatsächlichen Realisierung des E-Marketplace beginnen kann, müssen die Bedingungen der Implementierung im Zuge des **Projektdesigns** abgesteckt werden. Erst wenn diese klar definiert sind, kann das Projekt Gestalt annehmen. Die Rahmenbedingungen gelten nicht nur als Orientierungshilfe während der Projektumsetzung, sondern dienen schon vor Projektbeginn zur Einschätzung der Realisierbarkeit und der Restriktionen. Aufgrund der Besonderheiten einer Marketplace-Initiative innerhalb des Anwendungsfeldes Digitale Wirtschaft (hoher Innovationsgrad, dynamisches und unsicheres Umfeld; *Kollmann* 2019b; *Schneider/Schnetkamp* 2000), den zu realisierenden „First-Mover-Advantages" (*Kollmann* 2019b; *Boersch/Elschen* 2002) und der in der Digitalen Wirtschaft weit verbreitenden Annahme, dass ein Internetjahr mindestens vier Kalenderjahren entspricht, empfiehlt sich in Anlehnung an *Wohlenberg/Krause* (1999) ein iteratives Implementierungsdesign für elektronische Marktplätze. Das Implementierungsziel ist dabei nicht in erster Linie die Kreation einer „perfekten" Marktplatzlösung, sondern ein möglichst schneller erster Going Live (**Produktivstart**), bei dem sich die Markplatzgründer erst einmal darauf beschränken, „nur" die Kundenbedürfnisse zu befriedigen, um dann in weiteren Implementierungsdurchläufen inkrementelle Verbesserungen vorzunehmen. Mit dem erstmaligen Going Live ist der Entwicklungsprozess somit nicht abgeschlossen, vielmehr wird direkt im Anschluss ein optimiertes bzw. um weitere Funktionen erweitertes neues Release entwickelt. Das **Kundenfeedback** und die in den Transaktionen gesammelten Erfahrungen des Marktplatzbetreibers dienen als Ausgangspunkt für die Anpassung der Strategie sowie ggf. des Geschäftsmodells in der nächsten Iteration. Durch das iterative Vorgehen wird es dem Marktplatzbetreiber möglich, seinen Kunden immer wieder schnell eine an ihre Bedürfnisse und an den Markterfordernissen ausgerichtete Marktplatzlösung zu präsentieren (*Kollmann* 2019a, S. 637).

Projektkalkulation

Aus der **Projektkalkulation** soll deutlich werden, ab welcher Periode (sog. Break-even) der E-Marketplace die Verlustphase beendet und Gewinne für möglich gehalten werden (*Schefczyk/Pankotsch* 2003, S. 36). Eine langfristige Planung ist für zu implementierende elektronische Marktplätze als unrealistisch zu betrachten, da sie sich in hochgradig dynamischen Umwelten bewegen. Mindestens jedoch sollte die Planung mittelfristig mit einem Zeithorizont von bis zu fünf Jahren erfolgen, wobei das erste Jahr in der Regel unterjährig geplant wird, während darauf folgende Jahre jahresweise geplant werden können. Die unterjährige Planung sollte monatsweise erfolgen; in einigen Fällen kann es durchaus sinnvoll sein, die Planungsintervalle zumindest für den internen Gebrauch noch kürzer zu fassen, um die Liquidität des Unternehmens auch wirklich sicherzustellen (*Kollmann* 2019b). Für die Projektkalkulation sind die Einnahmen und Kosten des E-Marketplace zu analysieren. Die Einnahmenseite beinhaltet vor diesem Hintergrund die Summe aller Umsätze in den unterschiedlichen Kundensegmenten eines Unternehmens, die sich jeweils aus dem Produkt, der Kundenanzahl des Segmentes, den abgesetzten Produkten/Services je Kunde und dem erzielten Preis für das Angebot errechnen. Die Kostenseite beinhaltet dagegen die Summe aller Aufwendungen in den unterschiedlichen Unternehmensbereichen (z. B. Personal, Marketing). Aus einer Gegenüberstellung von Einnahmen- und Kostenseite kann dann der Gewinn bzw. Verlust errechnet werden (*Kollmann* 2019a, S. 637 f.).

Um dies zu veranschaulichen, soll im Folgenden anhand des konkreten aber fiktiven Fallbeispiels *„amcorati.com"* die Entwicklung eines Unternehmens bis zur **Erreichung des Break-even** nachvollzogen werden (*Kollmann* 2001, S. 155 ff.). Es handelt sich dabei um einen E-Marketplace für den Handel von Ergänzungssortimenten (z. B. Porzellan, Keramik/Hausrat, Garten- und Balkonmöbel, Wohnraumleuchten und Accessoires) in der Möbelbranche (*Kollmann* 2001). Vor diesem Hintergrund möchte *amcorati.com* einen E-Marketplace im B2B-Bereich anbieten. Diese Plattform soll die Möglichkeit zur Information, Kommunikation und Transaktion in diesem Bereich bieten (Commerce, Context, Communication und Connection). Dabei will *amcorati.com* die Hersteller dieser Produkte, die überwiegend aus Asien stammen, dazu bewegen, ihre Angebote mit detaillierten Beschreibungen in die Datenbank des Marktplatzes einzustellen. Hierdurch sollen die Produzenten die Chance bekommen, an 365 Tagen im Jahr gerade nach Europa zu verkaufen. Der Nachfrager (Möbelhändler) soll dann in dieser Datenbank nach den gewünschten

Produkten suchen, eventuell Beratung in Anspruch nehmen und schließlich die Ware auch bestellen. Hierdurch sollen die Möbelhändler über die zeitlich begrenzten realen Messen hinaus die Möglichkeit bekommen, einen permanenten Marktüberblick mit Einkaufsmöglichkeit zu erhalten. Als elektronischer Mehrwert wird demnach die Überblicks-, Auswahl- und Vermittlungsfunktion angeboten. Die **Einnahmenseite** von *amcorati.com* wird bestimmt durch eine Kernleistung (Vermittlung) und eine Nebenleistung (Werbeplatzvermarktung; s. Abb. 53). Diese elektronischen Produkte werden über ein Mischmodell aus Grundgebühr und Provision den Marktteilnehmern angeboten. Das Einnahmenmodell des elektronischen Marktplatzes gründet sich im Wesentlichen auf drei **Umsatzquellen** (*Kollmann* 2001):

- **Grundgebühr „Kernleistung"**: Für die Teilnahme der Hersteller von Ergänzungssortimenten ist von diesen eine Partizipationsgebühr zu entrichten. Im Gegenzug haben sie dann die Möglichkeit, ihren Warenkatalog auf der Plattform über die gemeinsame Datenbank hinaus auch in einem separaten Shop-Bereich online zu präsentieren und zu verkaufen. Die Höhe der Teilnahmegebühr ist nach dem Umfang des Produktportfolios bemessen (> 50 Artikel = EUR 2.500 p. a.; < 50 Artikel = EUR 500 p. a.). Im ersten Jahr werden aus Akzeptanzgründen jedoch noch keine Teilnahmegebühren in Rechnung gestellt.

- **Provision „Kernleistung"**: Bei erfolgreichen Geschäftsabschlüssen (Matching/Vermittlung) auf der Plattform haben die Hersteller eine Abwicklungsgebühr als Anteil des Umsatzvolumens zu entrichten. Die Abwicklungsgebühr wird sich dabei auf 3 % des Transaktionsvolumens belaufen.

- **Grundgebühr „Nebenleistung"**: Durch die starke industrielle Fokussierung des E-Marketplace besteht eine hervorragende Plattform für zielgerichtete Werbemaßnahmen. Unternehmen werden auf den Seiten des Marktplatzes Bannerwerbung schalten können, um diese Zielgruppengenauigkeit in Anspruch zu nehmen. Dabei soll vor diesem Hintergrund ein fixer Preis für die Buchung eingesetzt werden (Tausender-Kontakt-Preis).

Die entsprechenden Umsätze basieren nun auf Überlegungen zum **Markt- und Kundenumfeld**. Dabei wird für den E-Marketplace prognostiziert, inwieweit erstens das Internet für die Möbelbranche überhaupt eine Rolle spielt (Online-Marktvolumen) und welcher Anteil davon zweitens über *amcorati.com* abgewickelt werden soll (Online-Absatzvolumen). Die entsprechenden Ergebnisse und damit die Darstellung der Einnahmenseite insgesamt, können Abb. 53 entnommen werden. Es wird deutlich, dass die allgemeine Geschäftsentwicklung durch die Anzahl der Shops sowie die Anzahl der Besucher und deren Bestellungen determiniert wird.

Businessplan Amcorati	2005	2006	2007	2008	2009	2010
Traffic						
At Work Nutzung des Internets D % der Unternehmen	62%	68%	74%	78%	82%	85%
At work Nutzung des Internets D abs [Mio]	8,82	10,50	12,00	13,20	14,26	15,11
Anzahl Möbelhändler (alle Segmente)	17.116	17.030	16.945	16.861	16.776	16.692
At Work Nutzung des Internets Möbelhändler %	51%	62%	68%	74%	78%	82%
Anzahl User je Möbelhändler	1,0	1,5	2,0	2,3	2,6	3,0
At Work Nutzung des Internets Möbelhändler abs	8.729	15.838	23.045	28.697	34.022	41.062
Reichweite bei den Händlern	10%	30%	40%	50%	60%	70%
Anzahl visits per month	1	2	4	4	4	4
Anzahl pages per visit	8	9	10	12	13	14
Page Impressions per month	6.983	85.525	368.723	668.738	1.061.478	1.609.643
Page Impressions per year	**83.800**	**1.026.296**	**4.424.678**	**8.264.858**	**12.737.735**	**19.315.715**
Einnahmen						
Banner-Werbung						
Auslastung	0,5	0,5	0,55	0,6	0,65	0,65
Anzahl Banner pro Seite	2	2	2	2	2	2
Banner-Impressions per year	83.800	1.026.296	4.867.146	9.917.829	16.559.055	25.110.430
Brutto TKP [EUR]	75	85	90	95	100	100
Netto TKP [EUR]	41,25	46,75	49,5	52,25	55	55
Einnahmen Bannervermarktung [EUR]	**3.457**	**47.979**	**240.924**	**518.207**	**910.748**	**1.381.074**
Shopgebühren						
Anzahl Lieferanten international	5120	5146	5171	5197	5223	5249
Anzahl Shops	102	257	414	572	783	1050
Anteil an der Anzahl der Lieferanten	2%	5%	8%	11%	15%	20%
Mietgebühren je Shop (> 50 Artikel, 2500 EUR pa)	0	128.650	206.840	285.835	391.725	524.900
Mietgebühren je Shop (<50 Artikel, 500 EUR pa)	0	102.920	165.472	228.668	313.380	419.920
Einnahmen Shopgebühren [EUR]		**231.570**	**372.312**	**514.503**	**705.105**	**944.820**
Transaktionsgebühren						
Conversion Rate: Bestellungen/Visits	10%	15%	20%	20%	20%	20%
Bestellungen absolut	1.047	17.105	88.494	137.748	195.965	275.939
Durchschnittliches Bestellvolumen je Bestellung [EUR]	2.000	2.000	2.000	2.000	2.000	2.000
Gesamtbestellvolumen	2.094.998	34.209.864	176.987.136	275.495.251	391.930.307	551.877.581
Gesamtmarkt (Möbel, Baumarkt, Blumen, Geschenkhandel) zu HP	4.650.000.000	4.664.650.000	4.659.304.650	4.663.963.955	4.668.627.919	4.673.296.547
Marktanteil	0,05	0,73	3,80	5,91	8,39	11,81
3 % Abwicklungsgebühr [EUR]	**62.850**	**1.026.296**	**5.309.614**	**8.264.858**	**11.757.909**	**16.556.327**
Umsatz pro Shop	**20.459**	**132.957**	**427.836**	**481.913**	**500.262**	**525.698**
Abwicklungsgebühr je Shop	**614**	**3.989**	**12.835**	**14.457**	**15.008**	**15.771**
Summe Einnahmen	**66.307**	**1.305.845**	**5.922.850**	**9.297.567**	**13.373.762**	**18.882.221**

Abb. 53:　　Beispiel für die Einnahmeseite eines E-Marketplace
Quelle:　　*Kollmann* 2019a, S. 640.

Businessplan Amcoratl	2005	2006	2007	2008	2009	2010
Kosten						
GF						
Anzahl	2	4	4	4	4	4
Bruttogehalt	130.000	143.000	157.300	173.030	190.333	209.366
Summe	238.333	572.000	629.200	692.120	761.332	837.465
Technologie						
Anzahl	2	4	5	5	5	5
Bruttogehalt	75.000	82.500	90.750	99.825	109.808	120.788
Summe	150.000	330.000	453.750	499.125	549.038	603.941
Marketing/Vertrieb						
Anzahl	7	12	17	23	28	35
Bruttogehalt	78.000	85.800	94.380	103.818	114.200	125619,78
Summe	409.500	1.029.600	1.604.460	2.387.814	3.197.594	4.396.692
Content						
Anzahl	2	3	3	3	3	4
Bruttogehalt	69.000	75.900	83.490	91.839	101.023	111125,19
Summe	138.000	227.700	250.470	275.517	303.069	444.501
Admin						
Anzahl	1	2	3	4	4	4
Bruttogehalt	56.000	61.600	67.760	74.536	81.990	90188,56
Summe	56.000	123.200	203.280	298.144	327.958	360.754
User support (Shops Setup and Maintenance)						
Anzahl	3	5	8	12	17	21
Bruttogehalt	52.000	57.200	62.920	69.212	76.133	83746,52
Summe	125.667	286.000	503.360	830.544	1.294.264	1.758.677
Gehälter [EUR]	1.117.500	2.568.500	3.644.520	4.983.264	6.433.255	8.402.031
Offline Werbung	255.000	685.000	780.000	820.000	821.000	920.000
Online Werbung	137.000	370.000	420.000	440.000	441.000	496.000
Werbung [EUR]	392.000	1.055.000	1.200.000	1.260.000	1.262.000	1.416.000
Softwarelizenzen	330.000	162.500	162.500	162.500	162.500	162.500
Hardwareleasing	100.000	100.000	100.000	100.000	100.000	100.000
Projektkosten	475.000	235.000	235.000	235.000	235.000	235.000
Hosting und Netzzugang	40.000	48.000	57.500	69.000	82.500	100.000
Externe Technikleistungen [EUR]	945.000	545.500	555.000	566.500	580.000	597.500
Externe Contentleistungen [EUR]	75.000	75.000	100.000	125.000	175.000	200.000
Leistungen Dritter [EUR]	100.000	100.000	100.000	100.000	100.000	100.000
Sonstige Sachkosten [EUR]	125.000	215.000	285.000	365.000	435.000	525.000
Summe Sachkosten [EUR]	2.754.500	4.559.000	5.884.520	7.399.764	8.985.255	11.240.531
Abschreibungen	66.500	99.500	133.000	165.000	200.000	232.500

Abb. 54:   Beispiel für die Kostenseite eines E-Marketplace
Quelle: *Kollmann* 2019a, S. 641.

Die **Kostenseite** von *amcorati.com* wird im Wesentlichen durch die Kostenblöcke in den Bereichen **Personal** und **Marketing** bestimmt (*Kollmann* 2001; s. Abb. 54). Sie machen durchgängig weit über 50 % der Gesamtausgaben aus. Dies ist nicht ungewöhnlich für einen E-Marketplace, der in der Betreuung in der Regel personalintensiver als andere Plattformen der Digitalen Wirtschaft ist. Eine Ausnahme stellt dabei das erste Geschäftsjahr dar, indem die Anschaffung der technologischen Plattform für *amcorati.com* im Speziellen und die meisten E-Ventures im Allgemeinen einen weiteren signifikanten Aufwand darstellt. Die hohen Kosten für die **Technologie** zu Beginn der Entwicklung des E-Marketplace nehmen aber in den Folgejahren deutlich ab. Die Personalausgaben sind im gesamten Zeitverlauf sehr intensiv, was insbesondere durch die geplante große Vertriebsmannschaft zu erklären ist. Hintergrund ist die Überlegung, dass die Möbelhändler nur über einen direkten Kontakt für den Marktplatz zu begeistern sind und hierüber auch die ersten Hemmschwellen zur Nutzung abgebaut werden können (z. B. Schulung). Im Personalbereich wird ferner auf der Ebene der Geschäftsführung zunächst mit einem **CEO** (Chief Executive Officer) und einem **CTO** (Chief Technology Officer) gestartet, wobei dieses Kernteam im zweiten Jahr mit einem **CFO** (Chief Financial Officer) und einem **CMO** (Chief Marketing Officer) erweitert wird (zu den Rollen innerhalb eines Gründerteam s. auch *Kollmann* 2019b). Die entsprechenden Ergebnisse und damit die Darstellung der Kostenseite insgesamt können Abb. 54 entnommen werden.

In der Summe aus Einnahmen- und Kostenseite lässt sich nun das operative Ergebnis von *amcorati.com* ablesen (*Kollmann* 2001). Dieses ist ab dem dritten Geschäftsjahr positiv. Im ersten Geschäftsjahr ist vor diesem Hintergrund ein Finanzbedarf von ca. 2,7 Mio. Euro zu decken. Der Gesamtfinanzierungsbedarf bis zum operativen **Break-even** im dritten Geschäftsjahr beläuft sich auf ca. 5,9 Mio. Euro. Es sei an dieser Stelle jedoch nochmals darauf hingewiesen, dass das Fallbeispiel fiktiv ist und die verwendeten Zahlen bestenfalls als Beispiel herangezogen werden können. Eine reale Grundlage für die Zahlen kann nicht unterstellt werden und es liegt in der Verantwortung eines jeden Marktplatzgründers, die Datenbasis für das eigene Vorhaben gründlich zu recherchieren. Die ausführliche Fallstudie zu dem E-Marketplace „*amcorati.com*" findet sich bei *Kollmann* (2001). Interessant ist in diesem Zusammenhang allerdings, dass zwischenzeitlich der Marktplatz *home24.de* die Möbelbranche im B2C-Bereich erfolgreich erobert hat und auch hier die Ergänzungssortimente eine Rolle spielen. Das Unternehmen wirbt entsprechend auf der eigenen Webseite: „Wir sind Europas größtes Online-Möbelhaus. Bei über 150.000 Artikeln findest Du im Handumdrehen angesagte Möbel, tolle Lieblingsstücke und Inspiration für Deine Einrichtung. Verschönere mit Möbeln, Lampen und Wohnaccessoires in bester Qualität Dein Zuhause in dem Stil, der Dir gefällt." Es war ein langer Weg von der *amcorati.com*-Fallstudie aus dem Jahre 2001 bis zu *home24.de* im Jahr 2015.

Da es sich bei den Plan-GuVs (Gewinn- und Verlustrechnung) ferner um (vorläufig) interne Dokumente handelt, können Umsätze und Erlöse prinzipiell nach den jeweiligen Bedürfnissen des Unternehmens aufgeschlüsselt werden. In Anbetracht der Tatsache, dass die Finanzplanung im zweiten Schritt auch für externe Adressaten interessant sein kann, ist jedoch anzuraten (*Schefczyk/Pankotsch* 2003, S. 36), die Plan-GuVs an die Gliederung für das Gesamtkostenverfahren – wie sie sich im § 275 Abs. 2 HGB findet – anzulehnen.

Derart wird nicht nur intersubjektive Verständlichkeit der Planung möglich, sondern auch die weitestgehende Vollständigkeit des Planes sichergestellt. Ferner sollte darauf geachtet werden, dass auch hier immer ein **Worst- Case-Szenario** berechnet wird. Zahlreiche Banken, Venture Capital-Geber (*Kollmann/Kuckertz* 2010; *Kollmann/Kuckertz* 2009a; *Kollmann/Kuckertz* 2009b) und öffentliche Förderinstitutionen haben Softwaretools für Unternehmensgründer entwickelt, die sie entweder kostenlos oder für einen geringen Betrag zur Verfügung stellen. So findet sich bspw. auf den Internetseiten des vom *Bundesministerium für Wirtschaft und Technologie* unterstützten Businessplanwettbewerbs für die Multimediabranche ein solches Werkzeug, das kostenlos heruntergeladen werden kann.

Projektumsetzung

Basierend auf den Ergebnissen der initialen Projektplanung kann anschließend die betriebswirtschaftliche und technische **Projektumsetzung** erfolgen (*Kollmann* 2019a, S. 642 ff.). Die Implementierung eines E-Marketplace lässt sich idealtypisch in verschiedene **Projektphasen** einteilen. Abb. 55 gibt einen Überblick über die wesentlichen Aktivitäten eines Implementierungsprojektes und setzt diese in eine Ablauffolge. Dargestellt ist ein aus der Literatur synthetisiertes Vorgehensmodell, das die Projektphasen und deren zentrale Ergebnisse zueinander in Beziehung setzt (*Kollmann* 2019a, S. 642). Meist wird ein E-Marketplace-Projekt von eigenständig agierenden Einzelpersonen, die ein innovatives Geschäftsmodell realisieren möchten, initiiert. In einigen Fällen werden derartige Projekte aber auch gezielt von der späteren Anbieter- oder Nachfragerseite (z. B. Einkaufsverbände) angestoßen, um auf neue oder effizientere Vertriebskanäle zu erschließen (Anbieterseite) oder um eine Markttransparenz zu schaffen (Nachfragerseite).

Das Projekt startet mit einer **Kick-Off-Phase** in der Vision und Strategie formuliert, relevante Basisinformationen eingeholt und Erlöspotenziale und gegenüberstehende Kosten grob abgeschätzt werden (*Kollmann* 2019a, S. 495 ff.). Eine detaillierte Projektformulierung – im Gründungsfall durch einen Business Plan – soll aus den groben Visionen konkrete Ziele und Strategien ableiten, die die folgende Umsetzung determinieren. Neben der Schaffung eines konsistenten Bildes der Projektumsetzung in den Köpfen des Projektteams dient die Formulierung des Projekts der Akquisition externer Geldmittel zur Finanzierung des E-Marketplace. Basierend auf der Projektformulierung wird eine Projektorganisation als Grundlage der Umsetzung abgeleitet. Ergebnisse der Kick-Off-Phase sind neben der Projektformulierung eine Grobabschätzung der Marktplatzpotenziale, die Festlegung der Projektorganisation und eines Projektbudgets sowie ggf. Verträge und Projektvereinbarungen mit externen Partnern.

Der Kick-Off-Phase folgt eine **Analysephase**, die den organisatorischen Rahmen und die Bedingungen der Projektrealisierung untersucht und bewertet. Die Analysephase setzt sich aus Struktur-, Markt-, Teilnehmer- und Matchinganalyse zusammen, die den Ist-Zustand Handelsprozesse beschreiben (*Kollmann* 2019a, S. 495 ff.). Aufgrund der Ergebnisse der Zielmarktanalyse und der getroffenen Produktauswahl kann ein erster Vorschlag zur Abgrenzung eines Pilotprojektes gemacht werden. Dieses definiert sich durch eine begrenzte Anzahl von Objektangeboten und potenziellen Anbietern und Nachfragern, um aus den damit gewonnen Erkenntnissen das weitere Vorgehen abzuleiten. Die Analysephase, auf deren Werkzeuge und Methoden auch im weiteren Projektverlauf immer wieder iterativ zurückgegriffen wird, endet mit einer ausführlichen Projektkalkulation, die die Grundlage für die Budgetierung und die Projektumsetzung bildet.

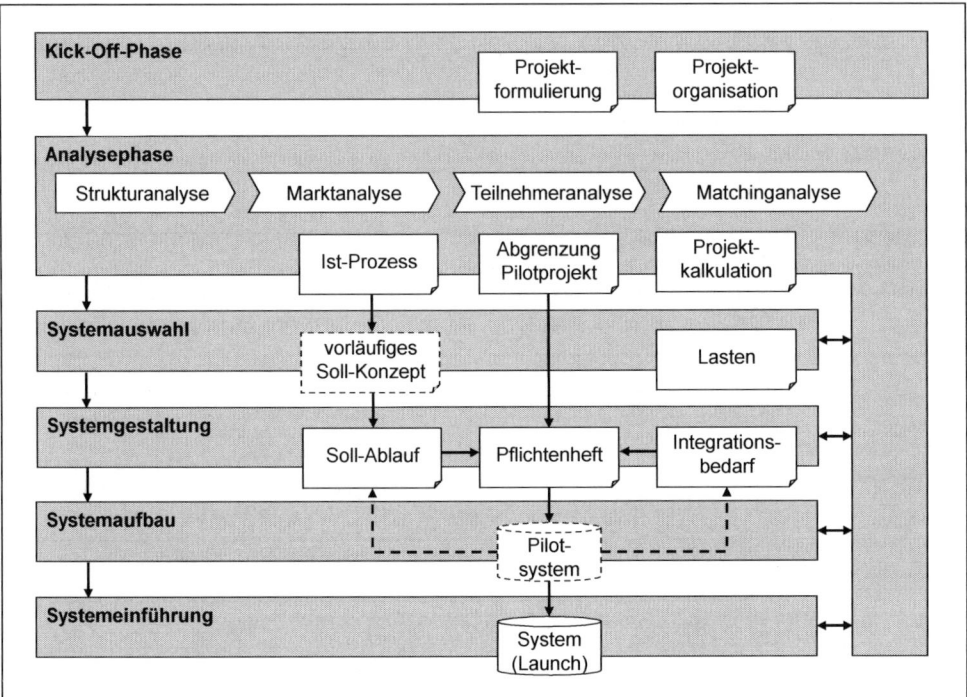

Abb. 55:   Phasen einer E-Marketplace-Implementierung
Quelle: *Kollmann* 2019a, S. 644.

Die Projektumsetzung beginnt mit der Phase der **Systemauswahl**, in der das Team sich für eine Systemlösung entscheidet (*Kollmann* 2019a, S. 495 ff.). Dabei wird geprüft, ob ein System das – sich aus den Ergebnissen der Analysephase ergebende – vorläufige Soll-Konzept abbilden kann. Ist die Entscheidung für eine Systemlösung gefallen, können die Soll-Abläufe in der Phase **Systemgestaltung** (*Kollmann* 2019a, S. 495 ff.) weiter ausgebaut werden. Grundlage ist dabei nicht nur der bereits in der Analysephase festgehaltene Ist-Zustand der Handelsprozesse, sondern auch die Leistungsfähigkeit der Systemlösung. Zusätzlich definiert das Projektteam den Integrationsbedarf mit internen und externen EDV-Systemen, der zusammen mit den Soll-Abläufen als Lasten in ein Pflichtenheft überführt wird. Generell ist es sinnvoll, das System zunächst als Pilotlösung mit wenigen Teilnehmern und ausgewählten Handelsobjekten zu betreiben. Ziel ist hier ein Proof-of-Concept, also ein Meilenstein, an dem die prinzipielle Durchführbarkeit des Vorhabens belegt wird. In der Phase **Systemaufbau** (*Kollmann* 2019a, S. 495 ff.) wird daher entsprechend der im Pflichtenheft festgehaltenen betriebswirtschaftlichen und technischen Anforderungen eine erste lauffähige Pilotlösung für die für das Pilotprojekt ausgewählten Teilnehmer und Handelsobjekte implementiert. Dies beinhaltet die Entwicklung zusätzlicher Funktionalitäten, die Integration bestehender Systeme, die Realisierung des Multi-Online-Kataloges und die erstmalige Anbindung das Internet.

In der abschließenden Phase **Systemeinführung** (*Kollmann* 2019a, S. 495 ff.) werden die mit den Pilotteilnehmern und den ersten Probe-Transaktionen gemachten Erfahrungen dokumentiert und die sich daraus ergebenden zusätzlichen Anforderungen an die Systemlösung nachträglich ins Pflichtenheft aufgenommen. Iterativ werden die notwendigen Änderungen während der Einführungsphase implementiert. Nach dem Abschluss der eigentlichen E-Marketplace-Implementierung rückt die Aufgabe der kontinuierlichen **Systemkontrolle** in den Fokus des Marktplatzbetreibers. Dadurch können einerseits Problembereiche des Marktplatzsystems aufgedeckt werden. Andererseits können auf diese Weise Verbesserungs- und Erweiterungspotenziale identifiziert werden, die den Wert des E-Marketplace erhöhen (*Kollmann* 2019a, S. 495 ff.).

 Die Implementierung eines E-Marketplace wird aktiv von einem Digital Leader angestoßen oder begleitet, wobei er darauf achtet, dass alle notwendigen Analysen durchgeführt, die Projektorganisation und -kalkulation stimmt sowie die Erfolgsfaktoren durch die richtige Auswahl des passenden digitalen Handelssystems adressiert werden.

4.2.4   Übung: Digital Object Challenge

*Die Übung „**Digital Object Challenge (DOC)**" soll den Digital Leader in die Lage versetzen, ein konkretes Digital-Projekt wahlweise in dem Bereich E-Procurement, E-Shop oder E-Marketplace zu planen und durchzuführen, wobei es sich sowohl um eine Neueinführung als auch um einen Relaunch handeln kann.*

Ausgangslage

Als Projektmanagement wird das Initiieren, Planen, Steuern, Kontrollieren und Abschließen von Projekten bezeichnet. Dies umfasst auch die Gesamtheit von Führungsaufgaben, -organisation, -techniken und -mitteln für die Initiierung, Definition, Planung, Steuerung und den Abschluss von Projekten. Im Mittelpunkt einer erfolgreichen Implementierung eines „Digital Project" steht zudem das plattformbezogene Projektmanagement (E-Procurement, E-Shop, E-Marketplace) und die Berücksichtigung der diesbezüglich spezifischen Aufgaben. Als formeller Projektleiter wird hierbei ein Digital Leader/CDO gefordert, der die verschiedenen Perspektiven aus BWL, Wirtschaftsinformatik und Informatik einbringt und das Projektteam entsprechend dieser Anforderungen zusammenstellt und nach dem Credo eines Digital Leadership führt.

Aufgabenstellung

Führen Sie ein E-Procurement, E-Shop oder E-Marketplace für Ihr Unternehmen ein. Orientieren Sie sich dabei an den Vorgaben aus den Implementierungshinweisen zu den einzelnen Plattformen. Nutzen Sie dabei im Vorfeld ggf. die Methoden bzw. Übungen aus den Bereichen Digital Mindset und Digital Skills, um das Unternehmen bzw. die betreffenden Mitarbeiter in dieses Projekt einzubinden. Nutzen Sie für die Umsetzung ebenfalls die Erkenntnisse aus dem Bereich Digital Execution, indem Sie dieses Projekt insbesondere mit Hilfe der SCRUM-Methode organisieren. Achten Sie darauf, dass Sie mit dem Projektteam alle notwendigen Analysen durchführen, die Projektorganisation und -kalkulation festlegen sowie die Erfolgsfaktoren durch die richtige Auswahl des passenden digitalen Einkaufs-, Verkaufs- oder Handelssystems adressieren. Die Hinzunahme von externen Dienstleistern ist nur für die konkrete Umsetzung nicht aber für das komplette Outsourcing des Projektes erlaubt.

Führungsanspruch

Definieren Sie die entsprechenden Rollen aus der SCRUM-Methode und legen Sie ein besonderes Augenmerk auf den Daily-SCRUM, um es dem Team zu ermöglichen, sich zu synchronisieren und die nächsten 24 Stunden zu planen. Definieren Sie ebenso die jeweiligen Projekt-Sprints mit dem zugehörigen Sprint-Review. Dieses ist dazu da, den Projektfortschritt zu überprüfen.

4.3   Der Toolansatz für das Digital Leadership

Neue Unternehmen (Startups) und etablierte Unternehmen (Mittelstand/Industrie) aus allen Branchen müssen sich der Herausforderung von Digitalen Innovationen oder der Digitalen Transformation stellen. Zahlreiche Indikatoren zur Wertschöpfung von Unternehmen werden aufgrund des Entstehens eines E-Business und damit einer digitalen Wirtschaft hinterfragt und neu gedacht. Dies mündet zwangsweise in die Entwicklung von digitalen Geschäftsmodellen als **strategische Aufgabe** von Startups, Mittelstand und Industrie und dabei bzw. damit konsequenterweise nicht nur für neuartige Geschäftsmodelle in Bezug auf Neugründungen in der Digitalen Wirtschaft (**E-Entrepreneurship** bzw. **Digital Entrepreneurship**), sondern auch für die Rekonfiguration bestehender Geschäftsmodelle in einer zunehmend vernetzten und digitalen Umwelt anwendbar (**E-Intrapreneurship** bzw. **Digital Intrapreneurship**). Aber, wie geht das?

Leider gibt es kein Kochbuch für die Entwicklung digitaler Geschäftsmodelle, auch wenn das an vielen Stellen suggeriert wird. Es gibt aber Tools, die diese Entwicklung unterstützen sollen. Dabei kann man in statische und dynamische Tools unterscheiden. Ein **statisches Tool**, wie z. B. der **Business Model Canvas** stellt eine fixierte Momentaufnahme der Ideengenerierung und damit strukturelle Unterstützung dar, bei der verschiedene Aspekte in einem Baukastensystem verknüpft werden. Ein **dynamisches Tool**, wie z. B. der

E-Business-(Model)-Generator berücksichtigt dagegen den prozessualen Ansatz der Ideengenerierung und damit die stufenweise Unterstützung zum Aufbau eines Geschäftsmodells, bei der die Ausgestaltung jeweils von den Entscheidungen auf der vorangegangenen Stufe abhängig gemacht wird (*Kollmann* 2019b, S. 659 ff.). Der **dynamische Ansatz dieses E-Business-(Model)-Generator** oder kurz **E-Business-Generator (EBG)** erscheint gerade für digitale Geschäftsmodelle und -prozesse sinnvoll, da die Entscheidung für eine **Problemlösung beim Kunden** z. B. durch einen E-Shop ganz andere weitere Überlegungen für die Umsetzung beinhaltet als bei einem E-Marketplace. Das kann man zwar auch durch das Nebeneinanderlegen von mehreren statischen Canvas-Ergebnissen als Mehrlösungsansatz handhaben (werden im Zweifel aber schnell sehr viele), oder eben direkt zielorientiert mit einer Einlösungsoption aus dem Entscheidungsprozess heraus dynamisch lösen. Wie sieht dieses dynamische Tool aus?

Der E-Business-Generator (EBG) vermittelt ein umfassendes **Rahmenwerk** und zeigt auf, wie ein digitales Geschäftsmodell basierend auf Wertschöpfungsprozessen durch innovative Informationstechnologie (IT) verstanden, entworfen, implementiert und kontinuierlich (re-)evaluiert werden kann. Entrepreneuren und Vorständen wird damit ein wirksames Tool an die Hand gegeben, dass sie befähigt, auf einfache Art und Weise die Wertschöpfungslogik ihres Unternehmens zu erfassen, zu analysieren, zu artikulieren, zu teilen und letztlich auch zu verändern. Mit Hilfe dieses innovativen **Tools für den Aufbau von elektronischen bzw. digitalen Geschäftsmodellen und -prozessen** können sowohl Gründer ihre neuen Startup-Ideen entwickeln, aber auch bestehende Unternehmungen sich mit bestehenden Geschäftsprozessen einer umfassenden Digitalen Transformation unterziehen. Mit dem E-Business-Generator (EBG) bekommen somit alle Zielgruppen ein Tool an die Hand, mit dem beides möglich ist. Die zugehörigen zentralen **Fragen und Lernziele** sind:

▦ **Die Basisebene des EBG**: Welche Ausgangsfrage steht am Anfang des E-Business-Generator als Basis für alle weiteren Überlegungen zu dem digitalen Geschäftsmodell bzw. -prozess?

▦ **Die Angebotsebene des EBG**: Welche Fragen müssen auf der Angebotsebene bei einem digitalen Geschäftsmodell bzw. -prozess gestellt und beantwortet werden?

▦ **Die Nachfrageebene des EBG**: Welche Fragen müssen auf der Nachfrageebene bei einem digitalen Geschäftsmodell bzw. -prozess gestellt und beantwortet werden?

▦ **Die Implementierungsebene des EBG**: Welche Fragen müssen für die Implementierung bei einem digitalen Geschäftsmodell bzw. -prozess gestellt und beantwortet werden?

▦ **Die Finanzebene des EBG**: Welche Fragen müssen auf der Finanzebene bei einem digitalen Geschäftsmodell bzw. -prozess gestellt und beantwortet werden?

▶ *Medienhinweis: Das Poster für den E-Business-Generator*
   www.e-business-generator.de

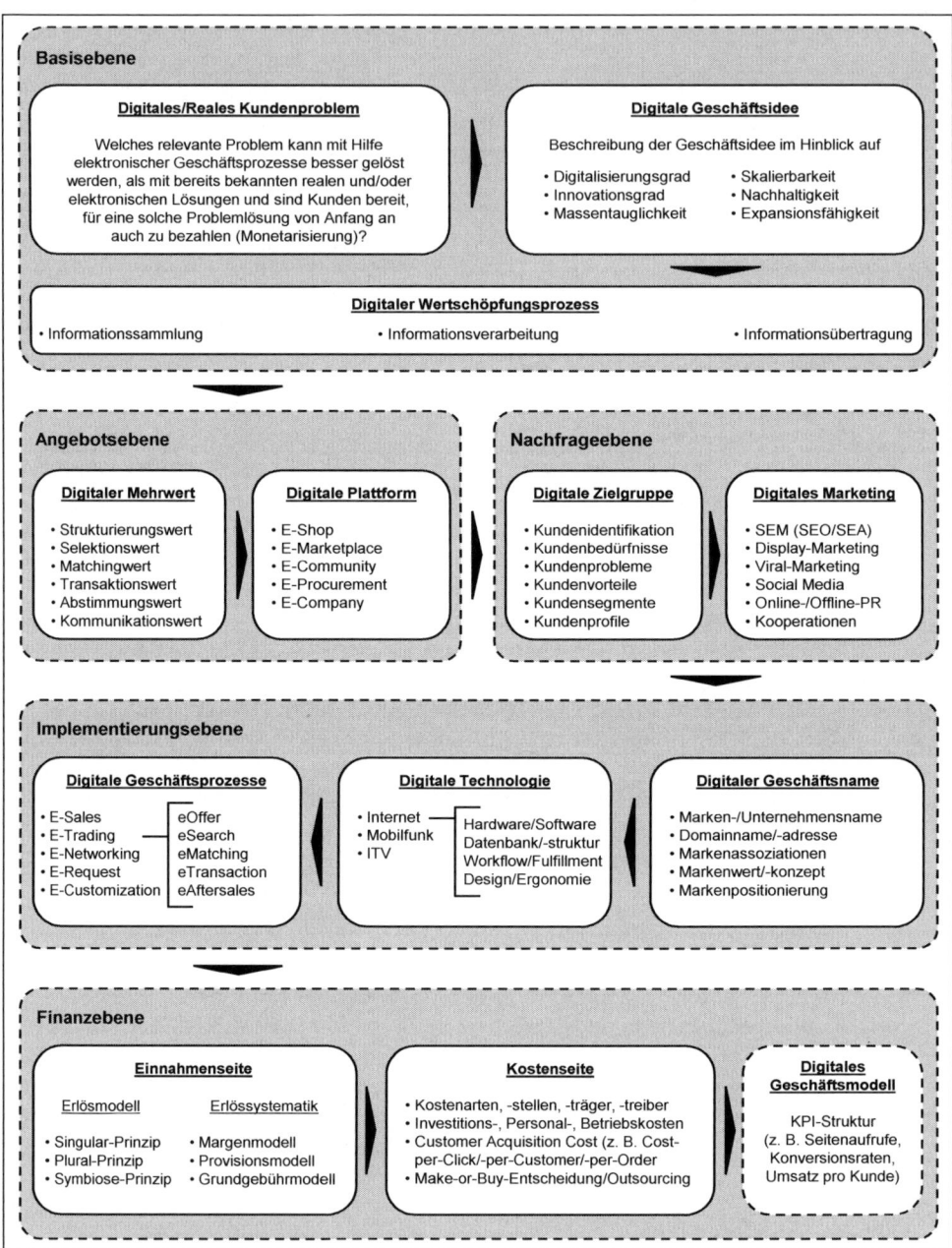

Abb. 56:   Der E-Business-Model-Generator für digitale Geschäftsmodelle
Quelle: *www.e-business-generator.de*

In diesem Sinne bietet der **E-Business-Generator** (s. Abb. 56) ein praxisorientiertes Rahmenwerk, das die prozessuale Errichtung elektronischer Geschäftsmodelle unterstützen soll. Die jeweils zu berücksichtigenden Felder sind dabei bewusst schlank gehalten, sodass dieses Rahmenwerk auch aktuellen Entwicklungen, wie z. B. dem Lean-Startup-Management, Design Thinking oder auch Digital Prototyping, Rechnung trägt. Zudem wird es durchgehend anhand eines entsprechenden Praxisbeispiels erläutert. Der E-Business-Generator soll vor diesem Hintergrund eine ganze Reihe an Fragen beantworten, die sich jeder Gründer eines Startups in der Digitalen Wirtschaft bzw. jeder Manager im Zuge einer Digitalen Transformation bestehender Geschäftsmodelle stellen sollte. Die folgende zentrale Kernfrage ist **Ausgangspunkt** für weitere Überlegungen in einem prozessualen Ablauf:

Welches Problem kann mit Hilfe elektronischer Geschäftsprozesse besser gelöst werden, als mit bereits bekannten realen und/oder elektronischen Lösungen und sind die Kunden bereit, für eine solche Problemlösung von Anfang an zu bezahlen?

Anhand dieser Ausgangsfrage lassen sich nun weitere **Fragestellungen** entwickeln, die eine detailliertere Vorgehensweise versprechen. Diese sind u. a.:

▪ Welches relevante Problem wird mit der Geschäftsidee adressiert?

▪ Kann das Problem mit einem elektronischen Prozess gelöst werden?

▪ Existiert eine Zahlungsbereitschaft für die elektronische Prozesslösung?

Im Anschluss muss die geplante **Geschäftsidee**, die auf Basis verschiedener Methoden entwickelt wurde, im Hinblick auf die wesentlichen Bestandteile Innovationskraft, Massentauglichkeit, Expansionsfähigkeit, Skalierbarkeit und Nachhaltigkeit überprüft werden. Ferner muss herausgearbeitet werden, wie die Geschäftsidee umgesetzt bzw. der damit verbundene elektronische Mehrwert erzeugt werden soll. Hierbei hilft der sog. **Informationsdreisprung** (*Kollmann* 2019a, S. 62 ff.): Dabei geht es um die Informationssammlung, -verarbeitung und -übertragung für die Umsetzung des Digitalen Geschäftsmodells. Bei der Bestimmung des zugehörigen Angebots und der passenden Nachfrage wird sodann der elektronische Mehrwert des Projekts genauer bestimmt und dazu komplementär die passende elektronische **Plattform** erarbeitet. Hierzu zählt ebenfalls die Identifikation der **Zielgruppe**, deren Bedarfsermittlung sowie die Problemidentifikation und das Profiling. In diesem Zusammenhang müssen dann insbesondere folgende **Fragen** beantwortet werden:

▪ Welche elektronischen Mehrwerte werden angeboten?

▪ Wie werden die elektronischen Mehrwerte erzeugt?

▪ Sind die elektronischen Mehrwerte kommunizierbar?

- Welche Plattform eignet sich für den elektronischen Mehrwert?

- Ist die Plattform durch das Gründer- bzw. Management-Team beherrschbar?

- Wer gehört zur Online-Zielgruppe des elektronischen Angebotes?

- Welche User-Profile dominieren die Online-Zielgruppe?

Antworten auf diese Fragen führen dann direkt zu dem Komplex „**Umsetzung**", bei dem dann die Durchführung der zuvor bestimmten Geschäftsprozesse und die Auswahl geeigneter Technologien für deren Realisierung erarbeitet wird. Für diese **Implementierung** des Gründungs- bzw. Transformationsprojekts stehen dann folgende **Fragen** im Fokus:

- Welche Kernprozesse sind für den elektronischen Mehrwert abzubilden?

- Inwieweit liegen Standard- oder Individualprozesse für die Programmierung vor?

- Welche technischen Plattformen können bzw. müssen bedient werden?

- Wird der jeweilige (z. B. mobile) Plattform-Nutzen für den Kunden bedient?

- Welche Vorgaben muss dadurch das technische Pflichtenheft haben?

Unter der Voraussetzung einer inhaltlichen, prozessualen und technischen Umsetzung der digitalen Geschäftsidee muss dann natürlich auch der betriebswirtschaftliche Charakter des zugehörigen digitalen Geschäftsmodells und damit die **Finanzen** der Geschäftslogik beschrieben werden. Bei der Ausarbeitung dieser Finanzebene werden dann das passende **Erlösmodell,** sowie die geeignete **Erlössystematik** bestimmt. Dies geschieht abschließend unter Berücksichtigung der erarbeiteten Kern- und Nebenleistungen, sowie der zugehörigen **Kostenstruktur** für die Umsetzung aller relevanten Geschäftsmodell-Aspekte. Vor diesem Hintergrund müssen insbesondere noch folgende **Fragen** beantwortet werden:

- Kann die digitale Kernleistung direkt monetarisiert werden?

- Wie ist die Zahlungsbereitschaft bei den Kunden?

- Welche laufenden Kosten fallen für den Betrieb der digitalen Plattform an?

- Ab wann werden variable und fixe Kosten durch Einnahmen getragen (Break-Even)?

- Wie werden die Kosten bzw. Investitionen bis dahin finanziert?

Im Folgenden wird nun auf alle Fragen im Detail eingegangen und mögliche Lösungs- bzw. Antwortwege quasi als prozessualer Durchlauf durch den E-Business-Generator werden aufgezeigt (*Kollmann* 2019b, S. 659 ff.).

4.3.1 Die digitale Basisebene

Der Startpunkt eines jeden digitalen Geschäftsmodells ist eine **innovative Idee**, basierend auf dem Erkennen und Formulieren eines **relevanten Problems**, das besser mittels elektronischer Prozesse (Digitalisierungsgrad) gelöst werden kann, als es durch bestehende reale oder elektronische Prozesse der Fall ist. Bei der Exploration solcher Probleme in der Absicht, innovative Lösungen zu entwickeln, wird jedoch oftmals der Fehler begangen, dass irrelevante Probleme bzw. deren Lösung als Basis eines Geschäftsmodells herangezogen werden. Folglich sind bereits die Basisannahmen eines solchen Modells sowie die darauf aufbauende Systemarchitektur falsch, was regelmäßig zu allzu optimistischen Umsatzprognosen, welche die korrespondierenden Kosten nicht decken können, führt. Ein erfolgreiches digitales Geschäftsmodell muss dazu fähig sein, ein relevantes Problem in einer superioren Art zu lösen, also schneller, leichter (bequemer) oder günstiger. Dieses Ziel kann zum einen erreicht werden, indem der gleiche Kundennutzen zu einem günstigeren Preis oder zum anderen, indem ein höherer Kundennutzen zu einem vergleichsweise identischen Preis geliefert wird. Der resultierende Wert sollte idealerweise einzigartig sein und kann in Form einer völlig neuartigen innovativen Idee oder aber, was öfter der Fall ist, in Form einer smarten Idee, die Produkte und Services in einer neuartigen Weise kombiniert, angeboten werden (*Linder/Cantrell* 2001, *Galunic/Rodan* 1998).

Eine spezifische Eigenschaft von superioren digitalen Geschäftsmodellen ist darüber hinaus die sog. **Skalierbarkeit** aufgrund der digitalen Produktion und Konsumtion von Daten. Hierbei kann einmal in die kundenseitige und einmal in die technische Skalierbarkeit unterschieden werden, die sich beide so oder so im Resultat in einer zugehörigen Kostenstruktur widerspiegeln. Bei der kundenseitigen Skalierbarkeit muss darauf geachtet werden, dass die dahinterstehende Geschäftsidee durch ihre Massentauglichkeit ein inhärentes Potenzial für ein schnelles Wachstum mit zugehörigen Multiplikationseffekten aufweisen kann. Bedeutet, dass die Geschäftsidee nicht nur sehr schnell sehr viele direkte Nutzer gewinnen kann, sondern diese auch möglichst noch viele weitere Nutzer indirekt mitziehen (Anreizsystem der sog. kritischen Masse). Bei der technischen Skalierbarkeit geht es sodann um die Performance der programmierten Plattform bzw. der verwendeten Daten-Server, die ein Mengenwachstum auf der Nutzerseite ohne immer weitere damit zusammenhängende Investitionen in die Technologie verarbeiten muss. Damit einhergehend sollte der Mengenzuwachs nur über die technische Performance abgedeckt werden und nicht die Notwendigkeit zum ständigen Aufstocken realer Ressourcen (insb. Personal für die Betreuung der zusätzlichen Kunden) mit sich bringen. Abschließend muss in diesem Zusammenhang die anfängliche und auch weitere Produktakzeptanz mit einer damit verbundenen Zahlungsbereitschaft der Kunden einhergehen.

Die Realisation der Idee erfolgt anschließend mittels der Basis-Informationsprozesse des sog. **Informationsdreisprungs**, welcher die drei Stufen Informationssammlung, -verarbeitung und -übertragung als digitalen Wertschöpfungsprozess umfasst (*Kollmann* 2019a, S. 62 ff.). Die Informationssammlung bezeichnet den ersten Schritt, bei dem relevante Daten als Informationsinput zur weiteren Wertschöpfung gesammelt werden, um einen

nutzbaren Datenbestand aufzubauen. Das Ziel der Informationssammlung ist eine Effektivitätssteigerung durch eine einfache, schnelle und umfassende Gewinnung von Informationen zu den Bedürfnissen potenzieller Kunden. So können Kundeninformationen aktiv
zur Angebotsgestaltung genutzt werden und darauf basierend individuelle, auf die Kundenwünsche zugeschnittene Leistungen angeboten werden. Die Informationsverarbeitung
bezeichnet den zweiten Schritt, bei dem die gesammelten Daten bearbeitet und in ein entsprechendes Informationsprodukt für den Kunden umgewandelt werden. Das Ziel der Informationsverarbeitung ist eine Effizienzsteigerung, da die einfache, schnelle und umfassende Verarbeitung der Informationen die Prozesse des Unternehmens verbessern und
Kosten reduzieren kann. Die Informationsübertragung bezeichnet den dritten Schritt, bei
dem die erlangten und verarbeiteten Informationen gegenüber den Kunden umgesetzt werden und ein wertschaffender Informationsoutput entsteht. Das Ziel der Informationsübertragung ist eine Effektivitätssteigerung, da die einfache, schnelle und umfassende Übertragung der Informationen die wahrgenommene Vorteilhaftigkeit eines Angebots erhöhen
kann. Der Kunde kann dabei als Informationsempfänger, die für ihn individuell relevanten
Informationen selektieren und aktiv auswerten. So kann das Kauferlebnis bzw. der Kundennutzen in den Bereichen Suche, Bewertung (produktbezogen), Problemlösung (dienst-
leistungsbezogen) erhöht oder aber auch die Transaktionskosten gesenkt werden. Entscheidend für diese Basis-Informationsprozesse ist, dass ein permanenter und verlässlicher
Informations- und damit Datenfluss von einem Schritt zum nächsten etabliert wird, insbesondere da der Informationsinput und damit die Datenlage im Ausgangspunkt stetigen
Veränderungen unterliegt.

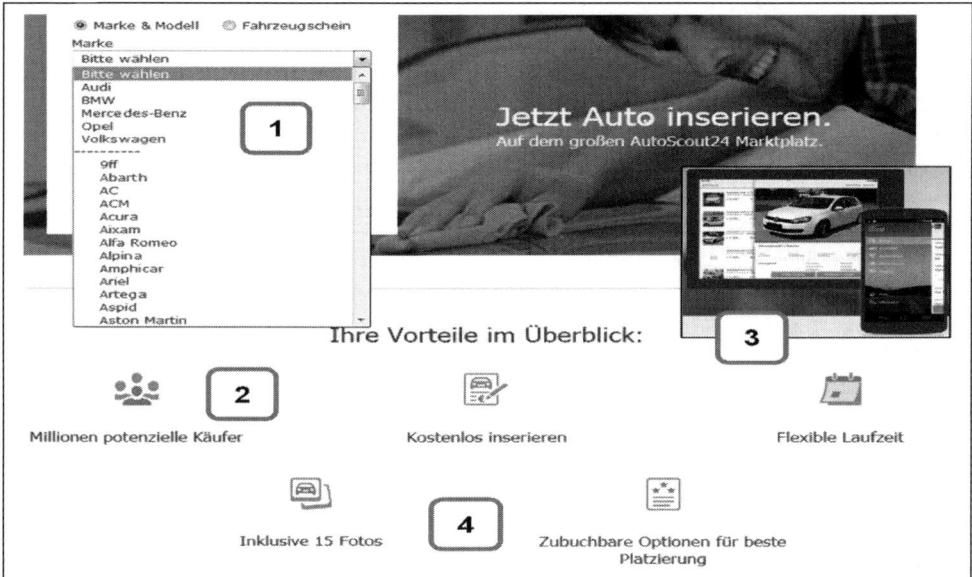

Abb. 57:   Elektronische Problemlösung am Beispiel von *AutoScout24*
Quelle: *www.autoscout24.de*

Am **Beispiel** von *autoscout24.de* verdeutlicht Abb. 57 die elektronische Problemlösung anhand des realen Problems der Autosuche bzw. des Autoverkaufs. Die Plattform bietet mittels weitestgehend standardisierter und skalierbarer elektronischer Basisprozesse die Möglichkeit, sein Auto einfach, komfortabel, schnell und kostengünstig im Internet anzubieten (1) und so eine deutlich größere Reichweite (2) zu erzielen, als es früher bei den klassischen Zeitungsinseraten der Fall war. Dabei kann das Inserat nicht nur einfacher, schneller und durch mehr Interessenten (2) über die verschiedenen stationären und mobilen Plattformen gefunden werden (3), sondern auch deutlich umfangreicher beschrieben und durch Zusatzfeatures wie Fotos etc. visualisiert werden (4). Zudem erfolgt die Einstellung durch den Nutzer selbst, so dass im Hinblick auf die Skalierbarkeit nur die technische Performance und Ergonomie, aber keine personellen Ressourcen für die Annahme der Inserate aufgebaut werden müssen. Damit löst *autoscout24.de* das Problem der Suche nach, aber eben auch das Einstellen von einem Gebrauchtwagen als Angebot sowie die effektive und effiziente Zuordnung von Nachfrager und Anbieter mit Hilfe elektronischer Geschäftsprozesse besser, als es Zeitungen mit ihren realen Lösungen (= Printprodukten) können. Zudem waren und sind die Kunden (= Autohändler) bereit, für eine solche Problemlösung (= bessere Zuführung von Interessenten) von Anfang an zu bezahlen (= Gebühr für das Einstellen der Gebrauchtwagen in die Datenbank). Die Informationssammlung (Daten zu Gebrauchtwagen und den Suchkriterien), die Informationsverarbeitung (Matching-Prozess eines Abgleichs von Angebot und Nachfrage) sowie die Informationsübertragung (Anzeige der passenden Trefferliste mit Bildern und Texten sowie strukturierter Objektausprägungen) werden bestmöglich nur über das technische System bzw. die hierzu programmierte Plattform (E-Marketplace) abgewickelt. Damit ist zusammenfassend der Ausgangspunkt des E-Business-Generators mit der zugehörigen Kernfrage bestmöglich beantwortet worden.

> **!** **Auf der Basisebene als Startpunkt für die Entwicklung eines digitalen Geschäftsmodells bzw. -prozesses steht eine innovative Idee durch ein Digital Leadership. Diese Idee muss mittels elektronischer Prozesse (Digitalisierungsgrad) eine bessere/schnellere Lösung für ein relevantes Problem bieten, als es bestehende reale oder elektronische Prozesse können.**

4.3.2 Die digitale Angebotsebene

Ausgehend von diesem Startpunkt muss das spezifische elektronische Angebot geschaffen werden, das den Kunden den unternehmensindividuellen elektronischen Mehrwert liefert. Der elektronische Mehrwert kann dabei über die Faktoren Zeit (z. B. Aktualität), Inhalt (z. B. Relevanz) und Form (z. B. Detaillierungsgrad) beeinflusst werden, sodass die Mehrwert-Ergebnisse unterschiedlich ausgeprägt werden bzw. für den Kunden wirksam werden. Mithin kann ein elektronisches Angebot einen oder auch mehrere der folgenden **elektronischen Mehrwerte** liefern:

▨ **Überblick**: Ein elektronisches Angebot bietet einen Überblick über eine große Menge an Daten, deren Sammlung andernfalls sehr aufwendig wäre. Es schafft somit einen Strukturierungswert. Beispiel: *google.com*

▨ **Auswahl**: Ein elektronisches Angebot bietet die Möglichkeit, gewünschte Informationen, Produkte oder Leistungen effektiver und/oder effizienter mittels Datenbankabfragen zu identifizieren. Es schafft einen Selektionswert. Beispiel: *amazon.com*

▨ **Vermittlung**: Ein elektronisches Angebot bietet einen Mechanismus, um Angebot und Nachfrage effektiver und/oder effizienter zu vermitteln. Es schafft somit einen Matchingwert. Beispiel: *craigslist.org*

▨ **Abwicklung**: Ein elektronisches Angebot bietet die Möglichkeit, Transaktionen zwischen Parteien effektiver und/oder effizienter abzuwickeln. Es schafft somit einen Transaktionswert. Beispiel: *paypal.com*

▨ **Kooperation**: Ein elektronisches Angebot bietet Mechanismen, wodurch verschiedene Parteien effektiver und/oder effizienter miteinander kooperieren können. Es schafft somit einen Abstimmungswert. Beispiel: *staralliance.com*

▨ **Austausch**: Ein elektronisches Angebot bietet Möglichkeiten, die es den Parteien erlauben, effektiver und/oder effizienter miteinander zu kommunizieren. Es schafft somit einen Kommunikationswert. Beispiel: *facebook.com*

Um seinen unternehmensindividuellen elektronischen Mehrwert an Kunden liefern zu können, benötigt ein E-Venture **elektronische Plattformen**. Dabei sind verschiedenste Kombinationen von elektronischem Mehrwert und der jeweils korrespondierenden elektronischen Plattform möglich, wie z. B. die Übertragung eines identischen Mehrwerts über verschiedene Kanäle oder unterschiedliche Mehrwerte über einen oder mehrere Kanäle in der Form von Cross- und Up-Selling von Kern- und Nebenleistungen entlang der elektronischen Wertschöpfungskette. Elektronische Plattformen bauen im Allgemeinen auf die drei Grundbausteine Information, Kommunikation und Transaktion auf, unterscheiden sich jedoch hinsichtlich der Gewichtung dieser einzelnen Bausteine. Dementsprechend werden Sie als Teil des Schalenmodells der Digitalen Wirtschaft in E-Procurement (Transaktionsebene: Fokus auf Einkauf), E-Shop (Transaktionsebene: Fokus auf Verkauf), E-Marketplace (Transaktionsebene: Fokus auf Handel), E-Community (Informationsebene: Fokus auf Kommunikation) und E-Company (Informationsebene: Fokus auf Kooperation) rubriziert (*Kollmann* 2019a, S. 95 ff.). Diese Plattformen können sich intuitiv zu einem gewissen Maße überschneiden, sodass hybride Formen entstehen, wie z. B. ein E-Marketplace in Kombination mit einer integrierten E-Community.

Führt man das **Beispiel** von *autoscout24.de* im Rahmen der Analyse der elektronischen Mehrwerte weiter, so wird aus Abb. 58 deutlich, dass hier mehr als nur ein elektronischer Mehrwert geschaffen wird. Erstens entsteht ein im Mittelpunkt stehender Matchingwert durch die erfolgreiche Vermittlung von Anbietern und Nachfragern durch aktive Suche oder Benachrichtigungen bei passenden Angeboten (1). Zweitens erhält der Nutzer einen guten Überblick über die passendsten verfügbaren Artikel, welcher durch die stringent strukturierten Ergebnisse einen entsprechenden Strukturierungswert schafft (2). Drittens kann darüber hinaus der Nutzer anhand verschiedenster vorgegebener und auch eigener Kriterien seine Suche bzw. Auswahl verfeinern und zieht auf diese Weise einen Selektionswert aus dem elektronischen Angebot (3).

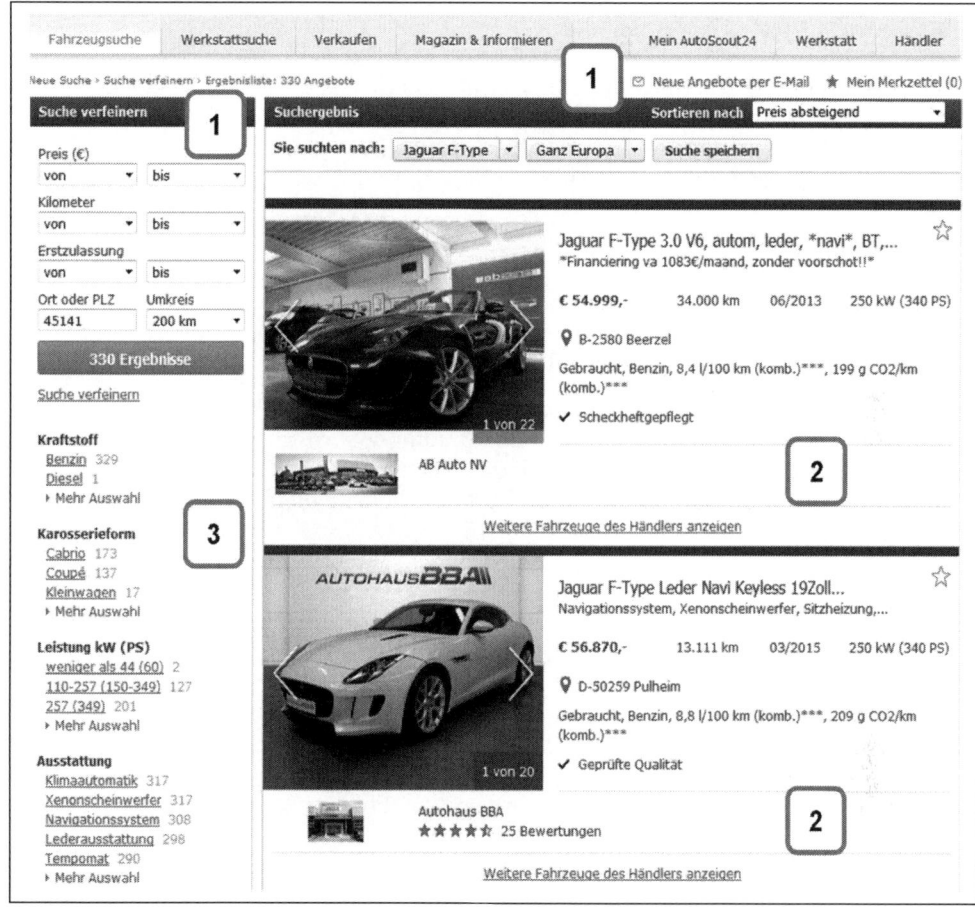

Abb. 58:   Elektronische Mehrwerte am Beispiel von *AutoScout24*
Quelle: *www.autoscout24.de*

! **Auf der Angebotsebene muss über ein Digital Leadership ein digitaler Mehrwert über die dazu passende digitale Plattform für die Umsetzung eine innovativen Idee definiert bzw. generiert werden.**

4.3.3   Die digitale Nachfrageebene

Der Erfolg eines elektronischen Angebots und daraus resultierende Einnahmen können nur durch die passende Nachfrage generiert werden, welche abhängig vom unternehmens-individuellen Angebot und der genutzten Plattform(en) adressiert werden muss. Dabei basiert der Erfolg vieler digitaler Geschäftsmodelle, im Besonderen solche rund um die Plattformökonomie (E-Marketplaces), stark auf dem Prinzip der (doppelten) kritischen Masse (**Critical-Mass**). Ist eine bestimmte Angebots- bzw. Nutzerzahl überschritten und hat der Derivativnutzen ein bestimmtes Niveau überschritten, ist zu erwarten, dass nicht nur die vorhandenen Nutzer das elektronische Angebot auch in Zukunft akzeptieren, sondern auch die Anzahl der Neukunden und die damit verbundenen Einnahmen exponentiell zunehmen (Gewinnskalierungseffekt). Folglich muss die spezifische Zielgruppe mittels einer eingehenden Analyse der Kundenbedürfnisse, -probleme und -segmente identifiziert werden, welche im Ergebnis zu einer Segmentierung in verschiedene **Kundenprofile** führt.

Als nützliche Charakteristika zur Unterscheidung verschiedener Arten von Kunden können anhand des **Akzeptanzmodells** nach *Kollmann* (1998a) deren Einstellung gegenüber Interaktion mit und Nutzung von einer elektronischen Leistung herangezogen werden. Dem jeweils resultierenden Kundenprofil entsprechend, können korrespondierende Marketingansätze abgeleitet werden, um jede Kundengruppe durch eine möglichst individuelle Kombination aus digitalen Marketingmaßnahmen wie Display-Marketing, Suchmaschinenoptimierung (SEO), Suchmaschinenwerbung (SEA), Social-Media-Marketing (SMM), Viral-Marketing, Guerilla-Marketing oder Marketingkooperationen z. B. im Rahmen von Influencer-Marketing anzusprechen (*Freiling/Kollmann* 2015; *Kollmann* 2019c). Daneben zählen auch klassische Online-Marketingmaßnahmen wie das E-Mail-Marketing oder Couponing zu oft genutzten Optionen, die jedoch gezielt eingesetzt werden müssen, um eine zu hohe Informationsflut gegenüber dem Kunden zu vermeiden. Die Kombinationen der oben genannten Maßnahmen unterscheiden sich generell hinsichtlich ihrer Reichweite, Kosten und Performance. Ferner liefert dieser Schritt außerdem nützliches Feedback über die eigenen Kunden und die Wirksamkeit der Marketingmaßnahmen, wodurch das Unternehmen sein spezifisches Angebot verfeinern und somit die **Kundenbedürfnisse** in höherem Maße erfüllen kann, was heutzutage immer stärker von Kunden gefordert wird. Die zentralen Fokusbereiche im Marketing eines digitalen Geschäftsmodells korrespondieren wie folgt in Abhängigkeit der genutzten **elektronischen Plattform(en)** und Bereiche der Unternehmensgründung in der Digitalen Wirtschaft:

- **E-Procurement**: Supplier Relationship Management und Wissensmanagement

- **E-Shop**: Kundengewinnung, Kundenbewertung und Kundenbindung

- **E-Marketplace**: Kundengewinnung, Kundenmatching und Kundenbindung

- **E-Community**: Mitgliedergewinnung, Mitgliederbewertung und Mitgliederbindung

- **E-Company**: Marktmanagement und Wissensmanagement

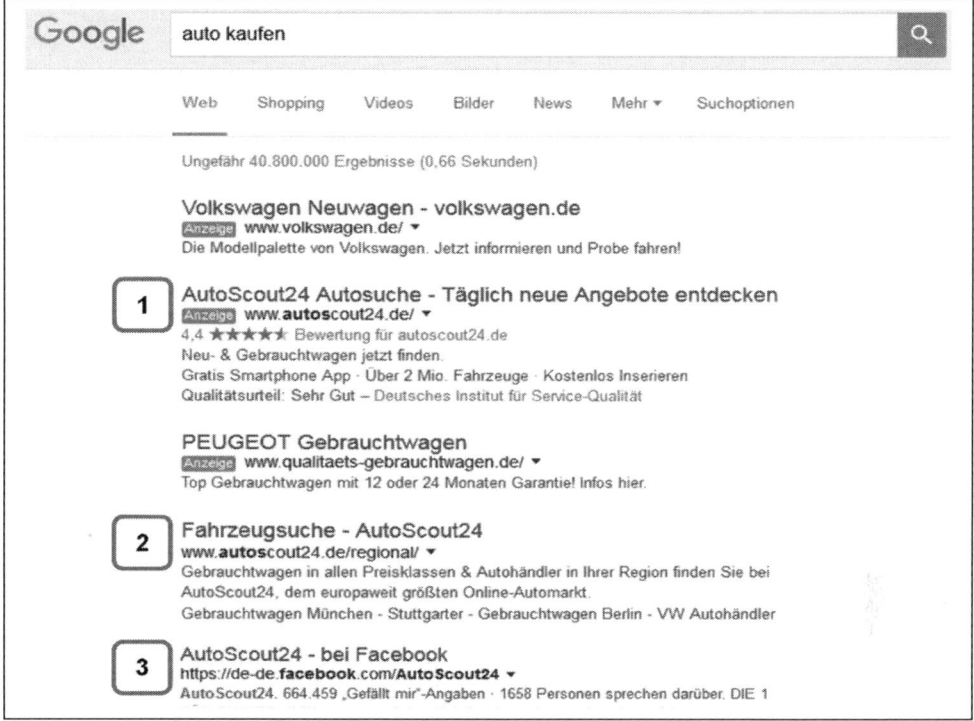

Abb. 59:   Suchmaschinen-Marketing am Beispiel von *AutoScout24*
Quelle: *www.google.de*

Das Marketing im E-Procurement verlangt z. B. einen starken Fokus auf das Supplier Re-lationship Management (SRM) und Wissensmanagement. Im Gegensatz dazu liegt der Fokus z. B. im E-Shop-Marketing auf Kundengewinnung, -bewertung und -bindung. Kommen für die **Kundengewinnung** allgemein die bereits oben genannten Marketing-maßnahmen in Frage, nimmt heute auch die Kundenbewertung einen wichtigen Stellen-wert ein. Mittels innovativer und natürlich stark informationsgetriebener Methoden wie **Data Warehouse** (Aufbau eines Datenpools), **Data Mining** (multidimensionale Analyse des Datenpools) und **Database-Marketing** (Umsetzung von Marketing- und Verbesse-rungs-Aktivitäten auf Basis des Datenpools) können aussagekräftige Kundenprofile er-stellt und genutzt werden. Daran anknüpfend kann durch unmittelbare **Personalisierung (One-to-One-Marketing)** ein höherer Mehrwert geliefert werden, da die Kundenpräfe-renzen besser befriedigt werden, sodass ein wiederholter Kauf oder eine wiederholte Nut-zung wahrscheinlicher ist und die Kundenloyalität erhöht wird. Im Rahmen der Kunden-bindung kann ferner eine individualisierte Reaktivierung von Kunden angestrebt werden. Der Datenpool kann außerdem auch im Beschwerdefall ein präzises und kundenfreundli-ches **Beschwerdemanagement** unterstützen. Als rechtlichen Handlungsrahmen im Um-gang mit Kundendaten zu Marketingzwecken gibt die seit Mai 2018 gültige DSGVO den

E-Projektes jedoch einen teils recht eng abgesteckten Rahmen vor, sodass für Aktivitäten wie z. B. den Newsletter-Versand via E-Mail die ausdrückliche Zustimmung des Kunden in Form eines sog. Double-Opt-In notwendig ist. Als notwendige Bedingung für eine wettbewerbsrechtlich einwandfreie Positionierung am Markt bedeutet dies für digitale Startups oftmals einen erheblichen Aufwand und es bleibt abzuwarten, inwiefern durch die DSGVO neue digitale Geschäftsmodelle ausgebremst werden oder nicht.

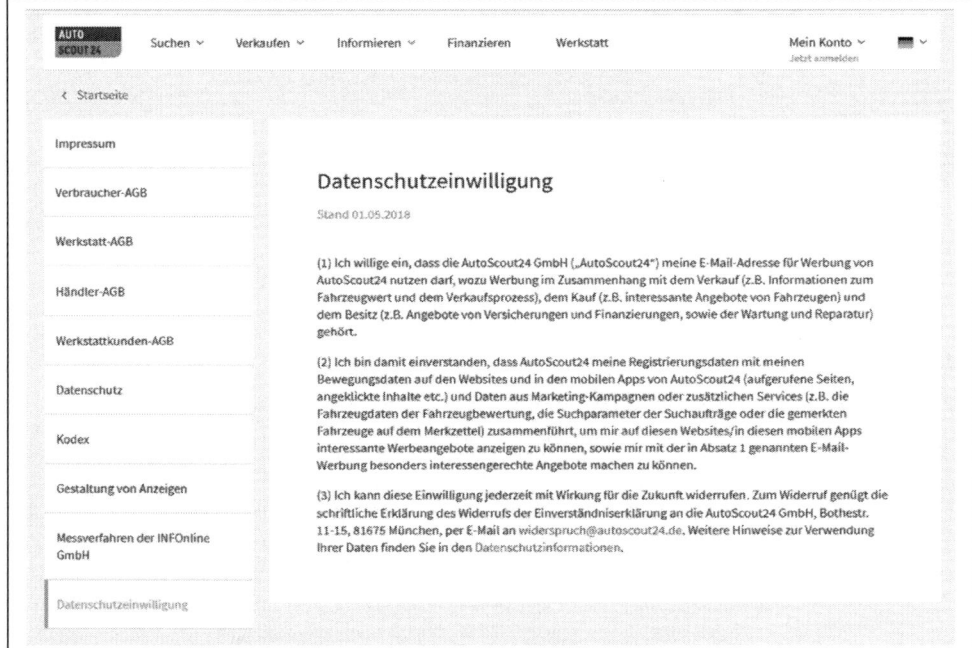

Abb. 60:   Umsetzung der DSGVO am Beispiel von *AutoScout24*
Quelle: *www.autoscout24.de*

Wie Abb. 59 am **Beispiel** von *autoscout24.de* verdeutlicht, wenden erfolgreiche digitale Unternehmen oftmals eine wirkungsvolle Kombination aus diversen Online-Marketing-maßnahmen an. Sucht man bei *google.de* nach dem Begriff „Auto kaufen", so wird direkt unter den ersten Suchbegriffen die Website des Unternehmens bereits mehrfach angezeigt. Dabei wird von dem Unternehmen sowohl SEA (1), SEO (2) als auch Social-Media-Mar-keting (SMM; 3) genutzt, um den Nutzer auf das Angebot des E-Marketplace aufmerksam zu machen. Insbesondere mit Blick auf die knapp 40,8 Mio. Suchergebnisse ist eine exponierte Platzierung auf der ersten Seite des Suchergebnisses bei *Google* entscheidend. Studien haben gezeigt, dass ca. 60 % der Nutzer auf den erstplatzierten Beitrag klicken und ca. 99 % aller organischen Klicks auf die erste Suchergebnisseite entfallen (*Beus* 2015). Hinzu kommen noch zielgruppenspezifische Marketingmaßnahmen gegenüber den Händlern und weitere massenorientierte Werbemaßnahmen über TV-Spots, Werbebanner usw.

Die Auswertung der Kundenprofile schlägt sich zudem beispielsweise in den personalisierten Newslettern nieder. Wie zuvor erwähnt, müssen sich die Marketingmaßnahmen von *autoscout24.de* dabei jedoch in dem durch die gesetzlichen Regularien vorgegebenen Rahmen bewegen, welche u. a. durch die DSGVO festgelegt werden. Dazu gehören neben den Informationspflichten (s. Abb. 60) auch technische Schritte wie z. B. das Double-Opt-In-Verfahren bei Newsletter-Anmeldungen, Cookie-Pop-Ups oder auch die Möglichkeit der Weitergabe seiner Daten an Dritte zu widersprechen.

> **!** **Auf der Nachfrageebene muss über ein Digital Leadership die digitale Zielgruppe zu der innovativen Idee mit einem dazu passenden digitalen Marketing erarbeitet werden.**

4.3.4   Die digitale Implementierungsebene

Mit einem elektronischen Angebot und entsprechender Nachfrage an der Hand, muss ein E-Projekt in der Lage sein, die notwendige **Implementierung im Backend und Frontend** vorzunehmen, um eine Bestellung auf allen Ebenen erfolgreich abwickeln zu können. In diesem Zusammenhang bezeichnen **Geschäftsprozesse** die Implementierung von elektronischer Wertschöpfung, ermöglicht durch reale Ressourcen eines E-Ventures. Da digitale Geschäftsmodelle in hohem Maße informations- und prozessgetrieben sind, müssen solche Geschäftsprozesse implementiert werden, die optimal der genutzten Plattform(en) und Technologie(n) gerecht werden. Diese wesentlichen **Technologien** umfassen Internet, Mobilfunk und ITV. Geschäftsprozesse werden unterteilt in Kernprozesse und assoziierte Prozesse, welche wiederum jeweils standardisiert oder individuell gestaltet sein können, aus deren Kombination superiore Performance resultieren kann. Hochstandardisierte Prozesse können insbesondere Kostenreduktionen bieten. Individualisierte Prozesse können insbesondere höheren Kundennutzen aufgrund von erfolgreicher Differenzierung zu Wettbewerbern bieten. Dem zuträglich ist auch die beschriebene Entkopplung einzelner Dienste komplexer Anwendungssoftware im Rahmen von **Microservices**. Die Modularität ermöglicht es digitalen Startups oftmals sehr gut maßgeschneiderte Lösungen für ihr spezifisches Geschäftsmodell umzusetzen und so dem Kunden eine entsprechend hohe User Experience bei gleichzeitig verhältnismäßig geringen Entwicklungskosten und -zeiten zu bieten. Ähnliche Ziele verfolgt auch der Einsatz agiler Projektmanagement- bzw. Softwareentwicklungsansätze wie z. B. Scrum. Solche Prozesse umfassen die Bereiche E-Sales, E-Trading, E-Networking, E-Request und E-Customization. Ferner fordern moderne Kunden auch vermehrt die Möglichkeit einer technologieübergreifenden Nutzung eines elektronischen Angebots, sodass Anbieter ihr Angebot hieran ausrichten müssen. Ein zentraler Begriff in diesem Zusammenhang ist das **Responsive Webdesign**, welches elektronische Angebote jeweils auf das genutzte Endgerät angepasst darstellt (*Kollmann/Michaelis* 2015). So wird dem Kunden ein stets optimales Nutzungserlebnis geboten, ohne dass er dabei an eine bestimmte Technologie zum Abruf gebunden ist. Auf Anbieterseite bietet die Nutzung des Responsive Webdesigns Potenziale, um Skaleneffekte zu realisieren, indem ein Standarddesign für das elektronische Angebot technologieübergreifend genutzt werden kann. Die Entscheidung der konkreten Ausgestaltung der Programmierung muss dann jeweils unternehmensindividuell anhand einer klassischen **Make-or-Buy-Entscheidung** und unter Berücksichtigung der Wichtigkeit dieses Webdesigns im Rahmen der Differenzierung des Unternehmens von seinen Wettbewerben gefällt werden. Ist dies ein essenzieller Punkt zur Differenzierung, sollten interne Ressourcen geschaffen und genutzt werden, andernfalls kann dies auch extern am Markt eingekauft werden.

Herausragende digitale Geschäftsmodelle verfügen mithin über leicht skalierbare, erweiterbare und anpassbare Softwarearchitekturen, welche es ermöglichen, **Skaleneffekte** bzw. **Gewinnskalierungseffekte** mit nur einem oder wenigen Basisprozess(en), wie es z. B. bei Online-Auktionsplattformen der Fall ist, auszunutzen, um erhebliche **Wettbewerbsvorteile** gegenüber klassischen Geschäftsmodellen zu generieren. Dieser Vorteil resultiert daraus, dass besonders elektronische Angebote in der Lage sind, mit nur wenigen Basisprozessen eine nahezu unbegrenzte Anzahl an Nutzern bzw. Kunden zu bedienen. Dieser positive Effekt der Verteilung von unterproportional steigenden Kosten auf eine immer größere Menge an Nutzern eines elektronischen Angebots wird als **Kostendegressionseffekt** bezeichnet. Der Kostendegressionseffekt führt in Kombination mit dem zuvor beschriebenen Gewinnskalierungseffekt aufgrund zunehmender Datenkonsumtion zu einem Anstieg der wirtschaftlichen Attraktivität digitaler Leistungserstellung sowie Distribution und mithin zu einem Wettbewerbsvorteil solch digitaler Lösungen gegenüber analogen Lösungen.

Potenzielle Limitationen bestehen für digitale Geschäftsmodelle in der Regel durch reale Ressourcenbeschränkungen (z. B. Server) sowie durch Kundengewinnung und -betreuung. In der mittleren und langen Frist sind diese jedoch ebenfalls skalierbar sowie durch innovative Möglichkeiten des **Outsourcings** (z. B. Webhosting, Full-Service-Dienstleister oder Affiliate-Marketing) sogar in gewissem Maße in der kurzen Frist vermeidbar. Im Besonderen bieten technologische Entwicklungen wie z. B. die ubiquitäre, flexible, messbare, bedarfsgerechte, skalierbare und weitestgehend automatisierte Nutzung von IT-Ressourcen (Hardware und/oder Software) im Rahmen des **Cloud Computing** hier attraktive Möglichkeiten für E-Ventures sowohl durch die eigene Nutzung dieser Technologie für die Leistungserstellung als auch als eigenes Geschäftsfeld für neue Gründungsideen rund um innovative Cloud-Dienste.

Durch die Komplexität der Wertschöpfung, im Speziellen in langen Wertschöpfungsketten über Firmen- und Ländergrenzen hinweg, erhöht sich die Wichtigkeit einer expliziten Fokussierung auf eine reduzierte Anzahl an wesentlichen **Kernprozessen** zur Erhöhung des Kundennutzens nochmals. Dies wiederum erleichtert zudem auch eine klare Identifizierung von Schwächen innerhalb der Kernprozesse eines Unternehmens selbst, um diese fortlaufend verbessern zu können. Eine solche Identifizierung und sukzessive Verbesserung sind essenzielle Faktoren für den Erfolg eines digitalen Geschäftsmodells, da elektronische Prozesse zum Großteil nahezu oder vollständig automatisiert ablaufen und somit bereits kleine Fehler einen erheblichen Einfluss auf diese Prozesse und mithin den Unternehmenserfolg haben können. Letztlich nehmen auch die Kunden mindestens die Prozesse im Frontend aktiv bei der Nutzung des elektronischen Angebots eines Unternehmens wahr und beurteilen das Unternehmen anhand von dessen Prozesssicherheit und -qualität. Diese beiden Faktoren determinieren somit maßgeblich das Nutzungsverhalten des Angebots durch die Kunden. Getrieben von der Virtualität elektronischer Angebote, entsteht durch elektronische Prozesse das reale Qualitätsbild eines Unternehmens in der Öffentlichkeit und wird mit dem von Konkurrenten und der realen und Digitalen Wirtschaft verglichen. Kunden beurteilen ein Unternehmen heutzutage vermehrt anhand seiner **Prozesskompetenz**, welche aus einer erfolgreichen Implementierung und damit erfolgreichen Transformation der ersten innovativen Idee in ein elektronisches Angebot als Kern eines digitalen Geschäftsmodells resultiert.

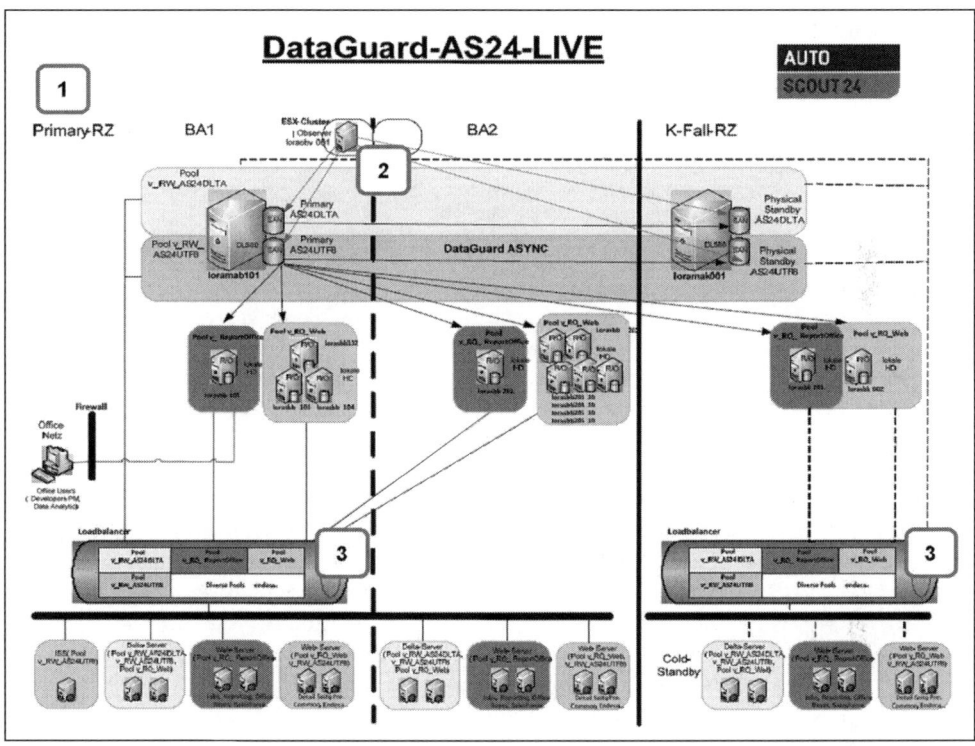

Abb. 61:   DataGuard-Architektur der LIVE-Umgebung am Beispiel von *AutoScout24*
Quelle: *Langer/Skowasch* 2012, S. 2.

Gänzlich neue Impulse für digitale Geschäftsmodelle können außerdem technologische Innovationen mit disruptivem Charakter wie die **Blockchain-Technologie** liefern. Im Mittelpunkt steht die Frage, ob es Marktplatzbetreiber in ihrer heutigen Form auch noch in Zukunft geben wird, wenn die Blockchain-Technologie zu einer Dezentralisierung der Marktplatzaktivitäten und damit zur erneuten Desintermediation des elektronischen

Marktplatzbetreibers führt. Zwei kritische Faktoren bestehender E-Marketplaces ohne aktiven Marktplatzbetreiber waren zuvor der zeitliche Faktor und das Vertrauen zwischen Anbieter und Nachfrager bezüglich der Transaktionsleistung, da der Marktplatzbetreiber hier keine tragende respektive unterstützende Rolle eingenommen hat. Und da, wo ein zentraler aktiver Marktplatzbetreiber eine vermittelnde Rolle übernommen hat, stellt sich die Frage, ob diese nicht auch durch die Blockchain-Technologie selbst übernommen werden kann. Vor diesem Hintergrund erscheint es wahrscheinlich, dass die Blockchain-Technologie neue digitale Geschäftsmodelle ermöglicht, die klassische Geschäftsmodelle wie E-Communities oder E-Marketplaces mit entsprechenden Intermediären als Plattformbetreiber angreifen bzw. transformieren können. Die Autoren *Kollmann/Hensellek/de Cruppe/Sirges* (2019) sprechen in diesem Zusammenhang auch von einem kooperativen **Blockchain-enabled Electronic Marketplace** (BEEM) als mögliche neue Form digitaler Geschäftsmodelle auf Basis der Blockchain-Technologie.

Am **Beispiel** von *autoscout24.de* zeigt Abb. 61 den Aufbau der zentralen Datenbankarchitektur auf Basis des DataGuard-Systems der *ORDIX AG* mit einer Active-DataGuard-Lesefarm. Laut *Langer/Skowasch* (2012) war „Kern der alten Umgebung eine Master-DB, eingebunden in einen HACMP Cluster (aktiv/passiv). Für den Lesezugriff der Applikationen wurde ein Teil der Daten mit Hilfe von Materialized Views auf insgesamt 15 „Lese-Datenbanken" repliziert. Es gab 5 Arten von Replica-DBs, die sich bzgl. der replizierten Daten und Indexe unterschieden. Die neue DataGuard-Live-Umgebung verteilt sich über das Primary-RZ, bestehend aus Brandabschnitt BA1, BA2 und das K-Fall-RZ (1). Die Master-DB befindet sich im Primary-RZ und die K-Fall-DB (Mount-Status) im K-Fall-RZ. Der Observer (2) überwacht die Master- und K-Fall-Datenbank. Die Standby-DBs sind über alle 3 Standorte verteilt. Sowohl der schreibende als auch der lesende Zugriff der Clients und Applikationen erfolgt über die Loadbalancer (3). Die Vorteile dieser Lösung liegen laut *Langer/Skowasch* (2012) in „der einfachen Umgebung, bei der alle Datenbanken den gleichen Datenstand und die gleiche Datenstruktur haben. Zudem gibt es keine Verzögerung auf den Standby-DB mehr und die Standby-DB sind nahezu synchron mit der Master-DB. Ferner erfolgt der automatische Failover auf die K-Fall-DB bei Ausfall der Master-DB." Diese Ausführungen zum Aufbau der Datenbank-Architektur bei *AutoScout24* machen deutlich, dass elektronische Prozesse gerade bei Matching-Plattformen mit zwei Marktseiten und damit unterschiedlichen Datenquellen umfangreiche Anforderungen an die technischen Systeme und zugehörigen, zum Teil noch verteilten Rechenzentren, mit sich bringen. Aufbau, Gestaltung und Absicherung müssen sich an dem zentralen Informationsdreisprung orientieren und eine für ihn jederzeit sichere Verfügbarkeit von Daten zu jedem Zeitpunkt gewährleisten. Nur so kann insbesondere die technische Skalierbarkeit mit den zugehörigen Kosteneffekten auch bei größeren Datenmengen funktionieren. Für die softwaretechnische Weiterentwicklung des E-Marketplace setzt *autoscout24.de* u. a. auch auf agile Methoden wie Scrum. Das Unternehmen setzt hierfür explizit interdisziplinäre Teams in den iterativen Lern- und Weiterentwicklungsphasen ein, um mit inkrementellen Entwicklungen eine schnelle „Time-to-Market" für neue Features bzw. Produktverbesserungen zu erreichen.

Auf der Implementierungsebene muss über ein Digital Leadership der digitale Geschäftsname, die digitale Technologie und die zugehörigen digitalen Geschäftsprozesse für die innovative Idee festgelegt werden.

4.3.5   Die digitale Finanzebene

Jeder der oben behandelten Bereiche eines digitalen Geschäftsmodells ist über seine Implikationen für die Erlös- oder Kostenseite direkt oder indirekt mit der Finanzlage eines Unternehmens verbunden. Beide Dimensionen sind dabei simultan als integrale Bestandteile einer **Profitabilitätsanalyse** zu berücksichtigen. Erlöse werden im E-Business sowohl primär durch Kernleistungen (direkt) als auch sekundär durch Nebenleistungen (indirekt) generiert. Der jeweiligen Produktstrategie eines Unternehmens entsprechend, resultiert eines der folgenden **drei Erlösmodelle** (*Kollmann* 2019a, S. 72 f.):

- **Singular-Prinzip**: Hier existiert eine bezahlte Kernleistung (z. B. Verkauf über E-Shop) mit unmittelbar zurechenbaren Erlösen. Eine Nebenleistung ist nicht vorhanden bzw. wird explizit nicht erzeugt oder monetisiert. Die im Zuge der elektronischen Wertschöpfung generierten Informationen werden über die Kernleistung hinaus nicht wirtschaftlich genutzt.

- **Plural-Prinzip**: Hier existiert sowohl eine bezahlte Kernleistung (z. B. Vermittlung über einen E-Marketplace) als auch eine vermarktbare Nebenleistung (z. B. Verkauf von Marktdaten). Die im Zuge der elektronischen Wertschöpfung generierten Informationen werden auch über die Kernleistung hinaus nicht wirtschaftlich genutzt.

- **Symbiose-Prinzip**: Hier existiert, ähnlich des Plural-Prinzips, eine Kern- und Nebenleistung, wobei die Kernleistung (z. B. Nutzung einer E-Community) jedoch kostenlos angeboten wird bzw. werden muss, um so die notwendigen Informationen für die Nebenleistung (z. B. personalisierte Werbung) zu erhalten. Die im Zuge der elektronischen Wertschöpfung generierten Informationen werden ausschließlich über die Nebenleistung wirtschaftlich genutzt.

Unabhängig davon, ob es sich um eine Kern- oder Nebenleistung handelt und welches Erlösmodell gewählt wird, können für digitale Geschäftsmodelle **drei typische Erlössystematiken** identifiziert werden. In Abhängigkeit von der elektronischen Plattform und dem unternehmensindividuellen Leistungsangebot (*Kollmann* 2019a, S. 73 f.; *Wirtz* 2018) werden diese wie folgt klassifiziert:

- **Margenmodell**: Dieses Modell wird für direkte Verkäufe eigener Leistungen an Kunden genutzt. Die für die Leistungserstellung notwendigen Kosten werden kalkuliert und um eine Gewinnmarge erhöht. Diese Summe bildet den Preis der elektronischen Leistung und ist so zu wählen, dass die Gewinnmarge neben den variablen Kosten auch langfristig die Fixkosten deckt. Ein typisches Beispiel ist der E-Shop.

▨ **Provisionsmodell**: Dieses Modell wird insbesondere genutzt, wenn Fremdleistungen an Kunden über die elektronische Plattform vermittelt werden. Die Erlöse werden hier über eine erfolgsabhängige Provision erwirtschaftet. Ein typisches Beispiel ist der E-Marketplace. Häufig genutzt wird dieses transaktionsabhängige Modell auch von Affiliate-Programmen.

▨ **Grundgebührmodell**: Dieses Modell wird für transaktionsunabhängige elektronische Leistungen genutzt, bei denen ein Entgelt in Form einer Grundgebühr erhoben wird (z. B. Registrierungsgebühr, Bereitstellungsgebühr etc.). Dabei kann gerade die Grundgebühr alleinig oder in Kombination mit transaktionsabhängigen Provisionen (s. o.) als Erlösquelle genutzt werden. Ein typisches Beispiel ist die E-Community, aber auch neu entstehende Geschäftsmodelle wie der Abo-Commerce (monatliches Entgelt für wiederkehrende Lieferungen) im Rahmen von E-Shops nutzen dieses Modell.

Eine eindeutige und präzise Artikulation, wie ein Unternehmen seine Erlöse anhand der vorgestellten Erlösmodelle und -systematiken strukturiert, um stabile **Einkommensströme** zu generieren, ist integraler Bestandteil eines erfolgreichen digitalen Geschäftsmodells und wird daher von Investoren und anderen Stakeholdergruppen regelmäßig verlangt. Inwiefern Kryptowährungen wie z. B. Bitcoin in Zukunft von Unternehmen als Zahlungsmittel verwendet werden können, um Zahlungsströme abzuwickeln, hängt maßgeblich von der Akzeptanz dieser Währungen in der breiten Bevölkerung ab. Ähnliches gilt auch für innovative Arten der Preissetzung zum Abschöpfen der individuellen Zahlungsbereitschaft jedes einzelnen Käufers durch Dynamic Pricing, da die damit einhergehenden unterschiedlichen Preise für unterschiedliche Konsumenten bzw. Konsumentengruppen in der Öffentlichkeit teils kritisch gesehen werden. Die spezifische Preisstrategie eines digitalen Startups sollte insofern sorgfältig geplant sowie ständig überwacht und bei Bedarf angepasst werden.

Wie intuitiv klar wird, sind die Einkommensströme eines Unternehmens inhärent mit korrespondierenden **Kosten** verknüpft, z. B. für das Generieren von Klicks und somit potenziellen Kunden oder das Ausführen eines Auftrags. Die entscheidende Frage „wie viel kostet uns ein zahlender Kunde?" impliziert bereits die untrennbare Verbindung zwischen der Umwandlung von Klicks in einen Kauf mit einem bestimmten Umsatz (sog. **Conversion-Rate**) auf der einen Seite und die damit verbundenen Kosten für die Generierung der Klicks (z. B. **Cost per Click**) und Abwicklung dieses Kaufs auf der anderen Seite (**Transaktionskosten**). Im Allgemeinen muss ein E-Venture auf der Kostenseite sowohl unterscheiden zwischen Startup-Kosten und laufenden Betriebskosten als auch zwischen fixen und variablen Kosten. Startup-Kosten sind notwendig, um die digitalen Basissysteme und -technologien des (neu gegründeten oder neu ausgerichteten) Unternehmens initial aufzusetzen und sind somit einmalige Kosten. Dahingegen fallen Betriebskosten regelmäßig an, um den laufenden Geschäftsbetrieb aufrecht zu erhalten. Ein wesentliches Merkmal digitaler Geschäftsmodelle besteht darin, dass diverse Formen von klassischen Fixkosten in variable Kosten, die proportional zum Leistungsoutput des Unternehmens sind, transformiert werden können (z. B. E-Fulfillment oder Web-Traffic). Dies führt im Vergleich zu klassischen Geschäftsmodellen zu einer höheren Degression der Fixkosten sowie zu unterschiedlichen Kostenstrukturen, Kostenbestandteilen und Kostentreibern.

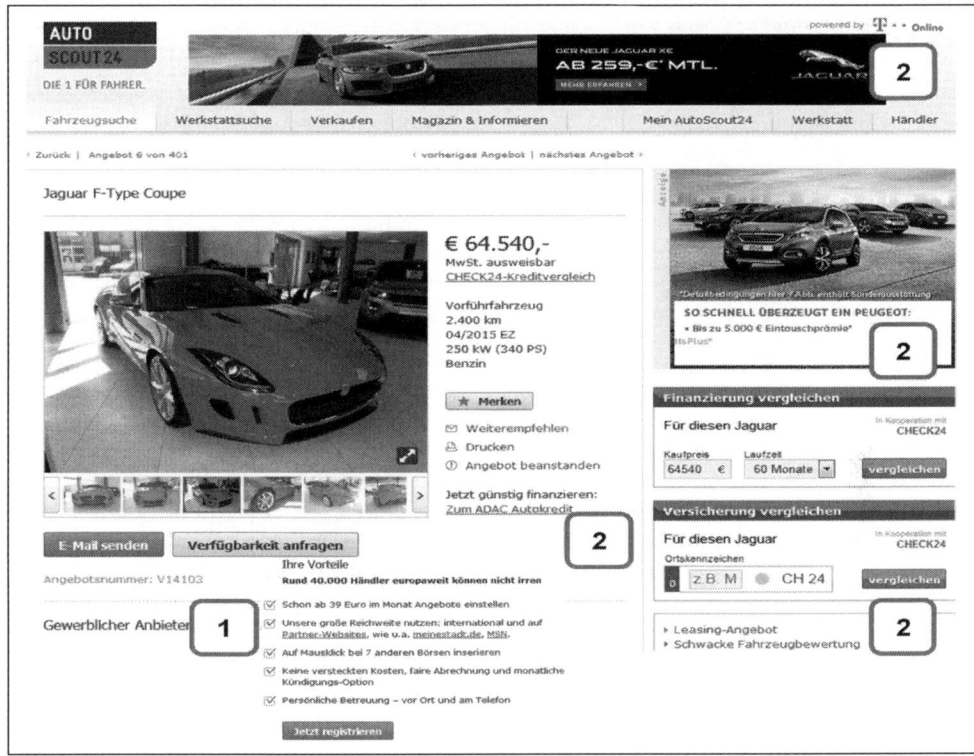

Abb. 62:   Online-Erlössystematik am Beispiel von *AutoScout24*
Quelle: *www.autoscout24.de*

Der positive Effekt durch die Verteilung von fixen Kosten auf einen immer größeren Output wird als **Kostendegressionseffekt** bezeichnet und kann zu einem signifikanten Kostenvorteil von digitalen Geschäftsmodellen führen. Dies geht außerdem eng einher mit der bereits oben beschriebenen Prozesssicht bei der Implementierung einer digitalen Geschäftsidee. Für bestimmte Nicht-Kernprozesse kann ein Unternehmen ferner Make-or-Buy Entscheidungen bzw. Outsourcing in Erwägung ziehen, wobei Kernaktivitäten stets als unternehmensspezifische Quelle der Wertschöpfung im Unternehmen selbst verbleiben sollten. Während der kurzfristige Fokus junger Unternehmungen auf Größen wie dem Deckungsbeitrag pro Kunden liegen kann, muss jedes Unternehmen langfristig jedoch auch seine Fixkosten erfolgreich decken und so den Betriebserfolg nachhaltig sichern können. Da der **Gewinn oder Verlust** eines Unternehmens auch in der digitalen Geschäftswelt weiterhin die Zahl ist, die letztlich über ein nachhaltiges Bestehen am Markt entscheidet, erleichtert ein – anhand des hier dargestellten E-Business-Model-Generators – sorgfältig entwickeltes, differenziertes und klar ausgedrücktes digitales Geschäftsmodell das Identifizieren und Quantifizieren der unternehmensspezifischen Kosten- und Erlöstreiber auf allen relevanten Ebenen.

Die relevantesten Kennzahlen fließen schließlich in die sog. **KPI-Struktur** eines digitalen Startups ein und beschreiben so dessen digitales Geschäftsmodell. Einen möglichen Ansatz hierfür bietet das zuvor beschriebene 4-K-Modell zur prozessorientierten KPI-Steuerung von Startups in der Digitalen Wirtschaft. Dieses Modell bietet den Vorteil, dass es sowohl die Unternehmenssicht (intern) als auch die Investorensicht (extern) berücksichtigt und somit sowohl zum eControlling als auch zur Kommunikation mit Investoren und weiteren Stakeholdern genutzt werden kann. So kann ein E-Venture sowohl den Anforderungen der kontinuierlichen Kontrolle und Verbesserung seiner Geschäftsprozesse als auch seinen Informations- und Kommunikationspflichten gerecht werden.

Das **Beispiel** von *autoscout24.de* in Abb. 62 stellt einen E-Marketplace dar, dessen Erlösmodell dem Plural-Prinzip folgt. Die Erlössystematik umfasst dabei gleich mehrere Leistungen, durch die das Unternehmen Erlöse generiert. Neben der (von gewerblichen Anbietern) bezahlten Kernleistung, der Anzeigenschaltung gegen Gebühr (1), werden darüber hinaus auch weitere Erlöse mittels Nebenleistungen (2) generiert. Diese bestehen insbesondere aus bezahlten Werbeflächen, z. B. für Bannerwerbung, sowie in der Vermittlung von Zusatzangeboten über Partnerunternehmen, wofür an *autoscout24.de* Provisionen ausgezahlt werden. Damit die jeweils integrierten Nebenleistungen auch ertragreich sind und das Angebot des Unternehmens sinnvoll ergänzen, sollten diese in einem logischen Zusammenhang dazu stehen und so dem Nutzer einen höheren Mehrwert liefern, z. B. indem er nicht noch zusätzlich auf einer externen Seite nach einer KFZ-Versicherung oder einem Kredit suchen muss. Ferner werden mittels verschiedener Methoden, u. a. über persönliche Mitgliedskonten oder Cookies, detaillierte Statistiken erstellt, welche ebenfalls sowohl intern (z. B. via Cross- und Up-Selling) als auch extern (z. B. Verkauf von Nutzerstatistiken) monetisiert werden können. Im Ergebnis kommuniziert *autoscout24.de* im Rahmen seiner Investorenkommunikation Spitzenkennzahlen (KPIs) aus allen drei Bereichen des 4-K-Modells wie z. B. die Unique Monthly Visitors (Kundengewinnung), der Average Revenue per User (Konversion) oder die Anzahl aktiver Händlerpartner (Kundenbindung).

 Auf der Finanzebene muss über ein Digital Leadership die digitale Einnahmen- mit der digitalen Kostenseite für die innovative Idee zu einem digitalen Geschäftsmodell verbunden werden.

4.3.6   Übung: Digital Company Challenge

*Die Übung „**Digital Company Challenge (DCC)**" soll den Digital Leader in die Lage versetzen, den E-Business-Generator für ein potentielles Digital-Projekt wahlweise in dem Bereich E-Procurement, E-Shop oder E-Marketplace einzusetzen und gemeinsam mit seinen Mitarbeitern anzuwenden.*

Ausgangslage

Startups, Mittelstand und Industrie haben im Zuge der Digitalisierung eins gemein: Sie brauchen ein gut entwickeltes und klar artikuliertes digitales Geschäftsmodell basierend auf elektronischen Wertschöpfungsprozessen als zentralen Punkt ihrer Geschäftsstrategie. Dieses digitale Geschäftsmodell wird zum Treiber ihres Wettbewerbsvorteils in einer immer komplexer und dynamischer werdenden Umwelt, die in stetig kürzer werdenden Zyklen durch digitale Innovationen neu geordnet wird. Dabei geht es nicht nur um den Neuaufbau von digitalen Geschäftsmodellen (E-Model-Generation), sondern auch um die Digitale Transformation bestehender realer Geschäftsprozesse (E-Business-Generation). Mit dem „E-Business(-Model)-Generator" gibt es ein Tool, mit dem beides möglich ist.

Aufgabenstellung

Entwickeln Sie eine digitale Plattform in Form eines E-Marketplace für Ihr Unternehmen und nutzen Sie dafür den E-Business-Generator. Führen Sie gemeinsam mit Ihrem Team hierfür einen 1-Tages-Workshop mit dem EBG durch. Planen Sie jeweils 1,5 Stunden pro Bereich mit Pausen ein (Basisebene, Angebots- und Nachfrageebene, Implementierungsebene und Finanzebene) Vermitteln Sie den Teilnehmern das Rahmenwerk, wie ein digitales Geschäftsmodell basierend auf Wertschöpfungsprozessen durch innovative Informationstechnologie (IT) verstanden, entworfen, implementiert und kontinuierlich (re-)evaluiert werden kann. Geben Sie zum Einstieg die Richtung für die Ideengenerierung zu dieser digitalen Plattform vor (z. B. Marktplatz für den Handel mit Ihrer Produktgruppe). Erarbeiten Sie die Probleme (Pain Points) Ihrer Branche bezüglich dieses Handels und generieren Sie gemeinsam mit den Teilnehmern eine Umsetzungsidee in Form eines E-Marketplace. Durchlaufen Sie anschließend den EBG-Prozess, wobei die Antwort bezüglich der Digitalen Plattform durch diese Aufgabenstellung vorgegeben ist.

Führungsanspruch

Motivieren Sie Ihre Mitarbeiter, sich auch mit den hinter den Begriffen im EBG stehenden theoretischen Grundlagen zu befassen und auf die Suche nach vergleichbaren Plattformen für andere Produktgruppen im Netz zu gehen. Beobachten Sie die Entwicklung und schreiten Sie als Digital Leader nur dann ein, wenn der EBG-Prozess ins Stocken geraten sollte. Halten Sie alle Ergebnisse fest und spielen diese nach dem Workshop aufgearbeitet in einer Präsentation zurück und starten Sie ggf. im Nachgang ein Umsetzungsprojekt

Literaturverzeichnis

Achleitner, P. M. (1985): Soziopolitische Strategien multinationaler Unternehmen, Bern/Stuttgart.

Agrawal, V./Arjona, L. D./Lemmens, R. (2001): E-Performance: The Path To Rational Exuberance, in: The McKinsey Quarterly, Nr. 1, S. 30-43.

Alexander, N./Kowark, K. (2018): Schöner scheitern: Von FuckUp Nights und Lemon Dinners, https://www.stiftungen.org/aktuelles/blog-beitraege/schoener-scheitern-von-fuckup-nights-und-lemon-dinners.html, Zugriff am 27.04.2020.

Altmeyer, T. (2018): Digitalisierung in den Bereichen Handel und Konsumgüter, in: Fend, L./Hofmann, J. (Hrsg.): Digitalisierung in Industrie-, Handels- und Dienstleistungsunternehmen, Wiesbaden.

Amit, R./Zott, C. (2001): Value Creation in E-Business, in: Strategic Management Journal, Jg. 22, Nr. 6-7, S. 493-520.

Anderson, D. J./Carmichael, A. (2016): Die Essenz von Kanban – kompakt, Heidelberg.

Andreßen, T. (2010): Erfolgreiches strategisches Management des E-Procurement, in: Bogaschewsky, R./Eßig, M./Lasch, R./Stölzle, W. (Hrsg.): Supply Management Research – Aktuelle Forschungsergebnisse 2009, Wiesbaden, S. 291-312.

Antoncic, B./Hisrich, R. (2001): Intrapreneurship: Construct Refinement and Cross-Cultural Validation, in: Journal of Business Venturing, Jg. 16, Nr. 5, S. 495-527.

Axson, D./Delawalla, A. (2016): CFO reality check – Good intentions in cost management are not good enough, https://de.slideshare.net/accenture/cfo-reality-check-good-intentions-in-cost-management-are-not-good-enough, Zugriff am 30.03.2020.

Backhaus, K./Voeth, M. (2014): Industriegütermarketing: Grundlagen des Business-to-Business-Marketings, 10. Aufl., München.

Bakos, Y. (1991): A Strategic Analysis of Electronic Marketplaces, in: MIS Quarterly, Jg. 15, Nr. 3, S. 295-310.

Bakos, Y. (1997): Reducing Buyer Search Costs: Implications for Electronic Marketplaces, in: Management Science, Jg. 43, Nr. 12, S. 1676-1692.

Barreca, H./O'Neill, J. K. (2003): The Entrepreneur's Internet Handbook, Naperville.

Bauer, F./Herrmann, T. (2004): Eine tolle Website ist nicht genug – erst die dahinterliegende Prozessqualität bindet Kunden, in: Wiedmann, K.-P./Buxel, H./Frenzel, T./Walsh, G. (Hrsg.): Konsumentenverhalten im Internet, Wiesbaden, S. 364-377.

Beck, K. et al. (2001): Manifesto for agile software development, https://moodle2016-17.ua.es/moodle/pluginfile.php/80324/mod_resource/content/2/agile-manifesto.pdf, Zugriff am 26.03.2020.

Berens, W./Schmitting, W. (2004): Controlling im E-Business – Notwendigkeit eines „E-Controlling"?, in: Berens, W./Schmitting, W. (Hrsg.): Controlling im E-Business, Europäischer Verlag der Wissenschaften, Reihe: Beiträge zum Controlling, Frankfur a.M., S. 157-190.

Berg, A. (2018): Digitalisierung der Wirtschaft, Berlin, https://www.bitkom.org/sites/default/files/pdf/Presse/Anhaenge-an-PIs/2018/Bitkom-Charts-Digitalisierung-der-Wirtschaft-06-06-2018-final.pdf, Zugriff am 30.03.2020.

Beus, J. (2015): Klickwahrscheinlichkeiten in den Google SERPs, https://www.sistrix.de/news/klickwahrscheinlichkeiten-in-den-google-serps/, Zugriff am 26.03.2020.

Bickhoff, N./Böhmer, C./Eilenberger, G./Hansmann, K.-W. (2003): Mit Virtuellen Unternehmen zum Erfolg. Ein Quick-Check für Manager, Berlin/Heidelberg.

BITKOM (2014): Big-Data-Technologien – Wissen für Entscheider, https://www.bitkom.org/Publikationen/2014/Leitfaden/Big-Data-Technologien-Wissen-fuer-Entscheider/140228_Big_Data_Technologien_Wissen_fuer_Entscheider.pdf, Zugriff am 05.06.2018.

BITKOM (2020a): Deutsche Wirtschaft läuft der Digitalisierung weiter hinterher, https://www.bitkom.org/Presse/Presseinformation/Deutsche-Wirtschaft-laeuft-der-Digitalisierung-weiter-hinterher, Zugriff am 30.03.2020.

BITKOM (2020b): Der Chief Digital Officer bleibt die Ausnahme, https://www.bitkom.org/Presse/Presseinformation/Der-Chief-Digital-Officer-bleibt-die-Ausnahme, Zugriff am 30.03.2020.

Bode, J. (1997): Der Informationsbegriff in der Betriebswirtschaftslehre, in: zfbf – Zeitschrift für betriebswirtschaftliche Forschung, Jg. 49, Nr. 5, S. 449-468.

Boersch, C./Elschen, R. (2002): Erster Eintritt in den Markt, in: Hommel, U./Knecht, T. C. (Hrsg.): Wertorientiertes Start-Up-Management: Grundlagen, Konzepte, Strategien, München, S. 272-291.

Bogaschewsky, R. (1999): Elektronischer Einkauf, Gernsbach.

Bogaschewsky, R. (2015): State of the Art und Trends im eProcurement – Ergebnisse der jährlichen BME-Studie, http://www.cfsm.de/fileadmin/Downloads/E-Procurement/e_ltage_2015.pdf, Zugriff am 25.03.2020.

Böhm, J. (2019): Erfolgsfaktor Agilität – Warum Scrum und Kanban zu zufriedenen Mitarbeitern und erfolgreichen Kunden führen, Wiesbaden.

Bohr, K. (1993): Effizienz und Effektivität, in: Wittmann, W./Kern, W./Köhler, R./Küpper, H. U./von Wysocki, K. (Hrsg.): Handwörterbuch der Betriebswirtschaft, 5. Aufl., Stuttgart, S. 855-869.

Böing, C. (2001): Erfolgsfaktoren im Business-to-Consumer-E-Commerce, Wiesbaden.

Boston Consulting Group (2020): Digital Organization, https://www.bcg.com/de-de/capabilities/people-organization/digital-organization.aspx, Zugriff am 30.03.2020.

Bundesnetzagentur (2019): Bundesnetzagentur - Tätigkeitsbericht Telekommunikation 2018/2019, https://de.statista.com/statistik/daten/studie/172798/umfrage/datenvolumen-im-deutschen-mobilfunkmarkt-seit-2005/, Zugriff am 26.03.2020.

Buxmann, P./Schmidt, H. (2018): Künstliche Intelligenz: Mit Algorithmen zum wirtschaftlichen Erfolg, Berlin/Heidelberg.

Carbonell, J. G./Michalski, R. S./Mitchell, T. M. (1983): An Overview of Mashine Learning, in: Michalski, R. S./Carbonell, J. G./Mitchell, T. M. (Hrsg.): Mashine Learning: An Artificial Intelligence Approach, Palo Alto, S. 3-23.

Chesbrough, H. (2009): Open Innovation. The New Imperative for Creating and Profiting from Technology, Boston.

Choi, S.-Y./Stahl, D. O./Whinston, A. B. (1997): The Economics of Electronic Commerce, Indianapolis.

Chollet, F. (2018): Deep Learning mit Python und Keras: das Praxishandbuch: vom Entwickler der Keras-Bibliothek, Frechen.

Christensen, C. M. (1997): The innovator's dilemma : when new technologies cause great firms to fail, Boston: Harvard Business School Press.

Clement, R./Schreiber, D. (2016): Internet-Ökonomie – Grundlagen und Fallbeispiele der vernetzten Wirtschaft, 3. Aufl., Heidelberg.

CMO (2017): Digital Leadership: Welchen Führungsstil digitale Transformation wirklich braucht, https://cmo.adobe.com/de/articles/2018/8/digital-leadership-welchen-fuhrungsstil-digitale-transformation-wirklich-braucht.html#gs.44y390, Zugriff am 22.04.2020.

Consulting Heads (2020): Digital Leadership: Kompetenzen, Führungsstile und Herausforderungen des Leaders 4.0, https://www.consultingheads.com/blog/on-the-job/digital-leadership/#bestandsaufnahme, Zugriff am 30.03.2020.

Crummenerl, C./Kemmer, K. (2015): Digital Leadership - Führungskräfteentwicklung im digitalen Zeitalter, in Personal Entwickeln Dezember 2015, Capgemini, https://www.capgemini.com/consulting-de/wp-content/uploads/sites/32/2017/08/14-10-16_digital_leadership_v11_web_17102016.pdf, Zugriff am 30.03.2020.

Day, G. S./Wensley, R. (1988): Assessing Advantage – A Framework for Diagnosing Competitive Superiority, in: Journal of Marketing, Jg. 52, Nr. 2, S. 1-20.

DeGrace, P./Stahl, L. H. (1990): Wicked problems, righteous solutions: A catalogue of modern software engineering paradigms, New Jersey.

Deloitte Digital (2015): Überlebensstrategie „Digital Leadership", https://www2.deloitte.com/de/de/pages/technology/articles/survival-through-digital-leadership.html#, Zugriff am 30.03.2020.

Diekmann, M. (2020): So setzen Unternehmen Chief Digital Officer richtig ein, https://t3n.de/news/setzen-unternehmen-chief-digital-1249121/, Zugriff am 30.03.2020.

Doerr, J. (2017): Measure What Matters – How Google, Bono, and the Gates Foundation Rock the World with OKRs, New York.

Dolmetsch, R. (2000): eProcurement – Einsparungspotentiale im Einkauf, München.

Duden (2020): Virtuell, https://www.duden.de/rechtschreibung/virtuell, Zugriff am 30.03.2020.

Edutrainment company (2020): Wo ist der Fehler? Tipps für eine gelungene Fehlerkultur, https://www.edutrainment-company.com/wo-ist-der-fehler-tipps-fuer-eine-gelungene-fehlerkultur/, Zugriff am 27.04.2020.

Eggers, B. (2001): Strategisches E-Commerce-Projektmanagement: E-Commerce-Structure follows E-Commerce-Strategy, in: Eggers, B./Hoppen G. (Hrsg.): Strategisches E-Commerce-Management. Erfolgsfaktoren für die Real Economy, Wiesbaden, S. 395-416.

Epping, T. (2011): Kanban für die Softwareentwicklung, Berlin/Heidelberg.

Erner, M./Hammer, S. (2019): Strategisches Management 4.0, in: Erner, M. (Hrsg.): Management 4.0 – Unternehmensführung im digitalen Zeitalter, Berlin, S. 123-170.

Evans, P. B./Wurster, T. S. (1998): Die Internet-Revolution: Alte Geschäfte vergehen, neue entstehen, in: Harvard Business Manager, Jg. 20, Nr. 2, S. 51-62.

Faulstich, W. (2000): Grundwissen Medien, 4. Aufl., München.

Fichtel, J. (2020): Aus Fehlern lernt man: Fuckup Nights machen das Scheitern salonfähig, https://arbeits-abc.de/fuckup-nights/, Zugriff am 30.03.2020.

Fischer, S. (2016): Agilität als höchste Form der Anpassungsfähigkeit, https://www.haufe.de/personal/hr-management/agilitaet/definition-agilitaet-als-hoechste-form-der-anpassungsfaehigkeit_80_378520.html, Zugriff am 30.03.2020.

Franklin, S./Graesser, A. (1997): Is it an agent, or just a program?, in: International Workshop on Agent Theories, Architectures, and Languages, Berlin/Heidelberg.

Freiling, J./Kollmann, T. (2015): Entrepreneurial Marketing: Besonderheiten, Aufgaben und Lösungsansätze für Gründungsunternehmen, 2. Aufl., Wiesbaden.

Freter, H. (2008): Markt- und Kundensegmentierung: Kundenorientierte Markterfassung und -bearbeitung, 2. Aufl., Stuttgart.

Fritz, W. (2004): Internet-Marketing und Electronic Commerce – Grundlagen, Rahmenbedingungen, Instrumente, 3. Aufl., Wiesbaden.

Galunic, D. C./Rodan, S. (1998): Resource Recombinations in the Firm: Knowledge Structures and the Potential for Schumpeterian Innovation, in: Strategic Management Journal, Jg. 19, Nr. 12, S. 1193-1201.

Gebauer, J./Shaw, M. (2004): Success factors and impacts of mobile business applications: Results from a mobile e-procurement stude, in: International Journal of Electronic Commerce, Jg. 8, Nr. 3, S. 19-41.

Gentsch, P. (2018): Künstliche Intelligenz für Sales, Marketing und Service: Mit AI und Bots zu einem Algorithmic Business – Konzepte, Technologien und Best Practices, Wiesbaden.

Gerst, M. (2002): Die Anbindung von Lieferanten an elektronische Marktplätze, in: Nenninger, M./Lawrenz, O. (Hrsg.): B2B-Erfolg durch e-markets und e-procurement. Strategien und Konzepte, Systeme und Architekturen, Erfahrungen und best practice, 2. Aufl., Braunschweig, S. 59-75.

Global Digital Report (2019): Digital 2019: Global Internet Use Accelerates, https://wearesocial.com/blog/2019/01/digital-2019-global-internet-use-accelerates, Zugriff am 26.03.2020.

Gloger, B. (2016): Scrum – Produkte zuverlässig und schnell entwickeln, 5. Aufl., München.

Goldman, S.L./Nagel, R.N./Preiss, K./Warnecke, H.J. (1996): Was ist Agilität und warum brauchen wir sie?, in: Goldman, S.L./Nagel, R.N./Preiss, K./Warnecke, H.J. (Hrsg.): Agil im Wettbewerb – Die Strategie der virtuellen Organisation zum Nutzen des Kunden, Berlin/Heidelberg, S. 3-35.

Goll, J. (2015): Die Change Management-Methode Kanban, in: Goll, J./Hommel, D. (Hrsg.): Mit Scrum zum gewünschten System, Wiesbaden, S. 117-133.

Gora W./Scheid, E. M. (2001): Organisation auf dem Weg zur Virtualität, in: Gora, W./Bauer, H. (Hrsg.): Virtuelle Organisationen im Zeitalter von E-Business und E-Government. Einblicke und Ausblicke, Berlin/Heidelberg, S. 9-24.

Goran, J./Srinivasan, R./LaBerge, L. (2016): Culture for a digital age, in McKinsey Quartely, July 2017, https://www.mckinsey.com/business-functions/digital-mckinsey/our-insights/culture-for-a-digital-age, Zugriff am 30.03.2020.

Grewe, A. (2012): Implementierung neuer Anreizsysteme – Grundlagen, Konzepte und Gestaltungsempfehlungen, 4. Aufl., München/Mehring.

Grots, A./Pratschke, M. (2009): Design Thinking – Kreativität als Methode, in: Marketing Review St. Gallen, Jg. 26, Nr. 2, S. 18-23.

Groß, M. (2019): Digital Leader Gamebook – Erfolgreich führen im digitalen Zeitalter, Freiburg.

Gründerszene (2020): Objectives and Key Resultes (OKR), https://www.gruender-szene.de/lexikon/begriffe/objectives-and-key-results-okr, Zugriff am 26.03.2020.

Hackl, B./Wagner, M./Attmer, L./Baumann, D. (2017): New Work: Auf dem Weg zur neuen Arbeitswelt, Wiesbaden.

Hartner, A. (2008): e-Procurement, Saarbrücken.

Häsel, M./Kollmann, T./Breugst, N. (2010): IT-Kompetenz in Internet-Gründerteams. Eine Analyse von Präferenzen und Produktinnovativität, in: Wirtschaftsinformatik, Jg. 52, Nr. 4, S. 201-210.

Hays (2018): Zwischen Effizienz und Agilität – Unter Spannung: Fachbereiche in der Digitalisierung, https://www.hays.de/documents/10192/118775/hays-studie-effizienz-und-agilitaet.pdf/e16bd7c5-3d70-ef68-7466-4fffd4d89d90, Zugriff am 30.03.2020.

Hellriegel, D./Slocum, J. W. (2007): Management: A Competency-Based Approach, 11. Aufl., Reading, Mass.

Henkel, P. (2018): Schnelleinstieg: Kanban im Projektmanagement, https://www.projectwizards.net/de/blog/2018/03/kanban, Zugriff am 26.03.2020.

Hensellek, S. (2019): Digital Leadership – Ein Rahmenwerk zur erfolgreichen Führung im digitalen Zeitalter, in: Kollmann, T. (Hrsg.): Handbuch Digitale Wirtschaft, Wiesbaden, S. 1-19.

Hilbrecht, H./Kempkens, O. (2013): Design Thinking im Unternehmen – Herausforderung mit Mehrwert, in: Keuper, F./Hamidian, K./Verwaayen E./Kalinowski, T./Kraijo, C. (Hrsg.): Digitalisierung und Innovation: Planung – Entstehung – Entwicklungsperspektiven, Wiesbaden, S. 347-364.

Hirn, W./Rickens, C. (2003): Das Internet lebt – allen Skeptikern zum Trotz, in: Manager Magazin, Jg. 33, Nr. 6, S. 72-86.

Hisrich, R. D./Peters, M. P./Shepherd, D. A. (2013): Entrepreneurship, 9. Aufl., Boston.

Hobus, B./Busch, M. W. (2011): Organisationale Ambidextrie, in: Die Betriebswirtschaft, Jg. 71, Nr. 2, S. 189-193.

Hofmann, J. (2003a): Virtuelle Unternehmensnetzwerke. Wissenschaftliche Diskussion und Reflexion der OPTIMA-Ergebnisse, in: Hofmann, J./Arnold, H./Benz, H./Bonnet, P. B./Gölz, A./Jacobi, J./Schulte-Wieking, J. (Hrsg.): Besser arbeiten in Netzwerken – Wie virtuelle Unternehmen Erfolg haben, Aachen, S. 23-36.

Hofmann, J. (2003b): Teamintegration in virtuellen Strukturen, in: Hofmann, J./Arnold, H./Benz, H./Bonnet, P. B./Gölz, A./Jacobi, J./Schulte-Wieking, J. (Hrsg.): Besser arbeiten in Netzwerken – Wie virtuelle Unternehmen Erfolg haben, Aachen, S. 91-112.

Hofmann, J./Piele, A./Piele, C. (2019): New Work: Best Practices und Zukunftsmodelle, Arbeitsbericht Fraunhofer-Institut für Arbeitswirtschaft und Organisation, Stuttgart.

Holzberg, M./Meffert, H. (2009): Erfolgsfaktoren sektorübergreifender Kooperationen, Wiesbaden.

Howell, J. M./Shea, C. M./Higgins, C. A. (2005): Champions of product innovations: Defining, developing, and validating a measure of champion behavior, in: Journal of Business Venturing, Jg. 20, Nr. 5, S. 641-661.

Hungenberg, H. (2014): Strategisches Management in Unternehmen: Ziele, Prozesse, Verfahren, 8. Aufl., Wiesbaden.

Ionos (2019): Hackathon: Die Kurzstrecke für Programmierer, https://www.ionos.de/digitalguide/websites/web-entwicklung/was-ist-ein-hackathon/, Zugriff am 26.03.2020.

Ismail, S. (2014): Exponential Organizations: Why new organizations are ten times better, faster, and cheaper than yours (and what to do about it), New York.

Item (2019): Digitalstrategie: Was sind die Herausforderungen der Digitalisierung?, https://blog.item24.com/digitalisierung/digitalstrategie-was-sind-die-herausforderungen-der-digitalisierung/, Zugriff am 30.03.2020.

Jahnke, M. H. (2018): Digitalisierung erfordert eine Reorganisation der Aufbau-Organisation, https://transformations-magazin.com/digitalisierung-erfordert-eine-reorganisation-der-aufbau-organisation/679/?cn-reloaded=1, Zugriff am 30.03.2020.

Jenny, B. (2001): Projektmanagement in der Wirtschaftsinformatik, 5. Aufl., Zürich.

Jordan, F. (2018): Kanban: Ursprung, Gemeinsamkeiten, Unterschiede, Wirkungsweise, in: Bartonitz M./Lévesque V./Michl T./Steinbrecher W./Vonhof C./Wagner L. (Hrsg.): Agile Verwaltung. Berlin/Heidelberg, S.55-64.

Kahveci, S. (2014): Unternehmensstrategien in Krisenzeiten – Maßnahmen agiler Unternehmen, Hamburg.

Kaplan, R. S./Norton, D. P. (1997): The Balanced Scorecard – Strategien erfolgreich umsetzen, Stuttgart.

Keller, M. (2017): Digitale Prozesse: 8 Stolpersteine für Unternehmen im digitalen Wandel, https://it-service.network/blog/2017/04/18/digitale-prozesse/, Zugriff am 30.03.2020.

Kensbock, J. M. (2018): Building Bridges over Troubled Waters : How Individuals, New Ventures, and Established Organizations Are Facing Challenges in Dynamic Contemporary Business Environments : An Approach Linking Entrepreneurship, Psychology, and Organizational Behavior, Duisburg/Essen.

Kienbaum (2019): Beidhändige Führung – Entwicklung des Kienbaum Leadership Compass, https://media.kienbaum.com/wp-content/uploads/sites/13/2020/01/FINAL_20200109_KCI_Leadership_Compass.pdf, Zugriff am 30.03.2020.

Kieser, A./Hegele, C. (1998): Kommunikation im organisatorischen Wandel, Stuttgart.

Kirzner, I. M. (1974): Competition and Entrepreneurship, 2. Aufl., Chicago.

Klinser, L. (2016): Planungsablauf digitaler Kampagnen, in: Wimmer, H./Kammerzelt, H. (Hrsg.): Online-Marketing: Grundlagen – Planung – Durchführung – Messung, Baden-Baden, S. 38-49.

Kollewe, T./Keukert, M. (2016): Praxiswissen E-Commerce – Das Handbuch für den erfolgreichen Online-Shop, 2. Aufl., Heidelberg.

Kollmann, T. (1998a): Akzeptanz innovativer Nutzungsgüter und -systeme: Konsequenzen für die Einführung von Telekommunikations- und Multimediasystemen, Wiesbaden.

Kollmann, T. (1998b): The Information Triple Jump as the Measure of Success in Electronic Commerce, in: Electronic Markets, Jg. 8, Nr. 4, S. 44-49.

Kollmann, T. (2000a): Elektronische Marktplätze – Die Notwendigkeit eines bilateralen One to One-Marketingansatzes, in: Bliemel, F./Fassott, G./Theobald, A. (Hrsg.): Electronic Commerce – Herausforderungen – Anwendungen – Perspektiven, 3. Aufl., Wiesbaden, S. 123-144.

Kollmann, T. (2000b): Competitive Strategies for Electronic Marketplaces, in: Electronic Markets, Jg. 10, Nr. 2, S. 102-109.

Kollmann, T. (2000c): Virtuelle Marktplätze, in: Die Betriebswirtschaft, Jg. 60, Nr. 6, S. 816-819.

Kollmann, T. (2001): Virtuelle Marktplätze. Grundlagen – Management – Fallstudie, München.

Kollmann, T. (2005): The Matching Function for Electronic Market Places – Determining the Probability of Coordinating of Supply and Demand, in: International Journal of Electronic Business, Jg. 3, Nr. 5, S. 461-472.

Kollmann, T. (2006): What is E-Entrepreneurship? – Fundamentals of Company Founding in the Net Economy, in: International Journal of Technology Management, Jg. 33, Nr. 4, S. 322-340.

Kollmann, T. (2014): Digitale Gründerzeit: Wie es in #Zukunft #Digitale #Weltmarktführer auch aus #Deutschland geben könnte, Eigenverlag des Lehrstuhls für E-Business und E-Entrepreneurship an der Universität Duisburg-Essen, Campus Essen.

Kollmann, T. (2018): Digitale Meinungsmache – 60 Ratschläge an Gründer, Unternehmer und Politik für die Digitale Transformation, Essen/Köln.

Kollmann, T. (2019a): E-Business: Grundlagen elektronischer Geschäftsprozesse in der Digitalen Wirtschaft, 7. Aufl., Wiesbaden.

Kollmann, T. (2019b): E-Entrepreneurship: Grundlagen der Unternehmensgründung in der Digitalen Wirtschaft, 7. Aufl., Wiesbaden.

Kollmann, T. (2019c): Digital Marketing: Grundlagen der Absatzpolitik in der Digitalen Wirtschaft, 3. Aufl., Stuttgart.

Kollmann, T. (2019d): E-Business kompakt: Grundlagen elektronischer Geschäftsprozesse in der Digitalen Wirtschaft mit über 70 Fallbeispielen, Wiesbaden.

Kollmann, T. (2020): Was Europa braucht, um das Online-Spiel doch noch zu gewinnen, https://www.manager-magazin.de/digitales/it/digitalstrategie-der-eu-europa-muss-innovativ-werden-a-1304834.html, Zugriff am 27.03.2020.

Kollmann, T./Häsel, M. (2007): Vom E-Business zum (M)E Business – Perspektiven für das Web 3.0, in: Kollmann, T./Häsel, M. (Hrsg.): Web 2.0 – Trends und Technologien im Kontext der Net Economy, Wiesbaden, S. 225-247.

Kollmann, T./Häsel, M./Breugst, N. (2009): Competence of IT Professionals in E-Business Venture Teams: The Effect of Experience and Expertise on Preference Structure, in: Journal of Management Information Systems, Jg. 25, Nr. 4, S. 51-80.

Kollmann, T./Häsel, M./Stöckmann, C. (2007): Change Management in der Net Economy – Teamkompetenzen im oszillierenden Spannungsfeld von Markt und Technologie, in: Keuper, F./Grothen, H. (Hrsg.): Nachhaltiges Change Management – Interdisziplinäre Fallbeispiele und Perspektiven, Wiesbaden, S. 381-411.

Kollmann, T./Hensellek, S. (2017a): KPI-Steuerung von Start-ups der Digitalen Wirtschaft, in: Controlling, Jg. 29, Nr. 2, S. 47-54.

Kollmann, T./Hensellek, S. (2017b): Die Basisarchitektur digitaler Geschäftsmodelle, in: Gläß, R./Leukert, B. (Hrsg.): Handel 4.0, Berlin/Heidelberg.

Kollmann, T./Hensellek, S./de Cruppe, K./Sirges, A. (2019): Toward a Renaissance of Cooperatives Fostered by Blockchain on Electronic Marketplaces – A Theory-Driven Case Study Approach, in: Eletronic Markets, S. 1-12.

Kollmann, T./Herr, C. T./Kuckertz, A. (2008): Nicht-lineare Wirkungszusammenhänge zwischen Gründungsorganisation und subjektivem Unternehmenserfolg – empirische Befunde, in: Zeitschrift für Betriebswirtschaft, Jg. 78, Nr. 6, S. 651-670.

Kollmann, T./Herr, C. T./Kuckertz, A. (2010): Nichtlinear wirkende Erfolgsfaktoren innovativer Unternehmensgründungen, in: Harland, P.E./Schwarz-Geschka, M. (Hrsg.): Immer eine Idee voraus. Wie innovative Unternehmen Kreativität systematisch nutzen, Lichtenberg, S. 91-103.

Kollmann, T./Kayser, I. (2010): E-Government. Status Quo and Future Trends, in: Lee, I. (Hrsg.): Encyclopedia of E-Business Development and Management in the Digital Economy, Hershey, S. 1266-1274.

Kollmann, T./Kayser, I./Stöckmann, C. (2012): Acceptance of Electronic Democracy: an Empirically Validated Approach, in: Electronic Government, An International Journal, Jg. 9, Nr. 4, S. 370-387.

Kollmann, T./Krell, P. (2011): Innovationsmanagement in der Net Economy – E-Business, in: Albers, S./Gassmann, G. (Hrsg.): Handbuch Technologie- und Innovationsmanagement, 2. Aufl., Wiesbaden, S. 665-688.

Kollmann, T./Kuckertz, A. (2009a): Bewertungsunsicherheit der Investitionskriterien von Venture-Capital-Gebern – eine Prozessperspektive, in: KREDIT und KAPITAL, Jg. 42, Nr. 4, S. 563-595.

Kollmann, T./Kuckertz, A. (2009b): Zur Dynamik von Such-, Erfahrungs- und Vertrauenseigenschaften in komplexen Transaktionsprozessen – eine empirische Studie am Beispiel des Venture-Capital-Investitionsprozesses, in: Zeitschrift für Management, Jg. 4, Nr. 1, S. 53-74.

Kollmann, T./Kuckertz, A. (2010): Evaluation Uncertainty of Venture Capitalists' Investment Criteria, in: Journal of Business Research, Jg. 63, Nr. 7, S. 741-747.

Kollmann, T./Kuckertz, A./Lomberg, C. (2007): Wechselseitiges Feedback – Anreizsetzung: Was Mitarbeiter mittelständischer Unternehmen wollen. Eine Analyse der Universität Duisburg-Essen, in: Personal, Jg. 59, Nr. 6, S. 40-43.

Kollmann, T./Kuckertz, A./Stöckmann, C. (2010): E-Entrepreneurship and ICT Ventures: Strategy, Organization and Technology, Hershey, PA.

Kollmann, T./Michaelis, A. (2015): Responsive Webdesign, in: Wirtschaftswissenschaftliches Studium, Jg. 44, Nr. 7, S. 406-409.

Kollmann, T./Schmidt, H. (2016): Deutschland 4.0 – Wie die digitale Transformation gelingt, Wiesbaden.

Kollmann, T./Schmidt, H. (2019): Einführung in die Digitale Transformation, in: Kollmann, T. (Hrsg.): Handbuch Digitale Wirtschaft, Wiesbaden.

Koppelmann, U./Brodersen, K./Volkmann, M. (2001): Electronic Procurement im Beschaffungsmarketing, in: Wirtschaftswissenschaftliches Studium, Jg. 30, Nr. 2, S. 79-86.

Kotler, P./Keller, K. L. (2016): Marketing Management, 15. Aufl., Harlow.

Kroker, M. (2015): Big Data: 2,5 Trillionen Byte Daten jeden Tag, wächst vier Mal schneller als Weltwirtschaft, http://blog.wiwo.de, Zugriff am 30.03.2020.

Kroker, M. (2017): Weltweite Datenmengen verzehnfachen sich bis zum Jahr 2025 gegenüber heute, http://blog.wiwo.de/look-at-it/2017/04/04/weltweite-datenmengen-verzehnfachen-sich-bis-zum-jahr-2025-gegenueber-heute/, Zugriff am 30.03.2020.

Krüger, W./Pfeiffer, P. (1991): Eine konzeptionelle und empirische Analyse der Informationsstrategien und Aufgaben des Informationsmanagements, in: Zeitschrift für betriebswirtschaftliche Forschung, Jg. 43, Nr. 1, S. 21-43.

Krystek, U./Redel, W./Reppegather, S. (1997): Grundzüge virtueller Organisationen – Elemente und Erfolgsfaktoren, Chancen und Risiken, Wiesbaden.

Kuckertz, A. (2006): Der Beteiligungsprozess bei Wagniskapitalfinanzierungen – Eine informationsökonomische Analyse, Wiesbaden.

Kudernatsch, D. (2019): OKR – die neue Wunderwaffe aus dem Silicon Valley?, in: Wissensmanagement, Heft 1, S. 44-45.

Kuhl, J. (2002): Application Service Providing, Lösungen für den Mittelstand? Überlegungen am Beispiel betriebswirtschaftlicher Standardsoftware, in: Gabriel, R./Hoppe, U. (Hrsg.): Electronic Business – Theoretische Aspekte und Anwendungen in der betrieblichen Praxis, Heidelberg, S. 299-326.

Kuratko, D. F./Hornsby, J. S./Covin, J. G. (2014): Diagnosing a Firm's Internal Environment for Corporate Entrepreneurship, in: Business Horizons, Jg. 57, Nr. 1, S. 37-47.

Kuster, J. (2011): Handbuch Projektmanagement, 3. Aufl., Berlin.

Lamml, J. (2019): Volkswagen investiert Milliarden in digitalen Wandel, https://www.cio.de/a/volkswagen-investiert-milliarden-in-digitalen-wandel,3601969, Zugriff am 30.03.2020.

Langer, S./Skowasch, M. (2012): Active-DataGuard bei Autoscout24 – eine Lesefarm im Praxiseinsatz, Vortrag auf der DOAG 2012, Berlin.

Lenz, M. (2019): Agiles Projektmanagement mit Kanban, https://www.experte.de/projektmanagement/kanban, Zugriff am 26.03.2020.

Linder, J. C./Cantrell, S. (2001): Five Business-Model Myths that Hold Companies Back, in: Strategy & Leadership, Jg. 29, Nr. 6, S. 13-18.

Lixenfeld, C. (2017): 10 Trends zur Zukunft der IT-Infrastruktur, https://www.cio.de/a/10-trends-zu-zukunft-der-it-infrastrukturen,3572296, Zugriff am 30.03.2020.

Lumpkin, G. T./Dess, G. (2004): E-Business Strategies and Internet Business Models: How the Internet Adds Value, in: Organizational Dynamics, Jg. 33, Nr. 2, S. 161-173.

Macharzina, K./Wolf, J. (2008): Unternehmensführung. Das internationale Management wissen: Konzepte – Methoden – Praxis, 6. Aufl., Wiesbaden.

Macher, J.T./Richman, B. D. (2004): Organizational Response to Discontinuous Innovation: A Case Study Approach, in: International Journal of Innovation Management, Jg. 8, Nr. 1, S. 87-114.

Mahayni, A. (2019): Agilität im Unternehmen – Was Sie schon immer wissen wollten, https://www.greatplacetowork.at/blog/agilitaet-im-unternehmen/, Zugriff am 30.03.2020.

management30.com (2020): Learn from Successes and Failures – Celebration Grids, https://management30.com/practice/celebration-grids/, Zugriff am 30.03.2020.

Mandl, C. (2017): Vom Fehler zum Erfolg – Effektives Failure Management für Innovation und Corporate Entrepreneurship, Wiesbaden.

markenrebell.de (2020): Startseite, https://www.markenrebell.de, Zugriff am 14.04.2020.

Meffert, H./Burmann, C./Kirchgeorg, M. (2015): Marketing – Grundlagen marktorientierter Unternehmensführung, 12. Aufl., Wiesbaden.

Mertens, P./Griese, J./Ehrenberg, D. (1998): Virtuelle Unternehmen und Informationsverarbeitung, Berlin/Heidelberg.

Merz, M. (2002): E-Commerce und E-Business – Marktmodelle, Anwendungen und Technologien, 2. Aufl., Heidelberg.

Meves, Y. (2013): Emotionale Intelligenz als Schlüsselfaktor der Teamzusammensetzung – Eine empirische Analyse im Kontext der Sozialpsychologie und des organisationalen Verhaltens in jungen Unternehmen, Wiesbaden.

Meyer, J./Tomaschek, A./Dej, D./Richter P. (2011): Herausforderungen virtueller Arbeit, in: Benkhoff, B./Engelien, M./Meißner, K./Richter, P. (Hrsg.): Erfolg beim Management virtueller Organisationen. Durch Frühwarnung Risiken vermeiden, Stuttgart, S. 58-72.

Middelberg, N. (2013): Erfolgsfaktoren bei der Investitionsmitteleinwerbung von Venture-Capital-Gesellschaften – Eine Mixed-Method-Analyse, Wiesbaden.

Mindtree (2019): CDO A Champion of Change – A business and IT survey commissioned by Mindree.

Möhrstädt, D. G./Bogner, P./Paxian, S. (2001): Electronic Procurement planen, einführen, nutzen, Stuttgart.

Moriano, J. A./Molero, F./Topa, G./Mangin, J. L. (2011): The Influence of Transformational Leadership and Organizational Identification on Intrapreneurship, in: International Entrepreneurship and Management Journal, Jg. 10, Nr. 1, S. 103-119.

Murakamy (2020): Das OKR Modell - Führen mit Objectives and Key Results (OKRs), http://murakamy.com/okr, Zugriff am 27.04.2020.

Nachtmann, M./Trinkel, M. (2002): Geschäftsmodelle im M-Commerce, in: Gora, W./Röttger-Gerigk, S. (Hrsg.): Handbuch Mobile-Commerce, Wiesbaden, S. 7-18.

Nacke, R./Tilker, L. (2017): Wer hat die digitale Führungskompetenz?, https://www.cio.de/a/wer-hat-die-digitale-fuehrungskompetenz,3559241, Zugriff 22.04.2020.

Neef, D. (2001): e-Procurement – From Strategy to Implementation. Upper Saddle River

Nefiodow, L. (1990): Der fünfte Kontradieff, Wiesbaden.

Nekolar, A. (2003): E-Procurement – Euphorie und Realität, Berlin.

Neumann, D. (2017): Chief Digital Offiecer: Was er leistet und mitbringen sollte, https://digitaler-mittelstand.de/business/ratgeber/chief-digital-officer-was-er-leistet-und-mitbringen-sollte-30754, Zugriff am 30.03.2020.

Noam, E. M. (1997): Systemic Bottlenecks in the Information Society, in: European Communication Council (ECC) – Report 1997 (Hrsg.): Exploring the Limits, Berlin, S. 35-44.

Oehlbrecht, S. (2019): Fehlerkultur – Buzzword oder essentielles Thema für Organisationen?, https://ideenbringer.com/2019/10/20/fehlerkultur-buzzword-oder-essentielles-thema-fuer-organisationen/, Zugriff am 30.03.2020.

Olbert, S./Prodoehl, H. G. (2019): 10 Thesen zum Agilitäts-Management in Organisationen, in: Olbert, S./Prodoehl, H. G. (Hrsg.): Überlebenselixier Agilität – Wie Agilitäts-Management die Wettbewerbsfähigkeit von Unternehmen sichert, Wiesbaden, S. 1-10.

Oram, A. (2001): Peer-to-Peer: Harnessing the Benefits of a Disruptive Technology, Sebastopol.

Petry, T. (2016): Digital Leadership: erfolgreiches Führen in Zeiten der Digital Economy, 1. Aufl., München.

Peukert, J./Ghazvinian, A. (2001): E-Procurement als neue Beschaffungsstrategie, in: Eggers, B./Hoppen, G. (Hrsg.): Strategisches E-Commerce-Management, Wiesbaden, S. 187-218.

Picot, A./Reichwald, R./Wigand, R. T. (2003): Die grenzenlose Unternehmung – Information, Organisation und Management, 5. Aufl., Wiesbaden.

Porter, M. E. (2013): Wettbewerbsstrategie: Methoden zur Analyse von Branchen und Konkurrenten, 12. Aufl., Frankfurt a. M./New York.

Pöttinger, H. (2017): Wie aus klassischen Unternehmen Plattformen werden, http://haraldpoettinger.com/unternehmen-plattform/, Zugriff am 30.03.2020.

Preußig, J. (2015): Agiles Projektmanagement – Scrum, Use Case, Task Boards & Co, 1. Aufl., Freiburg.

Prodoehl, H. G. (2019): Das agile Unternehmen, in: Olbert, S./Prodoehl, H. G. (Hrsg.): Überlebenselixier Agilität – Wie Agilitäts-Management die Wettbewerbsfähigkeit von Unternehmen sichert, Wiesbaden, S. 11-60.

Rascher, S. (2019): Just Culture in Organisationen – Wie Piloten eine konstruktive Fehler- und Vertrauenskultur schaffen, Wiesbaden.

Rassek, A. (2016): Digital Leadership: Was zeichnet einen Digital Leader aus?, https://karrierebibel.de/digital-leadership/, Zugriff am 30.03.2020.

Rayport, J. F./Jaworski, B. J. (2002): Introduction to E-Commerce, New York.

Redmann, B. (2017): Agiles Arbeiten im Unternehmen – Rechtliche Rahmenbedingungen und gesetzliche Anforderungen, Freiburg.

Robertson, B. J. (2016): Holacracy: Ein revolutionäres Management-System für eine volatile Welt, München.

Röhle, T. (2010): Der Google-Komplex – Über Macht im Zeitalter des Internets, Wetzlar.

Rojas, R. (1996): Neural Networks: A Systematic Introduction, Berlin/Heidelberg.

Röll, J. (2017): Holacracy: Ein Ansatz für Klarheit und effektive Zusammenarbeit in Teams und Organisationen, http://structureprocess.com/de/was-ist-holacracy/, Zugriff am 30.03.2020.

Ruf, M. (2019): Personalmanagement 4.0, in: Erner, M. (Hrsg.): Management 4.0 – Unternehmensführung im digitalen Zeitalter, Berlin, S. 349-388.

Rüggeberg, H. (2003): Marketing für Unternehmensgründer. Von der ersten Geschäftsidee zum Wachstumsunternehmen, Wiesbaden.

Samuel, A. (1959): Some Studies in Machine Learning Using the Game of Checkers, in: IBM Journal of Research and Development, Jg. 3, Nr. 3, S. 210-229.

SAP (2017): SAP Digital Transformation Executive Study: 4 Ways Leaders Set Themselves Apart, An SAP Center for Business Insight study with research and analysis support from Oxford Economics, https://www.sap.com/cmp/dg/innovation-is-live/typ.html#pdf-asset=9ec2900c-c67c-0010-82c7-eda71af511fa&page=2, Zugriff am 30.03.2020.

Schefczyk, M./Pankotsch, F. (2003): Betriebswirtschaftslehre junger Unternehmen, Stuttgart.

Schipper, L. (2015): Was ist eigentlich das Internet der Dinge?, https://www.faz.net/aktuell/wirtschaft/cebit/cebit-was-eigentlich-ist-das-internet-der-dinge-13483592.html, Zugriff am 25.03.2020.

Schmalzl, B./Heider, T./Merkl, A. (2004): Teleworking – Schicken Sie Ihre besten Mitarbeiter doch nach Hause, in: Schmalzl, B. (Hrsg.): Arbeit und elektronische Kommunikation der Zukunft. Methoden und Fallstudien zur Optimierung der Arbeitsplatzgestaltung, Berlin/Heidelberg, S. 203-229.

Schmidt, H. (2020): Plattform-Index, https://www.plattform-index.com/, Zugriff am 30.03.2020.

Schneider, D./Schnetkamp, G. (2000): E-Markets. B2B-Strategien im Electronic Commerce: Marktplätze, Fachportale, Plattformen, Wiesbaden.

Schoder, D./Fischbach, K. (2002): Die Bedeutung von Peer-to-Peer-Technologien für das Electronic Business, in: Weiber, R. (Hrsg.): Handbuch Electronic Business, Informationstechnologien – Electronic Commerce – Geschäftsprozesse, 2. Aufl., Wiesbaden, S. 99-115.

Schramm, W. (1955): Information Theory and Mass Communication, in: Journalism Quarterly, Jg. 32, Nr. 2, S. 131-146.

Schrape, K. (1998): Multimedia – Ambivalente Entwicklungsperspektiven, in: Schanze, H./Kammer, M. (Hrsg.): Interaktive Medien und ihre Nutzer, Baden-Baden, S. 21-46.

Schreiber, K. (1966): Marktforschung, Berlin.

Schubert, P. (2002): E-Procurement: Elektronische Unterstützung der Beschaffungsprozesse in Unternehmen, in: Schubert, P./Wölfle, R./Dettling, W. (Hrsg.): Procurement im E Business – Einkaufs- und Verkaufsprozesse elektronisch optimieren, München, S. 1-28.

Schwaber, K. (2004): Agile project management with Scrum, Redmond.

Schwaber, K./Sutherland, J. (2017): The Official Scrum Guide.

Schwarze, J./Schwarze, S. (2002): Electronic Commerce, Grundlagen und praktische Umsetzung, Herne.

Seagate (2017): Studie von IDC und Seagate: Weltweite Datenmenge verzehnfacht sich bis 2025 auf 163 ZB, https://www.seagate.com/de/de/news/news-archive/seagate-advises-global-business-leaders-and-entrepreneurs-pr-master/, Zugriff am 26.03.2020.

Seifert, D. (2013): Electronic-Commerce – Mobile-Commerce – Social-Commerce Guide: Lexikon mit den relevanten Definitionen und KPIs in der digitalen Welt, Mönchengladbach.

Shankar, P. B./Sharda, R. (1997): Obtaining Business Intelligence on the Internet, in: Long Range Planning, Jg. 30, Nr. 1, S. 110-121.

Simon, H. (1988): Management strategischer Wettbewerbsvorteile, in: ZfB, Jg. 58, Nr. 4, S. 461-480.

Simon, R. (2000): E-Procurement, in: Cybiz, Nr. 9, S. 24-30.

Skiera, B./Spann, M. (2002): Flexible Preisgestaltung im Electronic Business, in: Weiber, R. (Hrsg.): Handbuch Electronic Business: Informationstechnologien – Electronic Commerce – Geschäftsprozesse, 2. Aufl., Wiesbaden, S. 687-707.

Smeltzer, L. R./Carter, J. R. (2001): How to Build an E-Procurement Strategy, in: Supply Chain Management Review, Jg. 2, Nr. 5, S. 76-83.

Statistisches Bundesamt (2020): Bruttoinlandsprodukt für Deutschland 2019, https://www.destatis.de/DE/Presse/Pressekonferenzen/2020/BIP2019/pressebro-schuere-bip.pdf?__blob=publicationFile, Zugriff am 26.03.2020.

Stibel, J. (2018): The Failure Wall, https://www.dnb.com/perspectives/small-busi-ness/failure-wall-encouraging-culture-success.html, Zugriff am 27.04.2020.

Stieninger, M./Auinger, A./Riedl, M. (2019): Digitale Transformation im stationären Einzelhandel, in: Wirtschaftsinformatik & Management, Jg. 1, Nr. 1, S. 46-56.

Subramaniam, C./Shaw, M. J. (2004): The Effects of Process Characteristics on the Value of B2B E-Procurement, in: Information Technology and Management, Jg. 5, Nr. 1-2, S. 161-180.

Sutherland, J. (2010): Jeff Sutherland's Scrum Handbook, Somerville.

Syska, A. (2006): Produktionsmanagement: Das A – Z wichtiger Methoden und Konzepte für die Produktion von heute, Wiesbaden.

t2informatik.de (2020): Wir entwickeln Software. Individuell für Sie., https://t2informa-tik.de, Zugriff am 14.04.2020.

Takeuchi, H./Nonaka, I. (1986): The New New Product Development Game, in: Harvard Business Review, Jg. 64, Nr. 1, S. 137-146.

Tannenbaum, R./Weschler, I.R./Massarik, F. (1961): Leadership Organization: A Behavioural Approach, New York.

Tapscott, D. (1996): Die digitale Revolution – Verheißungen einer vernetzten Welt, Wiesbaden.

Teipel, P./Alberti, M. (2019): Vision und Strategie verwirklichen mit OKR, in: Control-ling & Management Review, Jg. 63, Nr. 5, S. 34-39.

Thommen, J.-P./Achleitner, A.-K./Gilbert, D. U./Hachmeister, D./Kaiser, G. (2017): Allgemeine Betriebswirtschaftslehre: Umfassende Einführung aus management-orientierter Sicht, 8. Aufl., Wiesbaden.

Timmons, J. A. (2015): New Venture Creation: Entrepreneurship for the 21st Century, 10. Aufl., Singapur.

Turban, E./Outland, J./King, D./Lee, J. K./Liang, T.-P./Turban, D. C. (2018): Elec-tronic Commerce 2018 – A Managerial and Social Networks Perspective, Upper Saddle River, 9. Aufl., New Jersey.

Vaske, H. (2020): Was ist Objectives and Key Results?, https://www.computer-woche.de/a/was-ist-objectives-and-key-results,3547502, Zugriff am 26.03.2020.

Weber, J./Schäffer, U. (2000): Sicherstellung der Rationalität von Führung als Funktion des Controlling, in: Die Betriebswirtschaft, Jg. 59, Nr. 6, S. 731-746.

Weber, J./Schäffer, U./Freise, H.-U. (2001): Controlling von E-Commerce auf Basis der Balanced Scorecard, in: Eggers, B./Hoppen, G. (Hrsg.): Strategisches E-Commerce-Management, Wiesbaden, S. 445-464.

Weiber, R./Jacob, F. (2000): Kundenbezogene Informationsgewinnung, in: Kleinaltenkamp, M./Plinke, W. (Hrsg.): Technischer Vertrieb – Grundlagen des Business-to-Business Marketing, 2. Aufl., Berlin, S. 523-612.

Weiber, R./Kollmann, T. (1997): Wettbewerbsvorteile auf virtuellen Märkten – Vom Marketplace zum Marketspace, in: Link, J./Brändli, D./Schleuning, Ch./Kehl, R. E. (Hrsg.): Handbuch Database Marketing, Ettlingen, S. 513-530.

Weiber, R./Kollmann, T. (1998): Competitive Advantages in Virtual Markets – Perspective of „Information-based-Marketing" in Cyberspace, in: EJM – European Journal of Marketing, Jg. 32, Nr. 7/8, S. 603-615.

Weiss, L. (2002): Developing Tangible Strategies, in: Design Management Journal, Jg. 13, Nr. 1, S. 33-38.

Weitzman, M. (1984): The Share Economy: Conquering Stagflation, Harvard Business Press, Cambridge.

Weller, T. C. (2000): BtoB eCommerce – The Rise of eMarketplaces, Equity Research, Legg Mason.

Wieczorrek, H. W./Mertens, P. (2011): Management von IT-Projekten, 4. Aufl., Berlin.

Wirdemann, R. (2017): Scrum mit User Stories, 3. Aufl., München.

Wirtz, B. W. (2003): Geschäftsmodelle in der Net Economy, in: Kollmann, T. (Hrsg.): E-Venture-Management – Neue Perspektiven der Unternehmensgründung in der Net Economy, Wiesbaden, S. 101-130.

Wirtz, B. W. (2018): Electronic Business, 6. Aufl., Wiesbaden.

Wirtz, B. W./Eckert, U. (2001): Electronic Procurement – Einflüsse und Implikationen auf die Organisation der Beschaffung, in: Zeitschrift Führung und Organisation, Jg. 70, Nr. 3, S. 151-158.

Wöhe, G./Döring, U./Brösel, G. (2016): Einführung in die Allgemeine Betriebswirtschaftslehre, 26. Aufl., München.

Wohlenberg, H./Krause, A. (1999): Revolution – Vertical B2B Marketplaces, Vortrag am 07.12.1999 am Lehrstuhl Electronic Commerce der Universität Frankfurt, Frankfurt a. M.

Wohlenberg, H./Krause, A. (2001): Branchentransformation durch E-Commerce, in: Egger, B./Hoppen G. (Hrsg.): Strategisches E-Commerce-Management. Erfolgsfaktoren für die Real Economy, Wiesbaden, S. 73-93.

Zwißler, S. (2002): Electronic Commerce und Electronic Business, Heidelberg.

Begriffsdefinitionen

Die **„Digitale Wirtschaft"** bzw. „Net Economy" bezeichnet den wirtschaftlich genutzten Bereich von elektronischen Datennetzen (E-Business) und ist damit eine digitale Netzwerkökonomie, welche über verschiedene elektronische Plattformen die direkte oder indirekte Abwicklung oder Beeinflussung von Informations-, Kommunikations- und Transaktionsprozessen erlaubt.

„E-Business" ist die Nutzung von innovativen Informationstechnologien, um über den virtuellen Kontakt etwas zu verkaufen, Informationen anzubieten bzw. auszutauschen, dem Kunden eine umfassende Betreuung zu bieten und einen individuellen Kontakt mit den Marktteilnehmern zu ermöglichen.

Mit dem Begriff **„E-Commerce"** wird die Nutzung von stationären Computer-Endgeräten als Informationstechnologie bezeichnet, um über Informations-, Kommunikations- und Transaktionsprozesse zwischen den Netzteilnehmern reale oder elektronische Waren und Dienstleistungen anzubieten und abzusetzen, wobei der tatsächliche Verkauf im Mittelpunkt steht.

Unter **„E-Entrepreneurship"** wird die Schaffung einer selbstständigen und originären rechtlichen Wirtschaftseinheit in der Digitalen Wirtschaft (E-Venture; Startup) verstanden, innerhalb der die selbständige(n) Gründerperson(en) mit einem spezifischen Online-Angebot (Produkt bzw. Dienstleistung) einen fremden Bedarf decken möchte(n).

Unter einem **„E-Startup"** bzw. „E-Venture" wird ein neu gegründetes und damit junges Unternehmen mit einer innovativen Geschäftsidee innerhalb der Digitalen Wirtschaft verstanden, welches über eine elektronische Plattform in Datennetzen seine Produkte und/oder Dienstleistungen auf Basis einer rein elektronischen Wertschöpfung

Unter **„Online-Marketing"** wird die absatzpolitische Verwendung elektronisch vernetzter Informationstechnologien verstanden, um unter deren technischen Rahmenbedingungen, die Produkt-, Preis-, Vertriebs- und Kommunikationspolitik mit Hilfe der innovativen Möglichkeiten der Online-Kommunikation marktgerecht zu gestalten.

Unter dem **„Digital Leadership"** wird ein Führungsstil speziell für die Digitale Wirtschaft verstanden. Dieser besteht aus den Komponenten Digital Mindset (Wollen), Digital Skills (Können) und Digital Execution (Machen) und befähigt, digitale Prozesse, Produkte und Plattformen zu gestalten und die zugehörigen Mitarbeiter proaktiv und agil zu führen.

„Digitale Transformation" (auch „digitaler Wandel") bezeichnet einen fortlaufenden und tiefgreifenden Veränderungsprozess für Gesellschaft, Wirtschaft und Politik auf Basis digitaler Technologien, der Information, Kommunikation und Transaktion zwischen den hier jeweils beteiligten Akteuren elementar beeinflusst und zu einem neuen Verständnis und Verhalten in den gesellschaftlichen, wirtschaftlichen und politischen Lebensbereichen führt.

© Der/die Herausgeber bzw. der/die Autor(en), exklusiv lizenziert durch Springer Fachmedien Wiesbaden GmbH, ein Teil von Springer Nature 2020
T. Kollmann, *Digital Leadership*, https://doi.org/10.1007/978-3-658-30635-9

Autor

Univ.-Prof. Dr. Tobias Kollmann studierte an den Universitäten Bonn und Trier Volkswirtschaftslehre mit dem Schwerpunkt Marketing und wurde 1995 nach dem Abschluss zum Diplom-Volkswirt wissenschaftlicher Mitarbeiter am Lehrstuhl für Marketing von *Prof. Dr. Rolf Weiber*. Dort promovierte er 1997 mit Auszeichnung (summa cum laude) mit einer Arbeit zur Akzeptanz innovativer Telekommunikations- und Multimediasysteme. Bereits seit 1996 beschäftigt er sich aber auch wissenschaftlich mit Fragen des E-Business, E-Commerce und dem Phänomen der „virtuellen Marktplätze" und war damit einer der Pioniere auf diesem Gebiet.

Zwischen 1997 und 2001 arbeitete er in der Praxis und unterstützte dort insbesondere den Aufbau von virtuellen Marktplätzen im Rahmen der Aktivitäten der *Scout24-Holding*, Schweiz. Im Zuge dieser Tätigkeit war er auch einer der Gründungsgesellschafter der *Auto Scout24 GmbH*, der größten elektronischen Gebrauchtwagenbörse im europäischen Internet. 2001 veröffentlichte er das erste deutschsprachige Fachbuch zum Thema „Virtuelle Marktplätze". Im Oktober 2001 folgte er zunächst dem Ruf an die *Christian-Albrechts-Universität zu Kiel*, wo er Inhaber einer C4-Professur für E-Business wurde. Mit knapp 31 Jahren war er zu diesem Zeitpunkt der jüngste Professor auf diesem Gebiet in Deutschland und baute gerade nach dem Zusammenbruch des Neuen Marktes die Forschung und Lehre für die Digitale Wirtschaft in Deutschland maßgeblich mit auf. Seit April 2005 ist er Inhaber des Lehrstuhls für BWL und Wirtschaftsinformatik, insbesondere E-Business und E-Entrepreneurship an der *Universität Duisburg-Essen*, Campus Essen.

Innerhalb der Forschung konzentriert er sich insbesondere auf das Thema „E-Entrepreneurship" und damit auf alle Fragen rund um die Unternehmensgründung und -entwicklung in der Digitalen Wirtschaft. Neben zahlreichen internationalen TOP-Publikationen u.a. in amerikanischen A-Journalen, baute er auch das Grundgerüst für die Ausbildung im Bereich der Digitalen Wirtschaft in Deutschland auf. So hat er 2004 u.a. mit dem Werk „*E-Venture*" (ab 2006 in Folgeauflagen mit dem Titel „*E-Entrepreneurship*") das erste Lehrbuch nur für Unternehmensgründungen in der Digitalen Wirtschaft und 2005 das erste deutschsprachige *Lexikon zur Unternehmensgründung* verfasst. Das Magazin „*Mobile Business*" bezeichnete das Lehrbuch „*E-Entrepreneurship*" am 08.09.16 als „eines der wichtigsten deutschen Grundlagenwerke für Digitalunternehmen". Sein Lehrbuch „*E-Business*" ist ebenfalls seit 2004 das führende Standardwerk für die Vermittlung der Grundlagen von elektronischen Geschäftsprozessen und -modellen und an zahlreichen Hochschulen und Weiterbildungseinrichtungen im Einsatz. Aktuell ist es schon in der 7. Auflage verfügbar. Der Informationsdient „*media.valley*" schrieb schon am 26.02.2007, dass „das Buch für jeden Top-Manager eine notwendige Pflichtlektüre sei, um auch in Zukunft sein Unternehmen in der Digitalen Wirtschaft am Leben zu halten".

Neben seiner Forschung hat *Prof. Kollmann* aber auch Maßstäbe für die Förderung von universitären Ausgründungen durch Studenten der BWL, Wirtschaftsinformatik und Informatik gesetzt. Für sein besonderes Lehr- und Förderkonzept in diesem Bereich erhielt er im Jahre 2007 beim *UNESCO Entrepreneurship Award* „Entrepreneurial Thinking and Acting" einen Sonderpreis. In der Studie „Vom Studenten zum Unternehmer: Welche Universität bietet die besten Chancen? – Ranking 2007" wurde ferner festgestellt, dass im Hinblick auf die Anzahl aktiver Teilnahmen an einschlägigen Tagungen sowie der Publikationsleistung der Forscher er mit seiner *Universität Duisburg-Essen* den Spitzenplatz belegt. Laut dem Ranking der Zeitung „*Handelsblatt*" (2009) gehörte er ferner zudem zu den Top-10 % der Forscher in der deutschsprachigen Betriebswirtschaftslehre. Aufgrund des Lehrangebots von *Prof. Kollmann* wurde die *Universität Duisburg-Essen* vom Magazin „*iBusiness*" am 28.07.16 diesbezüglich als „Vorzeige-Campus für die digitale Ökonomie" in Deutschland bezeichnet, da längst nicht alle so deutlich auf die Digitale Wirtschaft ausgerichtet sind, wie sein Lehrstuhl an der *Universität Duisburg-Essen*. *Prof. Kollmann* ist Autor zahlreicher Fach- und Praxisbeiträge zu den Bereichen „Entrepreneurship", „E-Business" und „Akzeptanz/Marketing bei neuen Medien" in nationalen und internationalen Zeitschriften bzw. Sammelbänden. Er schreibt regelmäßige eine vielbeachtete Kolumne auf *manager-magazin.de* sowie der *huffingtonpost.de* zum Thema „Digitalisierung". Die Bandbreite der Inhalte geht dabei von konkreten Tipps für digitale Gründer, über Hinweise an etablierte Unternehmen für ihre digitale Transformation bis hin zu Forderungen an die Politik für ein Deutschland 4.0 und die zugehörigen Rahmenbedingungen. Eine Auswahl der spannendsten Kolumnen hat er in dem Werk „*Digitale Meinungsmache*" zusammengeführt (*www.digitale-meinungsmache.de*). Von der Bundestagswahl 2002 bis hin zum Digital Leadership 2018 findet jeder Leser wertvolle Anregung für die eigene Digitale Transformation. Er ist zudem Verfasser mehrerer Bücher in diesem Bereich. Neben zahlreichen Vorträgen auf Kongressen und Seminaren war er auch Inhaber eines Lehrauf-trags an der *Universität Köln* für E-Business.

Er ist Herausgeber bzw. Gutachter für nationale und internationale Zeitschriften im E-Business-Bereich und war Mitglied der Jury zum *Deutschen Multimedia Award* 2002 und 2003. Auch beim Wettbewerb „Startup des Jahres" der Internetplattform *„deutsche-start ups.de"* ist er seit Jahren ein Mitglied der Jury. Ebenso beim Gründerwettbewerb „Neu-macher" der *Wirtschaftswoche* und zahlreicher anderer Wettbewerbe und Veranstaltun-gen. 2014 ist er Gutachter für das *Horizon 2020-Programm* der Europäischen Kommission für DG Communication Networks, Content and Technology. Er ist einer der Herausgeber der Schriftenreihe „Entrepreneurship" im *Springer Gabler-Verlag* und gehört auch zum Coaching-Netzwerk vom Gründer-Wettbewerb „Mit Multimedia erfolgreich starten" des *Bundesministeriums für Wirtschaft und Energie* (BMWi), für das er auch seit vielen Jahren als Sachverständiger im Beirat des *EXIST-Förderprogramms* tätig ist. Für das *BMWi* und das Land NRW organisierte er 2012 zudem den 1. Startup-Battle, ein Pitching für Unter-nehmensgründer der IKT-Branche im Rahmen des bundesweiten IT-Gipfels in Essen.

Während des „Wissenschaftsjahres 2014 – Die digitale Wirtschaft" war er verantwortlich für den „E-Entrepreneurship Flying Circus" (#EEFC14), einer bundesweiten Bustour über 2.000 km an die Hochschulen in Köln, Hamburg, Berlin, Dresden, Nürnberg und Stuttgart zur Förderung der Gründerausbildung für die Digitale Wirtschaft. Mit über 60 teilnehmen-den Persönlichkeiten aus Politik, Wirtschaft, Hochschule und Startup-Szene war der *E-Entrepreneurship Flying Circus* damit die erste und größte Impulsserie dieser Art in Deutschland. Teilnehmer waren u.a. *Brigitte Zypries* – Bundeswirtschaftsministerin, *Tho-mas Jarzombek* – MdB/CDU, *Lars Klingbeil* – MdB/SPD, *Lars Hinrichs* – Gründer von XING, *Tim Schumacher* – Gründer von Sedo, *Stephan Uhrenbacher* – Gründer von Qype, *Ulrich Dietz* – Präsidiumsmitglied beim *BITKOM*. Von 2005 bis 2008 war *Prof. Kollmann* ferner Mitglied im Präsidium des *„Förderkreis Gründungs-Forschung e. V.* (FGF)" und hier zuständig für die wissenschaftliche Nachwuchsförderung. 2012 wurde sein Thesen-papier „IKT.Gründungen@Deutschland – Essener Thesen zum E-Entrepreneurship" ein in der Politik viel beachteter Impuls zur Verbesserung der Rahmenbedingungen für IKT-Gründer, der u. a. mit einer persönlichen Einladung von Bundeskanzlerin *Angela Merkel* ins Kanzleramt gewürdigt wurde. Im gleichen Jahr war er ferner einer der Initiatoren und ein Gründungsmitglied vom *Bundesverband Deutsche Startups e.V.* und wurde zudem von dessen Vorstand in den ersten Beirat des Verbandes berufen. Dieser Bundesverband ist heute die zentrale politische Stimme der Startups in Deutschland.

2013 berief der Bundesminister für Wirtschaft und Technologie, *Philipp Rösler*, ihn als Kernmitglied in seinen 24-köpfigen Beirat „Junge Digitale Wirtschaft" (BJDW) beim BMWi. Dieser Beirat berät den Bundeswirtschaftsminister in allen wichtigen Fragen der digitalen Wirtschaft. Am 22. April 2013 wird er zum Vorsitzenden dieses Gremiums ge-wählt und übernimmt damit die Rolle eines wichtigen Mittlers zwischen der Politik und der Digitalen Wirtschaft in Deutschland. Die Ergebnisse der Beiratsarbeit münden nicht nur in ein viel beachtetes Vorschlagspapier, sondern werden unter seiner Führung auch ein wichtiger Bestandteil des aktuellen Koalitionsvertrags. Am 5. März 2014 wurde er im

Rahmen der ersten Sitzung nach der letzten Bundestagswahl unter der Leitung des ehemaligen Bundeswirtschaftsministers *Sigmar Gabriel* als Vorsitzender des Beirats bestätigt und von den Mitgliedern wiedergewählt. Auch für eine dritte Amtszeit als Vorsitzender des BJDW wurde er am 16. Juni 2015 erneut einstimmig gewählt. In diese laufende Periode fällt auch der Start einer Kooperation mit dem „Conseil national du numérique", dem Beirat im französischen Wirtschaftsministerium und damit die Internationalisierung der Gremiumsarbeit.

Am 27.10.2015 überreichte er vor diesem Hintergrund auf der französisch-deutschen Konferenz zur Digitalen Wirtschaft nach einer Rede im Élysée-Palast zusammen mit Benoît Thieulin, dem Vorsitzenden des französischen „Nationalrat für Digitales" (Conseil national du numérique, CNNum), den Aktionsplan für Innovation (API) „Digitale Innovation und Digitale Transformation in Europa" an den damaligen Bundeswirtschaftsminister *Sigmar Gabriel* und an Präsident *Emmanuel Macron*, damals noch Frankreichs Minister für Wirtschaft, Industrie und Digitales. Enthalten sind 15 Vorschläge zur Stärkung einer international wettbewerbsfähigen europäischen Digitalwirtschaft. Zentrale Themen sind die Ausbildung und Förderung von digitalen Kompetenzen, der Aufbau eines europäischen Ökosystems für digitale Startups, die Finanzierung von digitalen Innnovationen, die Etablierung eines Digitalen Binnenmarktes und die digitale Transformation der europäischen Wirtschaft. Am 25.04.2016 besuchte er zusammen mit *Mounir Mahjoubi*, dem damaligen Vorsitzenden des *Conseil national du numérique* (CNNum) in Brüssel den Vice-Commissioner *Andrus Ansip* und am 27.04.2016 den Commissioner für Digitale Wirtschaft und Gesellschaft *Günther Oettinger*, um über die weitere Entwicklung des Digitalen Binnenmarktes zu sprechen. Auf seine Initiative hin soll ein europäischer Beirat für die (junge) Digitale Wirtschaft gegründet werden, der sich aus Vertretern der einzelnen Beiräte aus den jeweiligen EU-Ländern zusammensetzen soll. Am 07. Juli 2016 wurde er einstimmig als Vorsitzender des BJDW für eine vierte und am 06. Juni 2017 für eine fünfte Amtszeit wiedergewählt.

Am 13. Dezember 2016 überreichte er zusammen mit dem Vorsitzenden des französischen CNNum das gemeinsame Maßnahmenpapier „Digitalisierung ist eine Grundfrage für Europa!" an den damaligen Bundeswirtschaftsminister *Sigmar Gabriel* und seinen französischen Amtskollegen *Michel Sapin* in Berlin im Rahmen der zweiten dt.-fr. Digitalkonferenz. Der Maßnahmenkatalog enthält sechs konkrete Vorschläge für den gemeinsamen digitalen Binnenmarkt in Europa zu den Themen europäische Standards für Datensicherheit, einheitliche Regelungen zur Datennutzung, Unterstützung der Internationalisierung von Start-ups, Aufbau europäischer Hubs für Industrie 4.0 und Internet of Things, Forschung und Förderung zum Bereich Künstliche Intelligenz sowie Harmonisierung der europäischen Steuersysteme für Digitalunternehmen. Die Redaktion von *politik & kommunikation* (Ausgabe 117/2016) zählt ihn zu den bedeutendsten Akteuren der Digitalisierung im politischen Berlin.

Im März 2014 wurde er vom Wirtschaftsminister des Landes Nordrhein-Westfalen, *Garrelt Duin*, zum Beauftragten für die Digitale Wirtschaft in NRW ernannt. In dieser Funktion soll er als direkter Ansprechpartner die Brücke zwischen Gründern, Wissenschaft, Kapital und Industrie schlagen und eine Strategie für die Digitale Wirtschaft als Querschnittsbranche aus Internetwirtschaft, Informations- und Kommunikationswirtschaft in bzw. für NRW entwickeln. Am 19.06.2015 stellte er zusammen mit dem NRW-Wirtschaftsminister eben diese Strategie unter dem Titel „Köpfe, Kapital und Kooperation von und für Startups, Mittelstand sowie Industrie für digitale Geschäftsprozesse und -modelle" mit dem zugehörigen Maßnahmenpaket im Umfang von 42 Mio. Euro aus dem Landeshaushalt für die Digitale Wirtschaft in NRW vor. Über die zugehörigen Hebelwirkungen einer Co-Finanzierung von Antragsstellern hat das DWNRW-Programm einen Gesamtumfang von 142 Mio. Euro. Im Mittelpunkt stehen die sog. *DWNRW-Hubs*, bei denen in sechs NRW-Städten zentrale Anlaufpunkte für die Region entstehen, die als Drehscheibe für Digitalprojekte zwischen Startups, Mittelstand und Industrie fungieren werden. Am 08. Juli 2016 stellte er zusammen mit Wirtschaftsminister *Garrelt Duin* die Gewinner des zugehörigen Landeswettbewerbs vor: Aachen, Bonn, Düsseldorf, Essen/Ruhrgebiet, Köln und Münster. Das Magazin „*IT-ZOOM*" bezeichnete daraufhin NRW am 12. Juli 2016 als „politischen Vorreiter der Digitalisierung". Im Ergebnis zeigte eine Studie vom Institut der deutschen Wirtschaft aus Köln, welche am 3. April 2017 vorgestellt wurde, dass diese Strategie mit den zugehörigen Maßnahmen nach nur drei Jahren schon über 1.000 neue Startups für die Digitale Wirtschaft in NRW hervorgebracht hat, der Digitalisierungsgrad im NRW-Mittelstand über dem Bundesdurchschnitt lag und sich die Industrie-Unternehmen aus NRW im Digitalisierungsindex vor ihrer Konkurrenz aus dem übrigen Bundesgebiet positionieren konnten. Das Engagement von *Prof. Kollmann* als Landesbeauftragter endete mit dem Regierungswechsel in NRW im Jahr 2017. Politisch aktiv blieb er aber, denn auch der nachfolgende Bundeswirtschaftsministers *Peter Altmaier* berief ihn 2018 erneut in den Beirat für Junge Digitale Wirtschaft im BMWi, welcher ihn am 30.08.18 wieder einstimmig zum Vorsitzenden wählte. Zuletzt machte der Beirat über seine Empfehlungen zu der KI-Strategie der Bundesregierung und der Forderung nach einer „*Deutschen Stiftung für Digitale Innovationen*" auf sich aufmerksam.

Neben seiner Forschungs- und Lehrtätigkeit war er zudem von 2001 bis 2015 der Inhaber und Geschäftsführer der *netSTART Venture GmbH* in Köln, einem Beratungs- und Beteiligungsunternehmen für Startups, Mittelstand und Industrie rund um Fragen von elektronischen Geschäftsprozessen und -modellen. Als Business Angel finanzierte er über dieses Unternehmen in den letzten 15 Jahren auch zahlreiche Startups der Digitalen Wirtschaft, wofür er 2005 vom *Business Angels Netzwerk Deutschland e.V.* in den „BAND Heaven of Fame" aufgenommen und 2012 sogar zum „*Business Angel des Jahres*" gewählt wurde. 2015 verkaufte er erfolgreich die *netSTART Venture GmbH* im Rahmen eines Exits an die *Mountain Partners Holding* aus der Schweiz. Im gleichen Jahr wurde er vor diesem Hintergrund sowohl in den Verwaltungsrat der *Mountain Partners AG* als auch in den Aufsichtsrat des MDAX-Unternehmens *Klöckner & Co SE* aus Duisburg berufen. Seit 2018 ist er Inhaber und Geschäftsführer der *netSTART GmbH* in Köln. Gegenstand des Unternehmens ist der Aufbau und Betrieb eines umfassenden Aus- und Weiterbildungssystems inkl. Vortrags- und Beratungsleistungen rund um das Thema Digitalisierung (*www.net start-academy.de*). Dazu zählen sowohl Online-Kurse als auch Zertifikatskurse zum *E-Business-Manager* und *E-Business-Leader* in Kooperation mit der Universität Duisburg-Essen.

Im Rahmen seiner zahlreichen Praxisprojekte konnte er 2004 als Initiator und Projektleiter zusammen mit *T-Mobile* und *Motorola* die erste mobile Applikation in Form des ersten UMTS-Eventportals in Deutschland zur *Kieler Woche* realisieren. Er ist damit einer der Pioniere der mobilen Apps und ein Sprecher von *Apple* würdigte ihn zum 10-jährigen Jubiläum 2014 mit den Worten „Seine Applikation kannten wir auch, als erste deutsche Vorstufe heutiger Apps". 2006 erfand er zudem mit der *Virtual Kicker League* ein Multiplayer-Spiel, bei dem die Fans der Fußball-Bundesligavereine gegeneinander antreten und das reale Ligageschehen über einen Online-Kicker begleiten können. Rund 150.000 Fußball-Fans nutzen diese Gelegenheit, um die virtuelle Kicker-Meisterschaft für ihre Vereine auszuspielen. Insgesamt konnte er darüber hinaus schon zahlreiche Unternehmen vom Konzern bis zum KMU umfassend und kompetent in allen Fragen rund um das E-Business (Internet), M-Business (Mobile) und T-Business (Interaktives Fernsehen) beraten und somit seine Mandanten und Kunden fit für die Zukunft der elektronischen Geschäftsmodelle und -prozesse in der Digitalen Wirtschaft machen.

Laut dem Magazin „*Business Punk*" (Ausgabe 02/2014) gehört *Prof. Kollmann* zu den 50 wichtigsten Köpfen der Startup-Szene in Deutschland. Er ist zudem ein gefragter Speaker und Moderator für Veranstaltungen rund um die Themen „Digitale Wirtschaft", „Digitale Transformation" und „Digitale Innovationen" für Konzerne und KMUs, Verlage, Banken, Bildungseinrichtungen und Hochschulen, Interessensvertretungen und politischen Parteien bzw. Organisationen, Messen und Seminarveranstaltern, Berufsverbänden, Clubs, Kundenversammlungen, Initiativkreisen, Medienunternehmen usw. Er war und ist einer der führenden Experten für die Digitale Wirtschaft in Deutschland und hat als Forscher, Ausbilder, Berater, Entwickler, Investor aber auch als politischer Vordenker, einen wesentlichen Teil für deren Entwicklung in unserem Land beigetragen. Im September 2016 veröffentlichte er vor diesem Hintergrund zusammen mit *Dr. Holger Schmidt*, dem Internet-Chefkorrespondent des Magazins *FOCUS*, den Bestseller „*Deutschland 4.0*". Dieses Buch zeigt, wie die Digitale Transformation für Gesellschaft, Wirtschaft und Politik für unser Land gelingt. Brandwatch zählt *Prof. Kollmann* im November 2017 zu den TOP-10 der einflussreichsten Twitter-Autoren rund um das Thema „Digitale Transformation" und „Digital Leadership". Seit 2018 gehört er laut der *FAZ* zu den 100 einflussreichsten Ökonomen in Deutschland und hat „Gewicht in Medien, Forschung und Politik". 2019 wurde er in den Aufsichtsrat der COMECO GmbH & Co. KG, einem FinTech-Spin-off der Sparda Banken, berufen und zum stellvertretenden Vorsitzenden gewählt.

Forschung und Lehre: www.netcampus.de
Transfer und Vorträge: www.netstart.de
Weiterbildung: www.netstart-academy.de

Printed in Poland
by Amazon Fulfillment
Poland Sp. z o.o., Wrocław